赵 鲲　朱小斌　周遐德 著

dop 室内施工图实战教程

dop Interior Construction Drawing Course

DESIGN

U0350334

同濟大學出版社
TONGJI UNIVERSITY PRESS

图书在版编目（ＣＩＰ）数据

dop 室内施工图实战教程 / 赵鲲，朱小斌，周遐德著
. — 上海：同济大学出版社，2019.10
ISBN 978-7-5608-8510-0

Ⅰ．① d… Ⅱ．①赵… ②朱… ③周… Ⅲ．①室内装饰 - 工程施工 - 建筑制图 - 教材 Ⅳ．① TU767

中国版本图书馆 CIP 数据核字 (2019) 第 214190 号

dop 室内施工图实战教程

赵 鲲　朱小斌　周遐德　著

出 品 人： 华春荣
责任编辑： 吕　炜
助理编辑： 吴世强
责任校对： 徐春莲
排版设计： 完　颖

出版发行： 同济大学出版社 www.tongjipress.com.cn
（地址：上海市四平路 1239 号　邮编：200092　电话：021-65985622）
经　　销： 全国各地新华书店、建筑书店、网络书店
印　　刷： 上海安枫印务有限公司
开　　本： 889mm×1194 mm　1/16
印　　张： 18.75
字　　数： 600 000
版　　次： 2019 年 10 月第 1 版　2019 年 10 月第 1 次印刷
书　　号： ISBN 978-7-5608-8510-0
定　　价： 269.00 元

前言

随着设计行业的发展，规范程度越来越高，室内施工图的重要性逐渐被认可，开始出现了像 dop 一样的以施工图服务为核心业务的专业细分公司。但有趣的是，在互联网资讯发达，成熟的图纸案例随手可得的今天。仍然可以发现很多设计师的施工图水平不高，仿佛定格在了本世纪初的时代。为什么设计领域中的方案创意、材料工艺、制图软件等方面都能快速进步，而施工图这件似乎并不需要过多天赋的事情，年轻设计师掌握和应用起来就这么难呢？

究其根本，无非两点：

1. 室内施工图的学习缺乏系统性的理论基础，大部分设计师的学习方法主要还是在工作过程中依靠前辈的指点和对优秀案例的模仿，这两种方式都具有一定的片面性，需要设计师自己去做大量的判断和总结，学习效率很低。

2. 室内设计是一门实践性很强的专业，“知道≠能干”。如何把掌握的专业知识应用到施工图的绘制中，需要不停地实践和摸索。

《dop 室内施工图实战教程》以专业知识和图纸绘制两条主线，融入了大量从实际案例中提炼出来的实战经验，一方面能够帮助年轻设计师以及设计专业的在校学生快速有效地提升对施工图的认知水平和设计能力；另一方面也希望能为设计公司在内部施工图培训方面给出支持。

“设计”两个字，拆开来理解的话，“设”即大胆假设，指方案创意应该不受拘束，尽情想象。“计”即小心求计，指施工图要具有可实施性和正确性。施工图的本质是设计师表达的图纸语言，它具有自己的规律和逻辑，只有当设计师、甲方、施工方、各专业顾问、材料厂家等相关单位都认同这种图纸语言时，工作和沟通的效率才能提高，设计行业的专业程度才会整体提升，这也正是每一个职业设计师所要追求的目标。

目录

1

室内施工图认知

1.1 定义

1.2 图纸构成

1.3 图纸标准

1.4 工作流程

1.5 作用

1.6 工作内容的演变

在如今的室内设计行业背景下，施工图已经远不是字面所理解的含义：施工时工人所依据的图样了。

1.1 定义

室内施工图是在建筑设计的基础上，根据室内设计方案，结合相关专业资料、信息，绘制的一套体系完整的图纸。它首先要忠实地还原设计方案，其次要具备可实施的材料与施工工艺，最后必须符合国家、地方或行业的相关法规。室内施工图除了能够指导施工，还可以满足业主在报审、成本、管理等方面的需求。

1.2 图纸构成

一套完整的室内施工图纸通常由以下 6 部分组成。

（1）说明类图纸：
以文字或图表对图纸的某一类信息进行概括、汇总，是纲领性内容。

（2）平面类图纸：
描述空间平面布局、造型、材质、尺寸等信息。

（3）立面类图纸：
描述空间立面关系、墙面造型、材质、尺寸等信息。

（4）重点放大类图纸：
复杂程度高、细节丰富的区域在平面类图纸上无法清晰表达，须要重点放大。

（5）门表类图纸：
描述门的造型、材料、尺寸、构造等信息。

（6）节点类图纸：
描述装饰造型细节和内部构造的图纸。

1.2.1 常见图纸分类

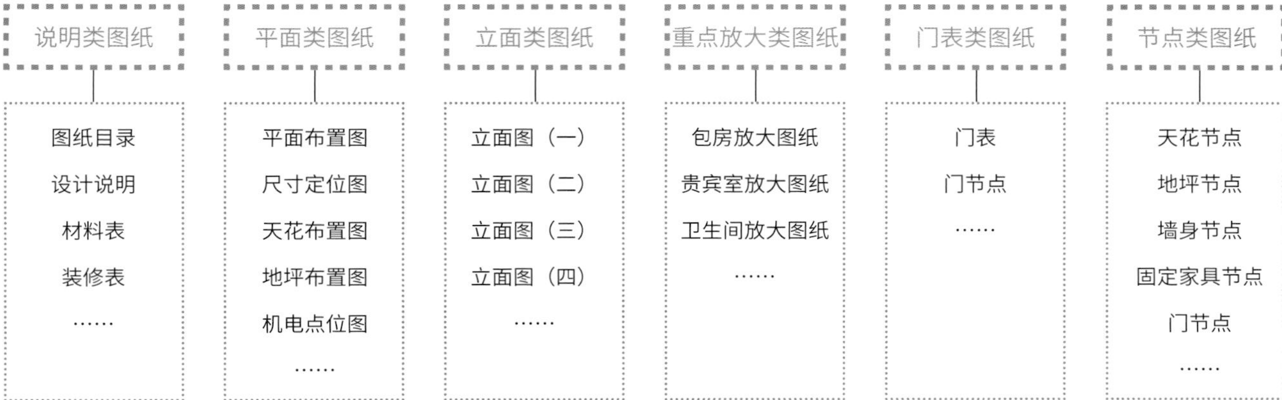

1.2.2 图纸占比

各类型图纸的数量在整套施工图纸中所占比例有很大不同，对其有所了解有助于设计师绘制图纸时评估工作量和制订工作计划。

以常规的办公室项目为例，各类型图纸数量占比如下图所示。

1.3 图纸标准

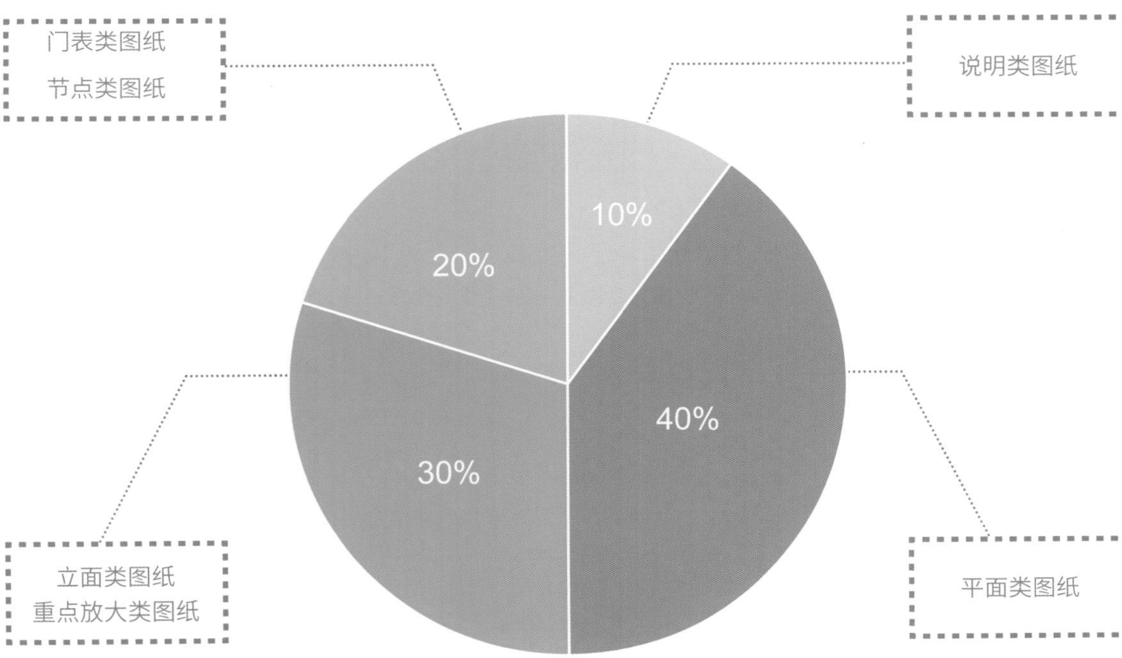

作为建筑设计的内延，室内施工图的绘制应当遵循国家现行的建筑制图标准，例如《建筑制图标准》（GB/T 50104—2017）、《房屋建筑制图统一标准》（GB/T 50001—2017）；同时结合目前室内设计行业内大家公认的一些行业制图标准和习惯，例如《dop 室内施工图制图标准》。

1.3.1 体系

要求：（1）目录体系合理；（2）索引逻辑清晰。

一套图纸就像一本书一样，所讲述的故事主线是否合理，读者阅读起来是否顺畅，取决于叙事逻辑和起承转折是否合理。回到图纸上，就落实在图纸目录体系框架的完整性上，图纸要分类合理，目录体系要有利于制图过程中可能出现的设计变更，做到添加或删除图纸而不改变图纸体系，所有立面、剖面、节点大样的索引逻辑要清晰。

1.3.2 信息

（1）建筑：墙柱、梁板、门窗、楼梯、电梯、机房、管井、防火卷帘等原始建筑信息。
（2）装饰：房间、走道、装饰造型、家具布置等室内装饰信息。
（3）其他：灯光、景观、设备、空调、机电等其他专业的必要信息。

施工图除了如实反应室内设计信息外，还需要整合其他专业的相关信息，这些信息在图纸中需要准确表达，并和室内装饰专业准确结合。

1.3.3 图面

（1）比例：图纸比例选择合理，能够清晰地反映图纸信息。
（2）排版：图纸上的图形排版合理美观，顺序清晰。
（3）图例符号：选用的图例和符号在外观形式上必须符合国家或行业的制图标准，大小适中。
（4）线宽：图纸上所用的图线要有清晰的线宽区分。

室内施工图作为设计资料的重要组成部分，必须符合图面成熟合理的要求，并且要考虑到打印输出后的纸质施工图的图面效果清晰美观。

1.3.4 深度

施工图的深度在满足国家相关规范的基础上，可以结合所设计项目的要求及具体情况进行一定调整，同一套图纸的深度应一致。

1.3.5 正确性

施工图作为重要的技术性设计资料，和方案创意最大的区别就是客观和准确，无论是在尺寸、表达、材料、造型，还是工艺方面，所展现的内容必须正确。

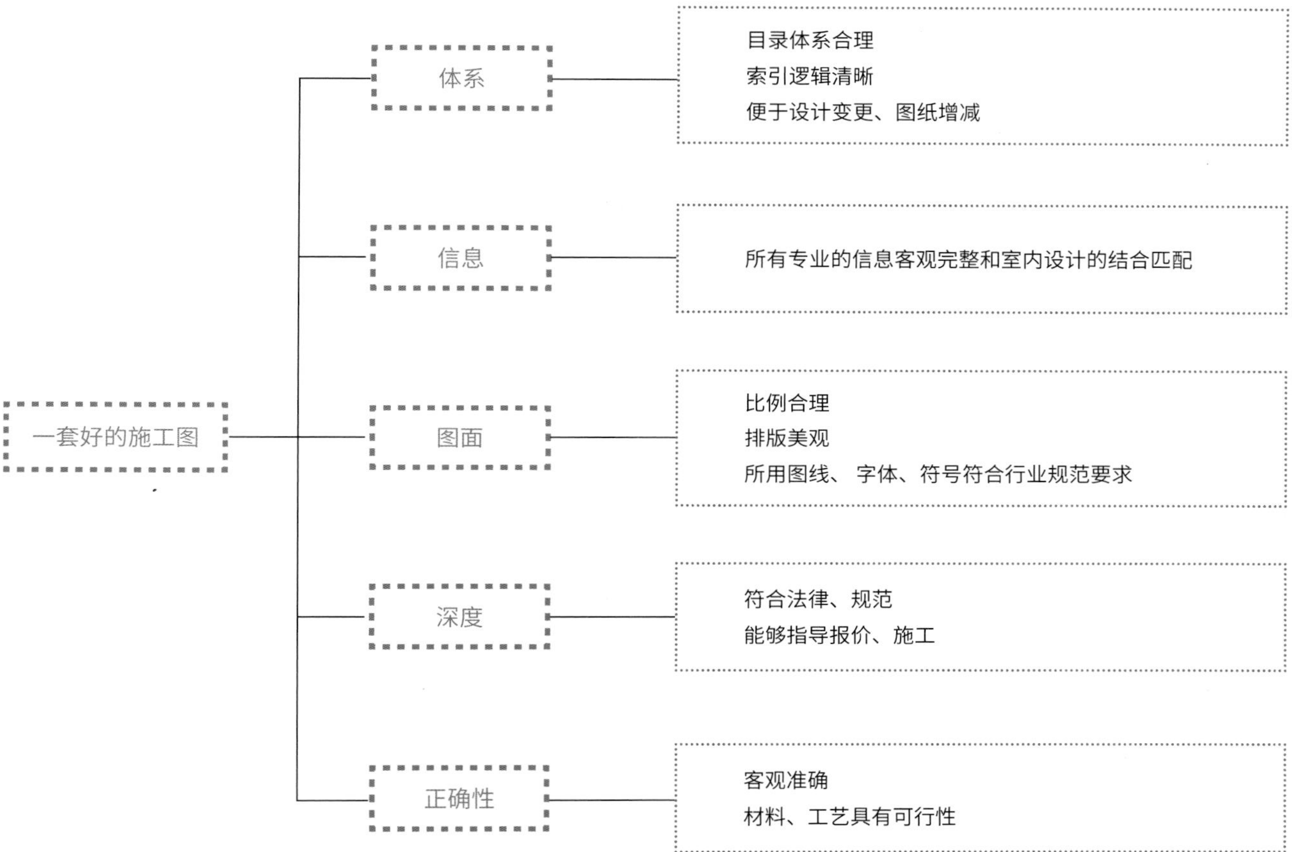

1.4 工作流程

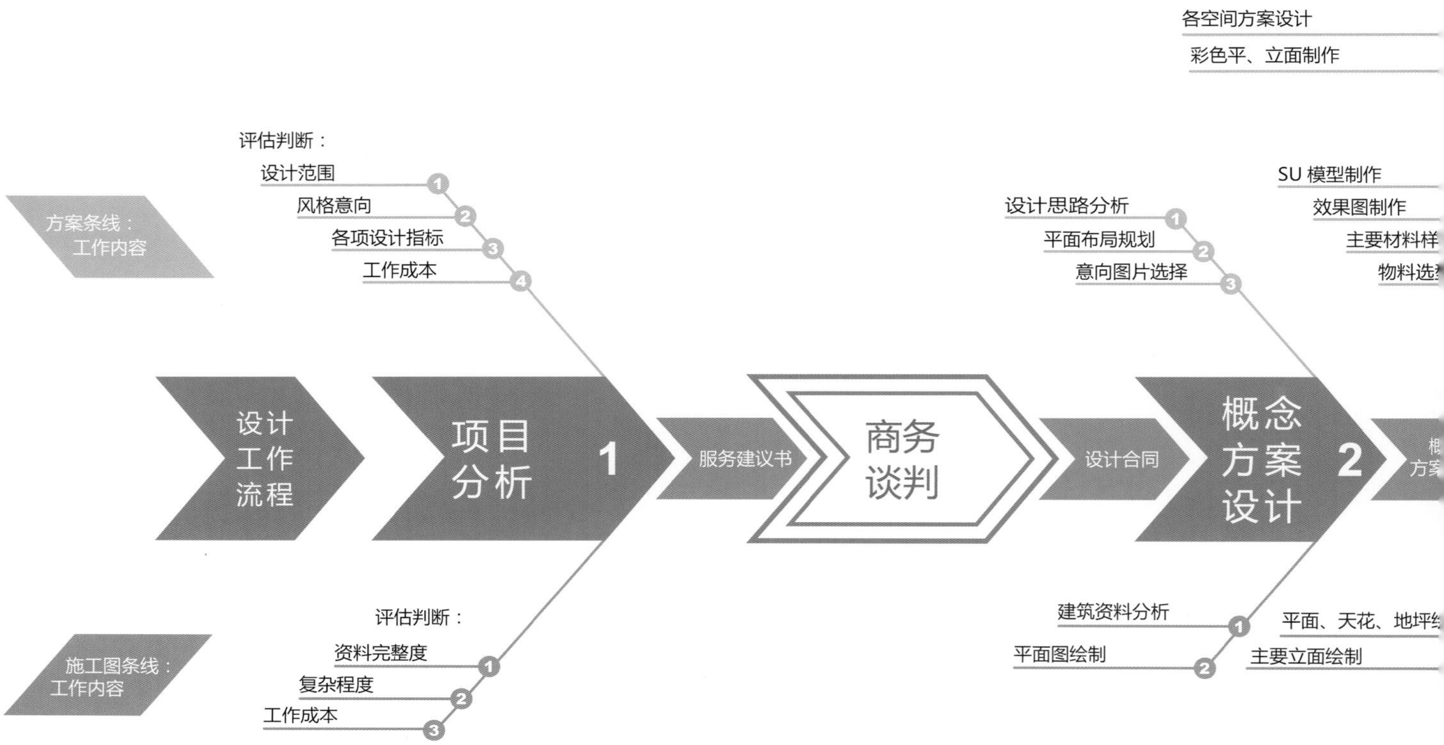

通过上图的流程分析，我们可以发现施工图制作绝不是单纯的绘图工作，而是一个动态的工作过程，需要和其他专业进行对接，收集信息，分析协调，最后执行落地。这个过程不可能一次成型，随着工作的开展以及信息的完善，须要不断地重复进行。

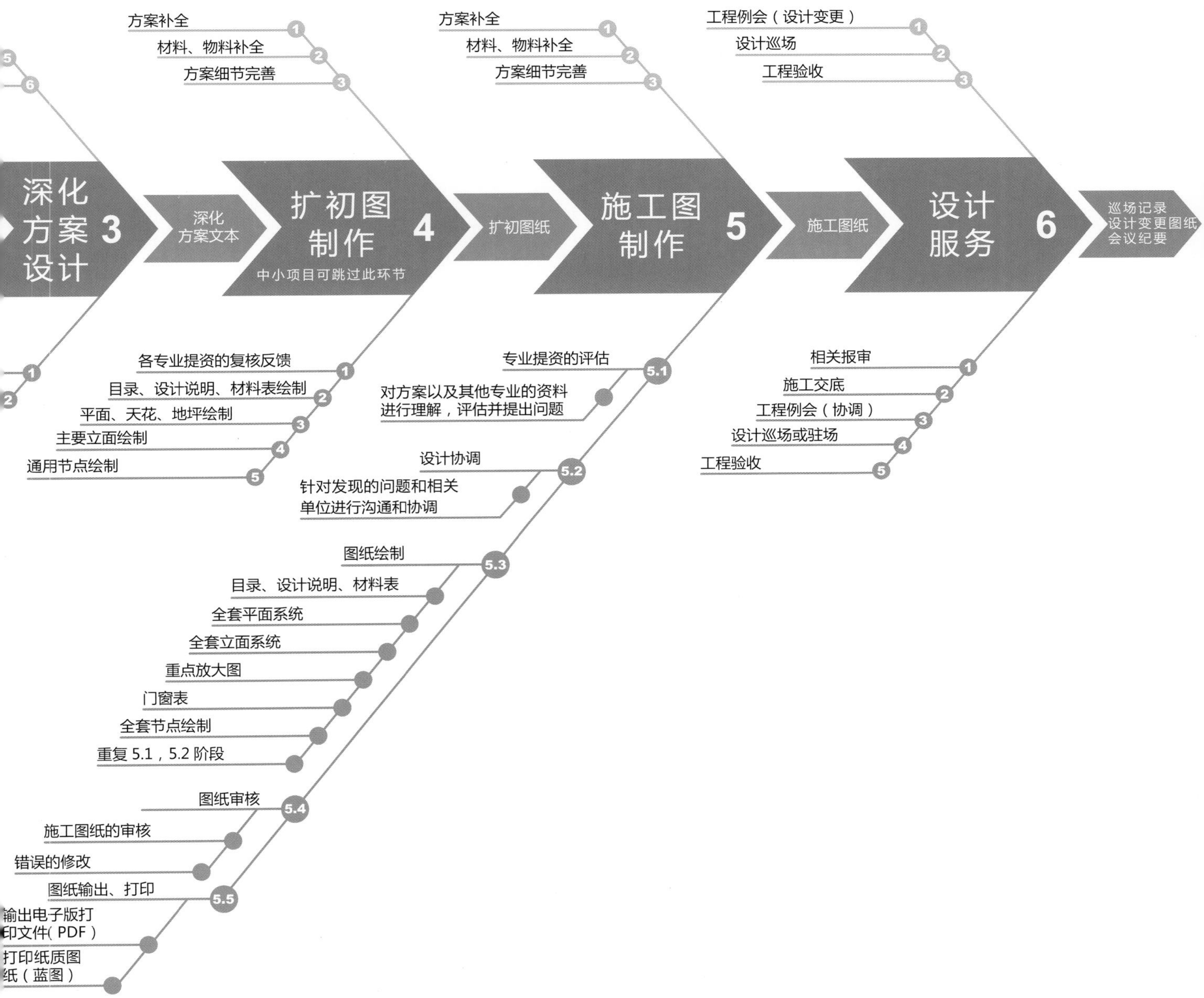

方案补全
材料、物料补全
方案细节完善
深化方案设计 3
深化方案文本
扩初图制作 4
中小项目可跳过此环节
各专业提资的复核反馈
目录、设计说明、材料表绘制
平面、天花、地坪绘制
主要立面绘制
通用节点绘制
方案补全
材料、物料补全
方案细节完善
扩初图纸
施工图制作 5
专业提资的评估
对方案以及其他专业的资料进行理解，评估并提出问题
设计协调
针对发现的问题和相关单位进行沟通和协调
图纸绘制
目录、设计说明、材料表
全套平面系统
全套立面系统
重点放大图
门窗表
全套节点绘制
重复 5.1，5.2 阶段
图纸审核
施工图纸的审核
错误的修改
图纸输出、打印
输出电子版打印文件(PDF)
打印纸质图纸（蓝图）
工程例会（设计变更）
设计巡场
工程验收
施工图纸
设计服务 6
相关报审
施工交底
工程例会（协调）
设计巡场或驻场
工程验收
巡场记录
设计变更图纸
会议纪要

1.5 作用

从灰暗粗糙的毛坯到最终风格迥异的空间，这一系列的蜕变须要设计师的创意、业主的投资和工人的施工来共同完成，而施工图就是连接各方的纽带。

1. 为设计师服务

方案设计师的创意需要通过施工图以规范的方式呈现，让设计师客观地审视和调整创意，确保方案能够落地实施。

2. 为业主服务

施工图完整体现了一个项目的规划、用途、范围、材料等信息，业主的政府报审工作、成本核算、招投标工作、项目计划都要以施工图为基础。

3. 为其他专业设计服务

几乎所有的专业设计都要在室内设计的基础上进行，比如机电、灯光、软装等专业都须要以室内施工图作为他们设计的底图。

4. 为施工方服务

在现场施工过程中，施工图起到指导施工的作用，工人将依据图纸上的信息进行现场复核以及施工。

方案设计是否能够还原、法律规范是否满足、工艺是否可行、成本是否可控，其他专业是否匹配等，都需要室内设计施工图作为载体来呈现。所以说施工图是方案设计转化为实实在在的项目的重要桥梁。

1.6 工作内容的演变

随着行业的发展，设计项目变得愈发复杂和专业，导致室内施工图的工作内容在近些年来发生了巨大变化。

最初的室内施工图工作只负责制图，把方案设计如实地转化为工程图纸，可以让施工单位进行施工就行。但当下的室内施工图工作已经不是单纯的制图工作了，更多地承担了综合的责任，须要设计师把室内方案、建筑、结构、机电、材料、产品设备等方面的信息汇总到一起，进行各专业之间的叠加与核实，发现并解决问题，最终完成施工图纸的绘制。

室内设计行业的专业化直接体现在专业的细分上。大型项目中的设计团队的管理职能越来越多（见右页图），这也对施工图设计师的综合能力提出了更高要求。

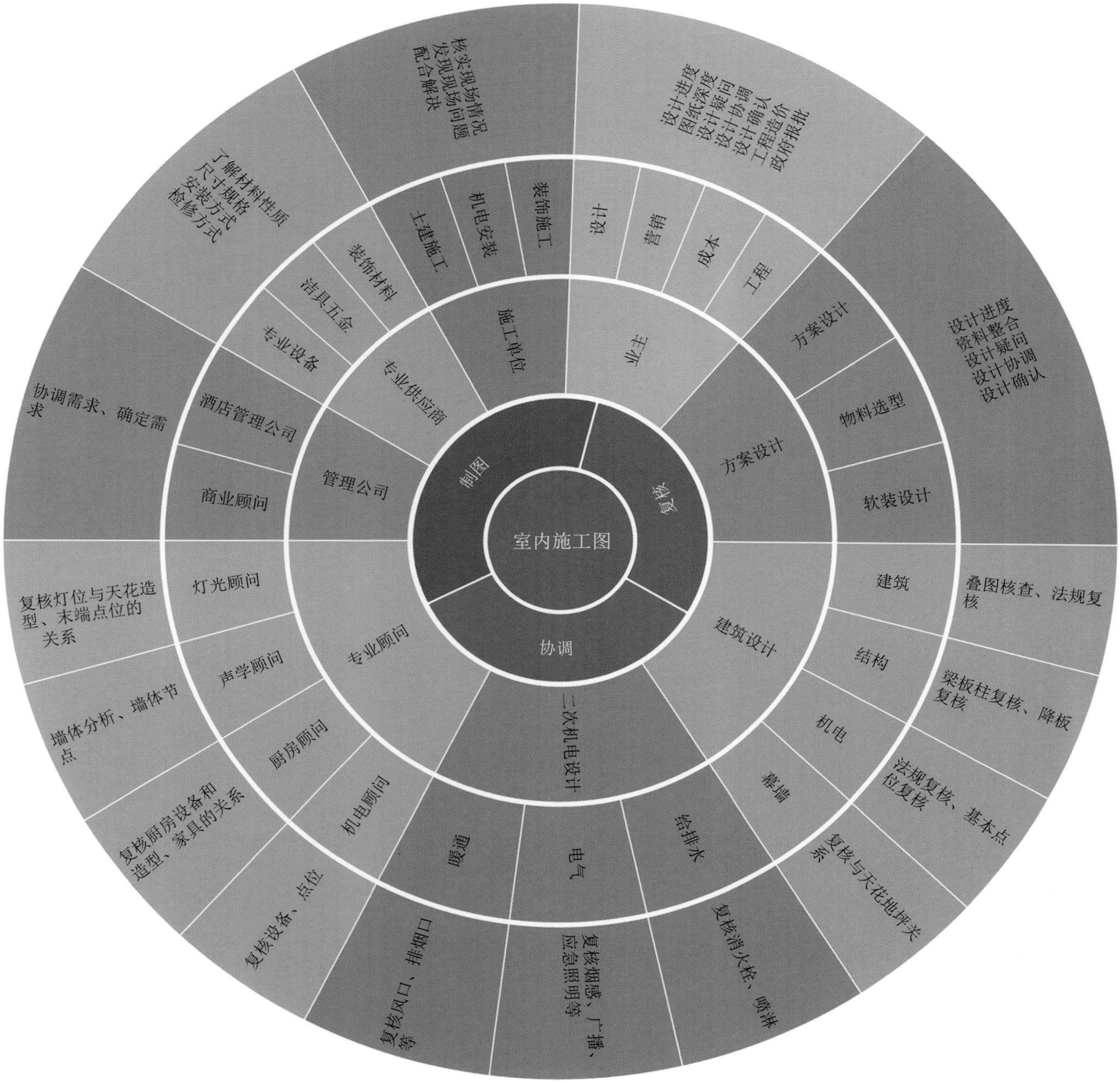

室内设计相关单位与专业一览

2

室内施工图准备

2.1 制图原理

室内施工图应采用正投影法并用第一视角画法绘制。投影法是指在一定的投射条件下，在承影平面上获得与空间几何体或元素相对应的图形的过程，这是我们假设的一种理想投影情况，用于研究和表达空间、几何体。

所有的投射线相互平行且垂直于投影面的投影方法称为平行正投影法，具有类似性、不变性、积聚性三个特点。我们可以利用正投影的不变性特点来表达空间形体的形状和大小。

2.1.1 三视图、多视图

三视图的绘制是通过正投影的方式，绘制一个物体的正视图、俯视图、侧视图，通过三个二维视图来表达物体的三维信息。要掌握正投影画法，三视图的绘制是个很好的入门方法。

室内设计中的空间与装饰造型多样且复杂，通过三视图往往无法将一个造型或者形体表述清楚，因而会通过多个视图进行完整表达。

下图所示的接待台虽然是一个简洁的形体，但仅通过三视图是无法将其表达完整的，我们会用一个平面图和四个立面图对接待台的表面造型进行表达。

前台效果图

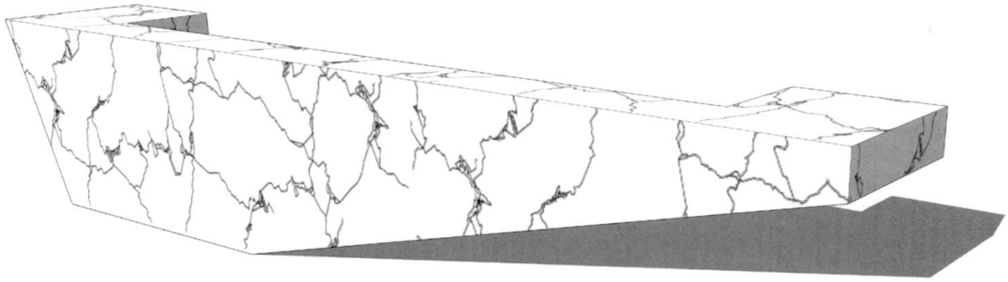
前台透视图

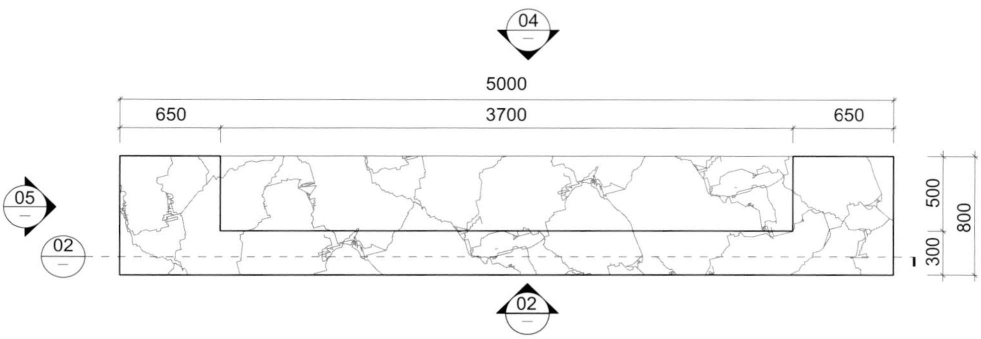

01 平面图

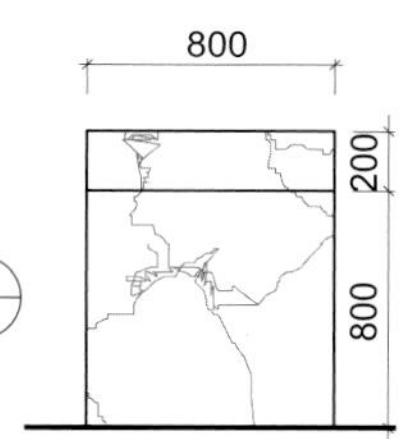

03 立面图

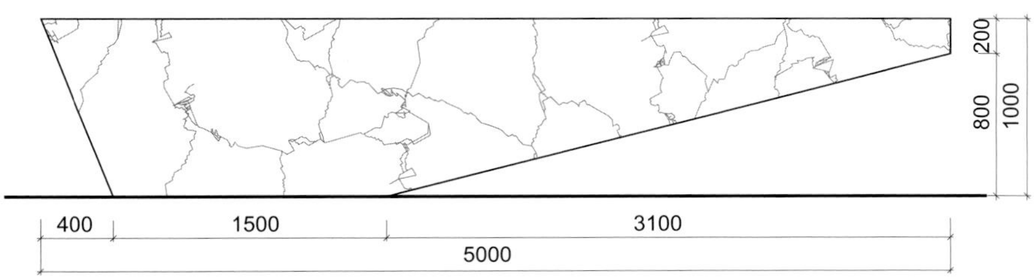

02 立面图

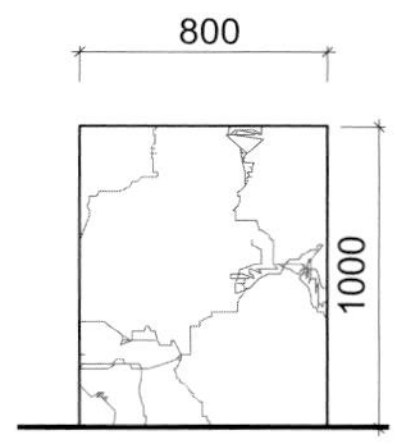

05 立面图

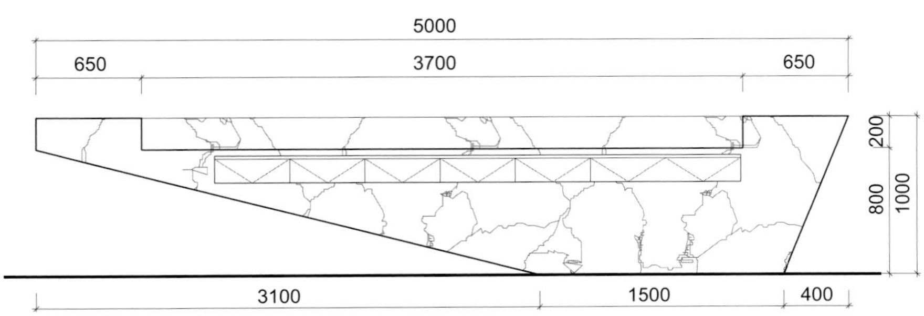

04 立面图

2.1.2 剖视图

通过三视图能表达出物体的外部造型和表面材质，但是要表达更复杂的物体以及内部结构时，就须要选择剖面图。剖面图就像用一把刀从所选择的剖切位置把物体一刀切开，展示出被切物体的轮廓和内部构造。

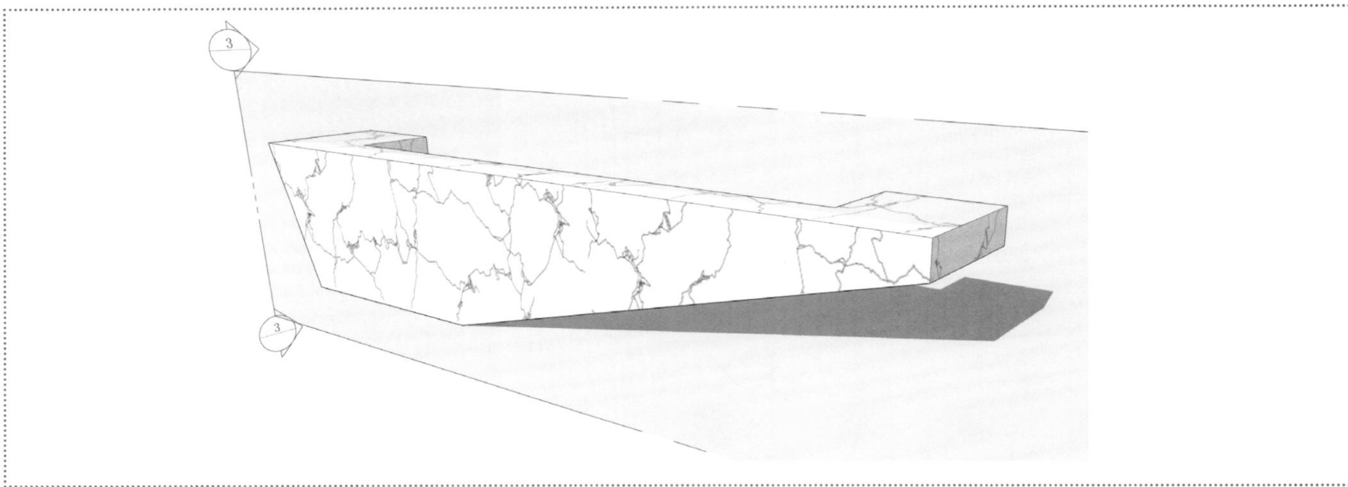

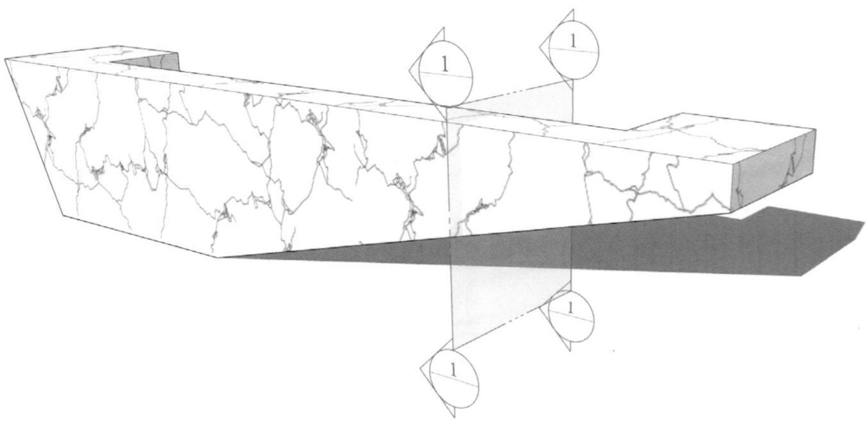

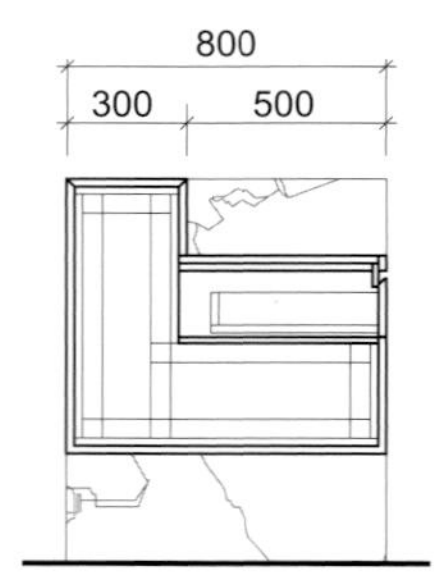

01 剖面图

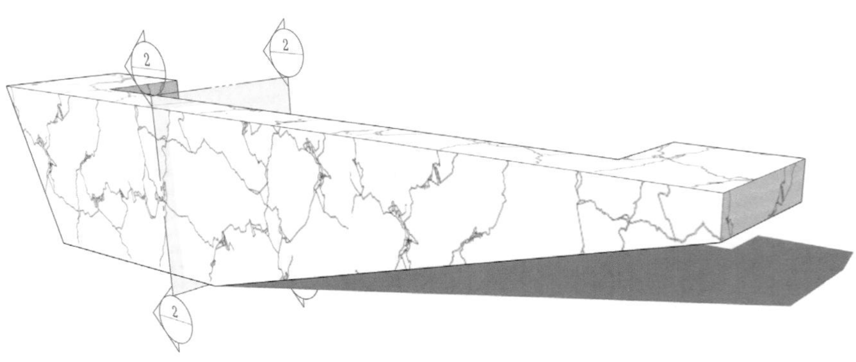

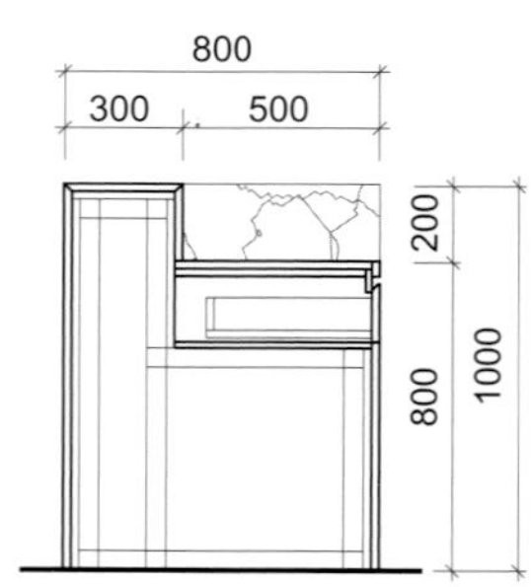

02 剖面图

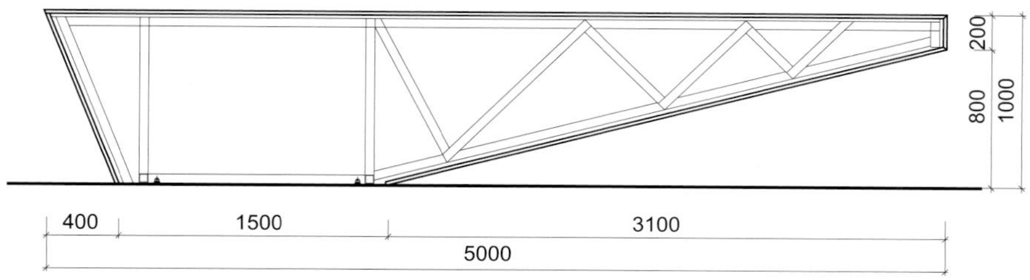

03 剖面图

2.1.3 异形表达

随着设计手法的提升与新型材料及工艺的应用，有更多不规则的形体与曲面形态出现，设计师须要采用更多的手法来对其进行表达，当二维图纸不能满足需求时，往往需要建造模型来进行辅助表达，如下图例所示。

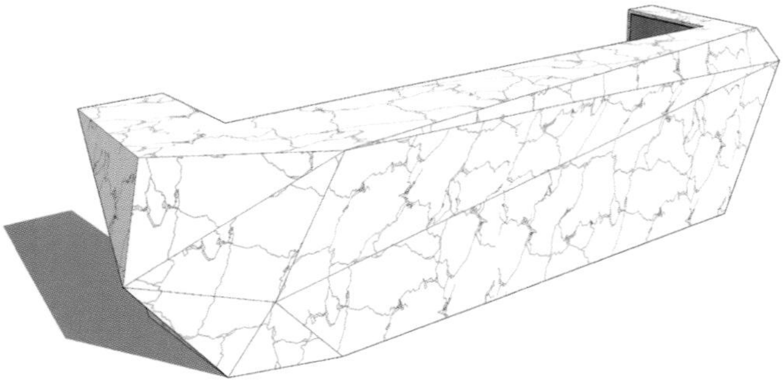

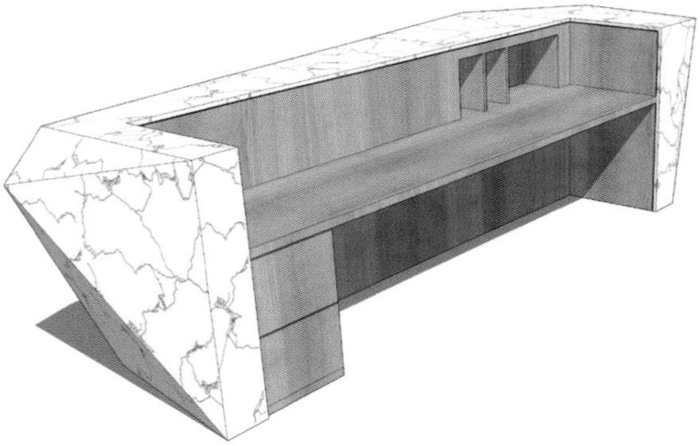

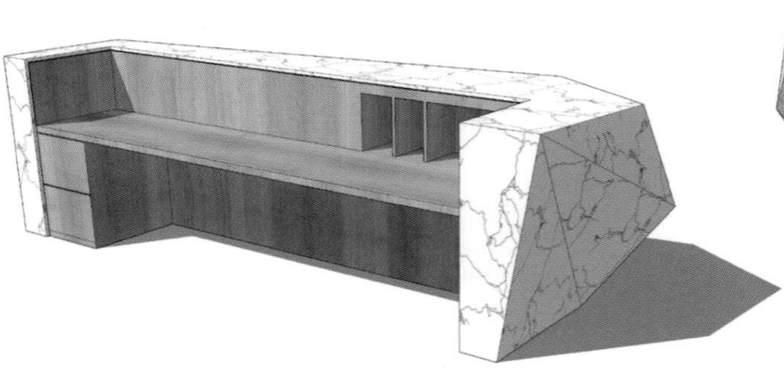

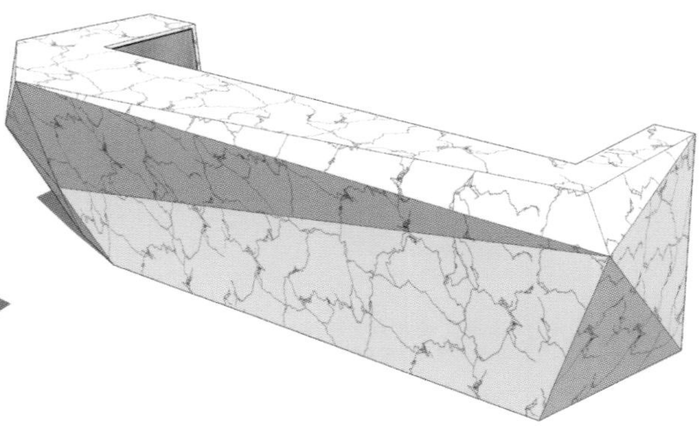

2.2 制图标准

2.2.1 定义

我国的室内装饰行业从 19 世纪 80 年代兴起，至今只有近 40 余年的发展时间，仍然属于新兴行业。目前室内施工图制图大多依据或参考以下 3 方面。

（1）国家标准。国家相关部门制定的建筑制图标准具有总领性，是室内施工图制图标准的重要参考依据（见下图）。

（2）国外设计机构标准。作为行业的先行者，国外设计机构的制图标准是国内施工图制图标准学习和借鉴的主要对象。

（3）国内成熟设计公司制定的企业标准。国内一些专业的大型设计公司，结合项目经验总结出的施工图标准贴近实际的计算机制图工作，更具可操作性。

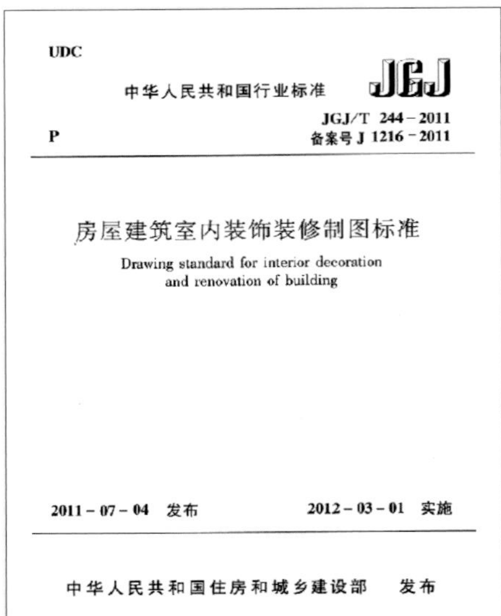
UDC
中华人民共和国行业标准 JGJ
JGJ/T 244－2011
P 备案号 J 1216－2011
房屋建筑室内装饰装修制图标准
Drawing standard for interior decoration and renovation of building
2011－07－04 发布 2012－03－01 实施
中华人民共和国住房和城乡建设部 发布

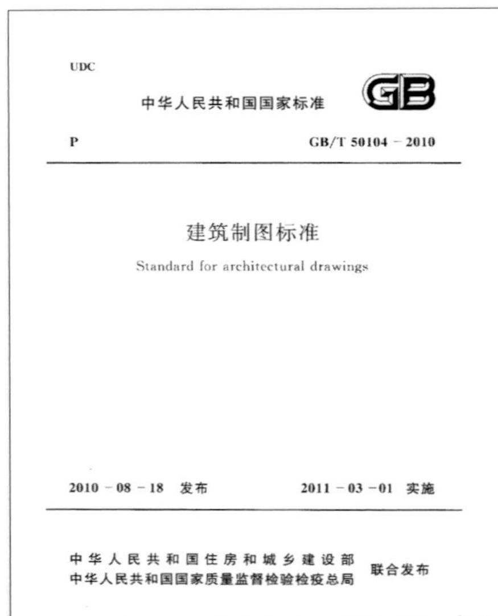
UDC
中华人民共和国国家标准 GB
P GB/T 50104－2010
建筑制图标准
Standard for architectural drawings
2010－08－18 发布 2011－03－01 实施
中华人民共和国住房和城乡建设部
中华人民共和国国家质量监督检验检疫总局 联合发布

UDC
中华人民共和国国家标准 GB
P GB/T 50001-2017
房屋建筑制图统一标准
Unified standard for building drawings
2017－09－27 发布 2018－05－01 实施
中华人民共和国住房和城乡建设部
中华人民共和国国家质量监督检验检疫总局 联合发布

dop 室内施工图制图标准 1.0版

2.2.2 图幅

图幅是图纸幅面的简称，指图纸的大小规格。标准的图纸以 A0(841mmx1189mm) 为幅面基准，通过对折可形成 4 种规格：A1，A2，A3，A4 (A0 对折为 A1，A1 对折为 A2，以此类推)。

正式的室内施工图的图幅常采用 A0~A3，A4 幅面多用作图纸目录和设计变更。一套室内施工图中不建议出现两种以上图幅。

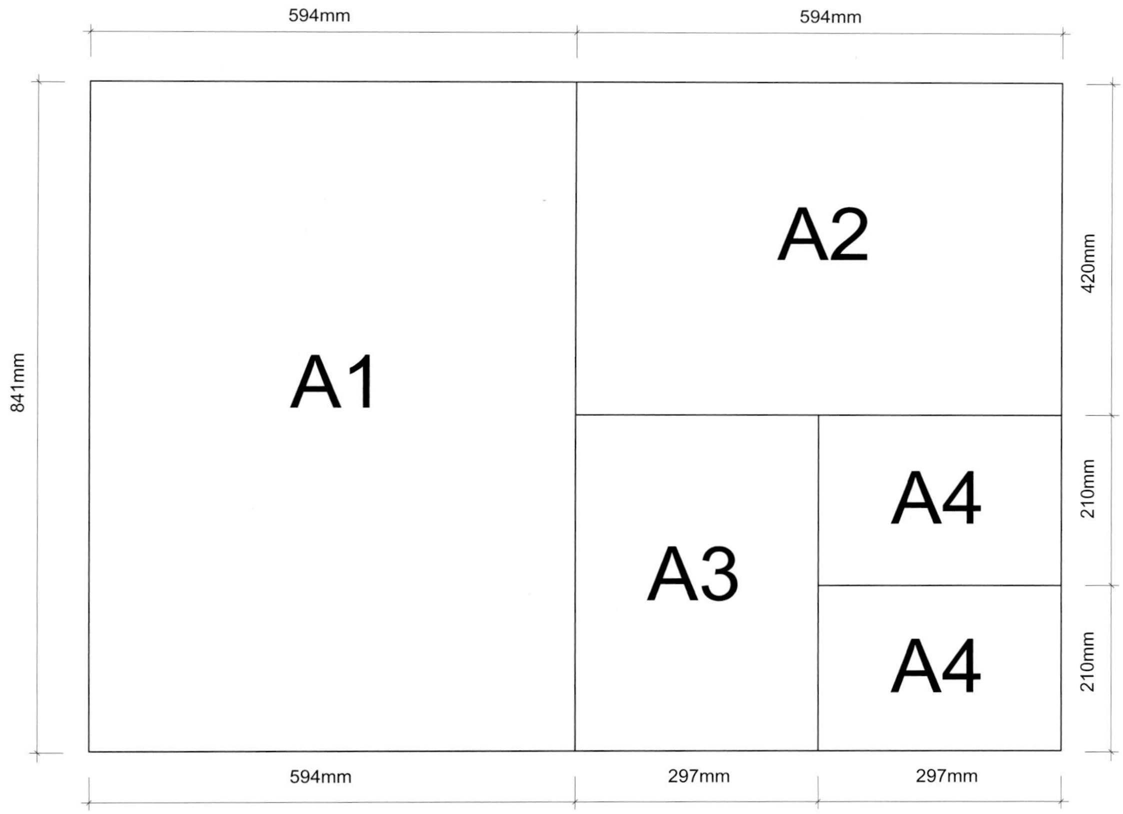

2.2.3 图框

图框指施工图纸上限定绘图区域的线框。图框的尺寸对应着图幅的种类（A0/A1/A2/A3/A4）。

1. 图框内容

图框包含标题栏和绘图区。

（1）正规图框的标题栏有严格的固定内容（见下图）。

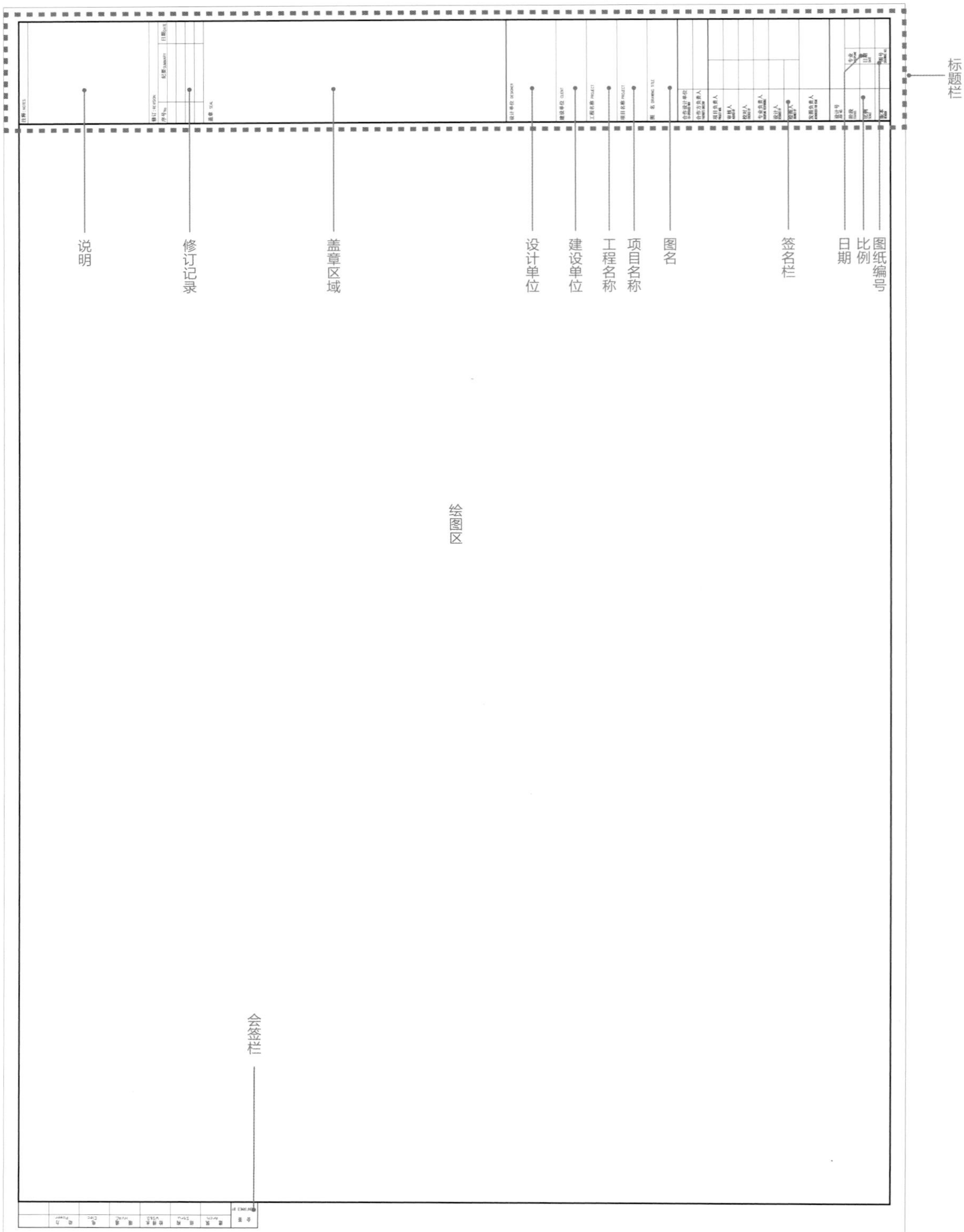

（2）简化图框的标题栏内容可以根据公司的习惯和需求进行调整（见下图）。

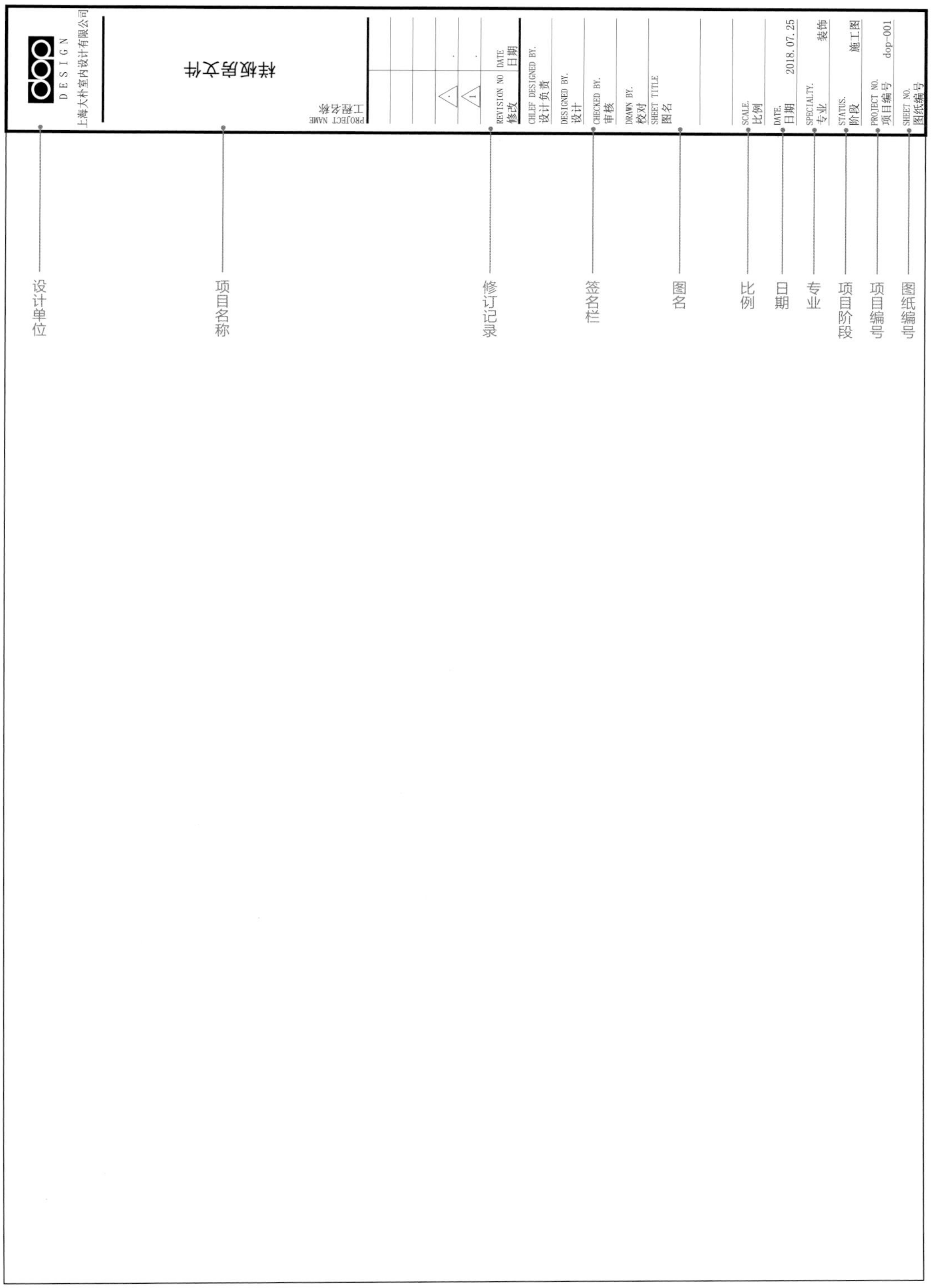

2. 图框形式

图纸以短边作为垂直边的为横式图框，以短边作为水平边的为立式图框，室内施工图常用横式图框。横式图框根据不同的实际情况有两种形式（见下图）。

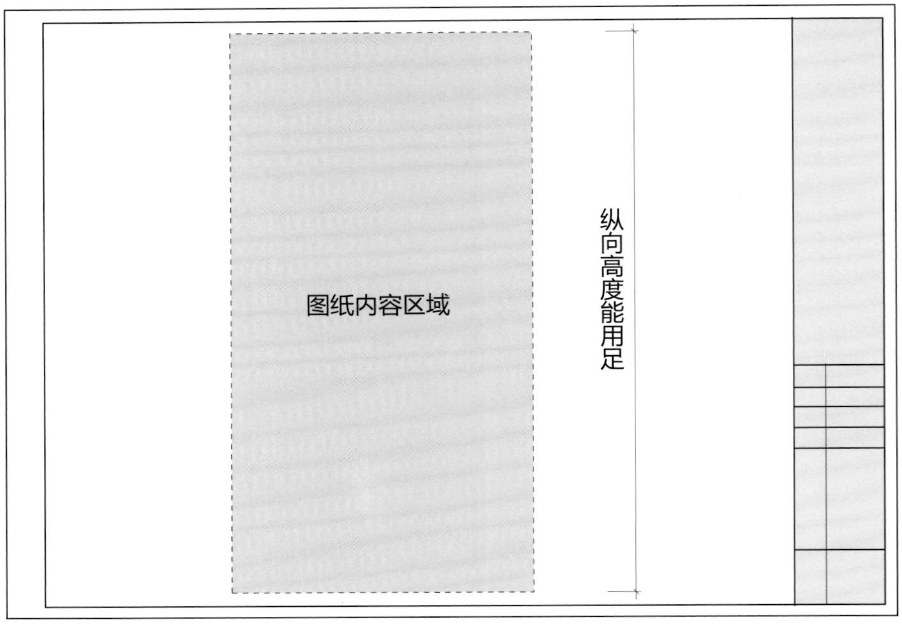

横式图框形式（一）：

所表达图纸内容纵向高、横向短。标题栏置于图框右侧。

横式图框形式（二）：

所表达图纸内容纵向短、横向长。标题栏置于图框下方。

3. 加长图框

当正常尺寸的图框容纳不下图纸内容时，可对图框进行合理加长，图框短边不变，长边加长。不同图幅加长规则不同，A4 图纸一般不加长。

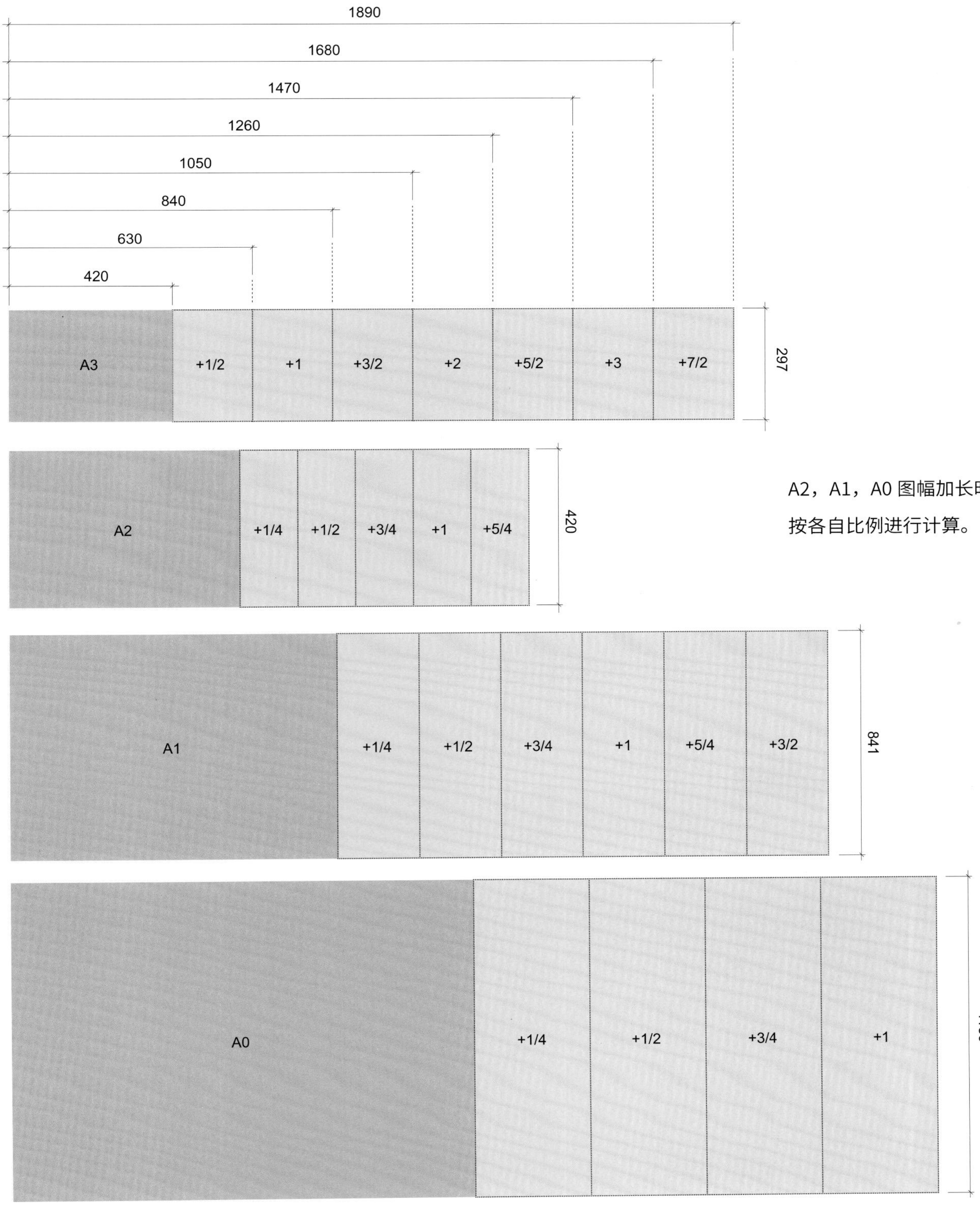

A2，A1，A0 图幅加长时按各自比例进行计算。

2.2.4 比例

图纸比例表示图形尺寸和实物尺寸的相对比值。符号为“：”，以阿拉伯数字表示，例如 1:1，1:5，1:10 等。

（1）比例的选择主要取决于所画图形的复杂程度，内容简单，比例相应就小；内容复杂，要表示的细节多，比例就大。

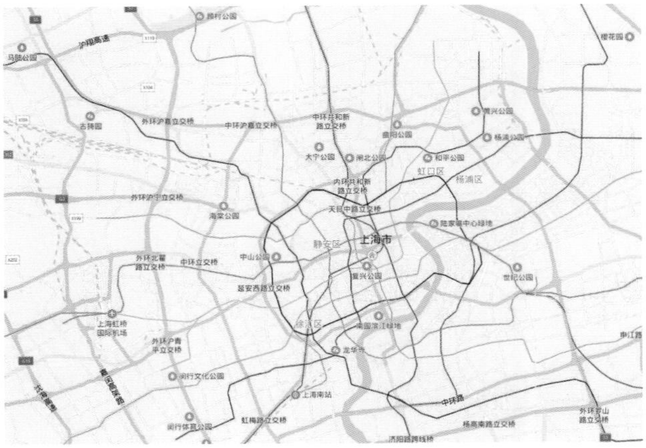

上图比例小（约为 1:200 000），可以看到整个上海市区和周边的区域。

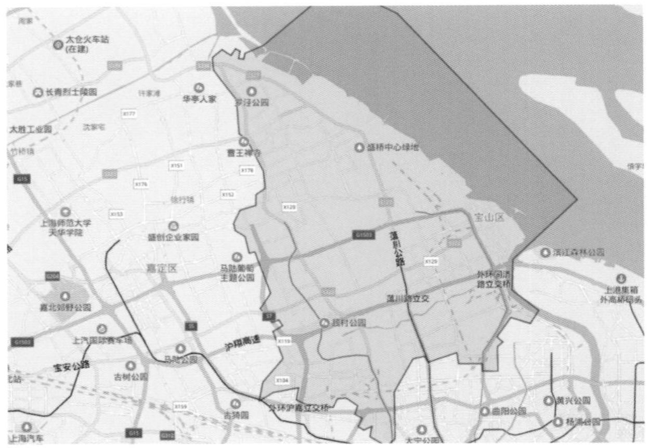

上图比例大（约为 1:50 000）可以看到市区内的主要道路和区块。

丈量图纸比例的工具是比例尺：

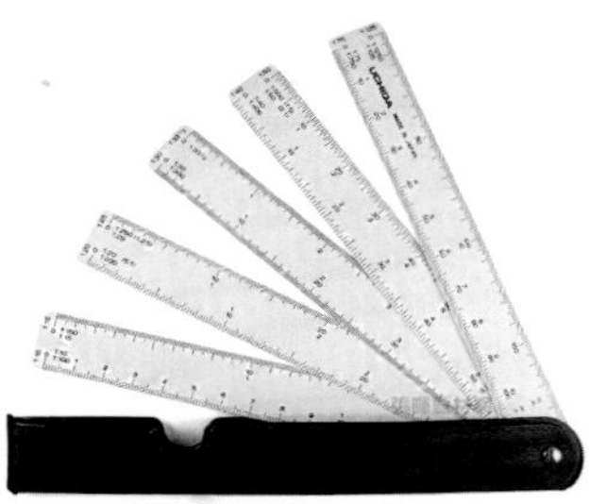

扇形比例尺

1:10 1:75 1:500
1:15 1:100 1:750
1:20 1:125 1:1250
1:25 1:150
1:30 1:200
1:33 1:250
1:40 1:300
1:50 1:400

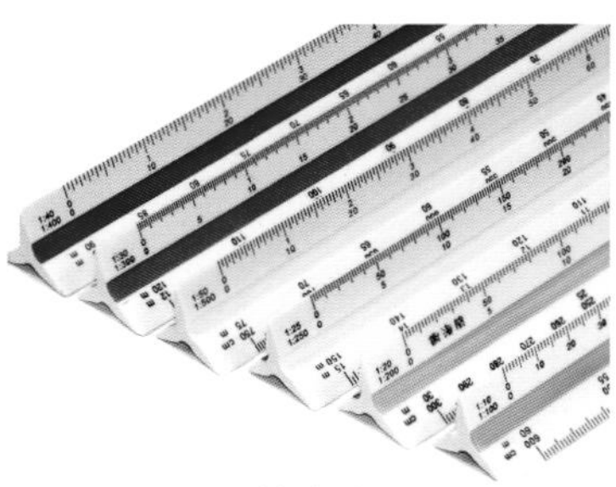

三棱比例尺

1:10 1:100
1:20 1:200
1:25 1:250
1:30 1:300
1:40 1:400
1:50 1:500

<table>
<tr><th>图纸类型</th><th colspan="5">室内施工图常用比例</th></tr>
<tr><td>总平面图</td><td colspan="5">1:200—1:500</td></tr>
<tr><td>平面图</td><td colspan="2">1:50</td><td colspan="2">1:75</td><td>1:100</td></tr>
<tr><td>重点放大图</td><td colspan="2">1:25</td><td colspan="2">1:30</td><td>1:50</td></tr>
<tr><td>立面图</td><td colspan="2">1:30</td><td colspan="2">1:50</td><td>1:75</td></tr>
<tr><td>门表图</td><td colspan="3">1:15</td><td colspan="2">1:20</td></tr>
<tr><td>节点图</td><td>1:1</td><td>1:2</td><td>1:5</td><td>1:10</td><td>1:15</td></tr>
</table>

（2）在图幅已经确定的情况下，图纸比例的选择应遵循以下原则：

①能够清晰地表达图纸内容。

②在比例的选择上遵循施工图常用比例，不能为了适配图幅而去任意放大缩小比例。

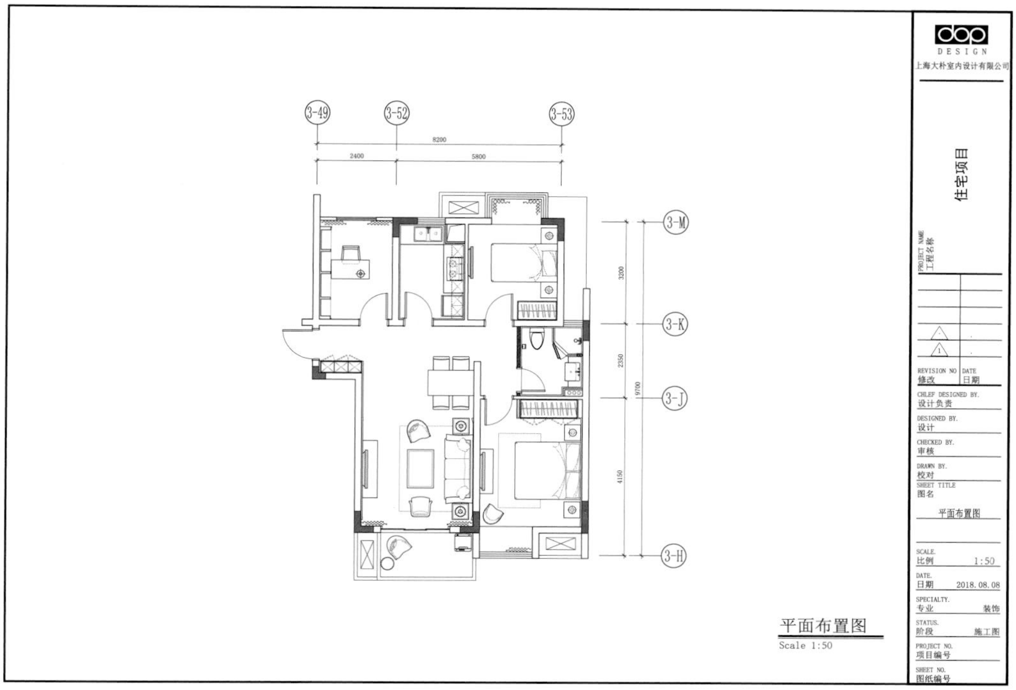

图面虽有一定留白，但是比例合理（1:50），图纸内容清晰

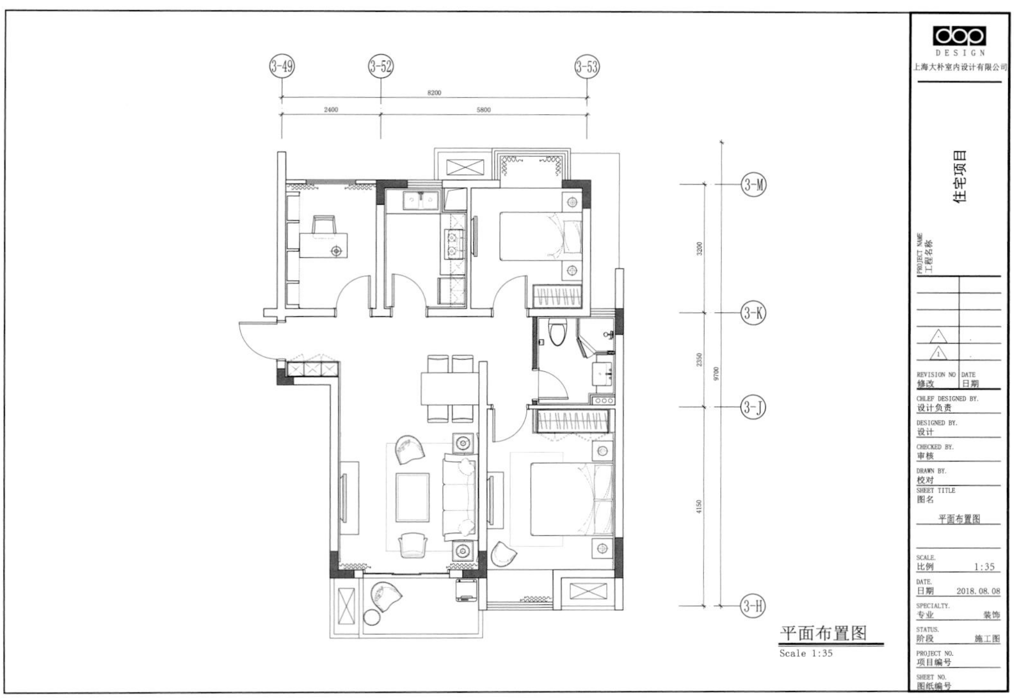

为了图面的饱满，选择了不合理的比例 (1:35)

2.2.5 图层

图层是对不同图线进行分类的一种方式，计算机制图对图层的归纳和整理要求非常严格，因为只有在此基础上才能够进行有效的图层管理。

图层管理的本质就是通过控制不同图层的开关，在布局内呈现出设计师想要的图纸内容。

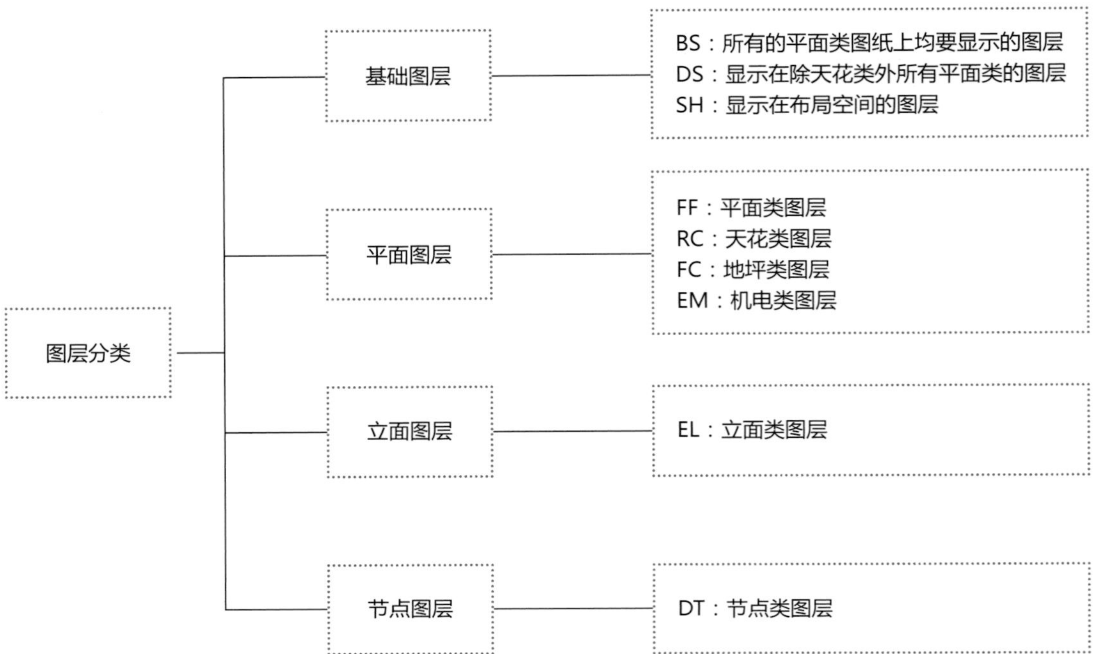

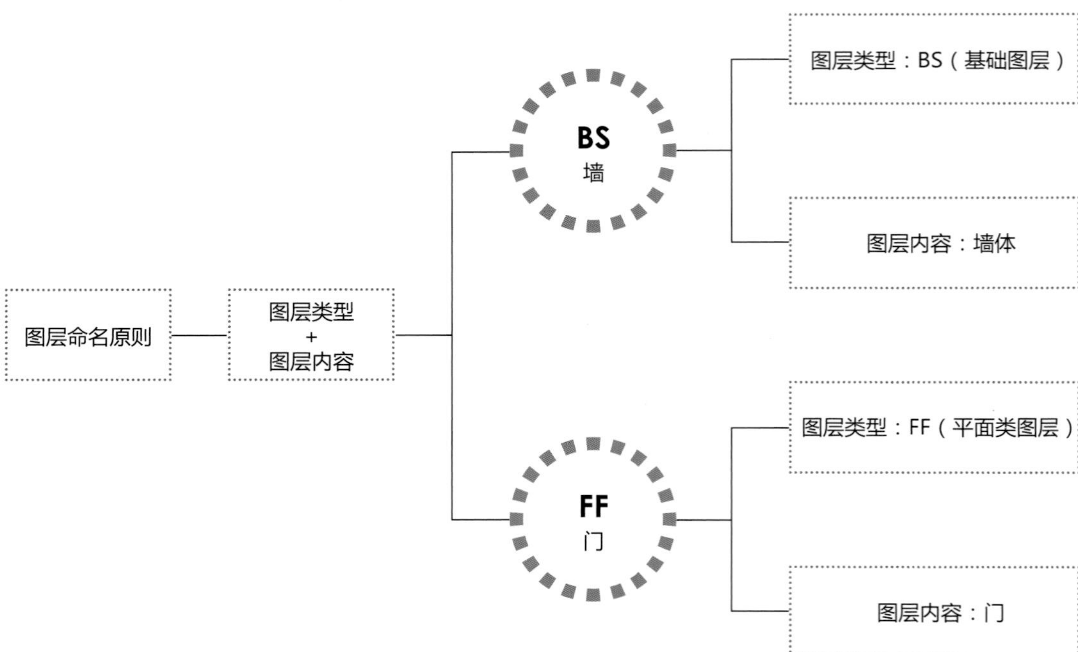

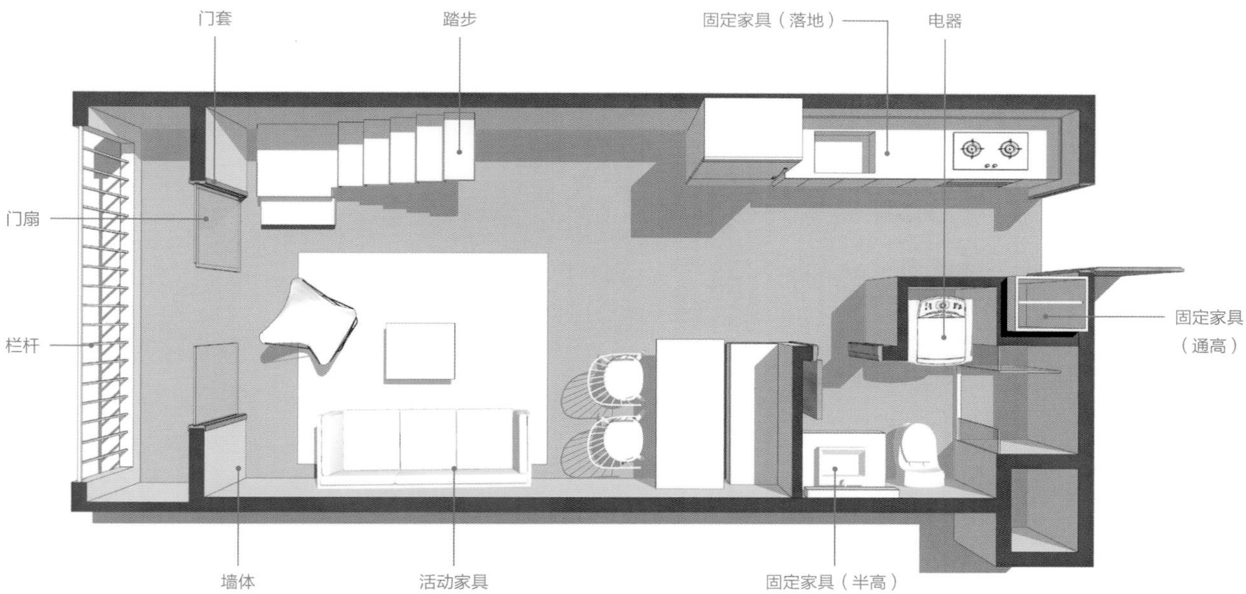

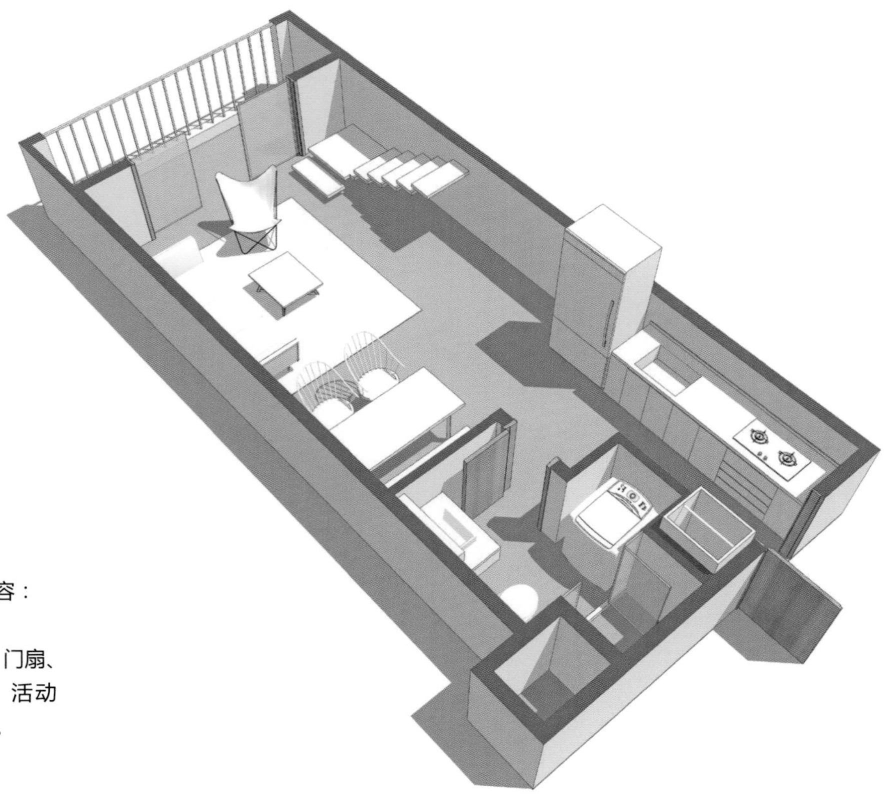

平面布置图所显示的内容：

墙体、玻璃隔断、门套、门扇、窗、踏步、固定家具、活动家具（电器）、栏杆等。

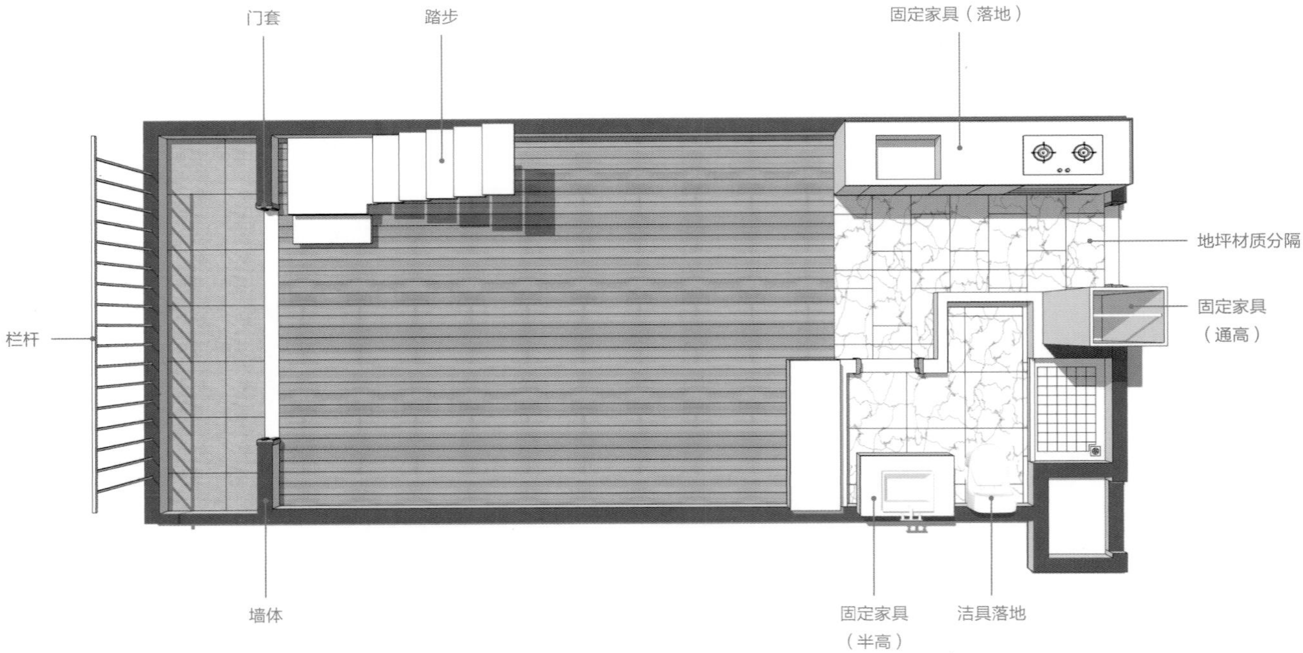

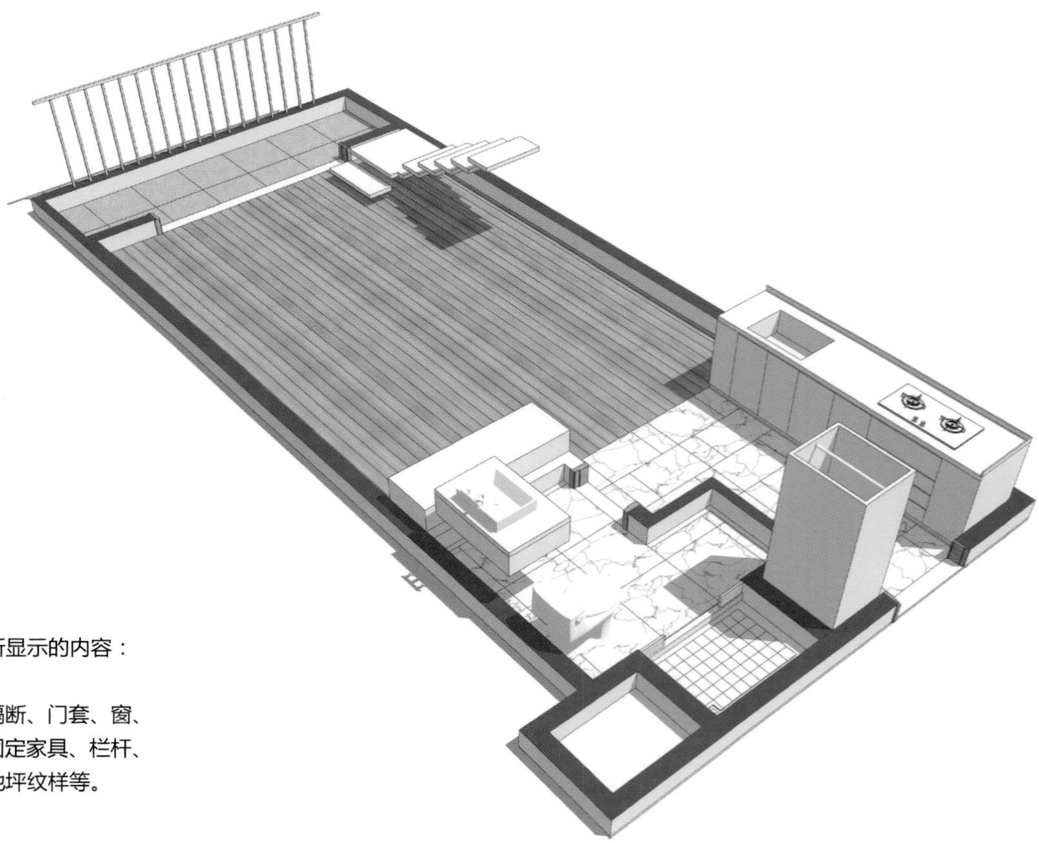

地坪布置图所显示的内容：

墙体、玻璃隔断、门套、窗、踏步、部分固定家具、栏杆、地坪材质、地坪纹样等。

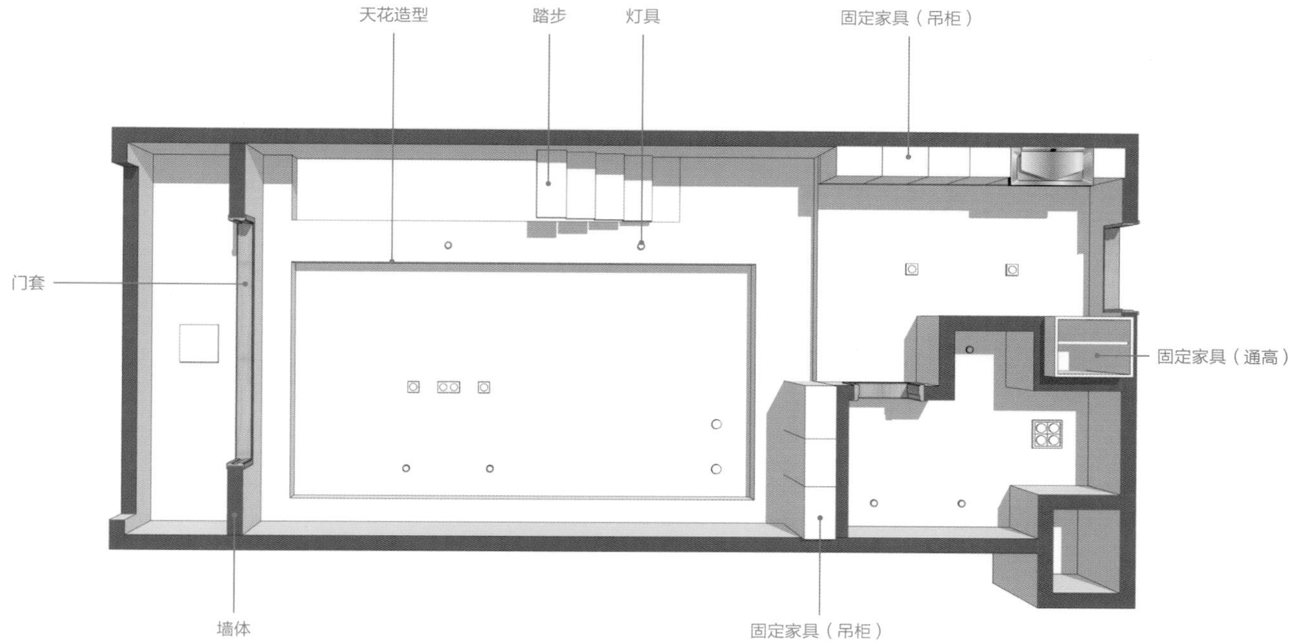

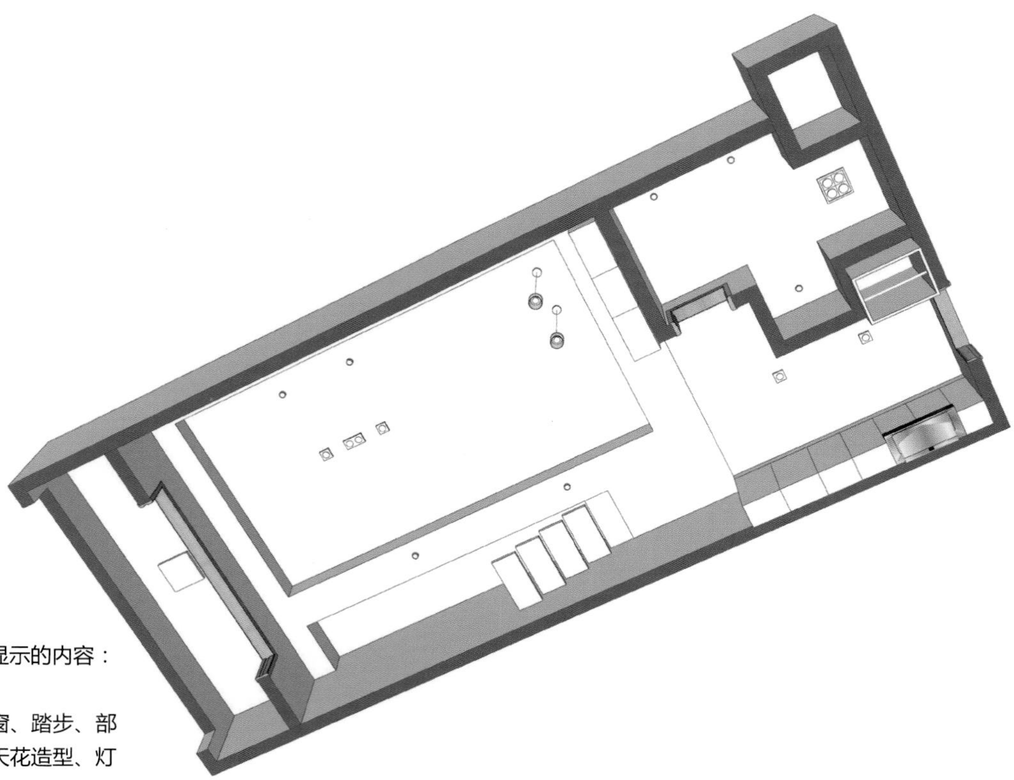

天花布置图所显示的内容：

墙体、门套、窗、踏步、部分固定家具、天花造型、灯具等。

2.2.6 颜色

计算机制图里的图线都有其对应的颜色，输出时将不同颜色的图线设置成不同线宽，从而确保图纸层次清晰，在电脑屏幕上也能更清楚地呈现。

对于室内施工图的纸质图纸，图面表现为黑色线条结合适当的淡显会利于图纸表达。对于 PDF 格式的电子文档来说，有目的地设置一些醒目颜色会为设计工作提供便利。

注意：

（1）线宽的设置以输出纸质图纸能够清晰显示为原则。

（2）淡显的设置一定要考虑在输出纸质图纸（尤其是蓝图）时是否能够显示出来。

颜色线宽对照

颜色	线宽	颜色	线宽	颜色	线宽
1（黑色）	0.13	40（黑色）	0.20	114（黑色）	0.13
2（黑色）	0.25	44（黑色）	0.13	134（黑色）	0.13
3（黑色）	0.18	50（黑色）	0.13	150（黑色）	0.13
5（黑色）	0.35	51（黑色）	0.18	192（黑色）	0.13
6（黑色）	0.5	60（黑色）	0.13	240（对象色）	0.13
7（黑色）	0.3	61（黑色）	0.18	250（黑色）	0.1
22（黑色）	0.13	81（黑色）	0.18	251（对象色）	0.1
30（黑色）	0.18	93（黑色）	0.13	254（对象色）	0.1
35（黑色）	0.13	100（黑色）	0.25		

注：除上述线型外，剩余线宽均为 0.1。

扫码关注公众号“dop 设计”

回复关键词“图层”，获得电子版文件。

2.2.7 线宽

名称	外观	应用
极细线	0.1	填充、细节
细线	0.13	板块分割线
次中线	0.18	造型轮廓
中线	0.25	转折线
次粗线	0.35	立面楼板轮廓
粗线	0.5	立面地面完成面

2.2.8 线型

名称	外观	应用
CENTER		图纸空间柱网线
DASHDOT		定位辅助线、灯带、门开启线
DASHED		防火卷帘、BS- 固定家具（不落地到顶）、DS- 固定家具（不落地不到顶）、灯具回路连线、 活动家具、衣架、电器（投影）
ZIGZAG		节点图上的玻璃剖面填充
BATTING		节点图上的隔音棉填充
CONTINOUS		其他所有

2.2.9 符号

在施工图纸中，须要用不同的符号来表达图纸中的信息，下表为室内施工图常用符号。

由于施工图图幅从 A0 到 A4 跨度较大，不同图幅所用的符号大小如果完全一致，所呈现的图面效果不好，因此把符号的尺寸规格分为小图幅（用于 A3 和 A4 图幅）、大图幅（用于 A0 至 A2 图幅）两种。

（mm）

名称		立面索引符号		A3，A4	A0，A1，A2
	引线	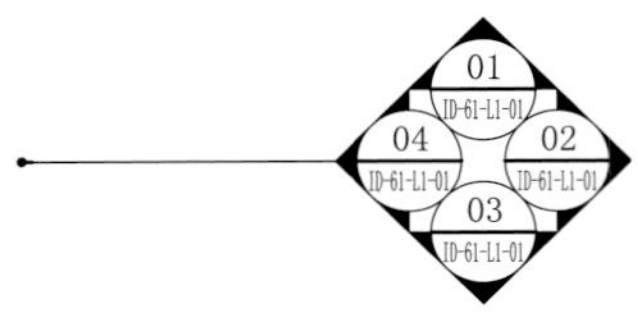	引线点直径	1	1
	圆		圆直径	10	12
02	立面图序号		立面图序号高度	2.5	3
ID-61-L1-01	图纸编号		图纸编号高度	2	2

（mm）

名称		立面剖切符号		A3，A4	A0，A1，A2
	引线	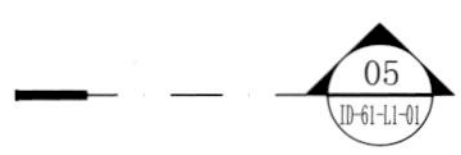	索引线线型	DASHDOT	DASHDOT
	圆		圆直径	10	12
05	立面图序号		立面图序号高度	2.5	3
ID-61-L1-01	图纸编号		图纸编号高度	2	2

（mm）

名称		放大图索引符号 节点大样索引符号		A3，A4	A0，A1，A2
	放大图 索引线框	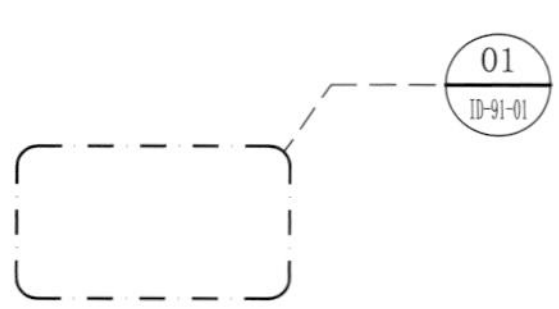	索引线框线型	DASHDOT	DASHDOT
	圆		圆直径	10	12
01	放大图序号		放大图序号高度	2.5	3
ID-91-01	图纸编号		图纸编号高度	2	2

（mm）

名称		节点剖切索引符号		A3，A4	A0，A1，A2
	剖切索引线		索引线线型	DASHDOT	DASHDOT
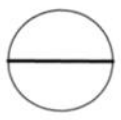	圆		圆直径	10	12
01	节点图序号		节点图序号高度	2.5	3
ID-91-01	图纸编号		图纸编号高度	2	2

（mm）

名称		平面图名		A3，A4	A0，A1，A2
一层平面布置图	图名	一层平面布置图 Scale 1:50	图名高度	4	5
Scale 1:50	比例		比例高度	3	3

（mm）

名称		立面图名 节点图名		A3，A4	A0，A1，A2
X层立面图	图名	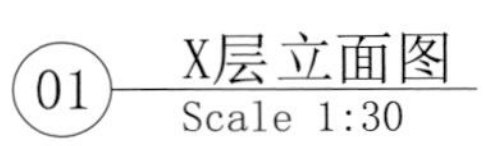	图名高度	4	5
Scale 1:30	比例		比例高度	3	3
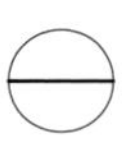	圆	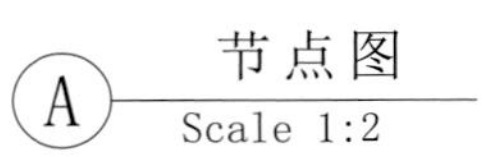	圆直径	10	12
01	立面图序号		立面图序号高度	4	5

注：建议数字、英文、中文均采用宋体或仿宋

（mm）

名称		门表		A3，A4	A0，A1，A2
01	门编号	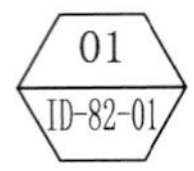	门编号高度	2	3
ID-82-01	图纸编号		图纸编号高度	2	2
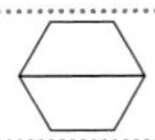	六边形		六边形直径	10	12

（mm）

名称		材料标注		A3，A4	A0，A1，A2
	引线		引线点直径	1	1
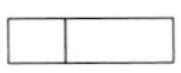	外框		外框尺寸	长 × 高：13×3.5	长 × 高：16×4
木饰面	中文		中文高度	2	2.5
WD	英文		英文高度	2	2.5
01	数字		数字高度	2	2.5

（mm）

名称		天花标注		A3，A4	A0，A1，A2
	引线		引线点直径	1	1
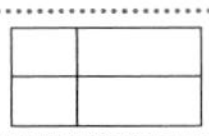	外框		外框尺寸	长 × 高：13×7	长 × 高：16×8
白色乳胶漆	中文		中文高度	2	2.5
CH	英文		英文高度	2	2.5
02	数字		数字高度	2	2.5

（mm）

名称		中心符号		A3，A4	A0，A1，A2
	引线	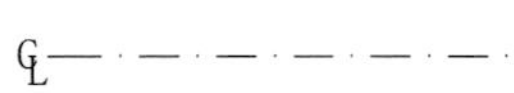	引线线型	DASDOT	DASDOT
CL	英文		英文高度	2	3

(mm)

名称		对齐符号		A3，A4	A0，A1，A2
对齐	中文	对齐 ALIGN	中文高度	2	3
ALIGN	英文		英文高度	2	3
	引线		引线线型	DASDOT	DASDOT

(mm)

折断线符号		
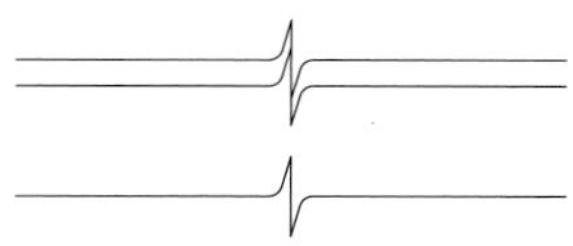	折断线间距	3
	线型	continous

(mm)

名称		起铺点		A3，A4	A0，A1，A2
	箭头	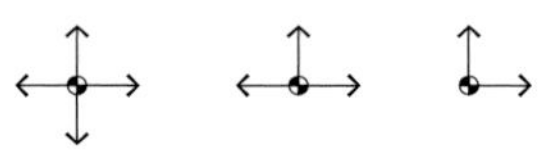	箭头宽度	0.2	0.2
	中心点		中心点直径	1.2	1.2
	外直径		外直径	8	10

(mm)

名称		家具标注		A3，A4	A0，A1，A2
	引线	 FF 沙发	引线点直径	1	1
	外框		外框尺寸	长 × 高：13×3.5	长 × 高：16×4
沙发	中文		中文高度	2	2.5
FF	英文		英文高度	2	2.5

(mm)

名称		地坪标高		A3，A4	A0，A1，A2
±0.000	数字	±0.000	数字高度	2	2.5

索引符号在使用时，有两种情况：

（1）被索引图纸和索引图纸在同一张图纸，称为本图索引（见下图）。

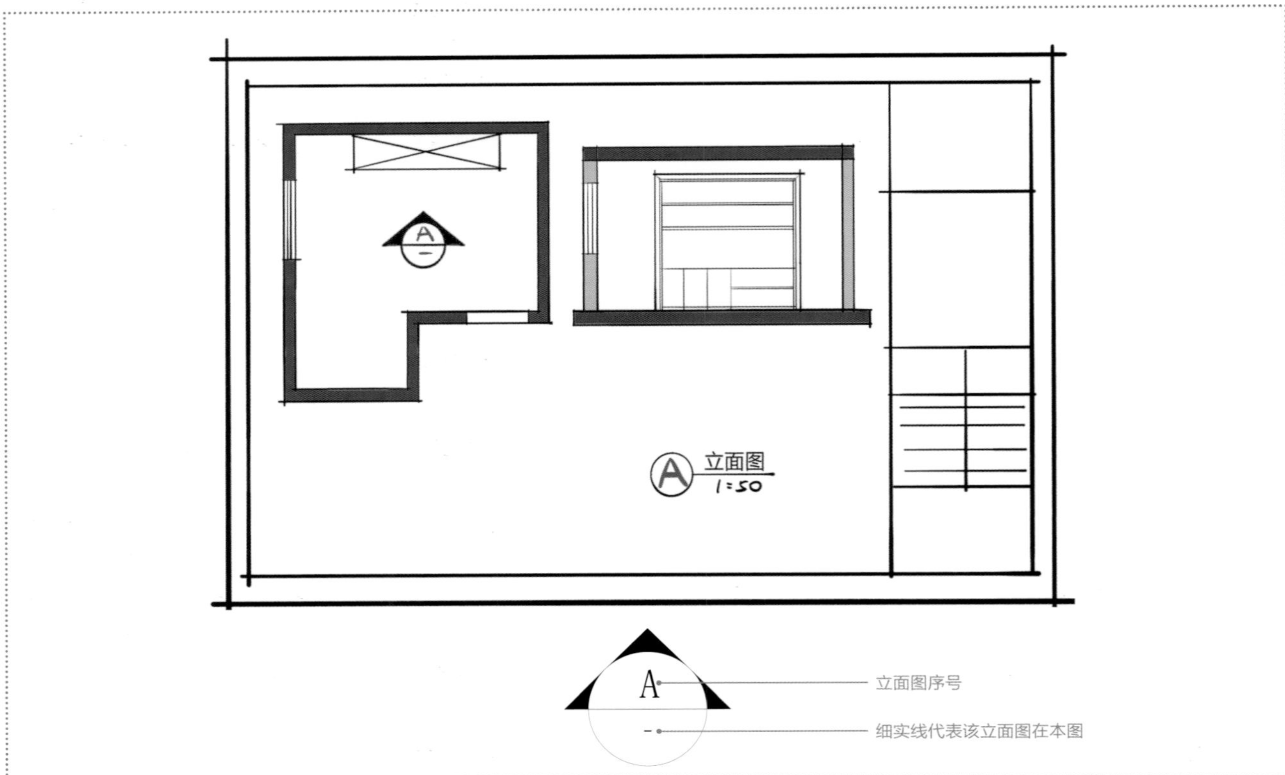

（2）被索引图纸和索引图纸不在同一张图纸，称为跨图索引（见下图）。

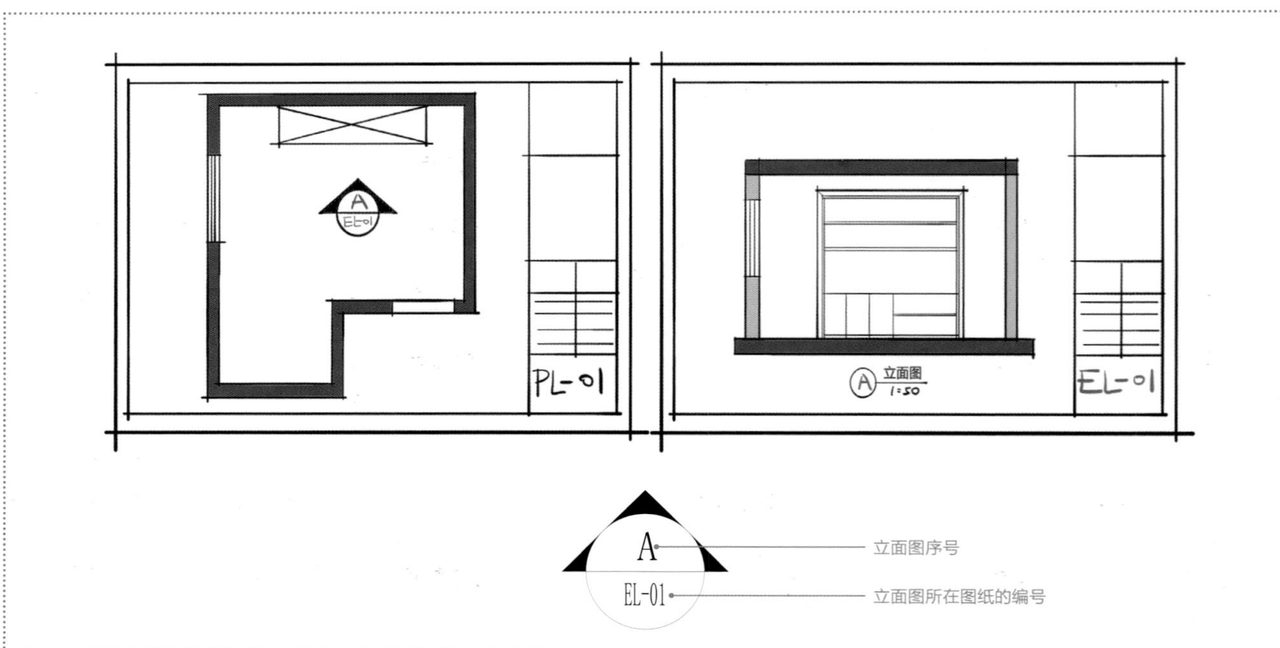

2.2.10 文字

室内施工图纸中的文字字体尽量选择标准字体（例如仿宋、宋体、黑体等），避免造成电子版图纸发出后由于对方没有相应字体，文字无法显示的情况。一套图纸中的字体不应超过两种。为了图面表达效果，一般 A0 至 A2 图幅选择一套字高规格，A3 和 A4 图幅选择一套字高规格。

A3 和 A4 图幅：

字体	高度	宽度因子	用途
宋体	2mm	1	其余所有文字
黑体	4mm	1	项目名称

A0 至 A2 图幅：

字体	高度	宽度因子	用途
宋体	2.5mm	1	其余所有文字
黑体	4mm	1	项目名称

应用：

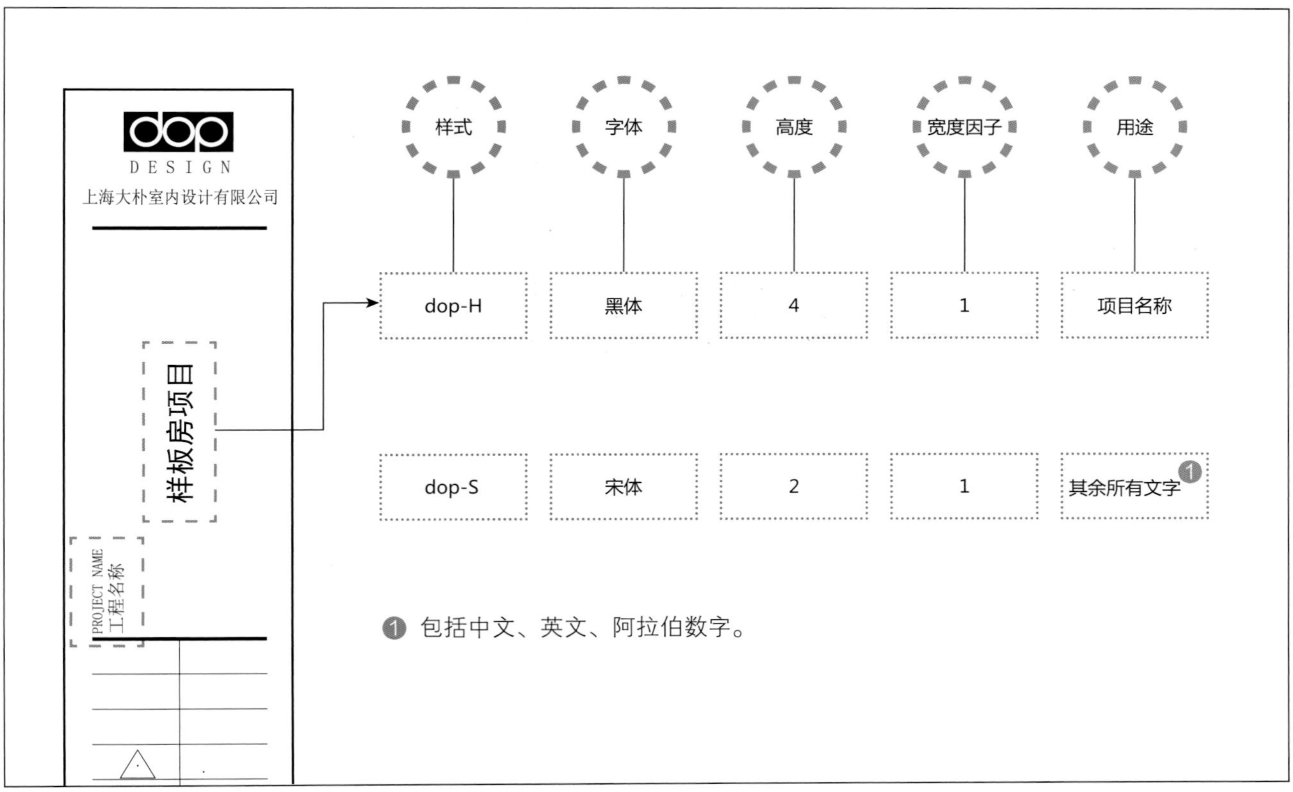

2.2.11 尺寸标注

目前常见的尺寸标注有两种方式：模型内标注和布局内标注。两种方式都能够满足图纸的绘制需求，设计师可以根据自己的习惯进行选择。需要注意的是，这两种标注在设置上遵循不同的思路。

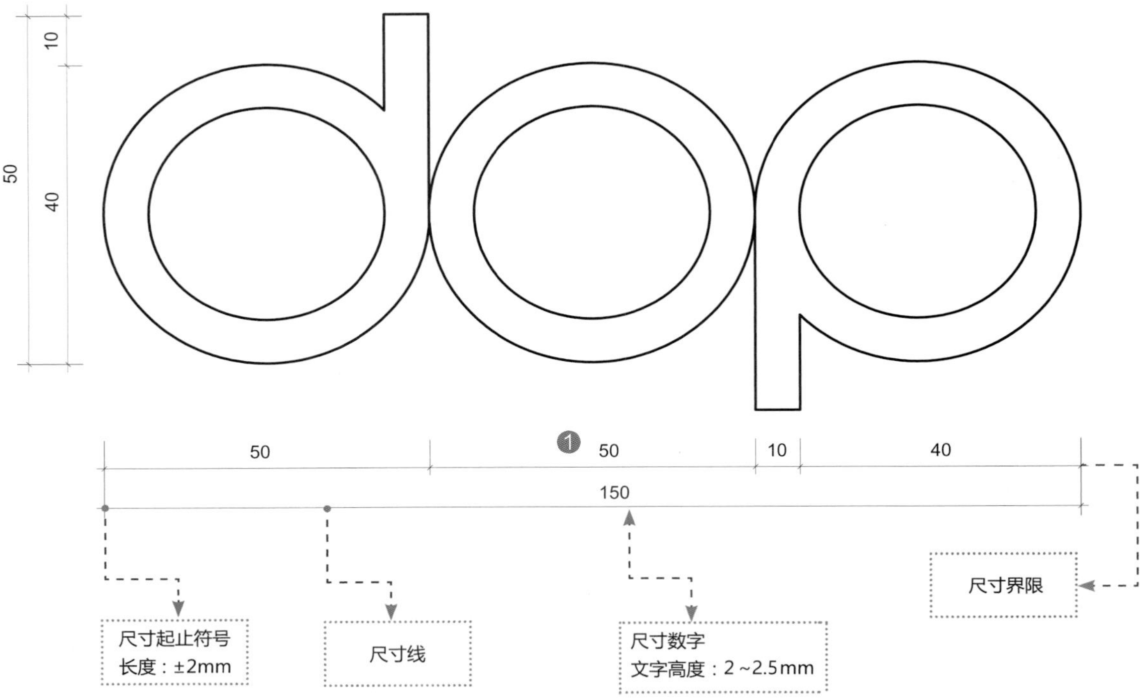

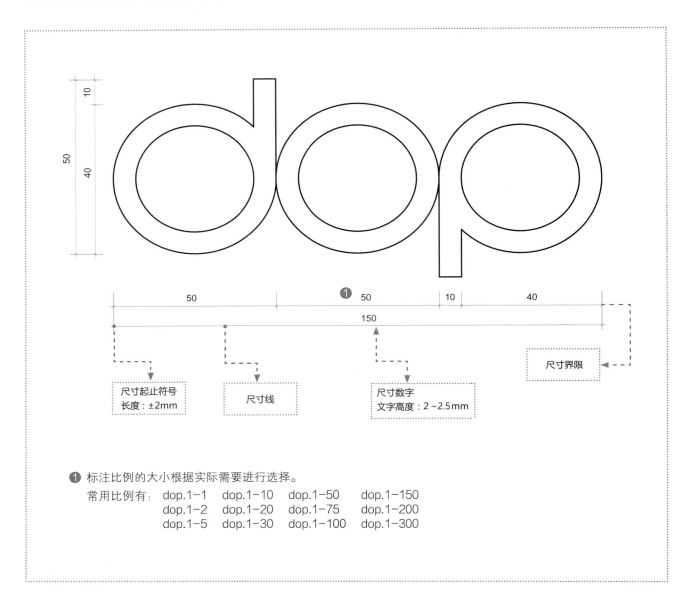

❶ 标注比例的大小根据实际需要进行选择。

常用比例有：dop.1–1　dop.1–10　dop.1–50　dop.1–150
dop.1–2　dop.1–20　dop.1–75　dop.1–200
dop.1–5　dop.1–30　dop.1–100　dop.1–300

1. 模型内标注

（1）模型中的尺寸比例都是 1:1，但是要根据不同比例的需求调整文字的字高，即调整全局比例。

全局比例的设置不会影响实际尺寸（都为 666mm），但是标注样式的外观、大小会有不同 (见上图)。

（2）模型标注设置中，为了保证测量数据与图形数据一致，将比例因子设置为“1”。全局比例需与视口比例适配，保证在视口中显示正常。

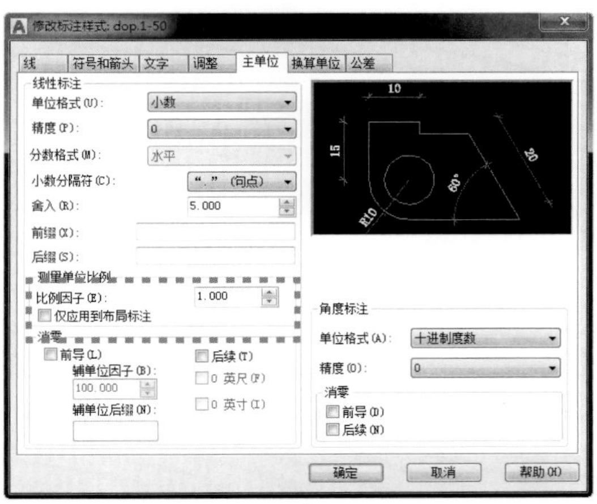

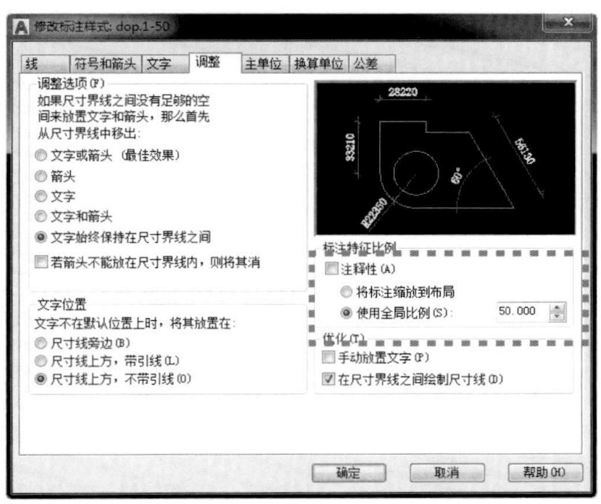

2. 布局内标注

（1）布局标注要适配不同的视口比例，标注的文字字高一致，根据不同比例的视口设置不同的比例因子。

比例因子的设置会影响实际尺寸，但是标注样式的外观、大小完全一致（见上图）。

（2）在布局标注设置中，由于在视口外进行标注，全局比例设置为“1”，即可保证显示正常。在不同的视口比例下，同一个图形显示不同的长度，所以应对比例因子进行设置，保证测量数据与图形数据保持一致。

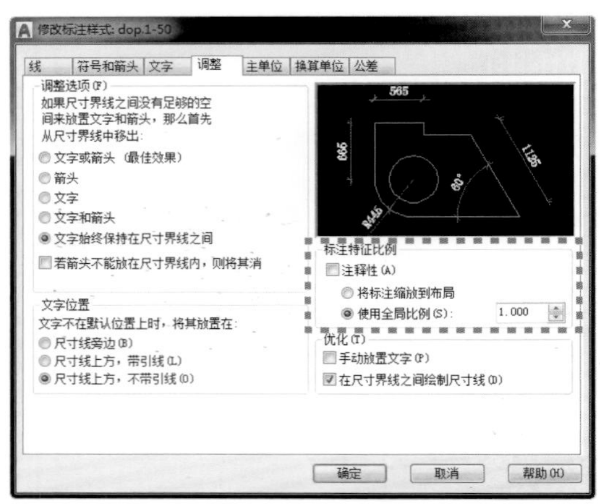

3. 模型、布局标注对比

对比	模型内标注	布局内标注
优点	（1）标注直接明了，尺寸和图形关联，图形变更时，尺寸也会自动调整。 （2）图形从一个 CAD 文件复制到另一个 CAD 文件时尺寸标注可以一起复制	（1）简化图层。标注在布局空间内，能够简化图层体系，图层标准执行更简单。 （2）同一个图形不管需要多少不同比例的表达，都能够根据视口比例标注尺寸
缺点	（1）图层增多。不同比例的平面图纸都要进行尺寸标注，就要相应设置不同的标注图层，这会导致图层数量大增，使得图层复杂化，同时也会在图纸绘制过程中出现图层错关或者忘关的现象。 （2）当一个图形需要不同的比例表达时，需要对此图形进行不同比例的尺寸标注。比如说同一个造型，在总图中标注了尺寸，详图比例变大，同样的尺寸需要改变比例再标注一次，这些尺寸在模型内叠加出现，也会对读图、改图造成影响	（1）布局标注有时会出现标注尺寸数值变大（尺寸飞了）的问题，这是由于设置了标注关联，可以通过取消勾选“使新标注可关联”（见下图）来解决此问题。 （2）由于取消了“使新标注可关联”，在图纸发生变更时，尺寸不会自动调整，需要手动变更。 （3）图形从一个 CAD 文件复制到另一个 CAD 文件时无法一起复制

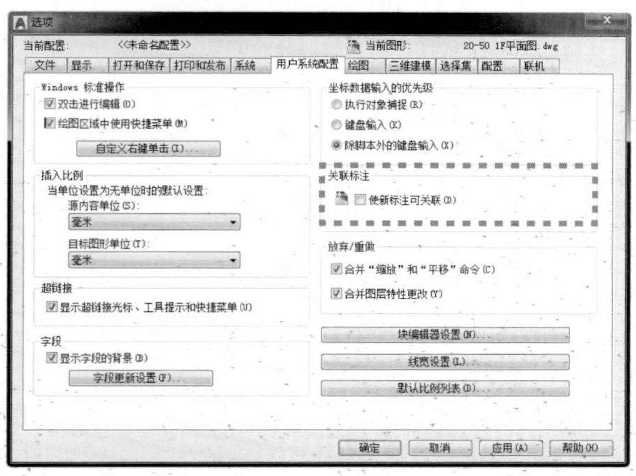

CAD 技巧：CHSPACE

通过 CHSPACE 可以使布局中选定的内容（例如图框、尺寸标注等）转移到模型中。具体操作步骤见第 5 章 CAD 技巧。

2.3 软件知识

2.3.1 经典模式的设置

2014 版本以后的 CAD 安装初始界面就是草图与注释界面，对于习惯使用经典模式界面的设计师来讲会较难适应，不熟悉操作界面，经常找不到很多命令的位置。

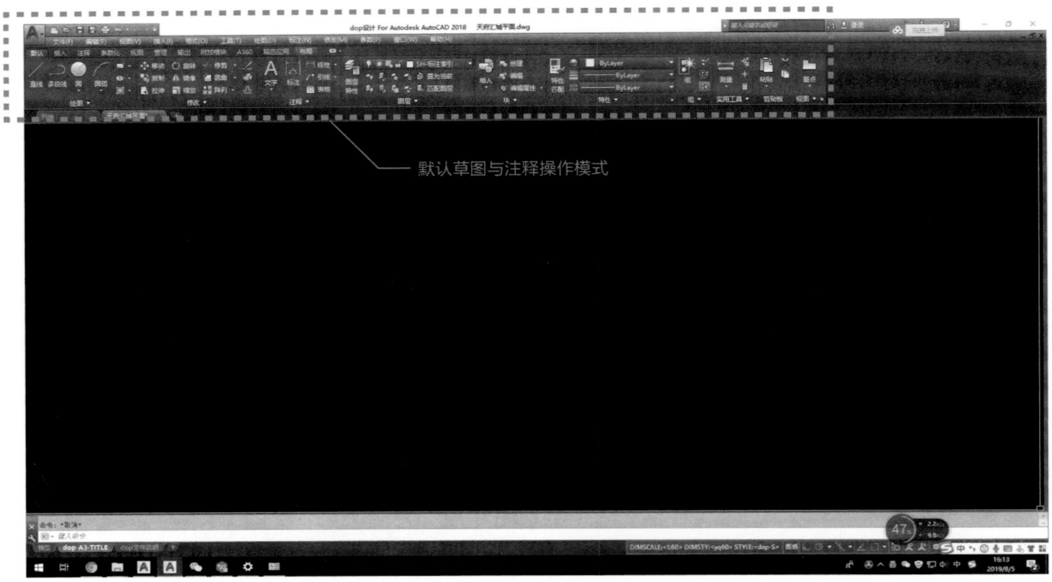

草图与注释界面

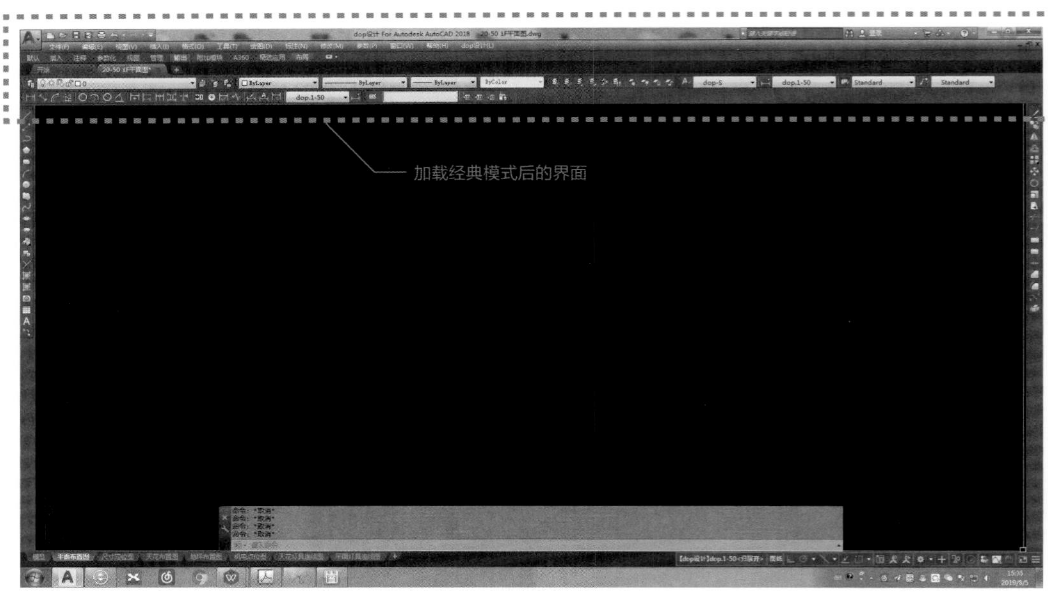

经典模式界面

加载经典模式界面的方法如下。

（1）找到一份经典模式配置文件，后缀名为“arg”（见下图）。获得该文件的有两种方式：

①低版本 CAD 中获取。

②自定义（比较麻烦，不建议）。

经典模式配置 .arg

（2）输入命令“op”，调出选项面板，在“配置”选项卡中点击“输入”。

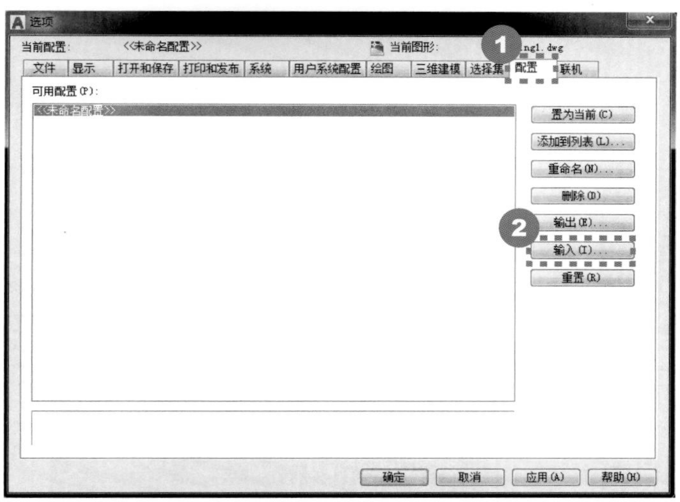

扫码关注公众号“dop 设计”

回复关键词“经典模式配置”，获得电子版文件

（3）找到要加载的配置文件并点击“打开”，输入配置时不勾选“包含路径信息”，点击“应用并关闭”即可。

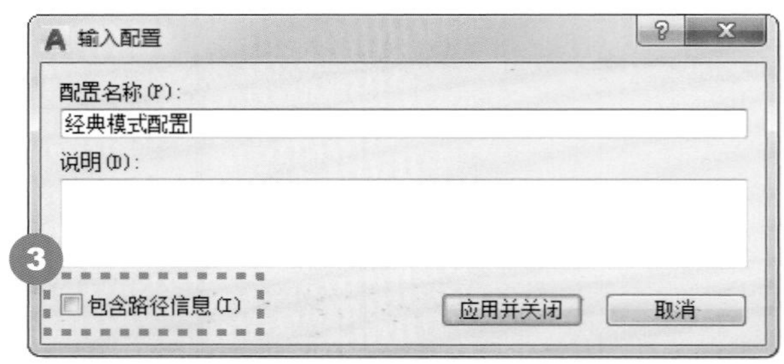

（4）在“配置”界面中选择“经典模式配置”，点击“置为当前”，按“确定”完成。

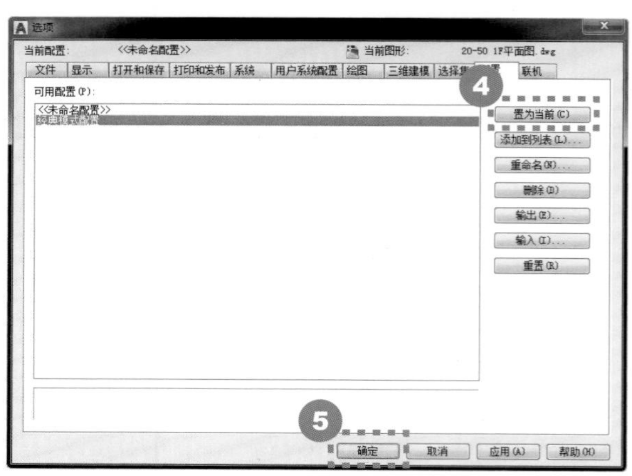

2.3.2 选项面板的设置

在选项面板设置中需要注意如下内容。

（1）在“打开和保存”界面进行文件保存设置时，为了避免 CAD 文件出现高低版本冲突的问题，“另存为”一般设置为 2004 版本或 2007 版本的 CAD。

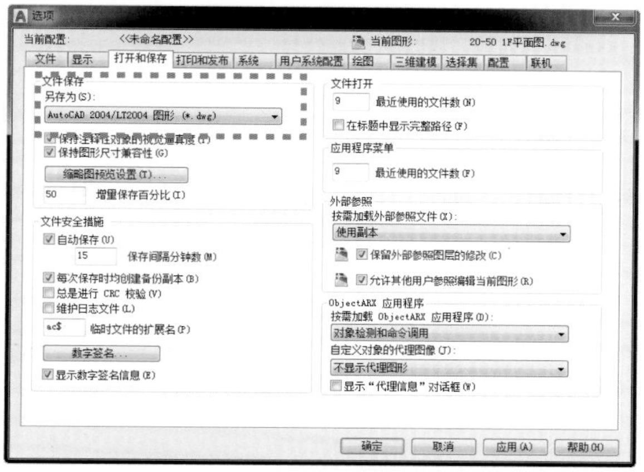

（2）为了避免出现软件崩溃、卡死等异常情况，要设置文件自动保存，在“打开和保存”界面勾选“自动保存”，并设置自动保存间隔时长。

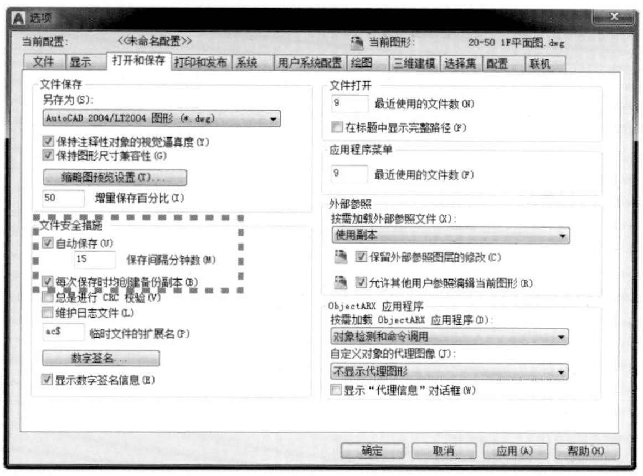

在“文件”界面中选择“自动保存文件位置”就可以看到自动保存文件的位置。

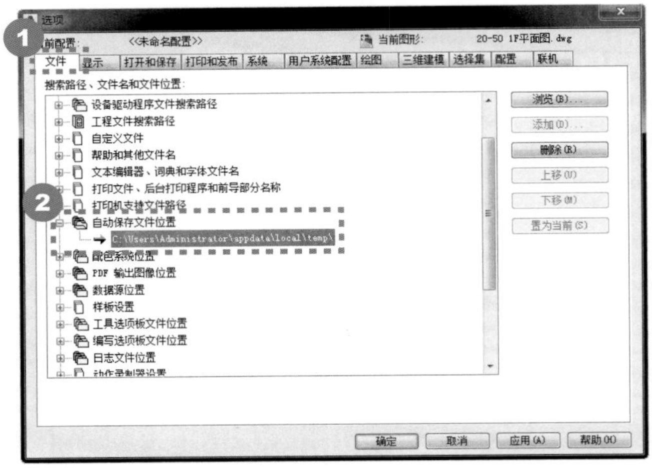

（3）布局元素设置、十字光标大小位置、淡入参照显示设置，如下图所示。

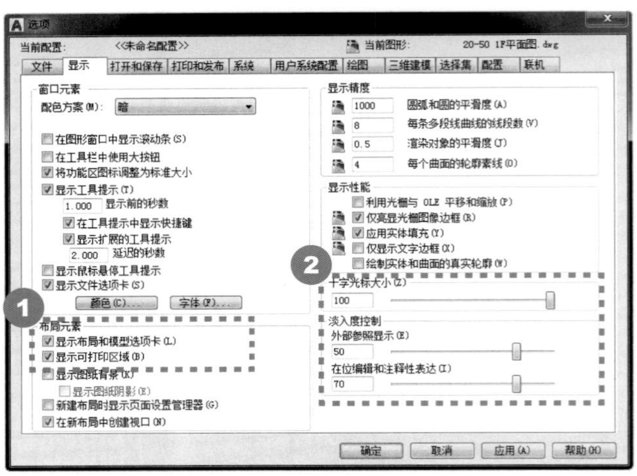

（4）“二维模型空间”中，“统一背景”选择“黑色”。

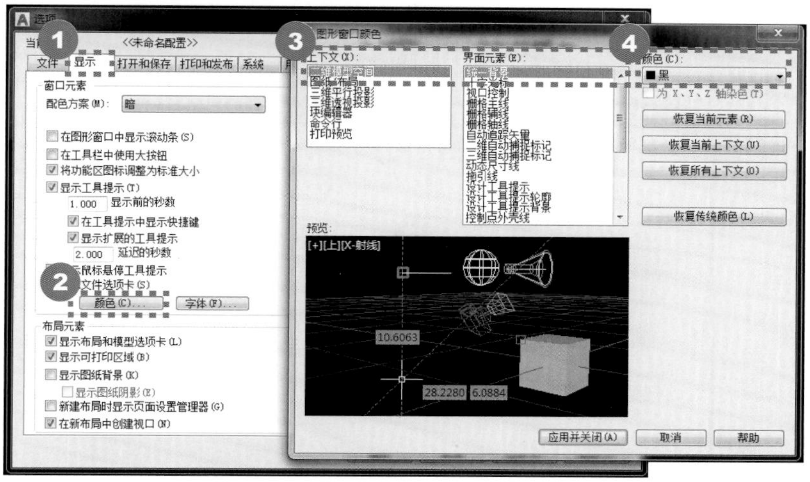

（5）“图纸 / 布局”中，“统一背景”选择“黑色”。

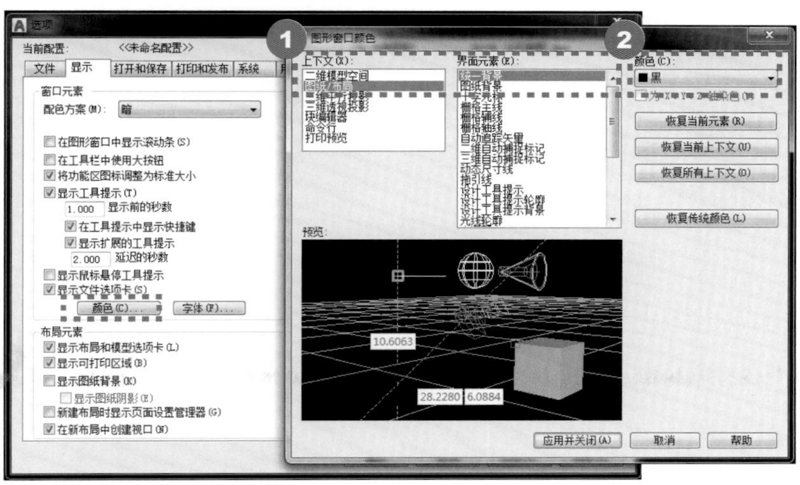

(6) 很多时候会出现原本为“100”的尺寸标注变成“10000”，这就是常说的“尺寸飞了”，解决办法有两种：第一种方法是执行“DDA”命令，选择要解除关联的尺寸标注，确认后即可解除；第二种方法是在“用户系统配置”界面，取消勾选“使新标注可关联”，解除关联接下来的尺寸标注。

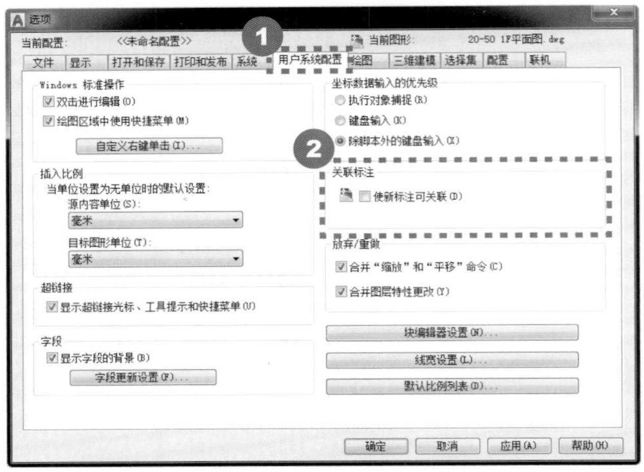

(7) “选择集设置”推荐勾选“先选择后执行”。

2.3.3 捕捉点的设置

捕捉设置（快捷键：DS）推荐勾选部分见下图。

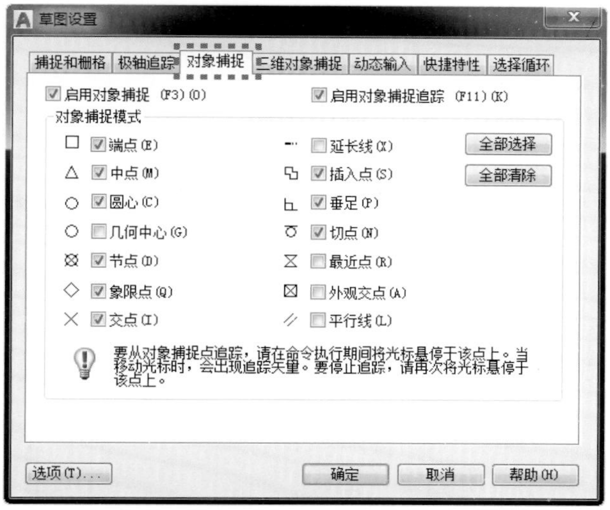

2.3.4 单位的设置

单位设置（快捷键：UNITS）可参考下图。

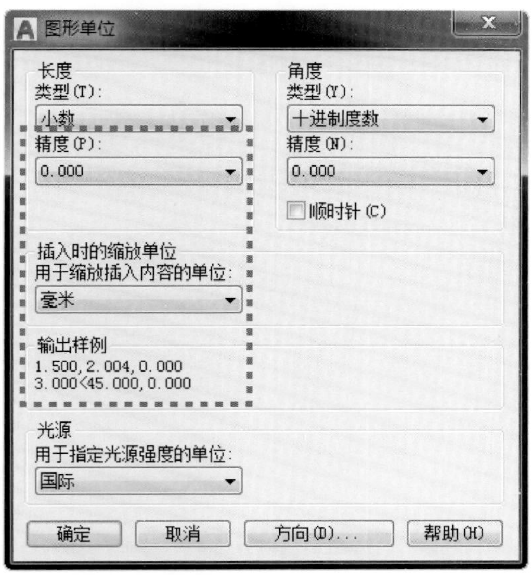

长度类型设置为小数、精度根据需求可以设置为小数点后0~8位。室内制图中单位设置为毫米。

2.3.5 线型管理器

同一条虚线，没有改变比例设置，在模型空间中显示为虚线，但是在布局空间中显示完全不同，甚至变成一条实线（见下图）。这是由于在线型管理器中的设置出现了问题。

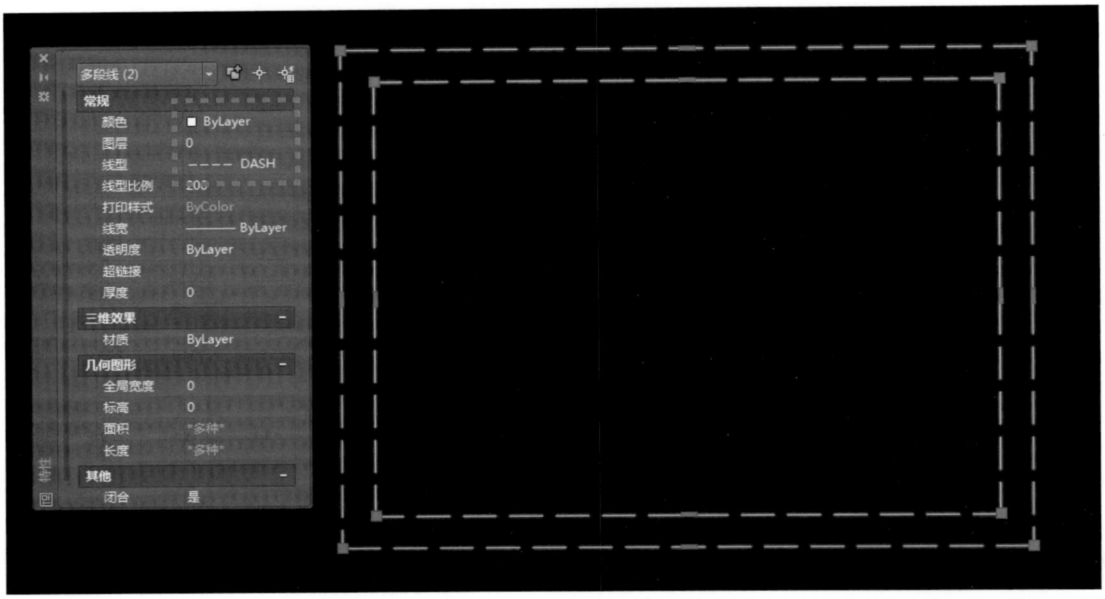

同一比例的虚线在模型空间的显示状态

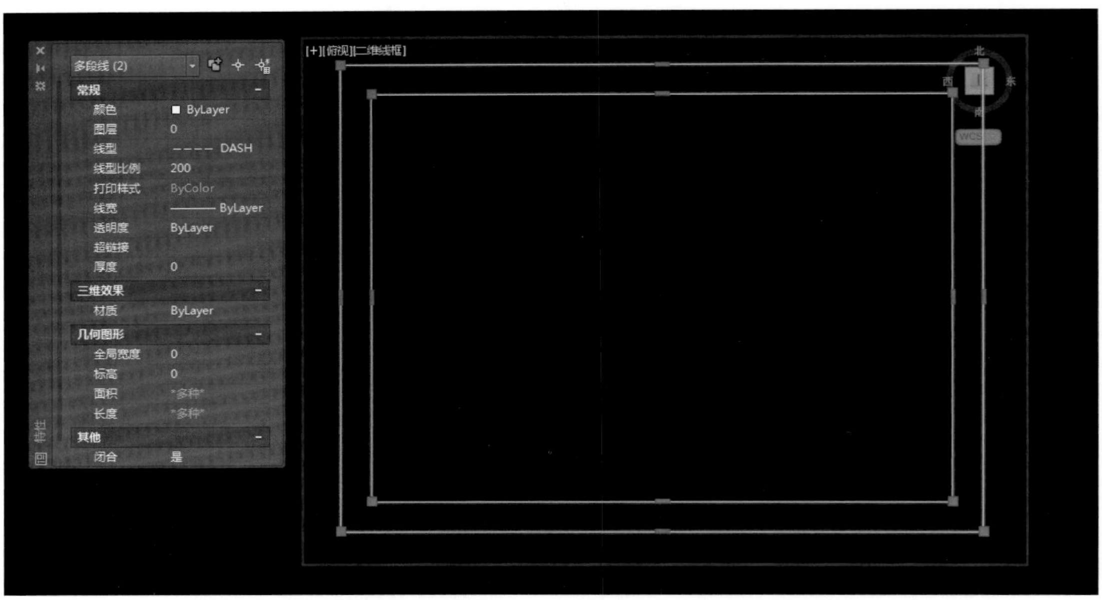

同一比例的虚线在布局空间的显示状态

（1）选择线型管理器，点击“其他”，调出线型管理器面板（见下图）。

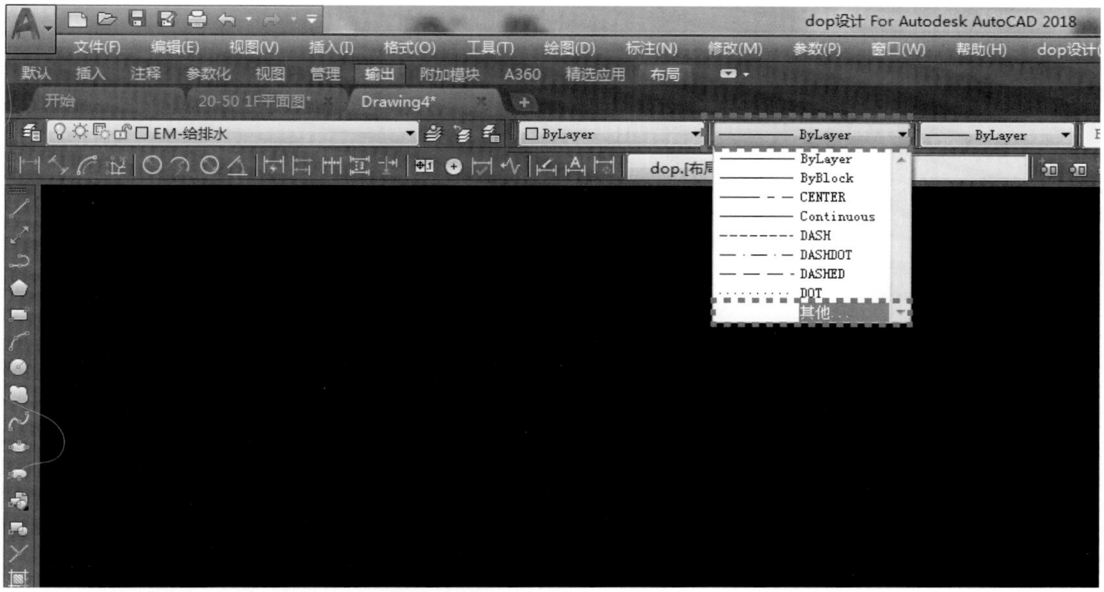

（2）点击“隐藏细节”，将全局比例因子及当前对象缩放比例调整为 1，取消勾选“缩放时使用图纸空间单位”。

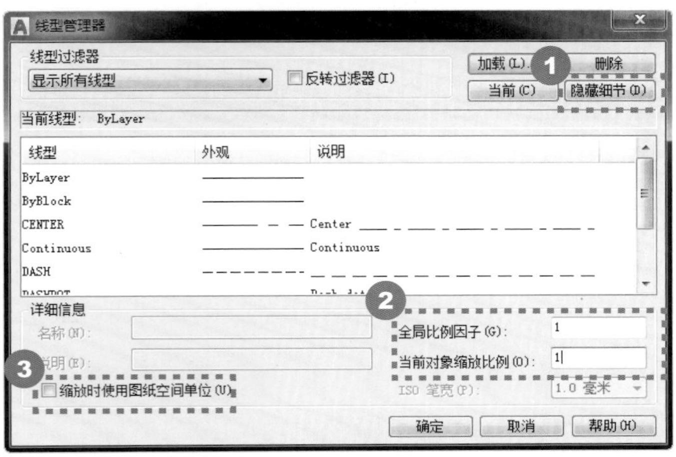

2.3.6 图形样板

1. 图形样板的作用

图形样板就是自定义的 CAD 标准模板，在开始制图工作时使用，能够保证制图标准的统一，避免重复工作，提升绘图效率。

2. 图形样板的内容

图形样板包含图形单位、图层信息、标注样式、文字样式、填充样式、索引符号、图框等内容。

3. 图形样板的设置

（1）将制作好的图形样板文件放置在“选项”面板中“文件”选项卡中“样板设置”下“图形样板文件位置”所提示的路径里面。

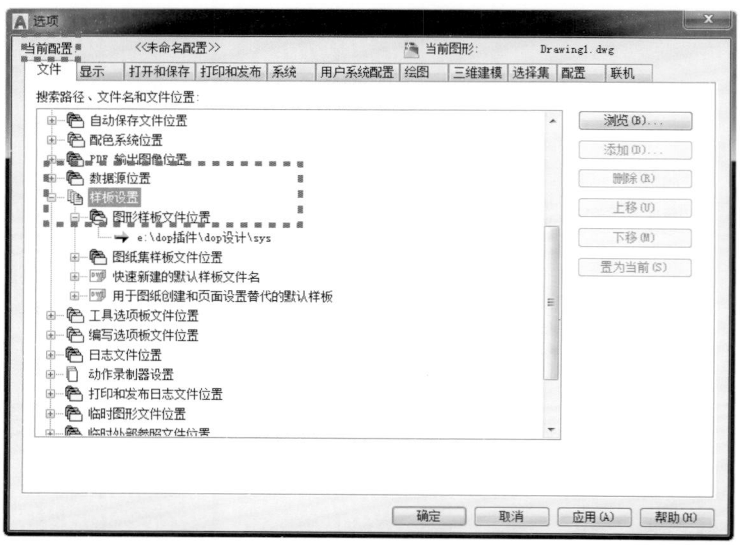

扫码关注公众号“dop 设计”

回复关键词“图形样板”，获得电子版文件。

（2）新建项目（Ctrl+N），选择图形样板文件“dop_A3 开图文件 .dwt”，开始制图。

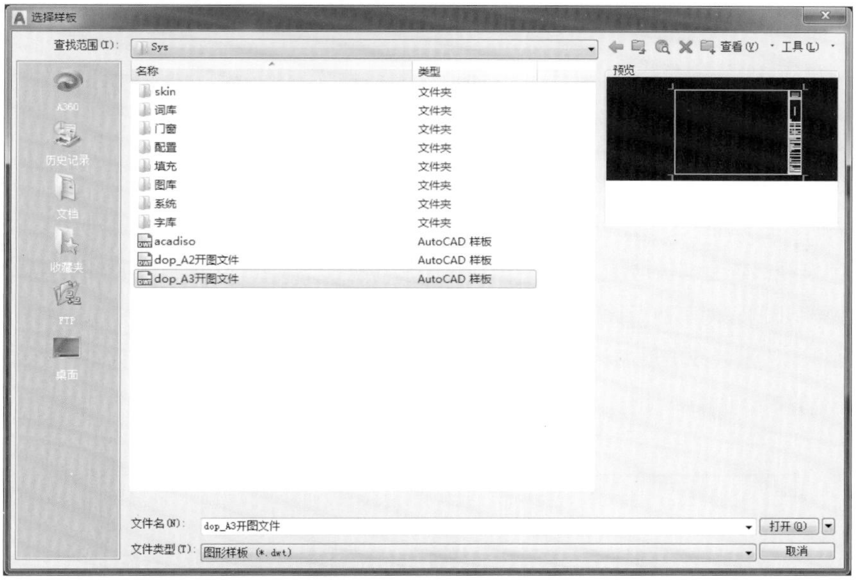

（3）加载图形样板文件后的界面如下图所示。

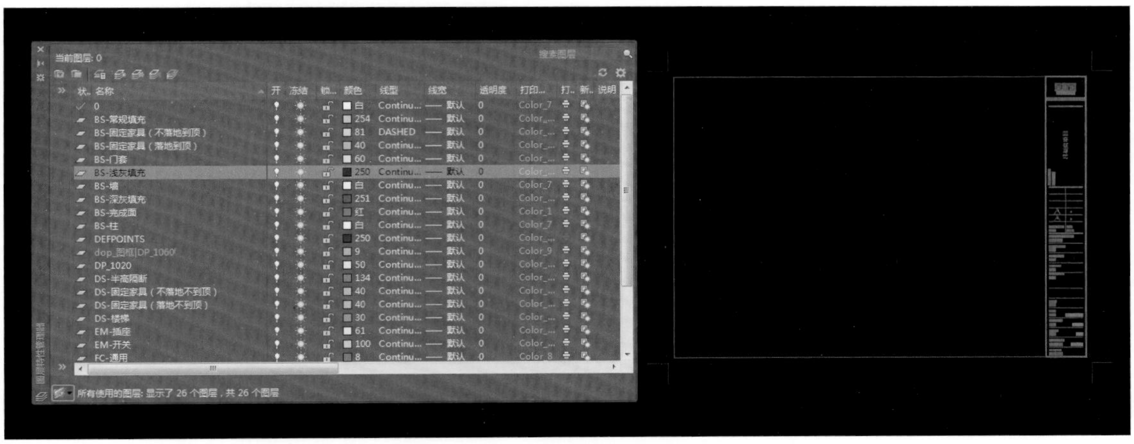

2.3.7 布局

1. 定义

布局视口主要是为了显示模型空间的视图对象，在每个布局上，可以创建一个或多个布局视口，并以任意比例显示、缩放模型空间中的对象。

2. 布局的优势

布局功能的出现主要解决了以下 3 个比较核心的问题。

（1）能通过任意比例视口查看编辑物体。模型空间所绘制的对象都是 1:1 的，在不使用布局的情况下，如果需要放大，只能够把对象局部单独复制出来，对其进行比例缩放，然后再借助一些外部手段对其进行尺寸及材料标注，操作非常不方便。一旦涉及图纸变更，图纸修改量会成倍增加。所以通过在布局中创建不同比例的视口对物体进行放大或者缩小，进行不同大小比例的表达，是布局的核心功能。

（2）彻底解决了图层管理问题。在模型空间中绘制图纸时，大家对于图层的概念理解和使用都比较弱，因为不同专业的设计师都是通过复制底图进行单独绘制，一旦涉及底图变更，相应的图纸修改量也成倍增加，出错几率也大大增加。

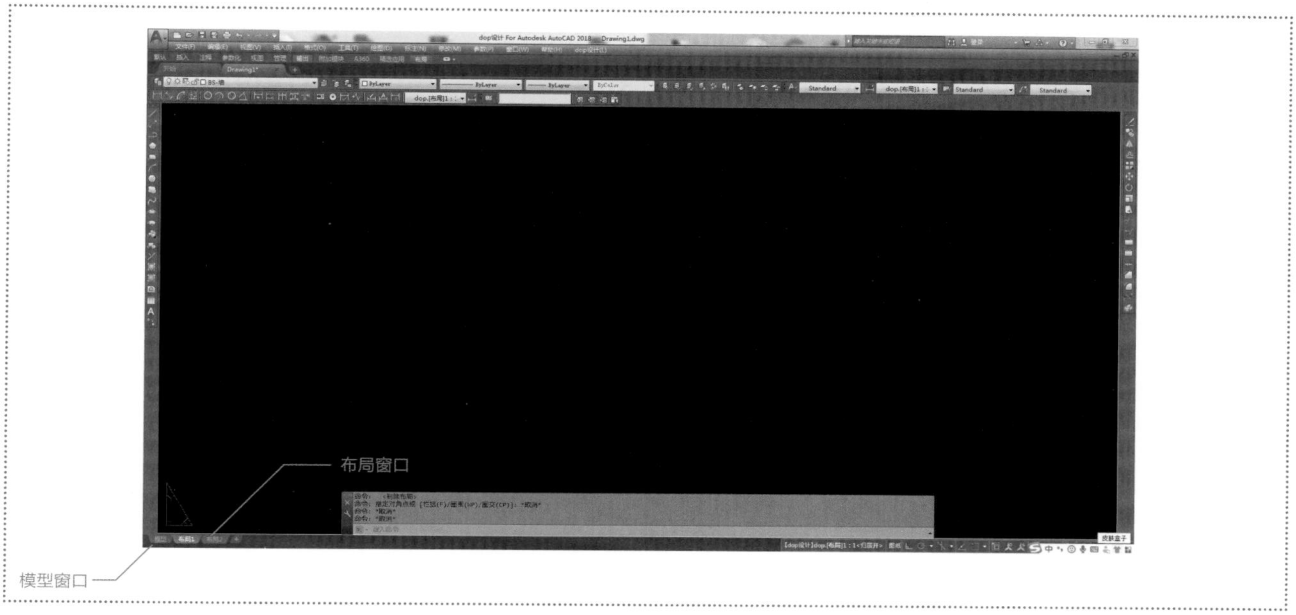

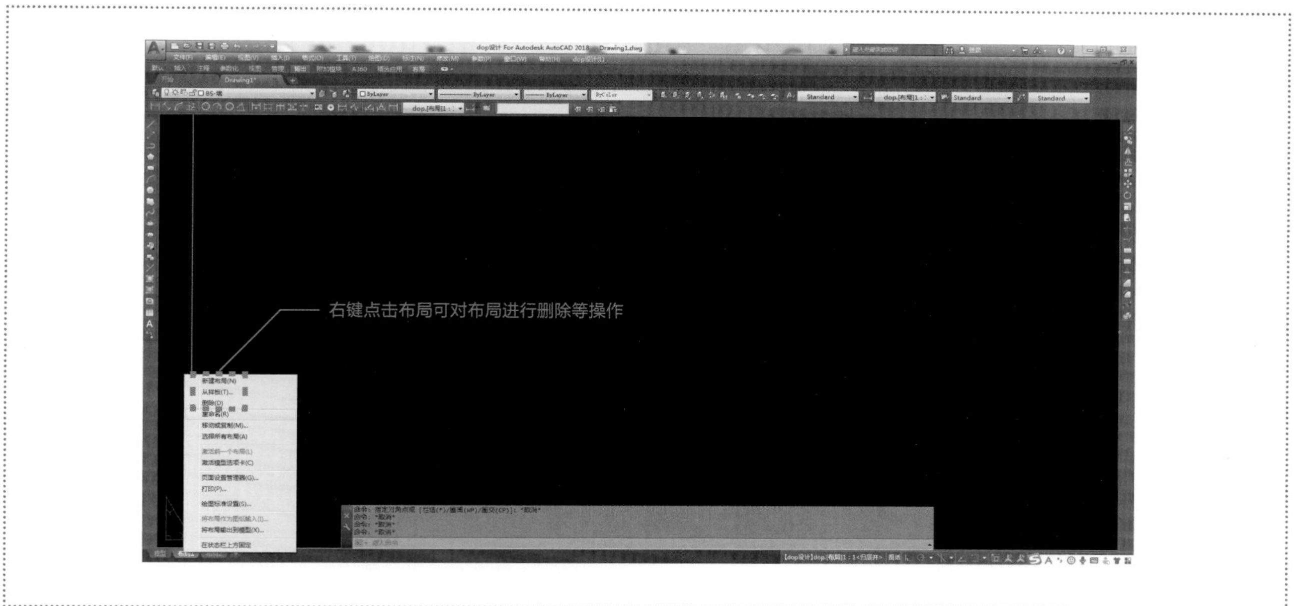

（3）更加利于图纸表达及输出。所有造型的标注和符号等内容全部放在布局中，读图更加方便。此外，布局中图纸输出要比模型内输出更加方便，模型中同样可以按照比例进行图纸输出，但是操作比较繁琐且不易掌握，比例的换算及图框内容的缩放都容易出错；在布局中就是按照 1:1 比例进行输出，极大地提高了图纸输出的正确性和速度。

3. 布局的使用步骤

（1）点击操作界面中的“布局 1”（如下图），复制一个绘图时所需要的图框。

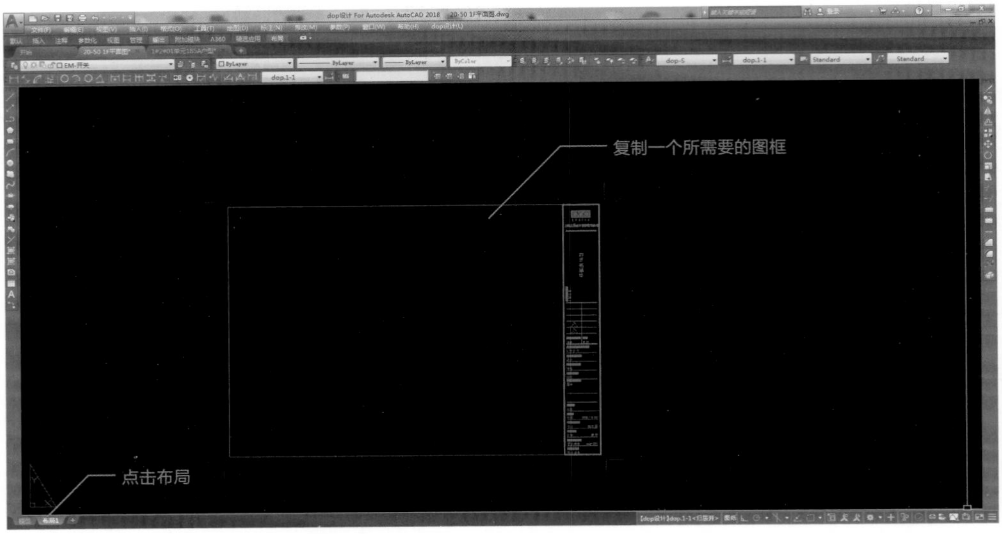

（2）使用“MV”命令创建视口。此时模型空间中绘制的所有物体都会显示在视口当中，且视口是可以选择、移动或者复制的。

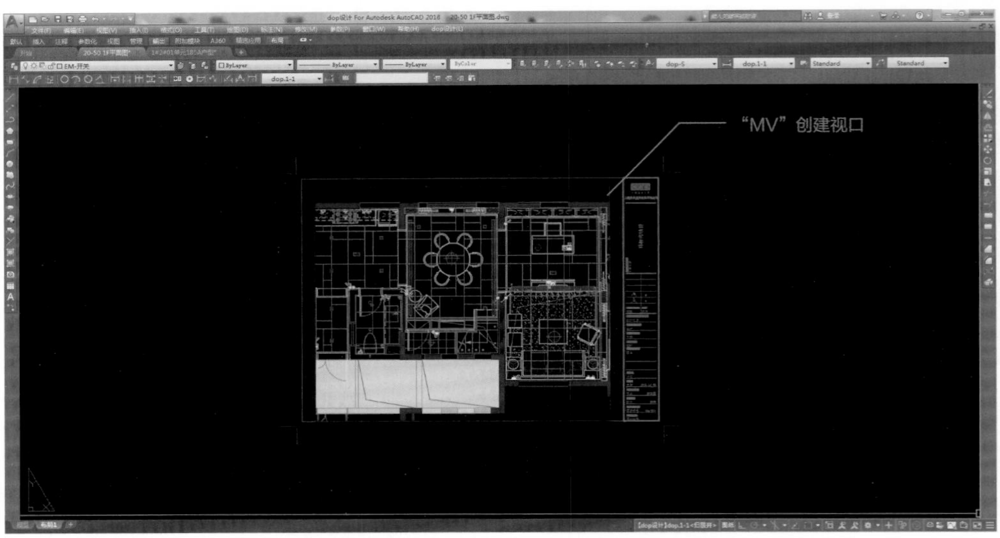

（3）双击进入视口内，键入命令“Z”后按空格，然后输入“1/30xp”（“1/30”是比例，也可以替换为其他比例数字）。须特别注意，此时不能滚动鼠标，否则图纸比例会发生改变。随后双击视口外任意区域，视口创建即完成。

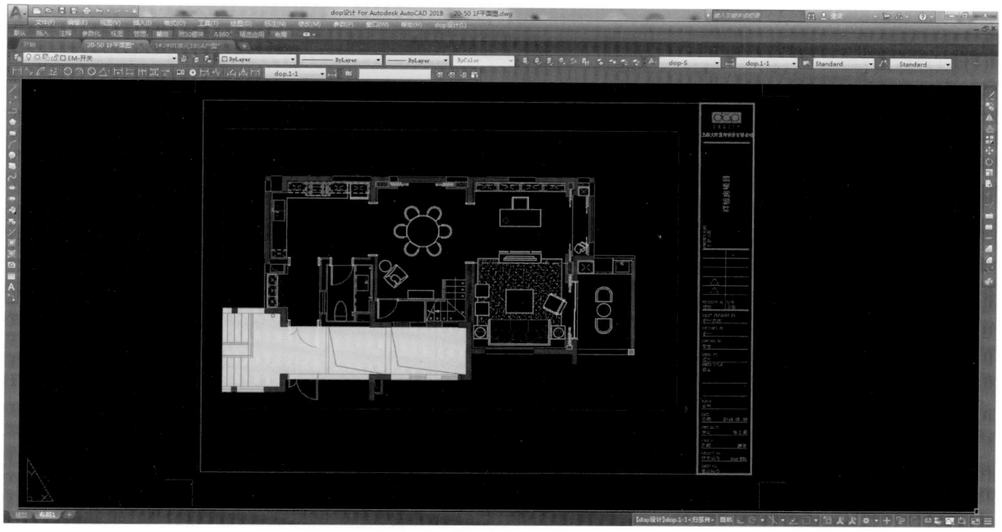

（4）双击视口进入模型空间后，点击右下角“小锁”（如下图），将视口锁定。此时再次双击进入视口则比例不会被改变。如须调整比例，再把“小锁”打开，进行比例设置。

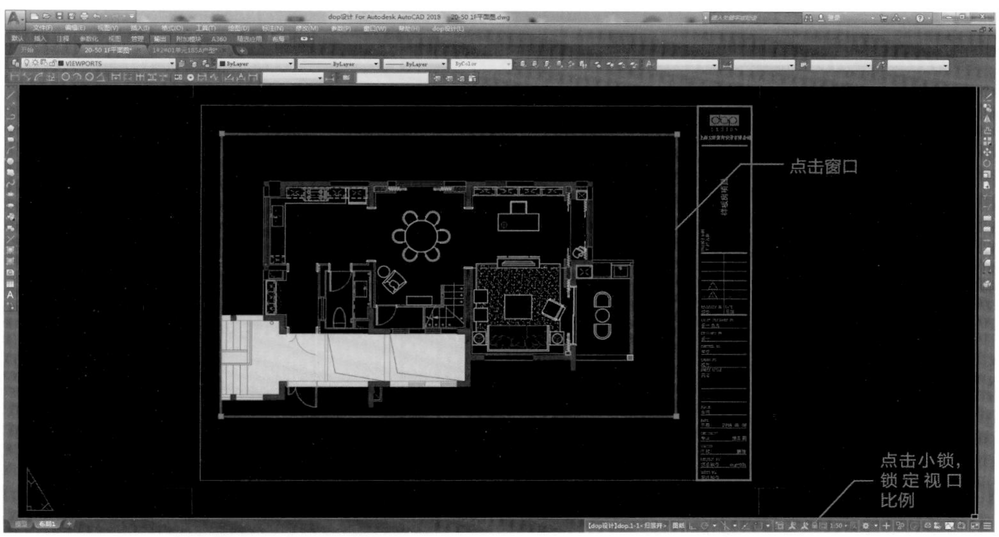

2.3.8 外部参照

1. 外部参照的作用

外部参照是计算机制图中的一个高效命令，可以将一个 CAD 文件以图块的形式链接到另一个 CAD 文件中，具有以下优点。

（1）可多人操作同一张图纸。

① 正常情况下，平面布置图绘制好以后，要依次绘制天花、地坪、定位等图纸，哪怕进度非常紧张，其他设计师也无法介入帮忙。使用外部参照命令，以平面布置图作为底图，可将其分别参照至天花、地坪等图纸。也就是说，平面布置图完成后，可以在此基础上同步绘制天花图、定位图、地坪图等。

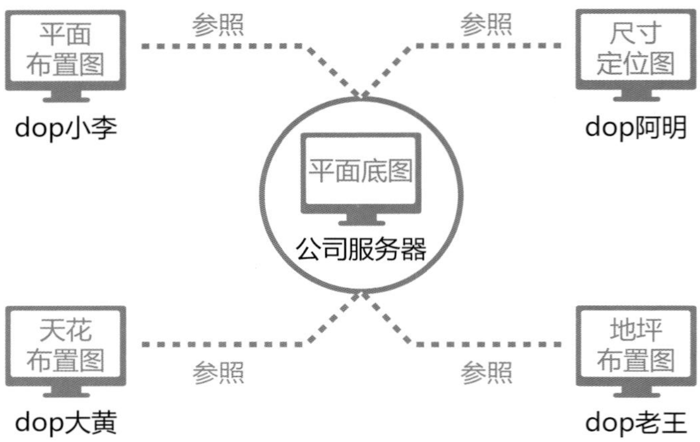

② 大型项目每一层的面积都很大，制图工作量也很大。以前只能由一个人在一台电脑上慢慢操作，别人想帮忙也插不上手。使用外部参照后，多人可以利用同一张底图同时分别绘制，从而大幅提高效率。

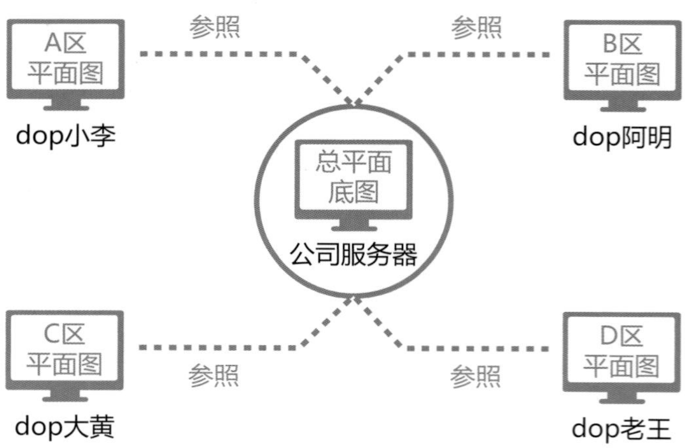

（2）避免重复修改。

将图框作为底图参入全套图纸，修改图框信息时只需修改图框底图文件，所有图纸内的参照图框都会随之调整。

（3）避免对底图的误操作。

进行外部参照后，底图会以图块的方式插入文件，不可直接编辑，避免不小心对底图作出误改。

（4）绘图具有统一性。

当多人同时进行绘图时，只要参照的是同一文件，就不会出现版本不同的情况。

（5）可减少图纸文件大小，避免卡顿。

外部参照会以路径跟随的方式参入图纸，并不是真正复制到了图纸中，因此无论外部参照源文件有多大，参照文件参入后所占内存都会小很多。

2. 外部参照的使用步骤

（1）将需要参照的外部图框文件，与当前绘制的 CAD 文件保存至统一文件夹中，并且后续不能随意更改图框的 CAD 文件路径。

（2）键入“XR”或者“ER”命令，打开外部参照管理器，查找参照文件，打开设置相应选项。

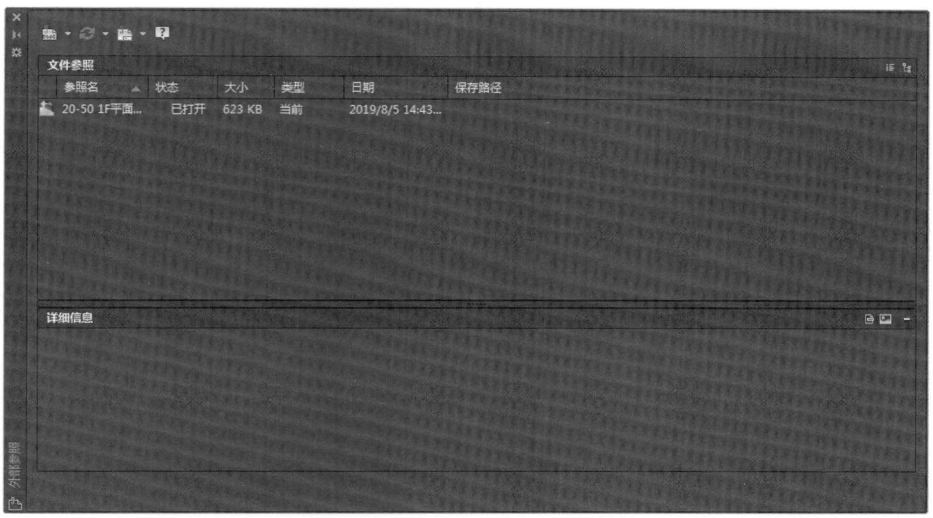

（3）点击左上角蓝色圈注处（见下图），在参照文件界面中，选择需要参照的图框，调出外部参照设置界面。

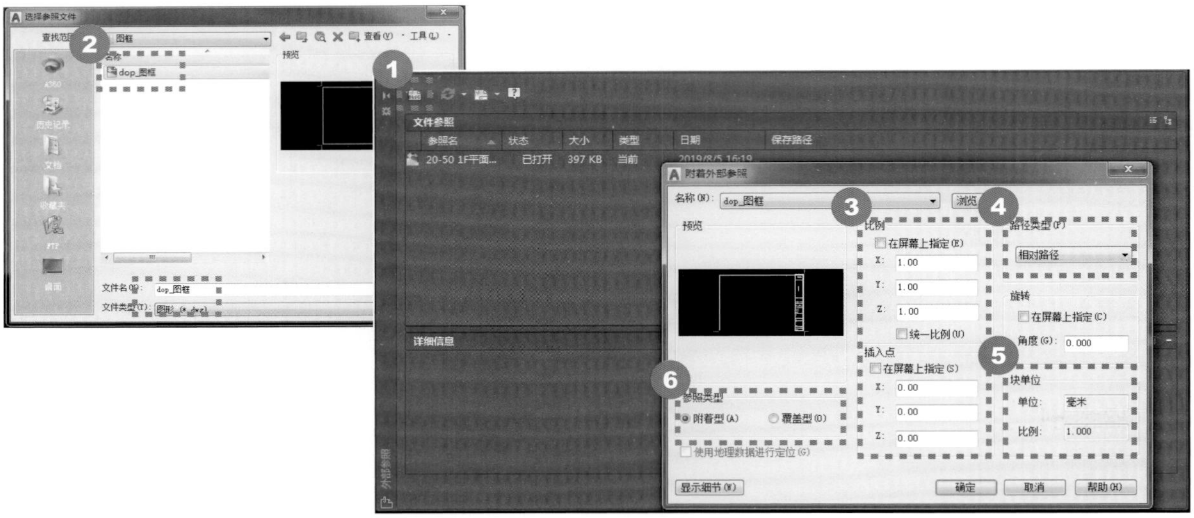

（4）上图中比例设置不变，都是 1:1 插入参照，一般勾选“在屏幕上指定”，以防绘制图纸不在模型 0,0,0 点位置。在插入外部参照时需要检查“块单位”是不是毫米。

（5）路径类型选择

① 相对路径：主文件和参照文件路径是相对不变的。

② 完整路径：参照文件及宿主文件所在文件夹路径信息完整不变，此类型适合在体量较大、附着文件内容较多、需要单独归类的时候使用。

③ 无路径：即没有路径。

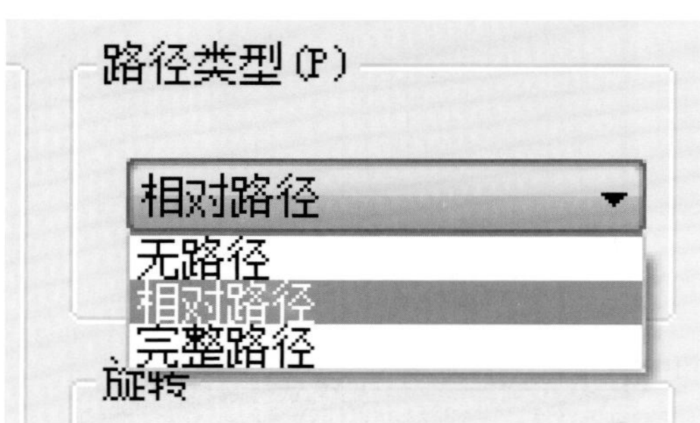

区别

相对路径（推荐）：
我方文件夹存在 D 盘，发送给对方，对方可以按自己习惯保存于 D 盘或 F 盘，参照路径依然可识别，不会丢失。

完整路径：
我方文件夹存在 D 盘，发送给对方，对方必须同样存到 D 盘，否则参照路径就会丢失。

（6）参照类型选择。

① 附着型（推荐）：可以循环参照。

② 覆盖型：不会循环参照。

区别

附着型：在图形中引用附着型外部参照时，如果其中嵌套有其他外部参照，则将嵌套的外部参照包含在内。

覆盖型：在图形中引用覆盖型外部参照时，任何嵌套在其中的覆盖型外部参照都将被忽略，其本身也不能显示。

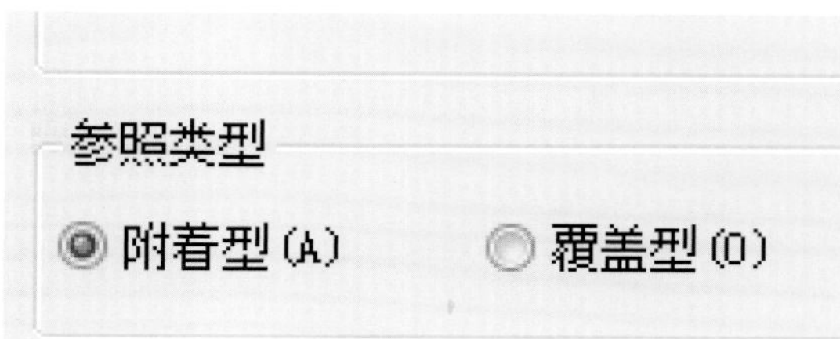

附着型的参照文件可以逐级使用，覆盖型不行。

例：A（立面）文件引用了参照文件 B（平面图），参照文件 B（平面图）又引用了参照文件 C（轴号），如果 B、C 都是附着参照的话，那么 A 文件就可以看到 B、C。反之则只能看到 B 文件，而看不到 B 文件里的 C 文件部分。

（7）当图框参照进 CAD 文件时，在外部参照面板中会看到当前参照的图框文件名，CAD 界面中默认显示图框为灰色（见下图）。

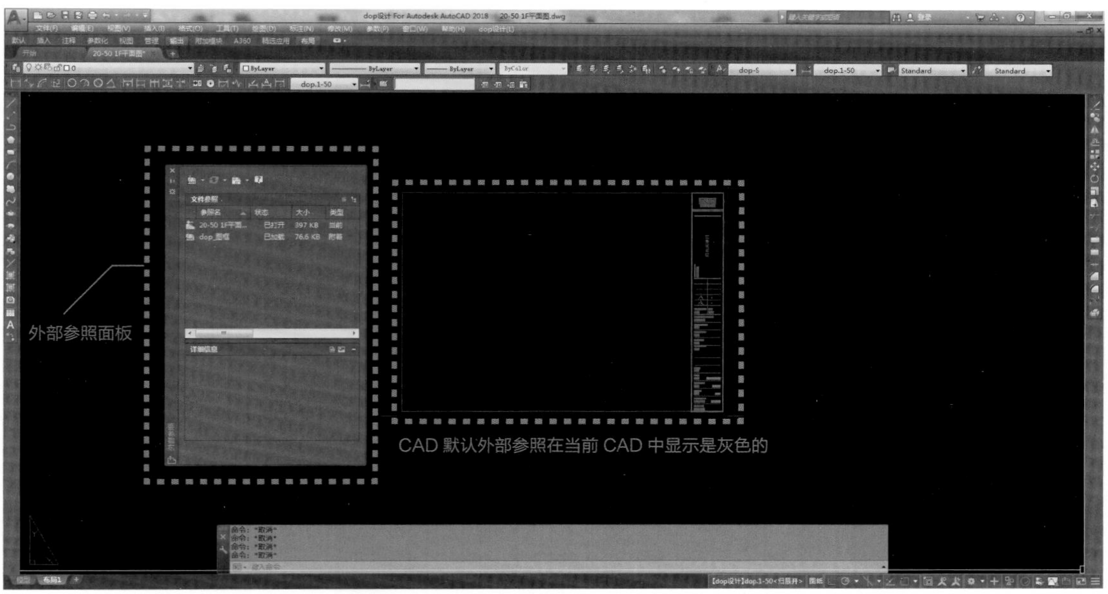

（8）右键点击外部参照文件调出操作面板，可进行操作选择（见下图）。

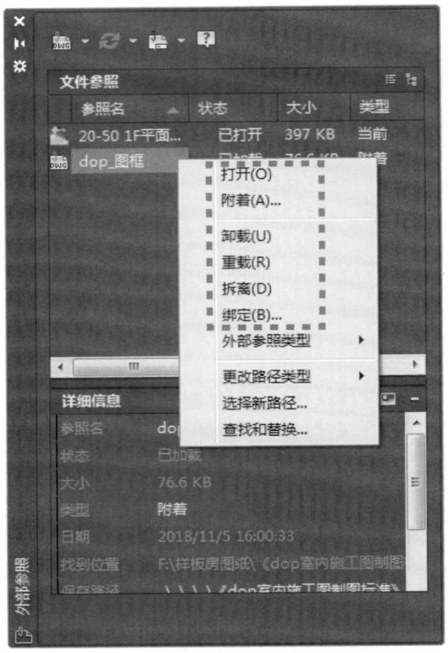

打开：直接打开参照文件。
卸载：暂时不加载外部参照文件，可以提升图形文件操作的流畅性。
重载：外部参照文件更新保存后，可在主文件内通过重载更新外部参照。
拆离：解除外部参照文件与主文件的参照关系。
绑定：将外部参照绑定为图块，进入图形。

（9）右键点击外部参照文件，可对其进行在位编辑；或者直接打开外部参照，对其进行剪裁。

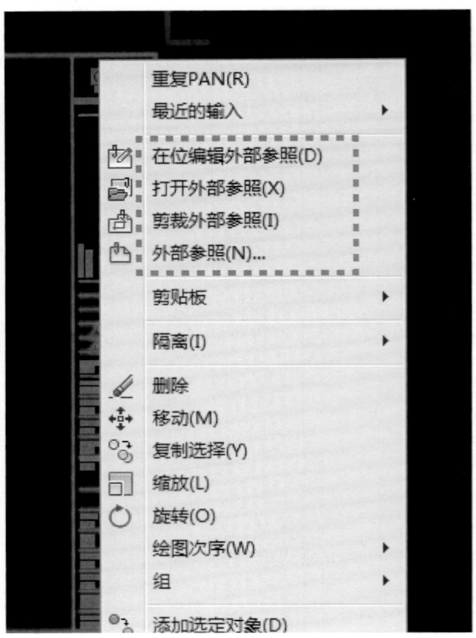

（10）如果需要调整外部参照在 CAD 中显示的亮度，可以键入“OP”命令，调出选项面板，在“显示”选项卡中的“淡入度控制”可以调节外部参照文件的显示亮度。

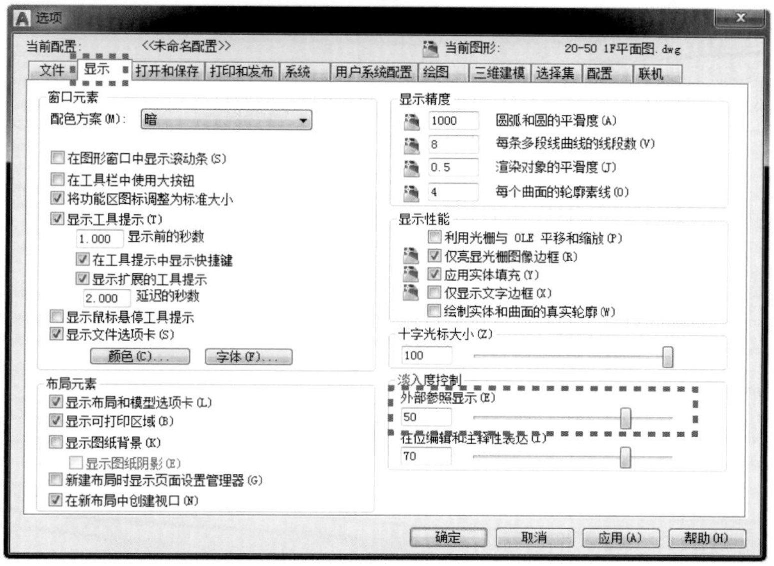

2.4 设计提资

设计提资是指设计工作开展时所需各专业或单位提供的资料。

2.4.1 建筑设计资料

室内设计是在建筑设计的基础上开展的，所以了解建筑设计情况是工作的第一步。通常获取建筑信息有两个途径：

（1）正规新建项目首先要进行建筑设计，然后再进行室内设计，而此时建筑施工往往还没开始，没有现场可供勘测，这就要求室内设计师必须读懂建筑设计图纸，从中找到自己所需要的建筑信息，再开始工作。

（2）有些项目的建筑设计资料并不完善，但是建筑施工已经完成，例如旧楼改造或家庭装修。这种情况下，室内设计师可以通过现场测绘的方式得到所需要的建筑信息。

建筑设计资料是由建筑设计院相关设计师绘制完成，包含建筑、结构、机电等专业的图纸，其中机电又分为水、暖、电三个专业。

某项目建筑设计资料

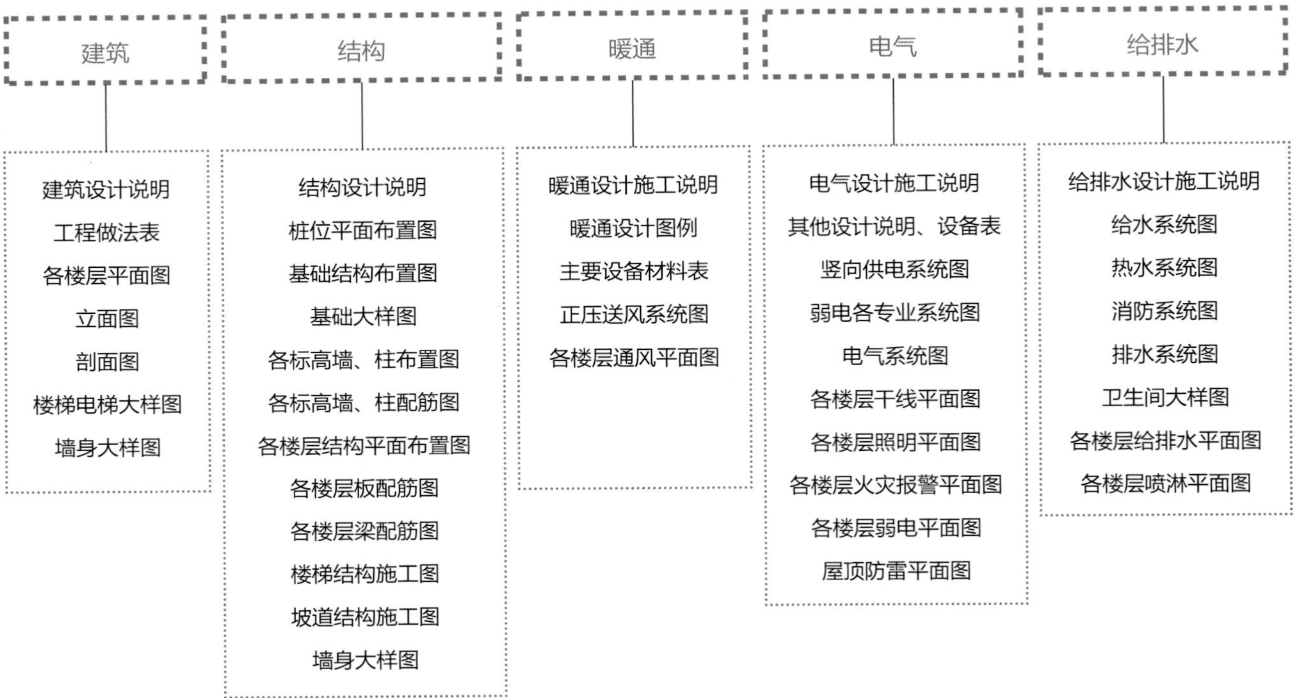

注意：

（1）不同的项目类型以及不同的设计院所出图纸中各专业资料的目录体系和图纸内容会有很大不同。

（2）各专业图纸的专业性非常强，对于室内设计师来说不必要也不可能了解所有内容，只要掌握各专业和室内设计有关的信息即可。

1. 建筑专业设计资料

（1）建筑设计说明：建筑设计的指导性说明文件，包含了很多基础信息及对相关法律和规范的说明。

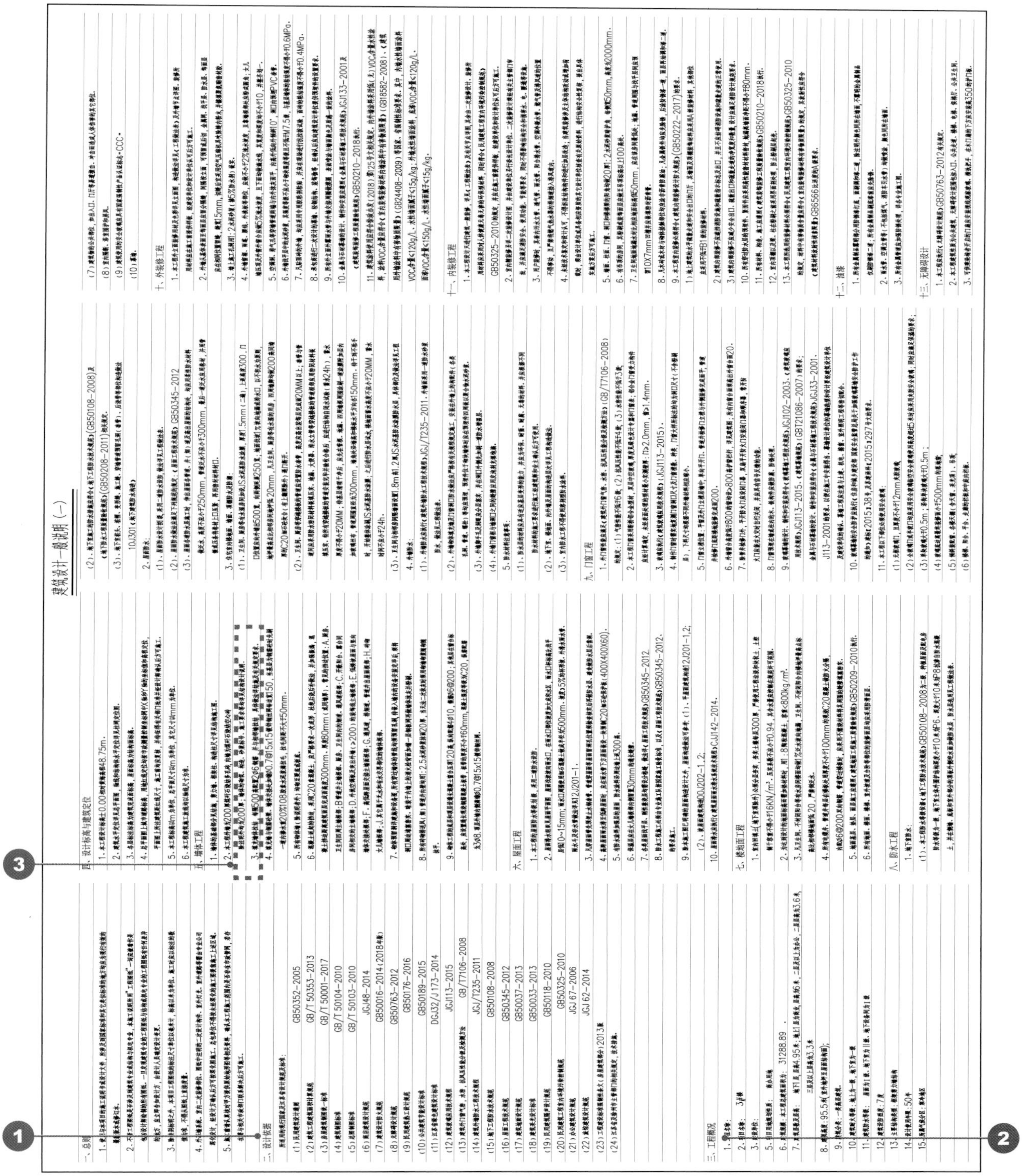

❶ 设计依据；❷ 工程概况；❸ 墙体说明；❹ 其他信息

(2) 建筑平面图：描述建筑平面布局及相关内容，以楼层命名。

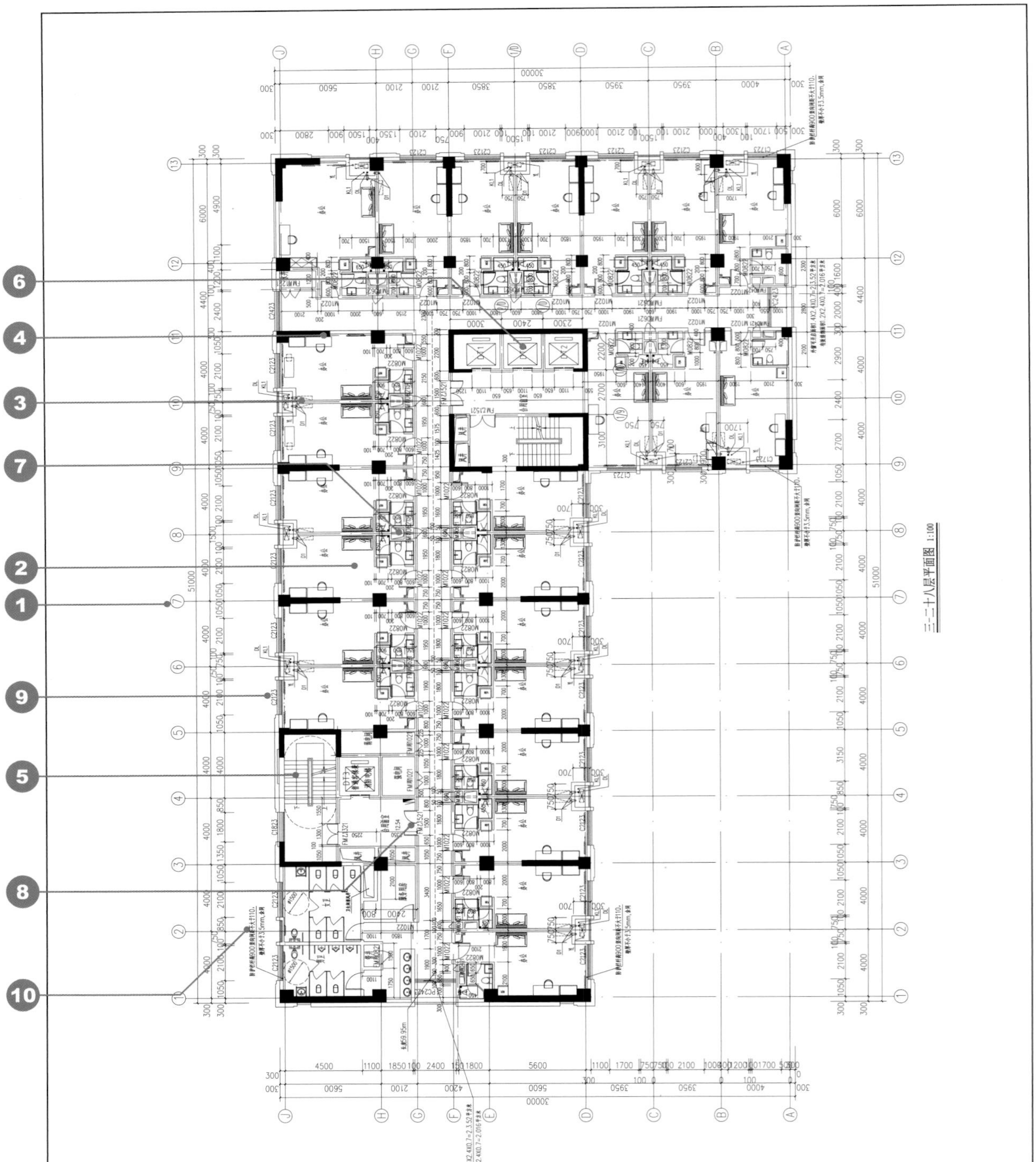

❶ 轴线轴号；❷ 空间分布及空间名称；❸ 墙；❹ 剪力墙、柱；❺ 楼梯；❻ 电梯；❼ 管井；❽ 门及编号；❾ 窗及编号；❿ 特殊性文字说明

（3）建筑立面图：描述建筑外部立面的造型、材质、标高等，一般以建筑轴号或者立面朝向命名。

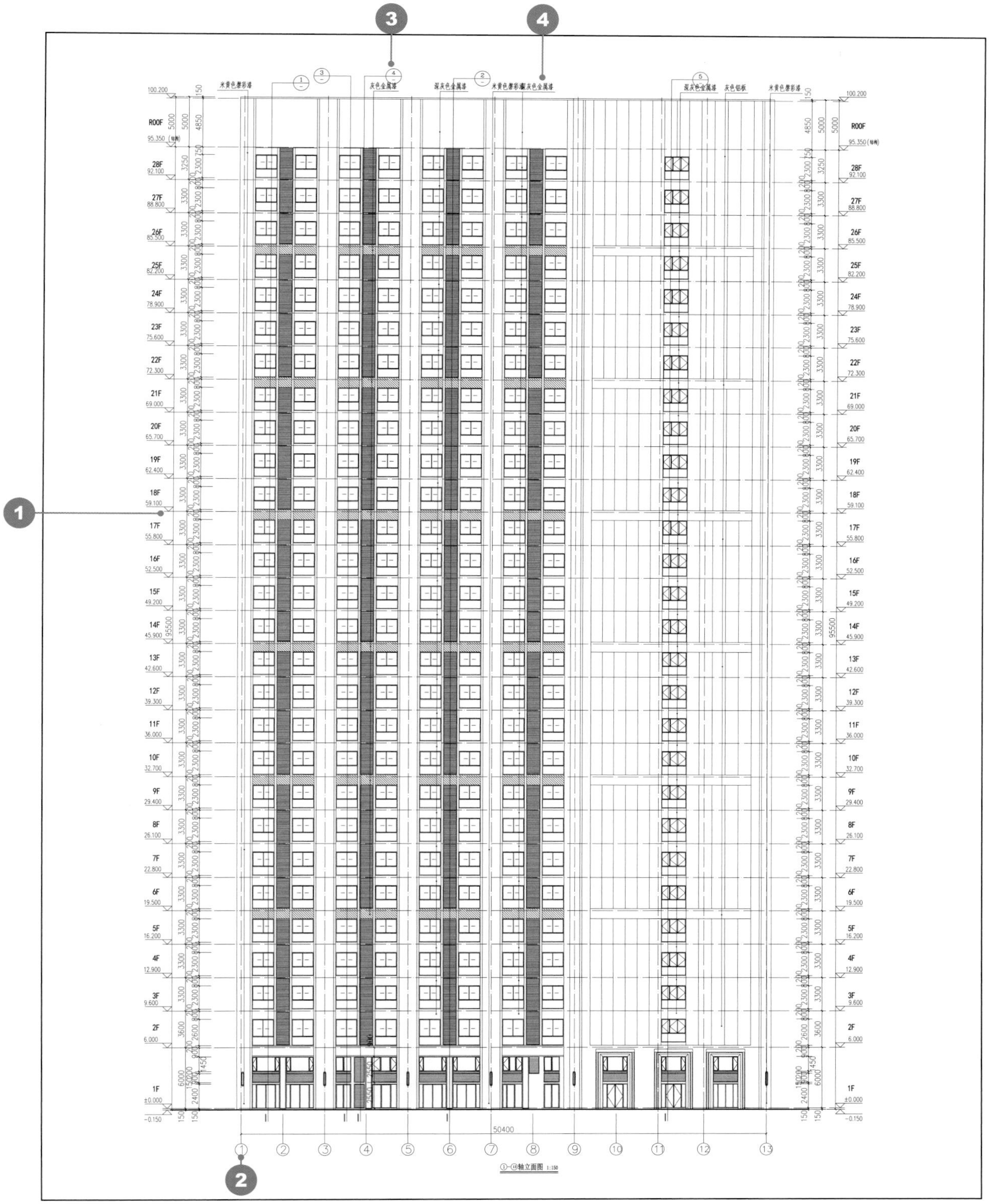

❶ 建筑标高；❷ 立面轴号位置；❸ 剖面位置；❹ 外立面材料；❺ 外立面造型

（4）建筑剖面图：对建筑进行纵向剖切后，描述建筑内部的楼层、楼梯、造型等关系。

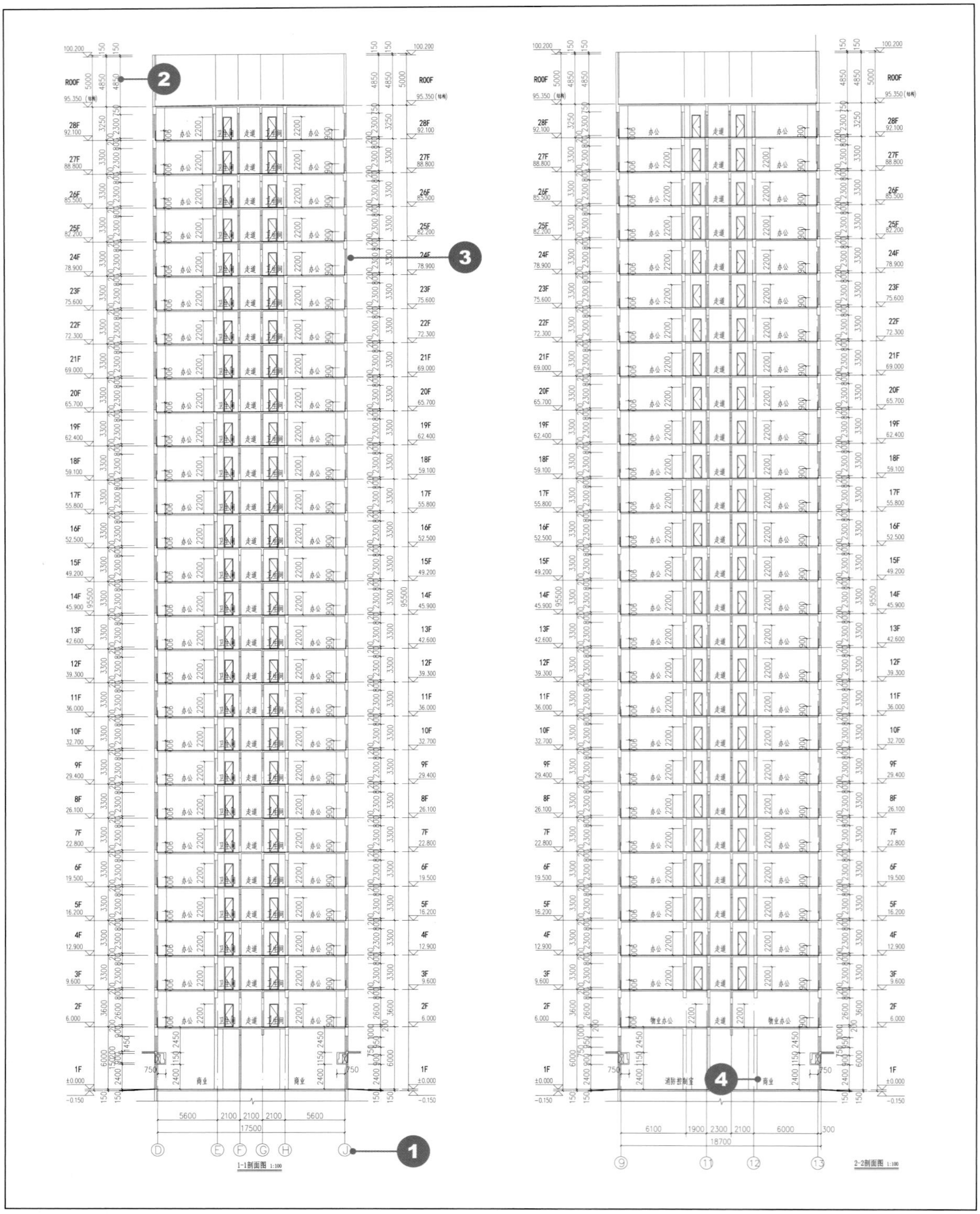

❶ 轴号关系（剖切位置）；❷ 建筑层高；❸ 剖面关系（外窗、雨篷、阳台、门洞、地面完成面）；❹ 剖面的空间关系、名称

（5）建筑门窗表：以图表形式对图纸所涉及的建筑门窗进行编号，并对其尺寸、外观、特性等进行具体描述。门窗表中的编号应和建筑平面图上的编号一一对应。

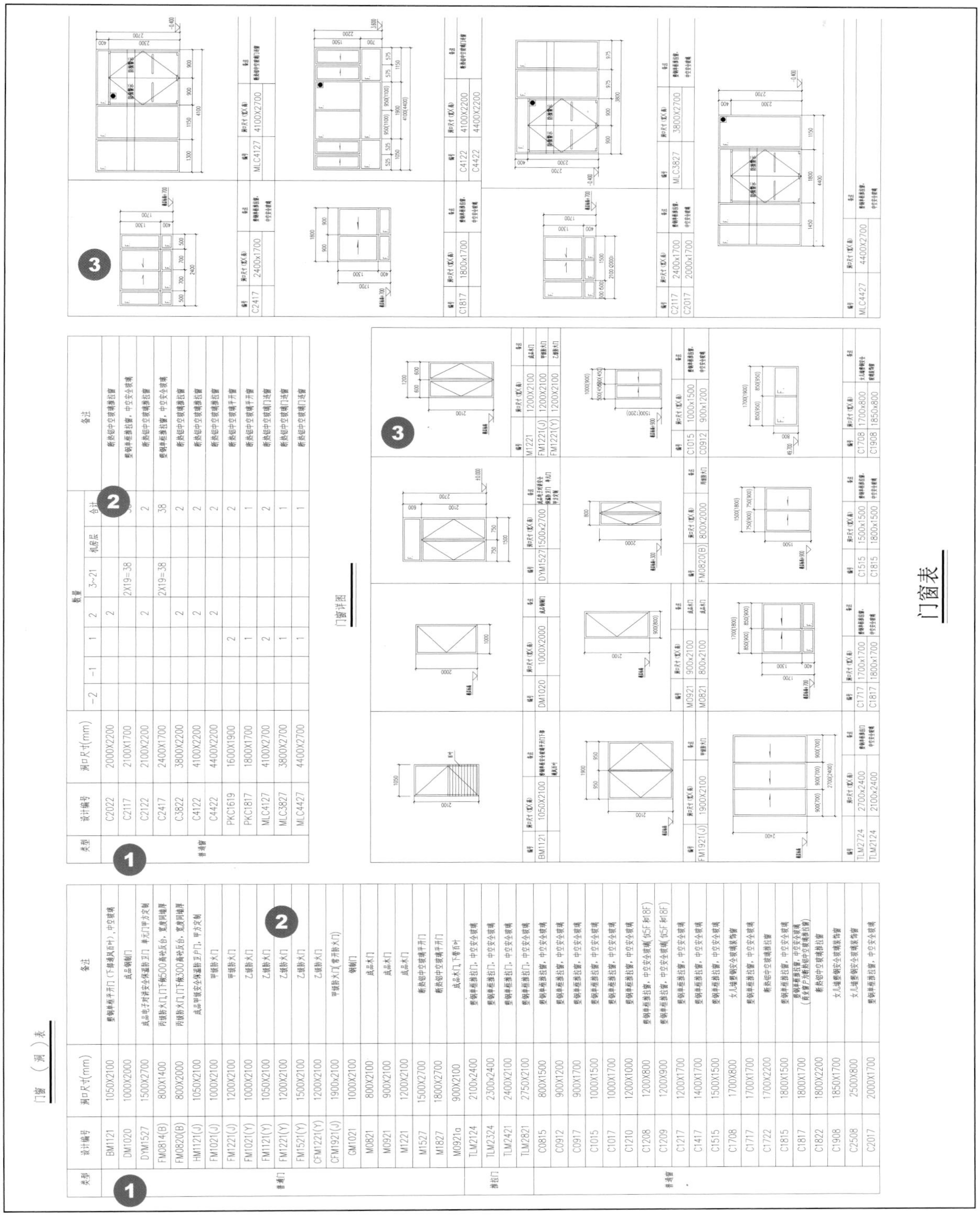

❶ 门窗编号；❷ 门窗说明（防火要求）；❸ 门窗详图（形式和尺寸）

2. 结构专业设计资料

（1）结构平面布置图：主要描述楼板信息。

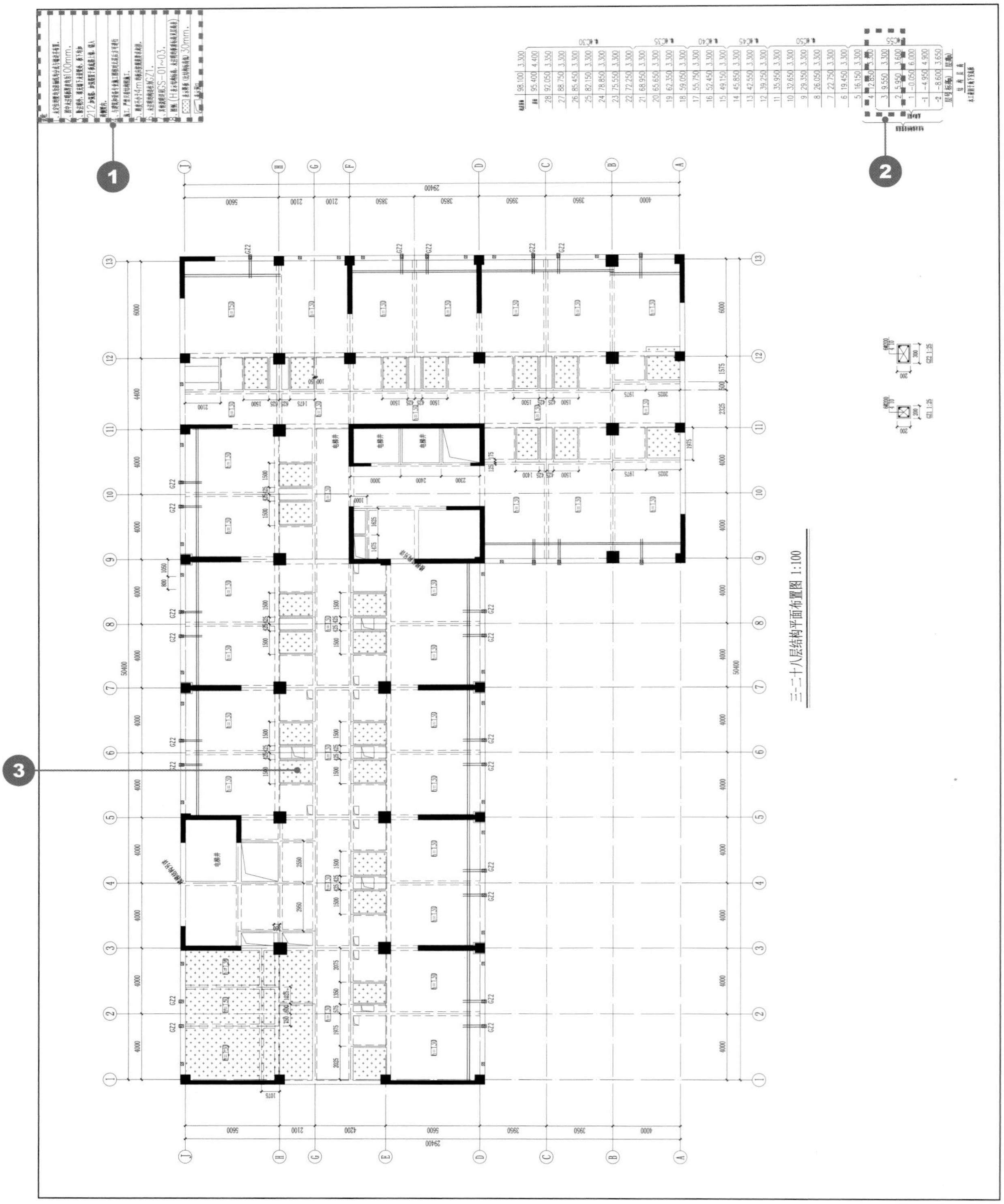

❶ 图纸说明（楼板厚度、特殊楼板厚度、图例）；❷ 图例说明（本图所处位置）；❸ 降板 / 升板位置及尺寸

（2）剪力墙平面布置图：主要描述剪力墙、柱的位置、尺寸、构造等信息

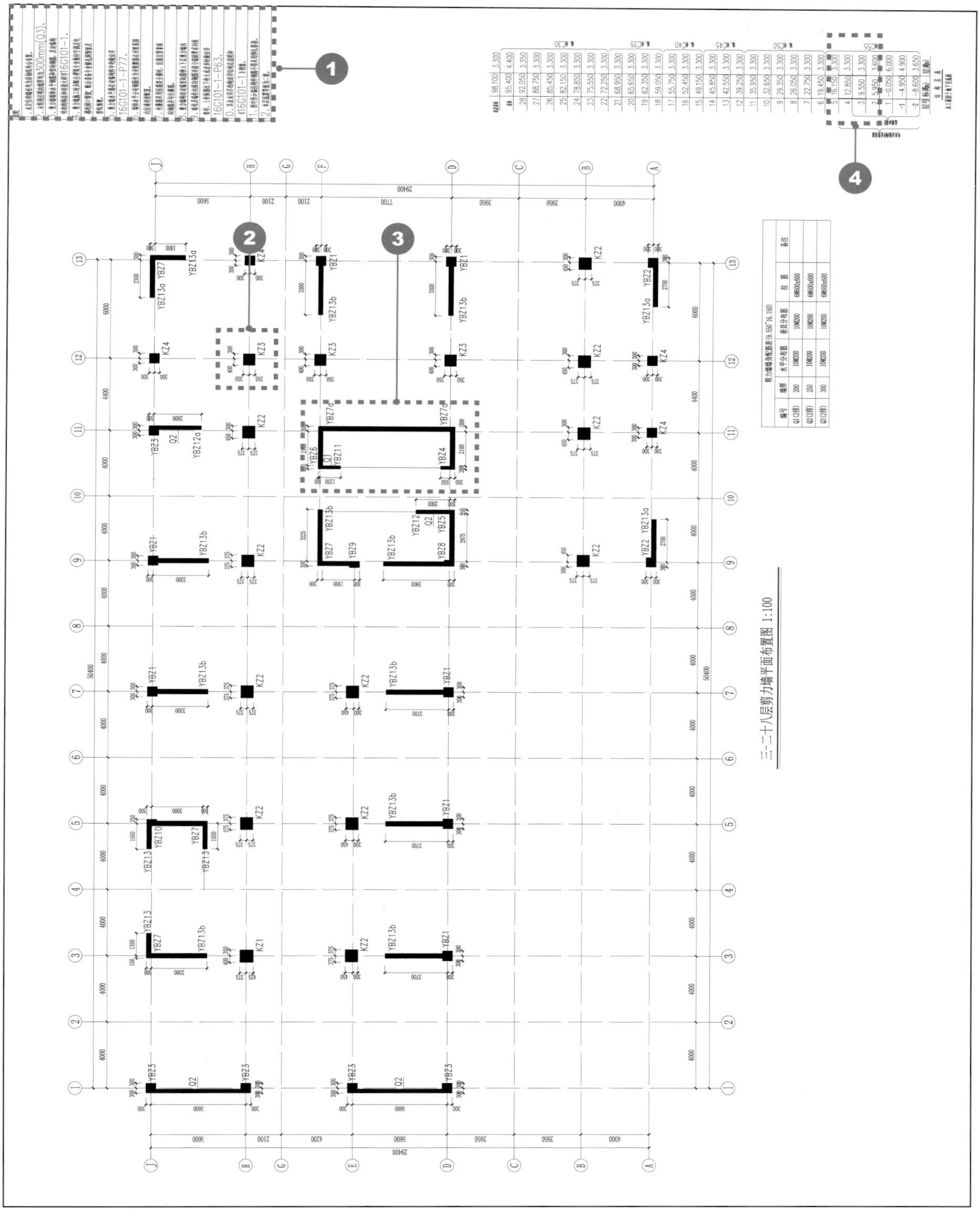

❶ 图纸说明；❷ 柱子（位置、尺寸）；❸ 剪力墙（位置、尺寸）；❹ 图例说明（本图所处位置）

（3）梁配筋图：主要描述梁的位置、尺寸、构造等信息。

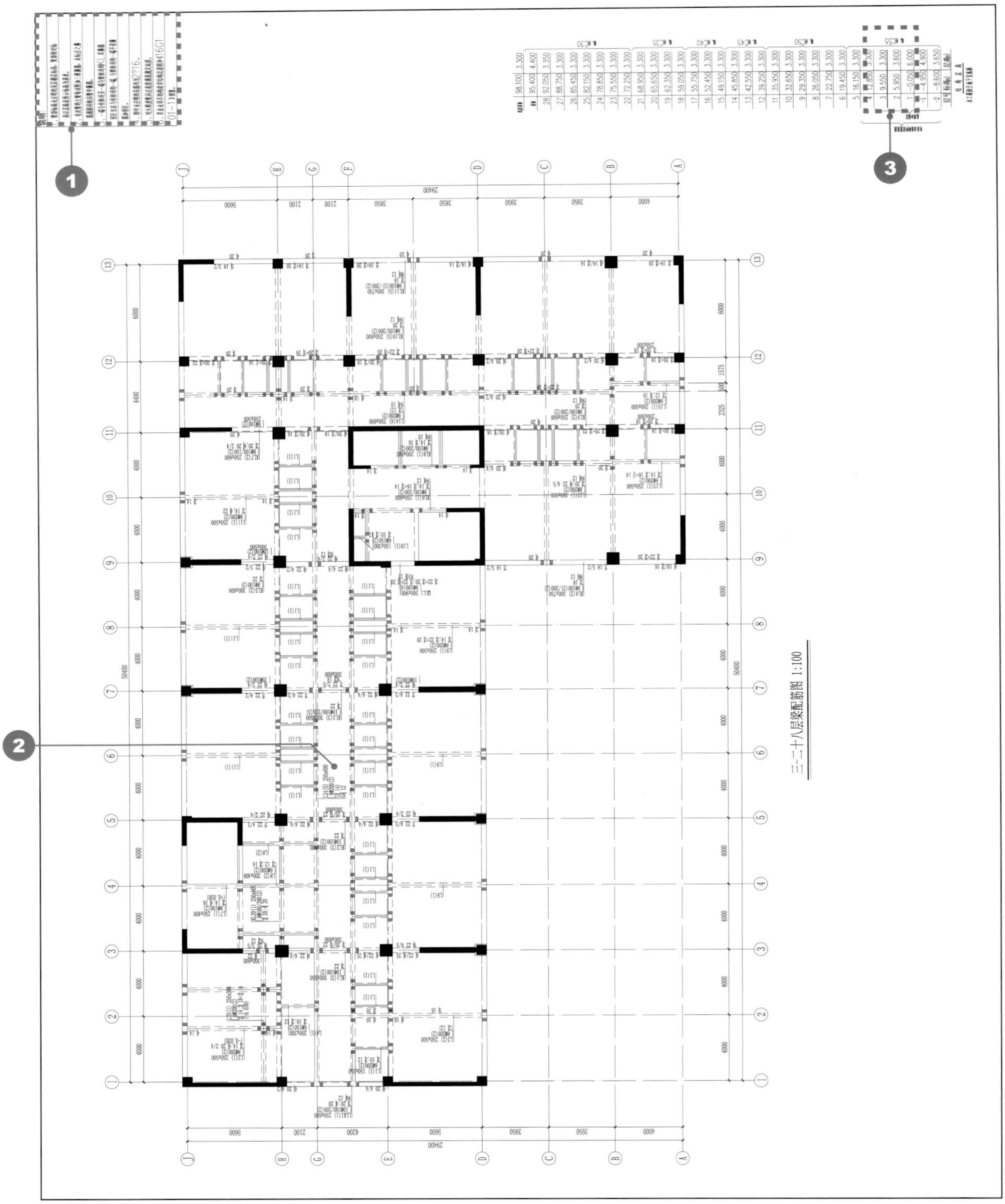

❶ 图纸说明；❷ 梁（位置及尺寸）；❸ 图例说明（本图所处位置）

3. 电气专业设计资料

（1）供电干线平面图：描述电箱、插座的信息以及电线、桥架的走向。

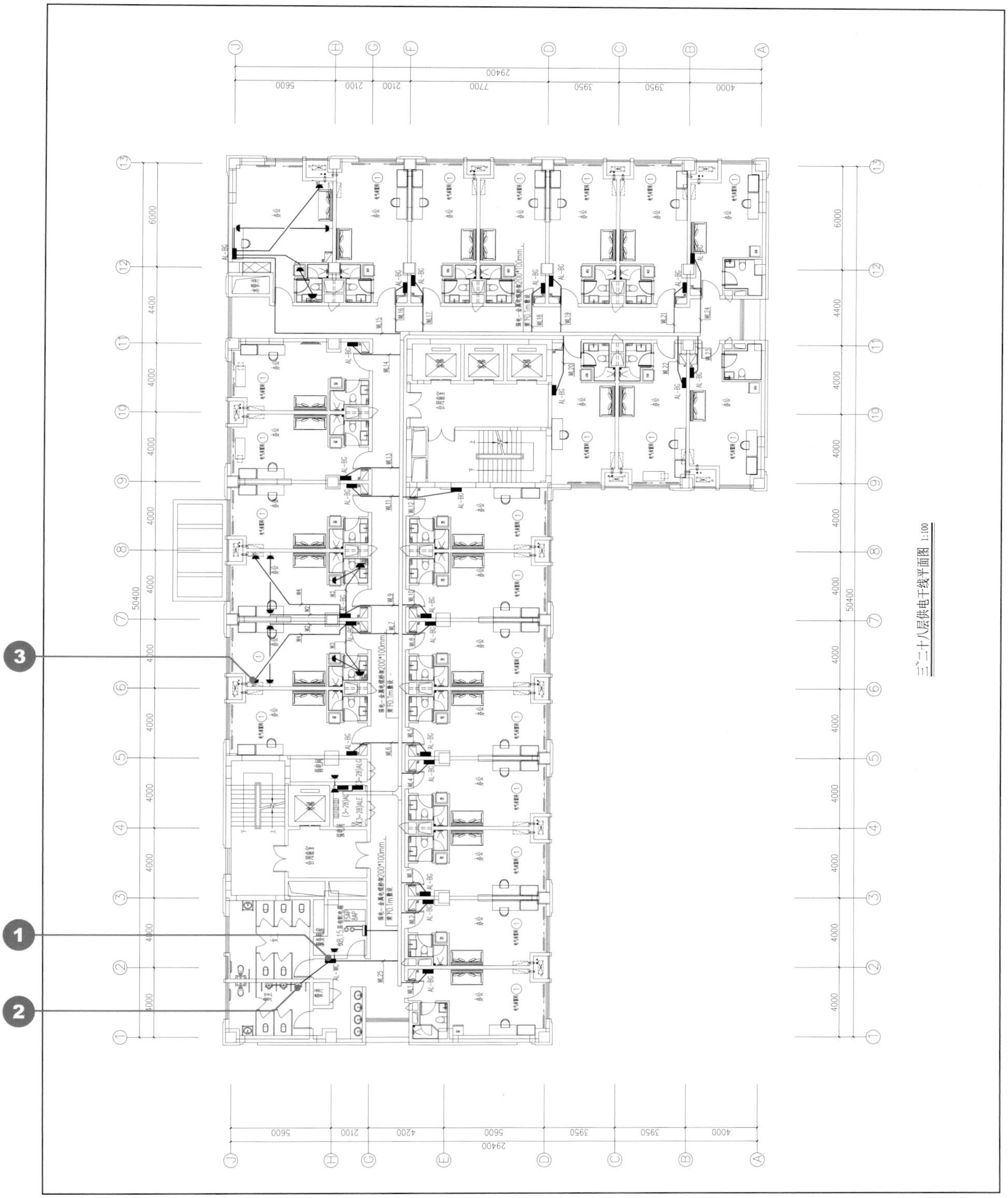

❶ 配电箱；❷ 预留电源；❸ 预留插座

(2) 照明平面图：描述建筑的规范性照明及基本照明（建筑基本照明在室内设计中可以忽略）。

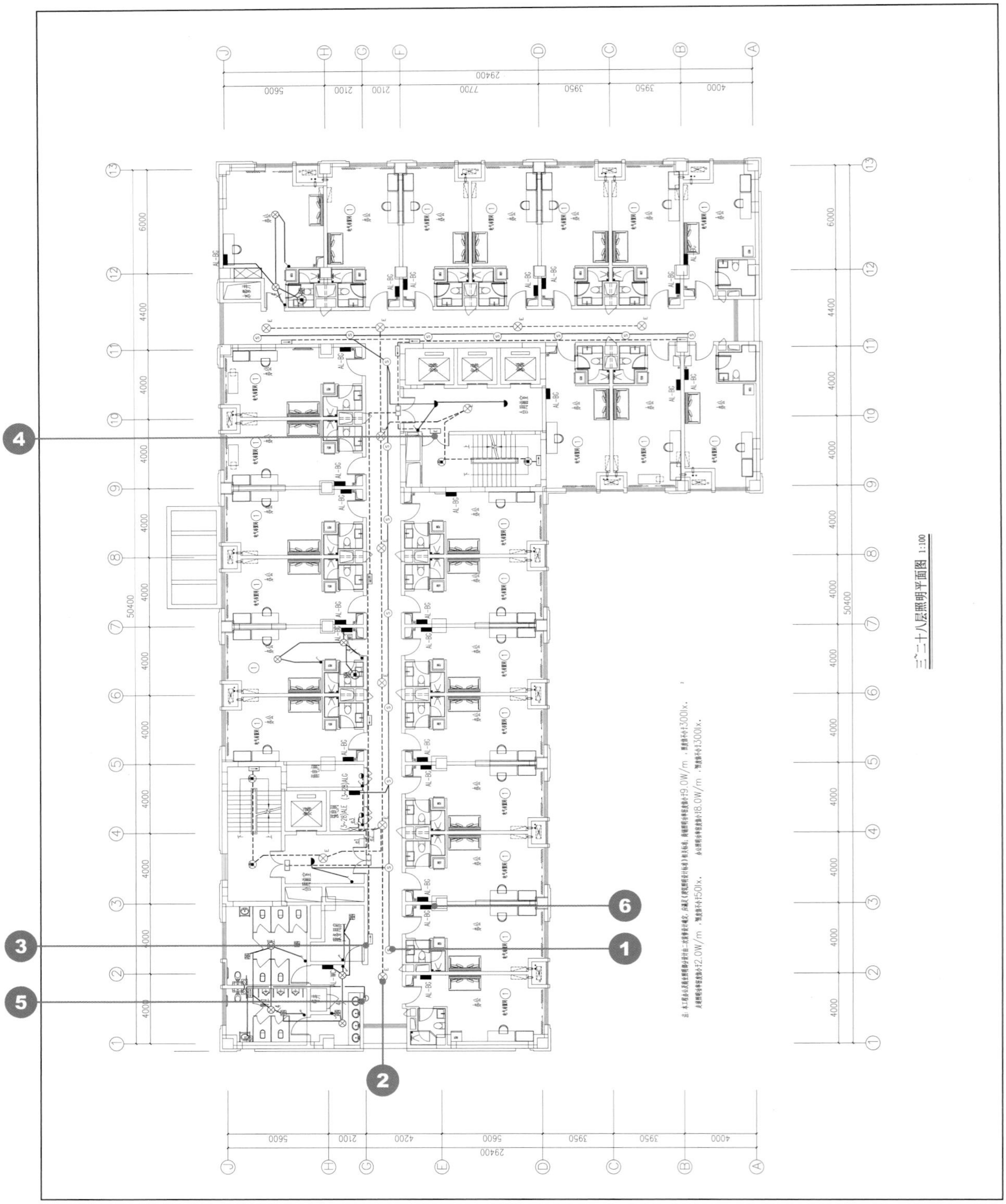

❶ 照明点位；❷ 应急照明；❸ 疏散指示；❹ 安全出口；❺ 警铃；❻ 配电箱

（3）火灾报警平面图：描述和消防报警有关的信息。

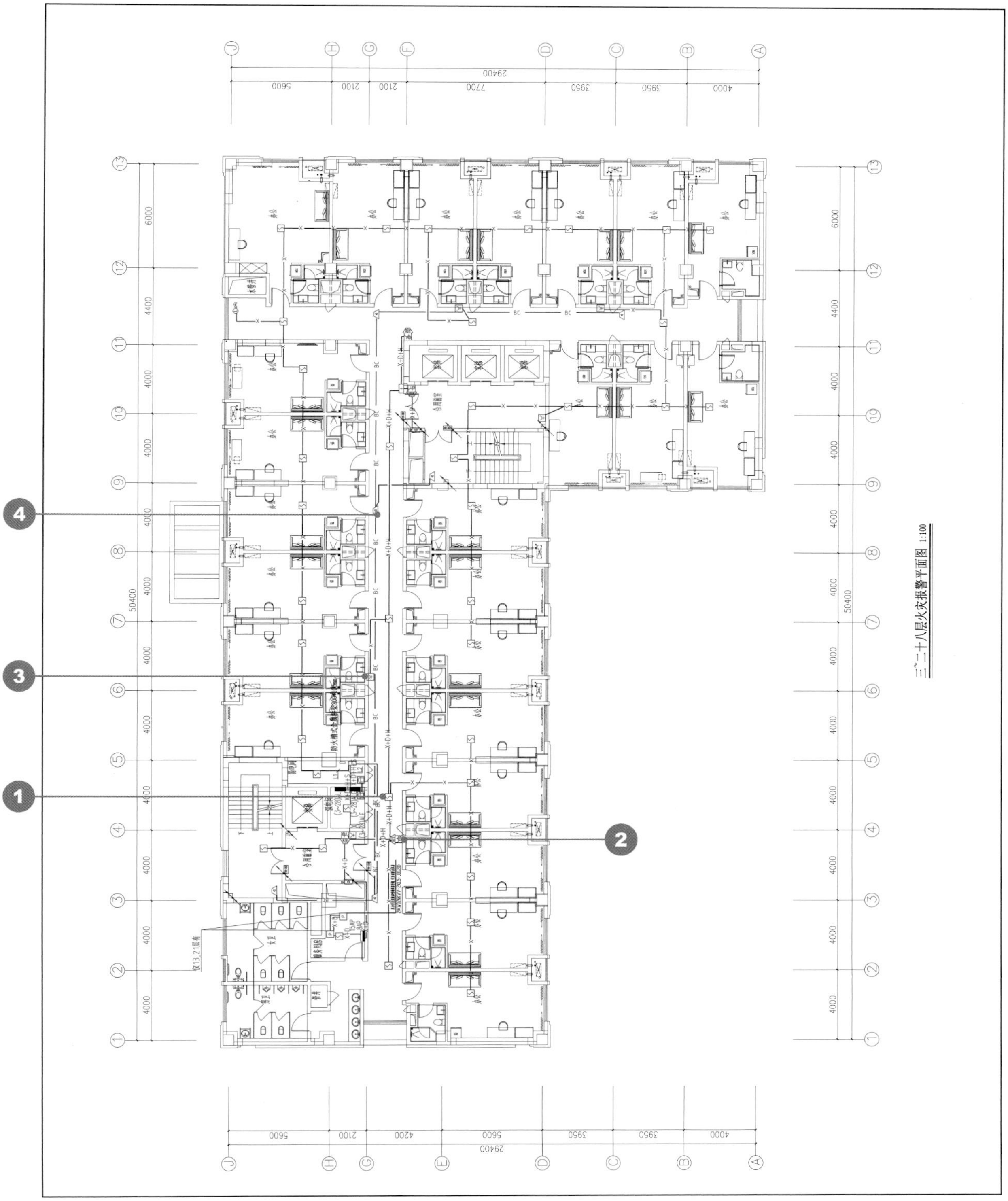

❶ 烟感；❷ 声光报警器；❸ 手动火灾报警器按钮；❹ 消防广播

（4）弱电平面图：描述综合布线以及安防监控等信息。

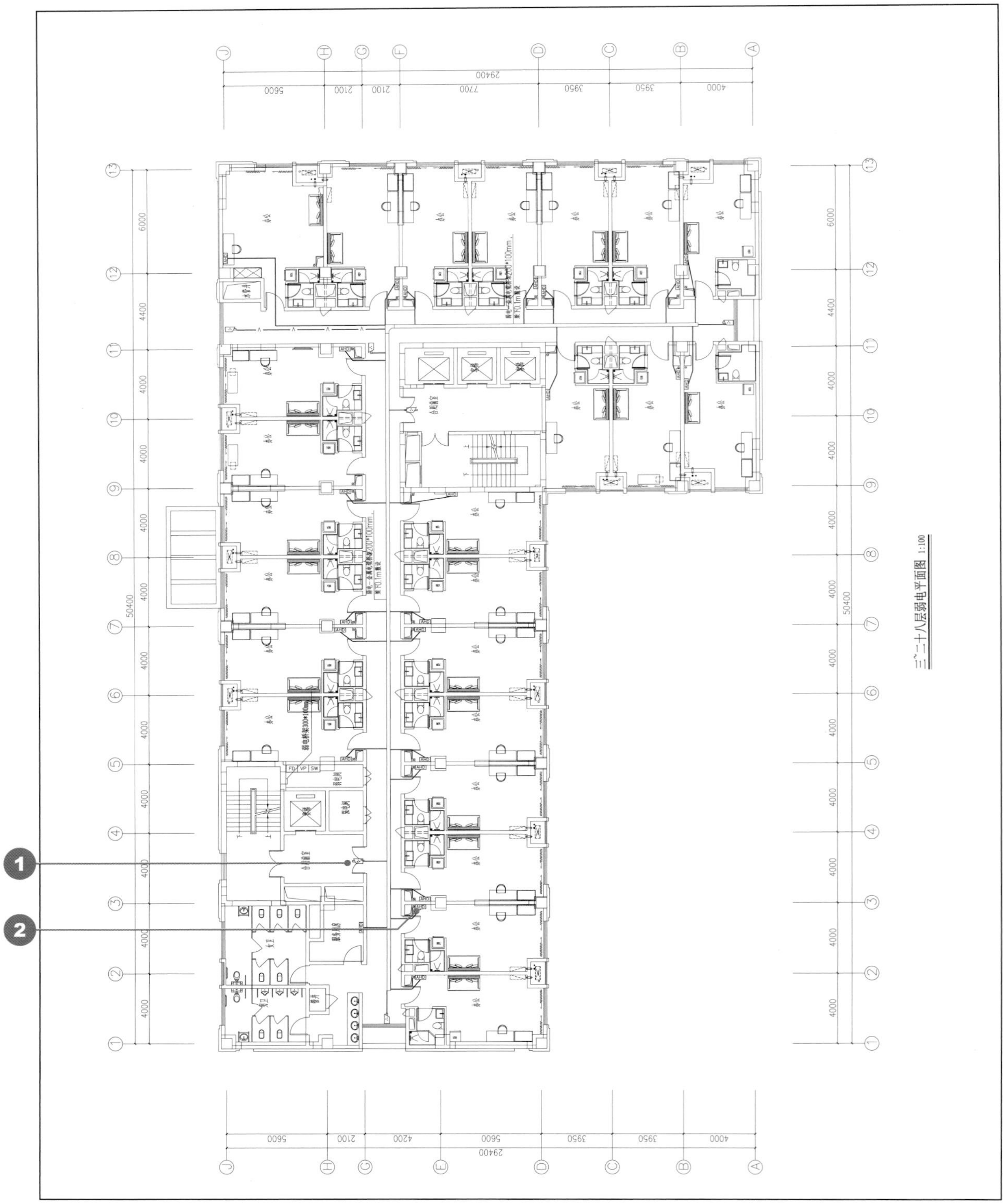

❶ 摄像头；❷ 分户弱电箱

4. 暖通专业设计资料

（1）通风平面图：主要描述消防排烟的形式、排烟管道走向、排烟口位置等信息。

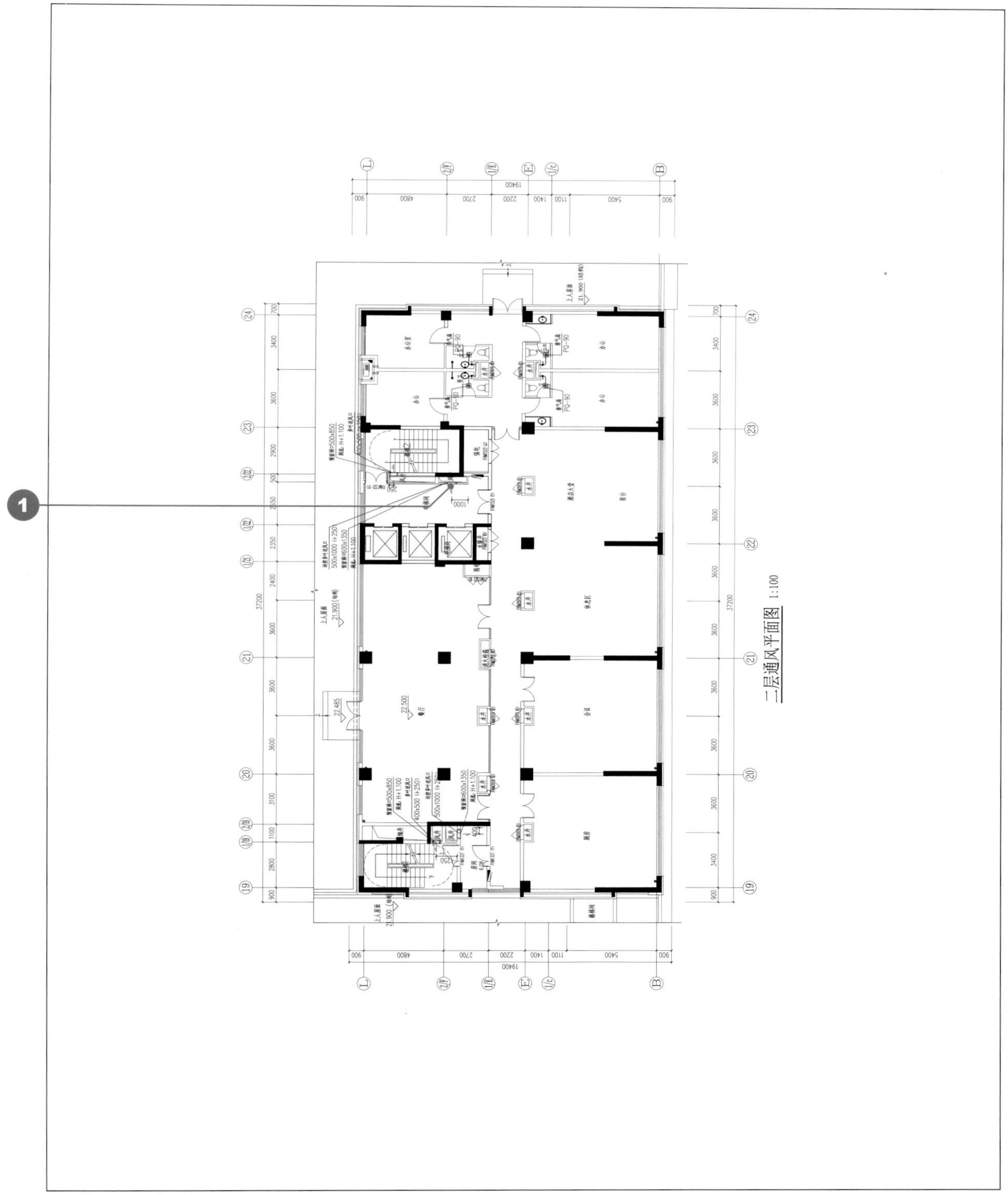

❶ 墙面正压送风口

（2）空调风管平面图：描述空调的形式、位置、数量；风管的大小、走向；风口的形式、数量等信息。

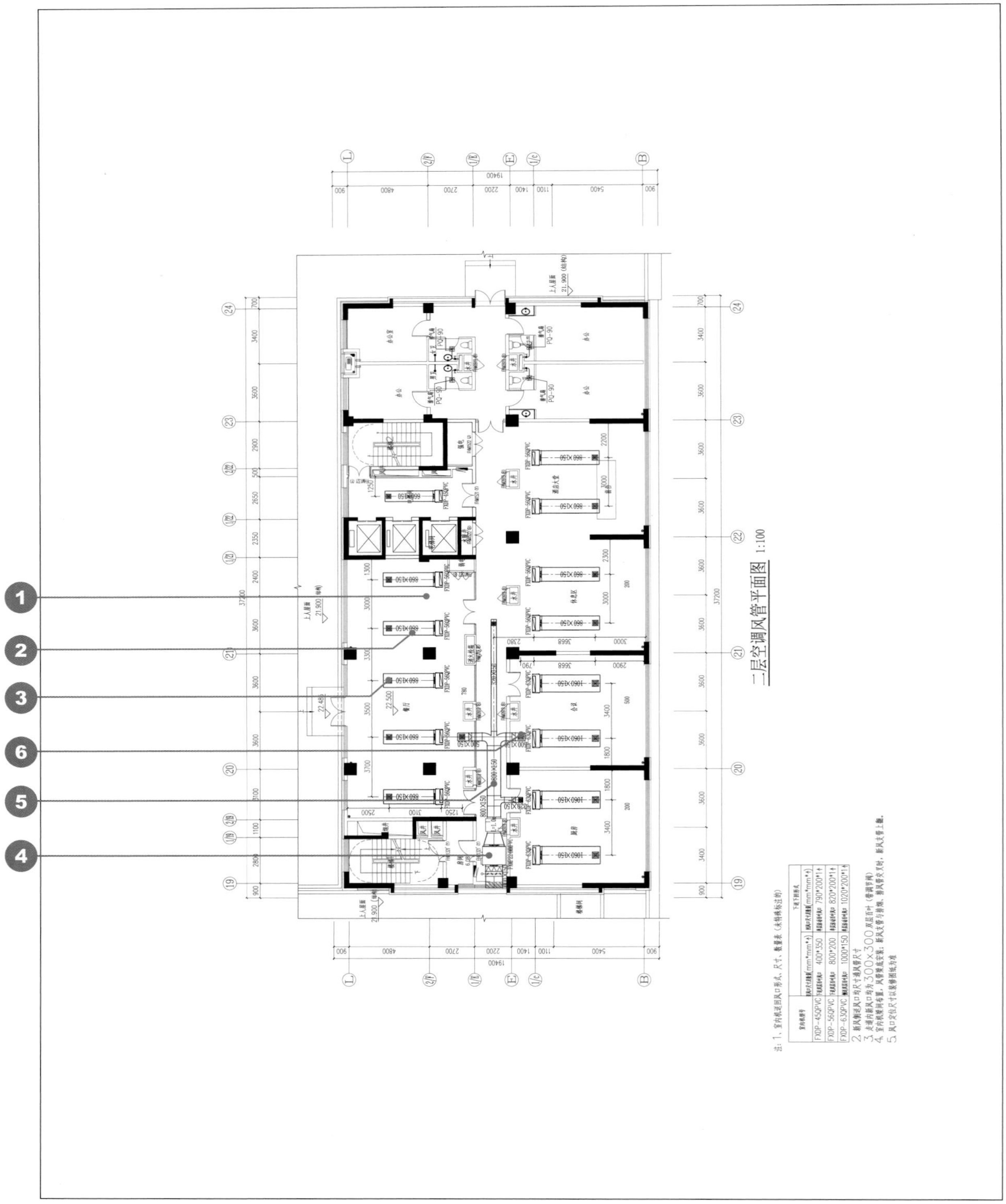

❶ 空调机器（风机盘管）位置；❷ 空调风管尺寸；❸ 空调风口形式；❹ 新风机器位置；❺ 新风风管尺寸；❻ 新风风口形式

（3）空调水管平面图：描述空调水管的连接、走向等信息。空调水管所占空间较小，对室内设计的影响不大，所以本图的信息，室内设计师仅作了解即可。

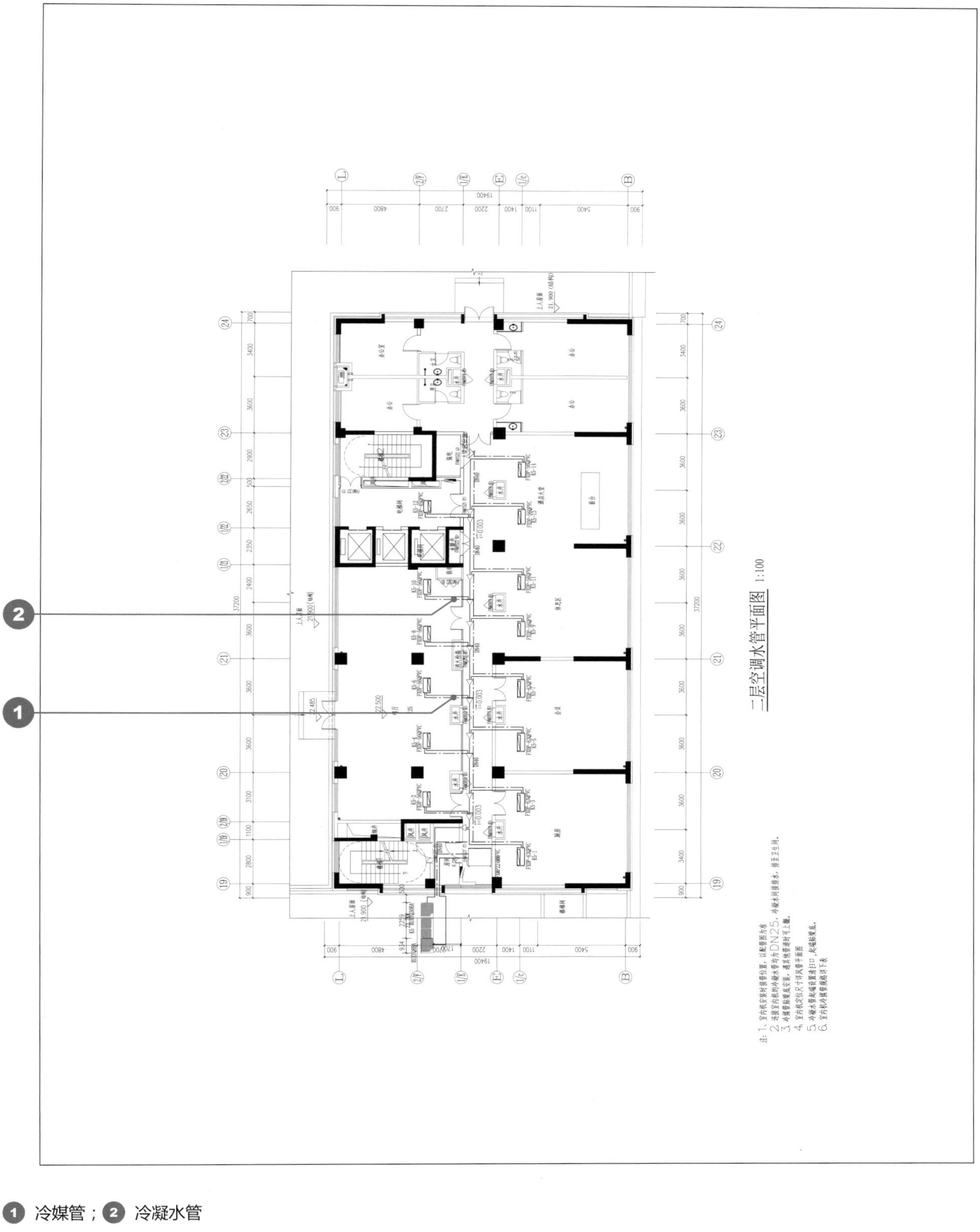

❶ 冷媒管；❷ 冷凝水管

5. 给排水专业设计资料

（1）给排水平面图：描述给排水点位及管道走向。

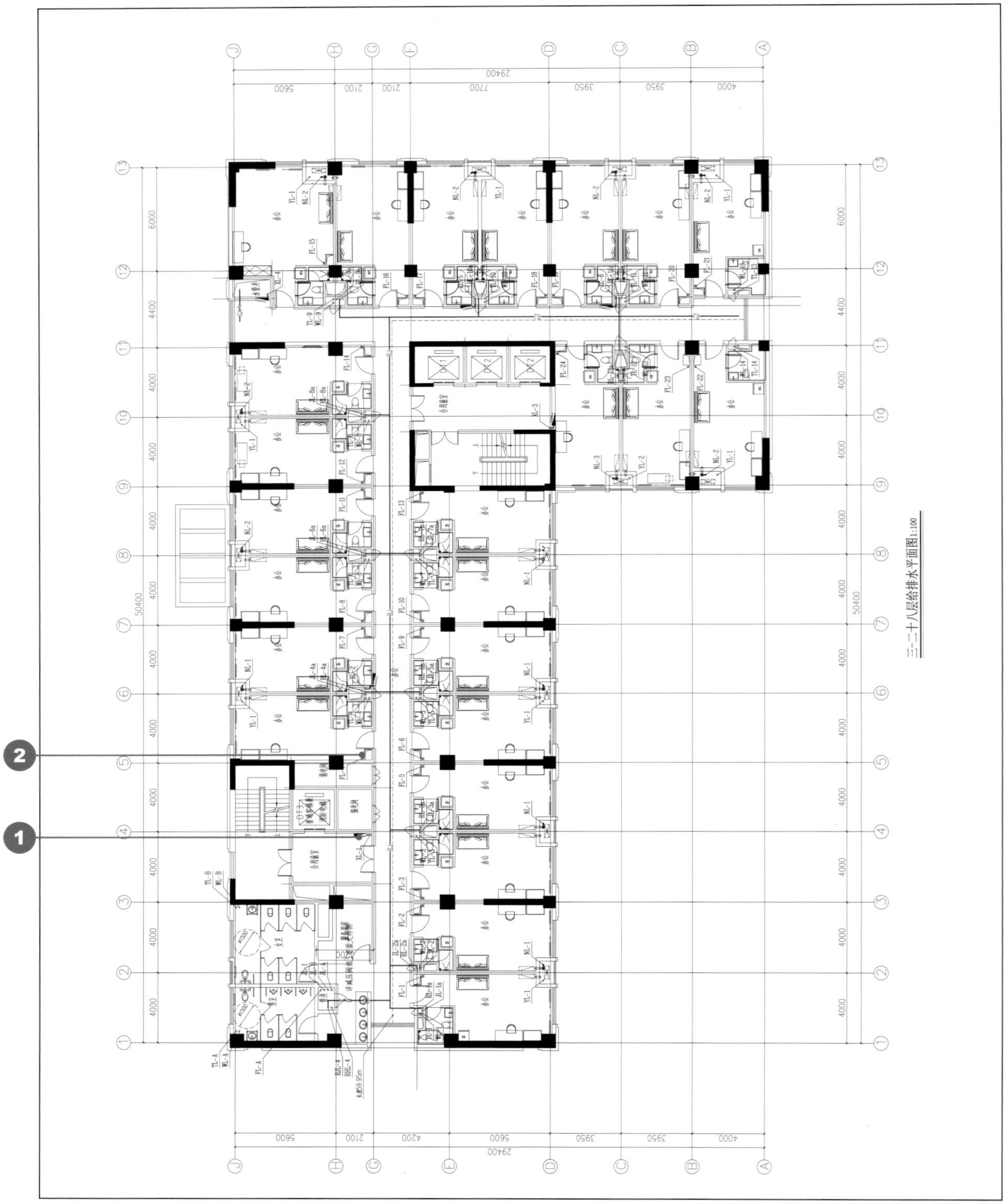

❶ 消火栓；❷ 水管位置

（2）喷淋平面图：描述喷淋点位及管道走向。

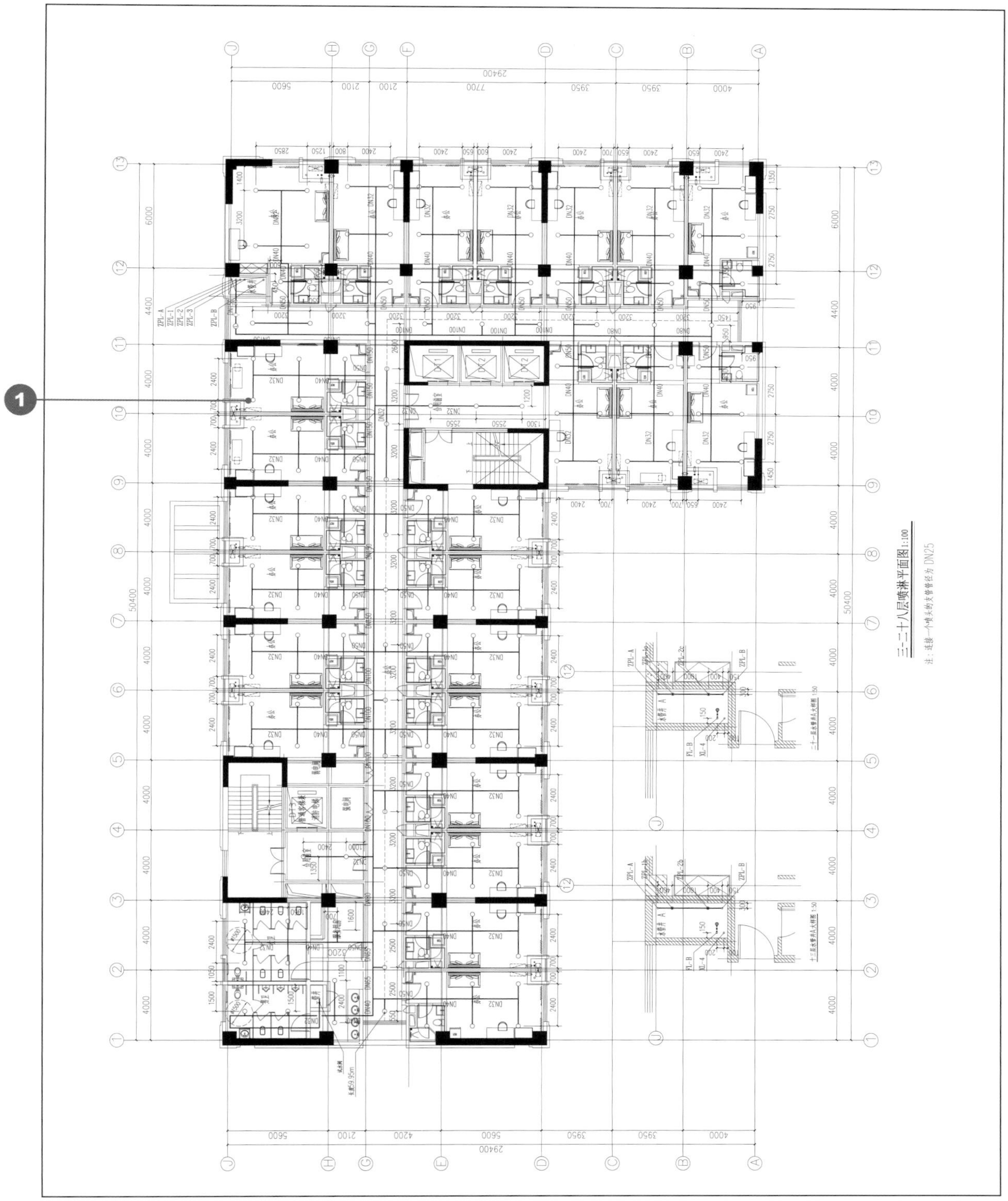

❶ 喷淋（位置及数量）

2.4.2 室内方案设计资料

室内方案设计一般分为两个步骤：

（1）概念方案设计：设计脉络、设计元素的演变过程、区域划分、流线分析、平面布置、意向图片、主要材料分析、主要色彩分析等。

（2）深化方案设计：设计脉络、设计元素的演变过程、区域划分、流线分析、各楼层平面图、各空间设计方案（含方案分析、彩色平面图、彩色立面图、顶面图、轴测分析图、效果图等）、主要材料样板、主要家具选型、主要灯具选型等。

1. 平面规划手稿

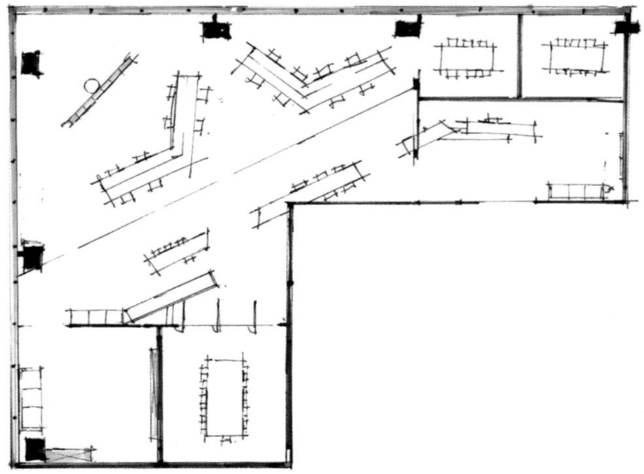

2. 方案平面图及动线分析

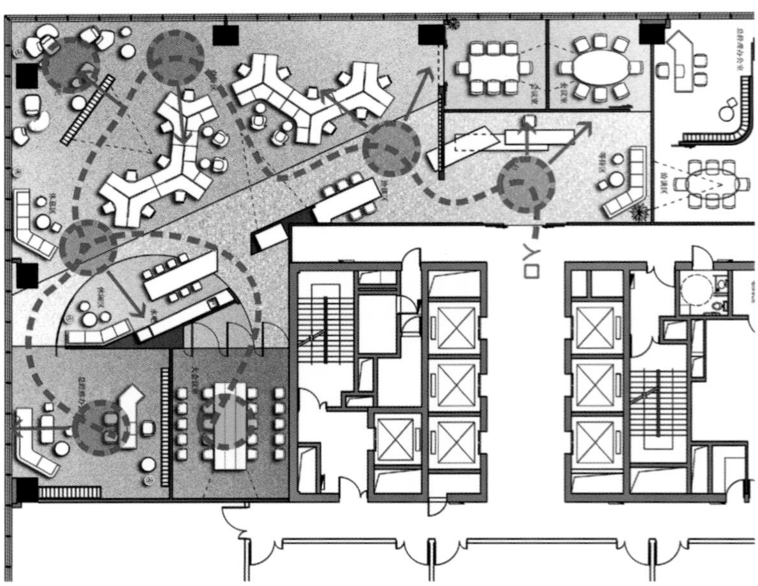

3. 各区域意向图片

休闲区
空间丰富多变
软装色彩协调

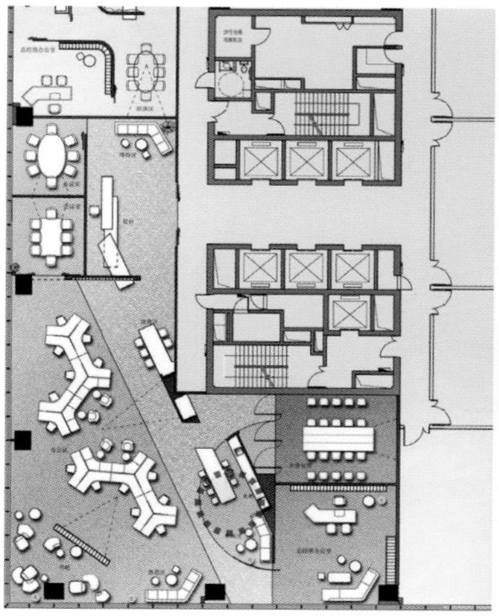

前台
空间方正大气
色调严谨内敛

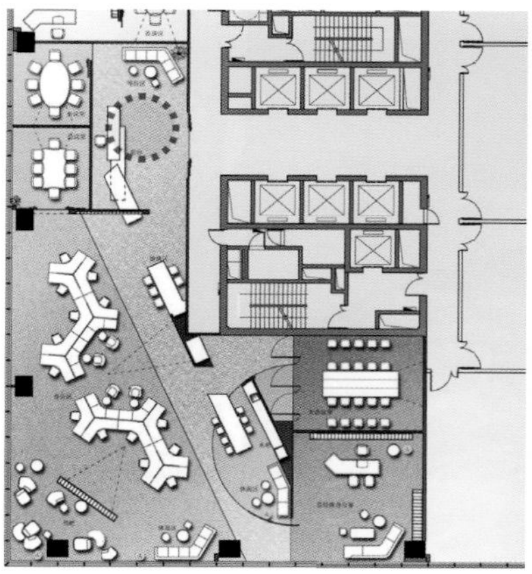

总经理办公室
空间开阔
色彩统一
突出品质感

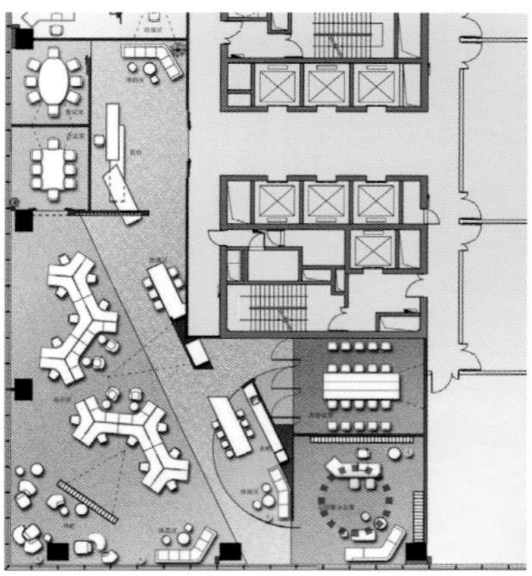

4. 材料分析

5. 家具分析

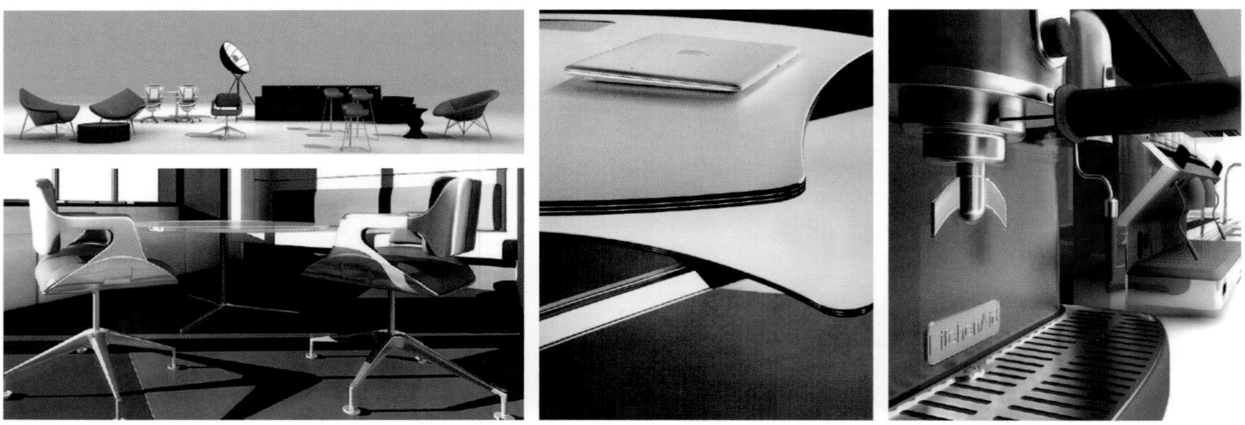

6. 灯具意向

7. 室内方案设计案例

样板房概念设计方案

售楼处概念设计方案

样板房深化设计方案

售楼处深化设计方案

2.4.3 其他专业资料

除了上述建筑和室内设计资料外，施工图的绘制还需要一些其他专业的设计资料（例如灯光、声学、多媒体等资料）以及供应商的资料（例如厨房橱柜、地暖、净水等资料）。

扫码关注公众号“dop 设计”

回复关键词“室内设计方案资料”，获得电子版文件。

3

室内施工图绘制

3.1 说明类图纸

3.1.1 图纸目录

目录

页码	图纸编号	图纸名称	图幅	比例	页码	图纸编号	图纸名称	图幅	比例
		封面							
01	ID-01-01	图纸目录	A3						
02	ID-02-01	设计说明	A3						
03	ID-03-01	材料表	A3						
04	ID-03-02	装修表	A3						
05	ID-21-01	平面布置图	A3	1:75					
06	ID-22-01	尺寸定位图	A3	1:75					
07	ID-31-01	天花布置图	A3	1:75					
08	ID-32-01	天花造型定位图	A3	1:75					
09	ID-33-01	天花灯具定位图	A3	1:75					
10	ID-34-01	综合天花布置图	A3	1:75					
11	ID-41-01	地坪布置图	A3	1:75					
12	ID-51-01	机电点位图	A3	1:75					
13	ID-52-01	天花灯具连线图	A3	1:75					
14	ID-61-01	立面图(一)	A3	1:75					
15	ID-61-02	立面图(二)	A3	1:75					
16	ID-61-03	立面图(三)	A3	1:75					
17	ID-81-01	门表	A3	1:20					
18	ID-91-01	天花节点图	A3	1:5					
19	ID-92-01	地坪节点图	A3	1:5					
20	ID-93-01	墙身节点图(一)	A3	见图					
21	ID-93-02	墙身节点图(二)	A3	1:5					
22	ID-94-01	固定家具节点图(一)	A3	1:10					
23	ID-94-02	固定家具节点图(二)	A3	1:10					
24	ID-94-03	固定家具节点图(三)	A3	见图					
25	ID-94-04	固定家具节点图(四)	A3	1:10					

图纸序号
图纸名称
图幅
图纸编号
比例

DESIGN
上海大朴室内设计有限公司

PROJECT NAME 工程名称
办公室项目

REVISION NO 修改 | DATE 日期

CHLEF DESIGNED BY. 设计负责
DESIGNED BY. 设计
CHECKED BY. 审核
DRAWN BY. 校对
SHEET TITLE 图名 图纸目录
SCALE. 比例 -
DATE. 日期 2018.08.08
SPECIALTY. 专业 装饰
STATUS. 阶段 施工图
PROJECT NO. 项目编号 dop-002
SHEET NO

设计说明

设计依据

一、设计依据

1. 业主提供的建筑设计图纸；
2. 业主提供的相关设计任务书及确定的方案文本依据性文件。

规范

二、室内精装修主要引用规范标准

公共建筑节能设计标准 GB 50189-2015
建筑内部装修设计防火规范 GB 50222-2017
民用建筑工程室内环境污染控制规范 GB 50325-2013
建筑装饰装修工程质量验收规范 GB 50210-2018
建筑设计防火规范 GB 50016-2018
民用建筑设计通则 GB 50352-2005

工程概况

三、工程概况

工程名称：办公室项目
工程地点：XXX
建设单位：XXX
室内设计单位：上海大朴室内设计有限公司

设计范围

四、设计范围

如图中所示：面积约210平方米。

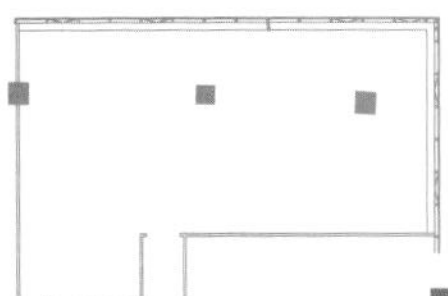

图纸编目原则

五、图纸编目说明

室内设计 — ID-XX-XX-XX — 图纸张数
图纸类型 — 楼层

装饰：	ID-0X	说明类	ID-6X	立面图
	ID-2X	平面类	ID-7X	放大图
	ID-3X	天花类	ID-8X	门表、门节点
	ID-4X	地坪类	ID-9X	节点图
	ID-5X	机电类		

标注单位

六、标注单位及尺寸

1. 图中所注标高均以原建筑设计该楼层标高为±0.000而设定。
2. 本施工图所注尺寸除天花图标高以"米"为单位外，其余均以"毫米"为单位。
3. 本施工图所注尺寸以图上标注尺寸为准，不可以图纸比例量度测算。

材料及工艺标准的基本说明

七、材料与工艺说明

1. 天花
本项目除特别说明，石膏板天花采用60系列轻钢龙骨，双层9.5厚纸面石膏板或者无纸防水石膏板，腻子批嵌，贴接缝带和阳角护角条，乳胶漆一底二度.
2. 隔墙
本项目除特别说明，新建隔墙采用100系列轻钢龙骨，双面双层12厚纸面石膏板，内填隔音棉。
3. 内墙饰面
1) 木装修饰面
a. 本次施工范围的木制品及木门均由专业的厂家制作加工，现场安装。
b. 木饰面及基层板需经过阻燃处理，须符合相关规范。
c. 木饰面颜色纹理及油漆效果以设计师提供样板为准。
2) 石材饰面
a. 不同部位的石材粘结方式详见图纸要求。
b. 密拼大理石板间留缝宽1mm。
c. 除非另有说明，否则所有石材外露的边面均需做抛光处理。
d. 石材颜色、纹路及表面处理方式以设计师提供样板为准。
3) 玻璃饰面
a. 玻璃厚度及规格见图上标注，除特别注明外均用光片玻璃。
b. 墙面镜子、玻璃的粘贴采用双面胶，不建议使用玻璃胶。
c. 玻璃的材质、颜色以设计师提供样板为准。
4) PVC编织毯
a. 墙面PVC编织毯使用专用胶水粘贴于多层板基层上。
b. PVC编织毯的材质、颜色以设计师提供样板为准。
5) 金属饰面
a. 不锈钢板、片均为高锰钢，型号为304（18/9或18/10的镍镉合金），具体厚度要求详见图纸。
4. 地坪饰面
1) 满铺地毯
a. 1:3水泥砂浆找平+底胶+地毯。
b. 地毯表面应平服、拼缝处粘贴牢固、严密平整、图案吻合。
c. 地毯需经过阻燃处理，须符合相关规范。
d. 地毯材质及图案以设计师提供样板为准。
2) 石材地面
a. 水泥砂浆找平+待干燥后铺设大理石（建议使用石材防护剂保护）以防石材渗变.
b. 密拼大理石板地面缝宽1mm。
3) 木地板
a. 拼花地板和条形地板以设计师提供的样板为准。
b. 木搁栅一般采用红白松经过干燥处理，顶面刨平并刷防腐剂。
4) 防水处理
a. 卫生间地面应向地漏或明沟作不小于0.5%泛水。
b. 对落水洞、阴阳角、缝隙等部位应进行加强防水处理。
c. 防水处理和工艺要求须符合国家有关规范要求。
5. 遮光帘、纱帘
a. 窗帘长度为轨道长度两倍，以便打折处理。
b. 安装完成后窗帘底端离地10mm。
c. 窗帘需经过阻燃处理，须符合相关规范。
d. 遮光帘、纱帘的材质颜色以设计师提供样板为准。
6. 装饰门
所有门的装饰面材料详见装饰门表或图纸。

重点说明事项及免责声明

八、精装修室内设计通则

1. 此工程的设计应按所有中国，XXX市之现行法规及建筑法规而进行，此文件中有与规范相冲突之处，请与设计方联系。
2. 本项目对原建筑设计的防火分区、防火门位置及防排烟设计未做任何改动。
3. 施工单位必须研究，核实所有尺寸，并对之负责；如有任何变动，应及时通知设计师。
4. 所有选用材料均按照材料样板为准；施工单位应提供与之相应的材料样板经设计师及业主认可后方能施工。所有选用材料必须提供环保检测报告。
5. 施工单位应根据综合天花图的布局；负责核实所有机电设备末端的安装、定位尺寸，以及可实施性，如有异议，请及时通知设计师。
6. 有关工种如水、电、风等相关机电工种在施工过程中应密切配合，如发现不明不符之处，应及时与设计单位联系，共同解决。
7. 家具承包商应核实现场尺寸，以保证安装合适，如有疑问，应及时通知设计师。
8. 施工单位应对所施工范围内的饰面基层，灯具，家具，装置等固定设施的安全性负责；重要部位应提供相应的安装图纸供设计师确认，以保证其安全性。
9. 本说明中未提及的施工工艺及做法按建筑装饰装修工程质量验收规范（GB50210-2018）执行。
10. 本项目常规工艺做法请参照国家相关规范及专业供应商的技术要求。

九、图例说明：

图例说明

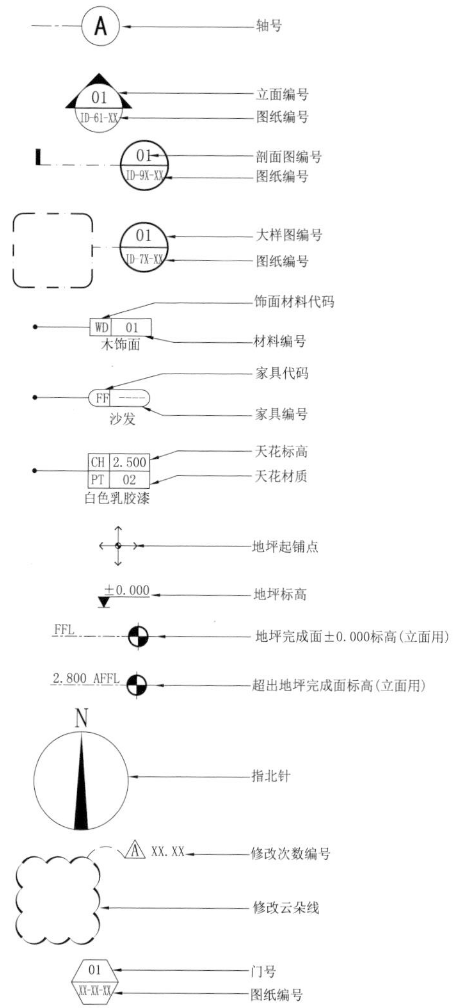

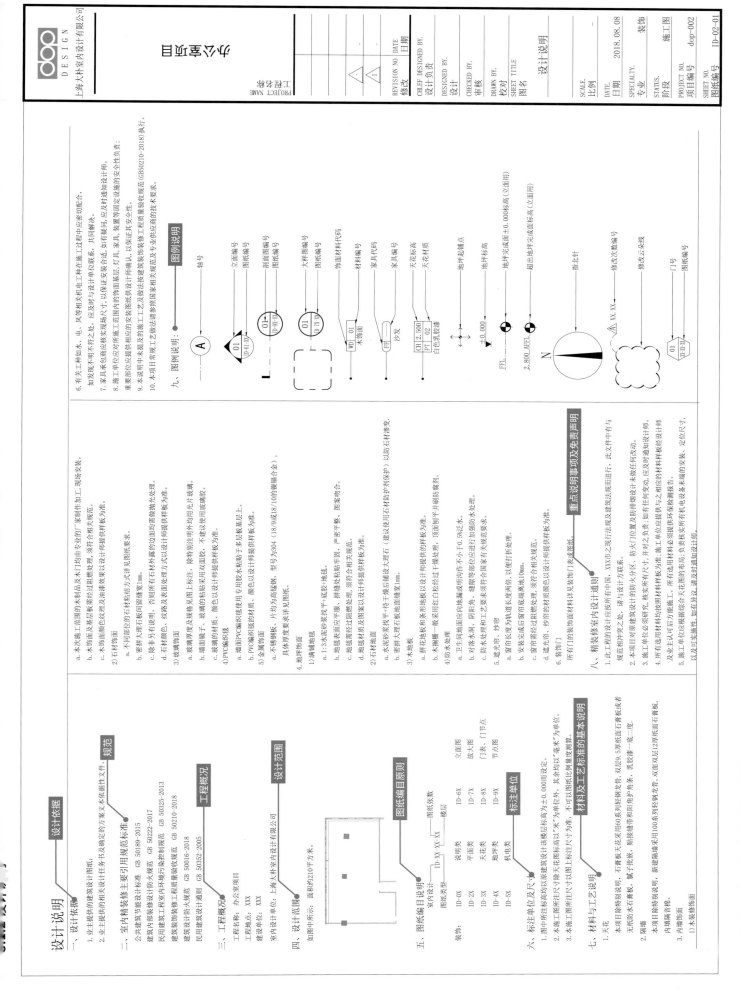

DOP DESIGN
上海大朴室内设计有限公司

PROJECT NAME 工程名称
办公室项目

REVISION NO 修改	DATE 日期
1	.
.	.

CHLEF DESIGNED BY. 设计负责
DESIGNED BY. 设计
CHECKED BY. 审核
DRAWN BY. 校对
SHEET TITLE 图名 设计说明
SCALE. 比例 -
DATE. 日期 2018.08.08
SPECIALTY. 专业 装饰
STATUS. 阶段 施工图
PROJECT NO. 项目编号 dop-002
SHEET NO. 图纸编号 ID-02-01

3.1.3 材料表

材料表

（标注：英文缩写的材料编号；材料名称；材料类别；使用区域及部位；材料规格；耐火等级）

代表符号	名称	使用区域及用途	产品规格	耐火等级	代表符号	名称	使用区域及用途	产品规格	耐火等级
STONE	石材								
ST-01	古堡灰大理石	幕墙窗台、柜子台面	20mm厚	A					
WOOD	木饰面								
WD-01	胡桃木饰面	柜子饰面		B2					
WD-02	白色烤漆饰面	柜子饰面		B2					
WOOD FLOOR	木地板								
WF-01	实木复合地板	会议室地面		B2					
GLASS	玻璃								
GL-01	蓝色烤漆玻璃	墙面	6mm厚	A					
GL-02	钢化清玻璃	门	12mm厚	A					
GL-03	白色烤漆玻璃	会议室白板	6mm厚	A					
METAL	金属								
MT-01	黑钛不锈钢	踢脚、收边	1mm厚	A					
MT-02	铝板	备用办公区天花	300mm×1200mm	A					
PAINT	油漆								
PT-01	白色乳胶漆	天花、墙面							
SOFT MASK	软膜								
SF-01	软膜	会议室、会客区天花		A					
OTHER	其他								
OT-01	深灰色PVC编织毯	大面积地面	见图	B2					
OT-02	浅灰色PVC编织毯	大面积地面、会议室墙面	见图	B2					
OT-03	白色PVC编织毯	大面积地面	见图	B2					
OT-04	亚克力	会客区柜子	见图	B2					

dop DESIGN
上海大朴室内设计有限公司

PROJECT NAME 工程名称：办公室项目

REVISION NO 修改 | DATE 日期

CHLEF DESIGNED BY. 设计负责
DESIGNED BY. 设计
CHECKED BY. 审核
DRAWN BY. 校对
SHEET TITLE 图名：材料表

SCALE. 比例 -
DATE. 日期 2018.08.08
SPECIALTY. 专业 装饰
STATUS. 阶段 施工图
PROJECT NO. 项目编号 dop-002

装修表

部位　所用主要材料　区域名称

装修表

序号	区域	天花	墙面	地面	备注	编号	区域	天花	墙面	地面	备注
01	办公区	PT-01 白色乳胶漆 MT-01 黑钛不锈钢	WD-01 胡桃木饰面 WD-02 白色烤漆饰面 GL-01 蓝色烤漆玻璃 PT-01 白色乳胶漆	OT-01 深灰色PVC编织毯 OT-02 浅灰色PVC编织毯 OT-03 白色PVC编织毯							
02	文印区	PT-01 白色乳胶漆 MT-01 黑钛不锈钢	WD-02 白色烤漆饰面 GL-01 蓝色烤漆玻璃 PT-01 白色乳胶漆	OT-01 深灰色PVC编织毯 OT-02 浅灰色PVC编织毯 OT-03 白色PVC编织毯							
03	茶歇区	PT-01 白色乳胶漆 MT-01 黑钛不锈钢	WD-01 胡桃木饰面 PT-01 白色乳胶漆 MT-01 黑钛不锈钢 OT-02 浅灰色PVC编织毯	OT-01 深灰色PVC编织毯 OT-02 浅灰色PVC编织毯 OT-03 白色PVC编织毯							
04	会客区	PT-01 白色乳胶漆 MT-01 黑钛不锈钢	WD-02 白色烤漆饰面 GL-01 蓝色烤漆玻璃 PT-01 白色乳胶漆	OT-01 深灰色PVC编织毯 OT-02 浅灰色PVC编织毯 OT-03 白色PVC编织毯							
05	会议室	PT-01 白色乳胶漆 SF-01 软膜	WD-02 白色烤漆饰面 MT-01 黑钛不锈钢 OT-02 浅灰色PVC编织毯	WF-01 实木复合地板							
06	备用办公区	MT-02 铝板	PT-01 白色乳胶漆 MT-01 黑钛不锈钢	OT-02 浅灰色PVC编织毯							

DESIGN
上海大朴室内设计有限公司

PROJECT NAME 工程名称：办公室项目

REVISION NO 修改 | DATE 日期

CHLEF DESIGNED BY. 设计负责
DESIGNED BY. 设计
CHECKED BY. 审核
DRAWN BY. 校对
SHEET TITLE 图名：装修表

SCALE. 比例 -
DATE. 日期 2018.08.08
SPECIALTY. 专业 装饰
STATUS. 阶段 施工图
PROJECT NO. 项目编号 dop-002
SHEET NO. 图纸编号 ID-03-02

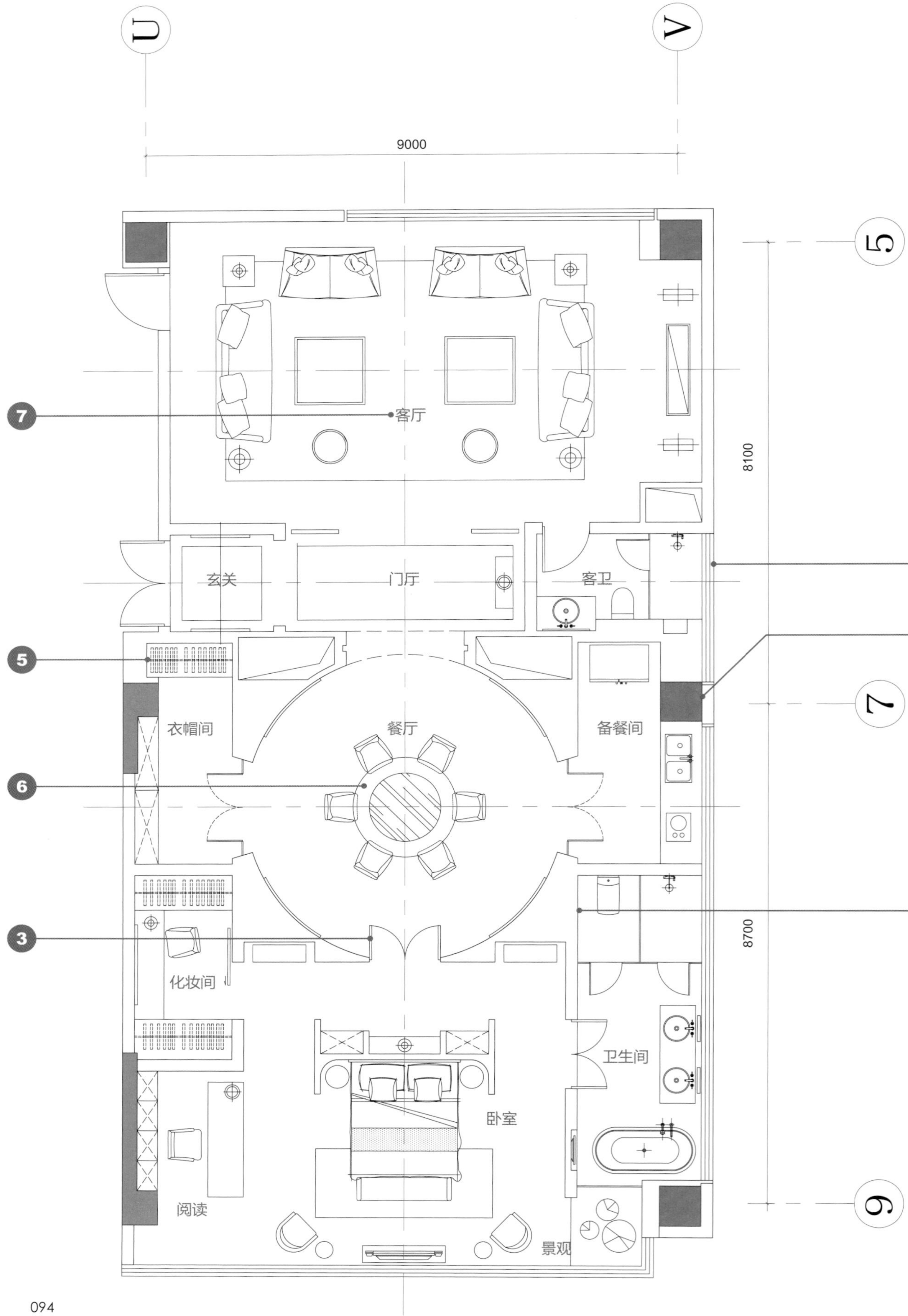
U
V
9000
5
7
9
8100
8700
7
客厅
玄关
门厅
客卫
4
5
2
衣帽间
餐厅
备餐间
6
3
1
化妆间
卫生间
卧室
阅读
景观

3.2 平面类图纸

3.2.1 方案平面图

1. 定义描述

在方案设计阶段所绘制的平面图纸，表达平面空间的划分，墙体的分隔、家具的布置。由于它的主要作用是体现平面布局方案，并不需要深入研究细节，深度不需达到施工图的标准，因此称之为方案平面图。方案平面图是方案设计阶段的重要图纸，同时也是后续施工图中平面布置图的工作基础。

2. 图纸内容

❶ 墙体 / 造型；❷ 柱子；❸ 门；❹ 窗；❺ 固定家具；❻ 活动家具；❼ 空间名称。

3. 设计提资

方案平面图 = 建筑底图（现场测绘图）+ 平面设计草图

在没有建筑图纸的情况下，可以依据现场踏勘测绘的图纸来进行工作。

4. 专业知识

设计理解：

当拿到平面设计手稿后，在开始 CAD 绘图之前，首先要理解设计的功能分区、人流动线、对应关系（中心、对称、等分）。下图为一间酒店套房的平面设计手稿，可以从以下几方面来进行设计的理解。

1）功能

了解各功能空间，明确各空间的隔墙、柱、管井、造型以及家具及物品陈设。

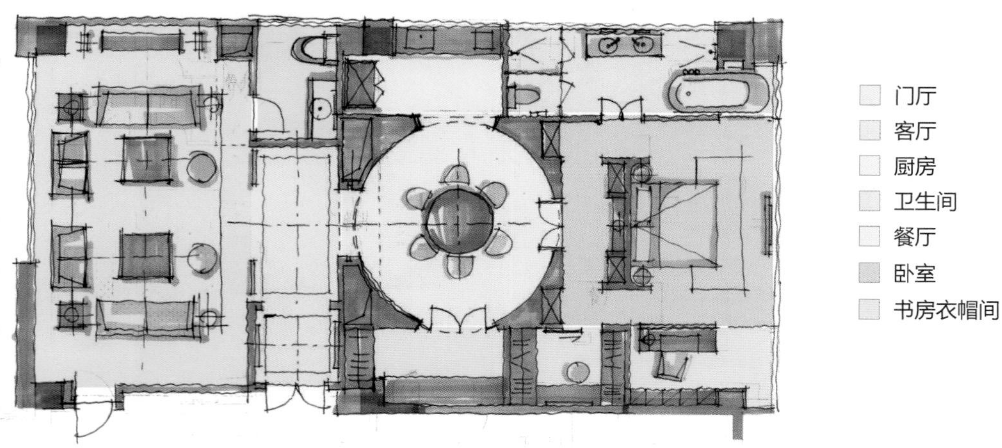

2）动线

了解从主入口开始到各空间的动线轨迹，明确门、门洞、走道的形式和位置。

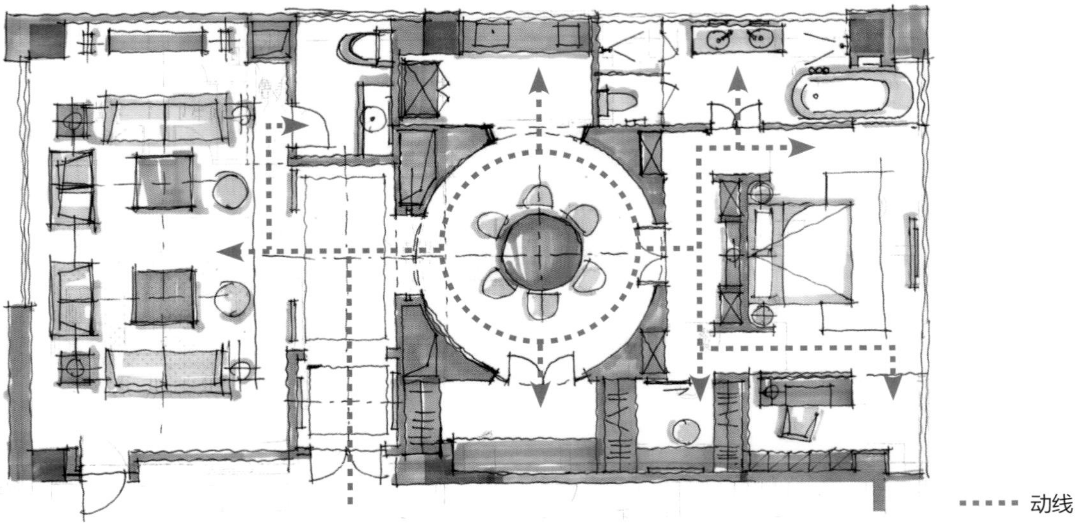

3）关系

各个小空间通过对应的家具找到和空间的关系，客厅的沙发家具组合和客厅中心对齐，玄关走道和入户双开门居中，餐厅的圆桌和餐厅是同一个圆心，等等，客厅横向的轴线在未来是否能和餐厅、卧室轴线齐平，也需要和设计师进行沟通。

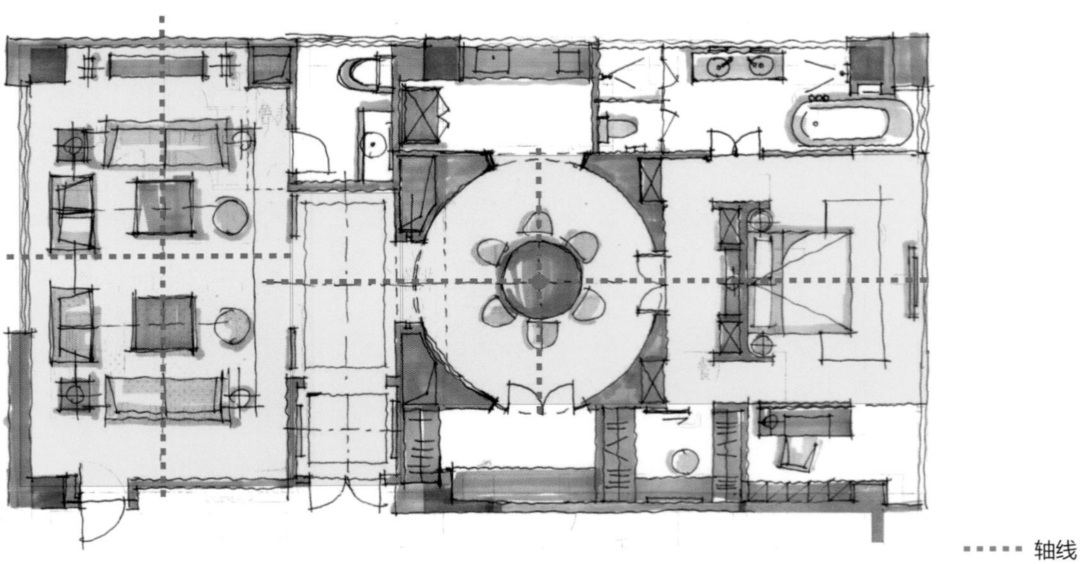

4）尺寸

室内设计中的尺寸首先要具备基本的功能性，必须满足人在生活、活动中的需求，其次才是审美方面的考虑。

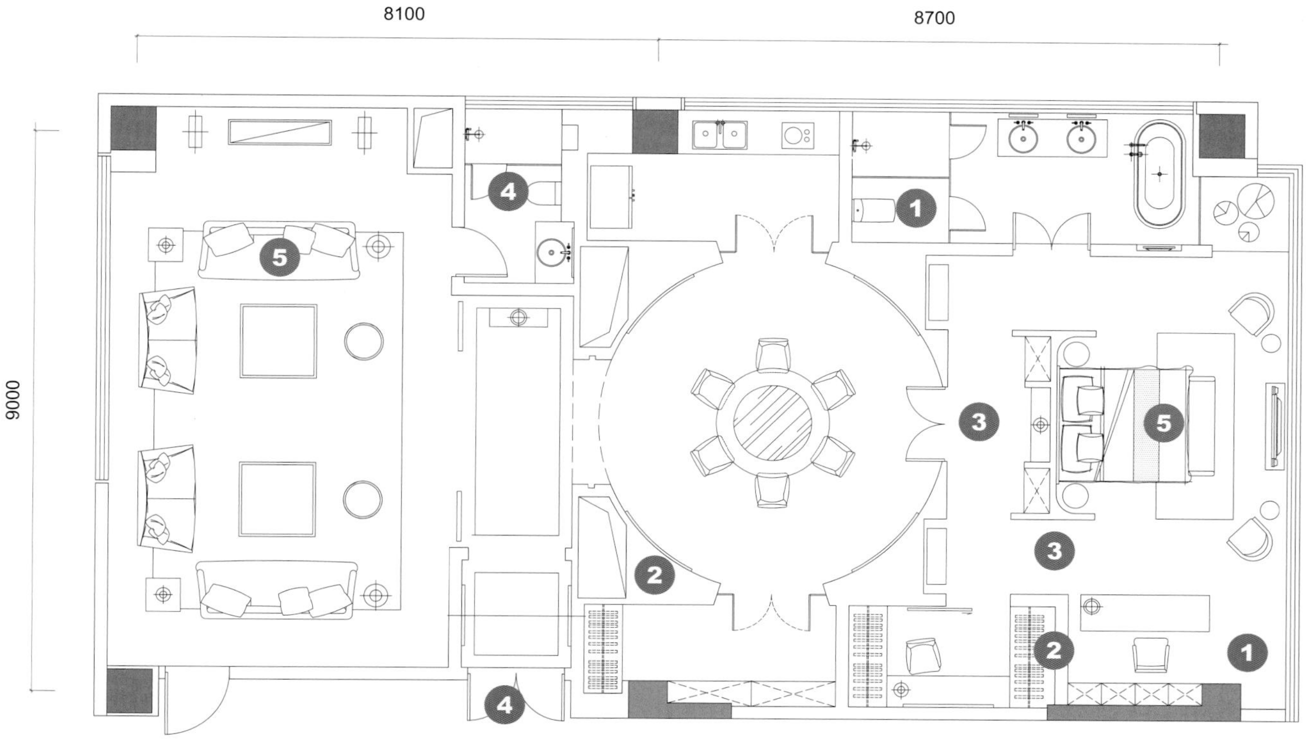

室内空间需要注意的常见尺寸如下。

❶ 空间尺寸：封闭马桶间约 1400mm×900mm，书桌和书柜的间距约 1000mm。

❷ 墙体尺寸：卫生间或厨房隔墙厚度约 150mm；普通房间隔墙厚度约 120mm；包造型墙体不需考虑厚度，满足造型轮廓即可。

❸ 通道尺寸：室内通道 900~1200mm。

❹ 门尺寸：淋浴间门 600~700mm；进户门约 1000mm；室内房间门 800~900mm。

❺ 家具尺寸：常见家具的平面尺寸见下页图。

常见家具尺寸范围。

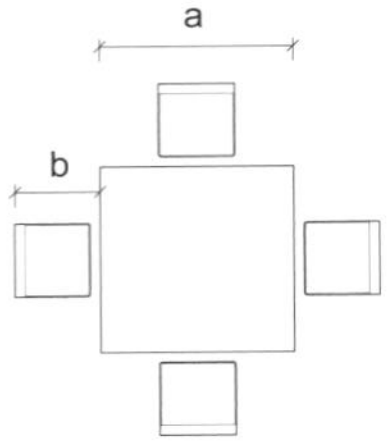

四人桌

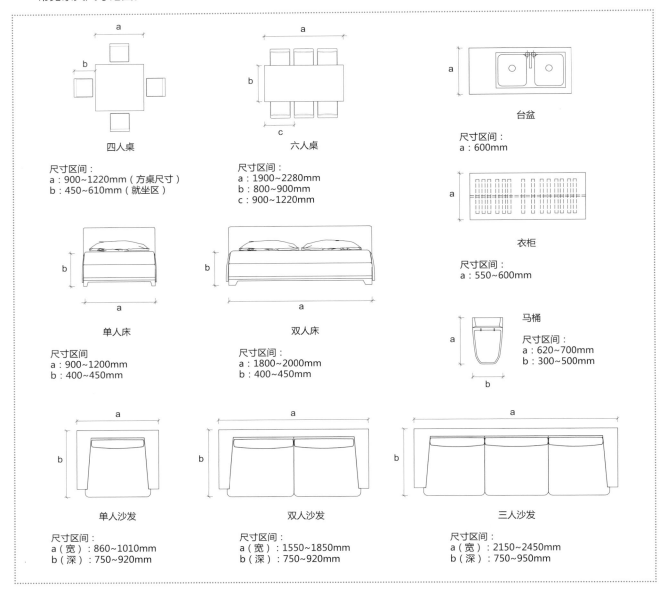

尺寸区间：
a：900~1220mm（方桌尺寸）
b：450~610mm（就坐区）

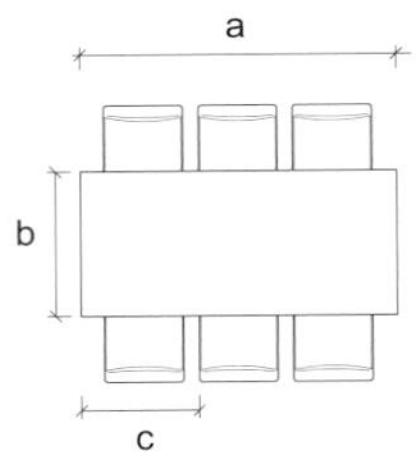

六人桌

尺寸区间：
a：1900~2280mm
b：800~900mm
c：900~1220mm

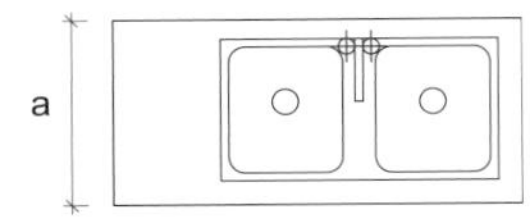

台盆

尺寸区间：
a：600mm

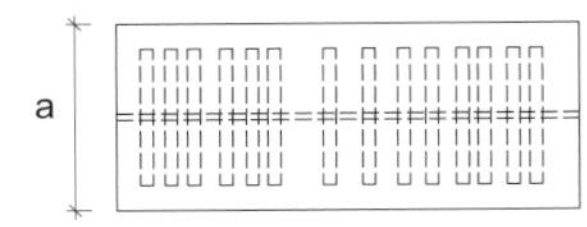

衣柜

尺寸区间：
a：550~600mm

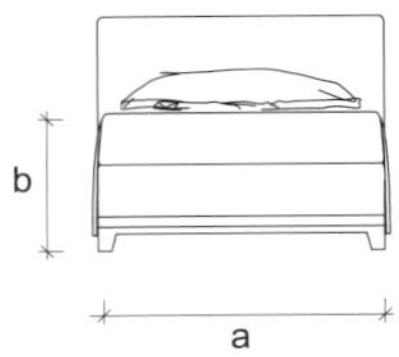

单人床

尺寸区间
a：900~1200mm
b：400~450mm

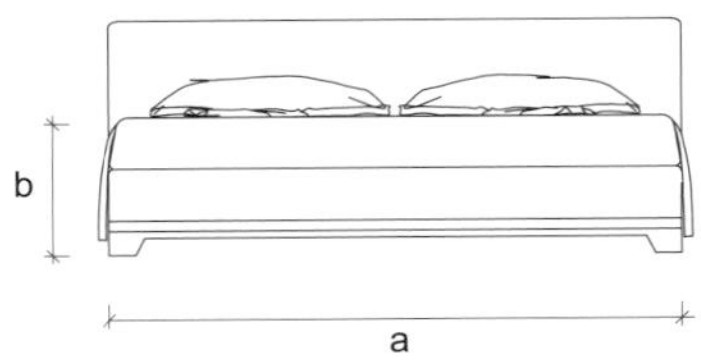

双人床

尺寸区间：
a：1800~2000mm
b：400~450mm

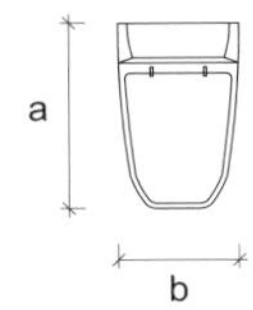

马桶

尺寸区间：
a：620~700mm
b：300~500mm

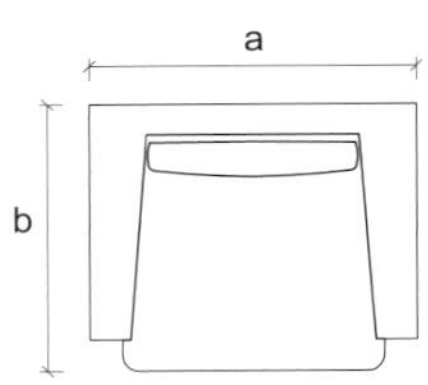

单人沙发

尺寸区间：
a（宽）：860~1010mm
b（深）：750~920mm

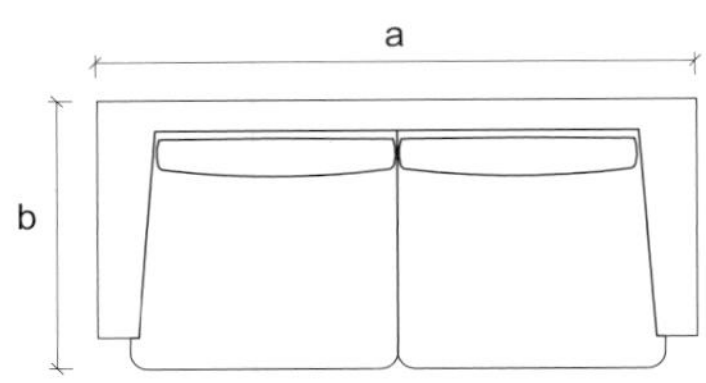

双人沙发

尺寸区间：
a（宽）：1550~1850mm
b（深）：750~920mm

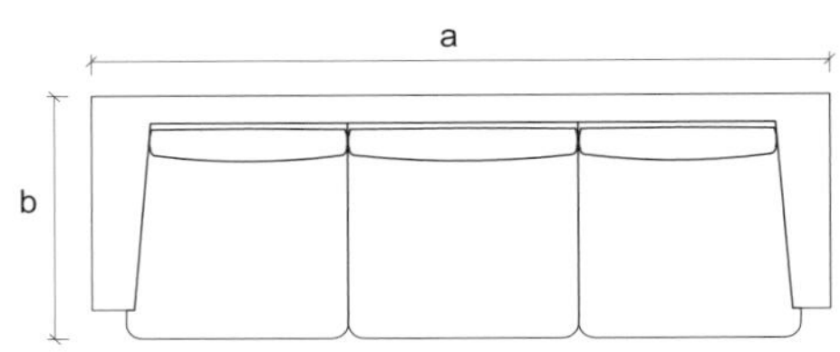

三人沙发

尺寸区间：
a（宽）：2150~2450mm
b（深）：750~950mm

更多关于人体工学方面的内容建议参考右图所示两本书籍。

《室内设计资料集》

《建筑设计资料集》

5. 画法要点

1）门

门的形式和种类多种多样，设计师需要了解门的基本构造和在平面图纸上的表达。

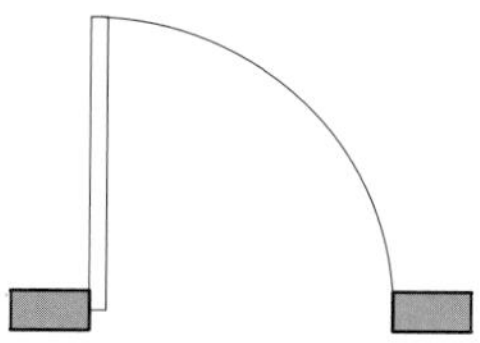

单开门

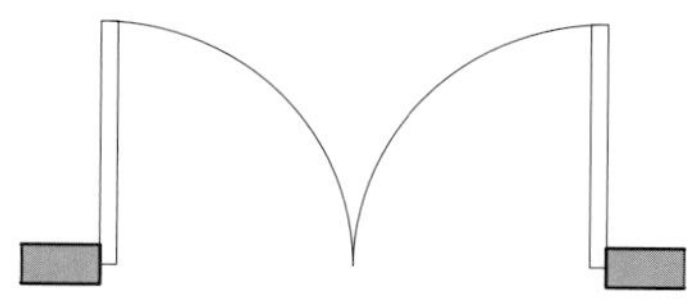

双开门

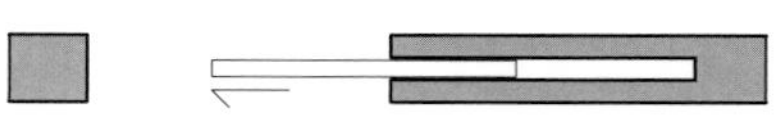

单向内置移门

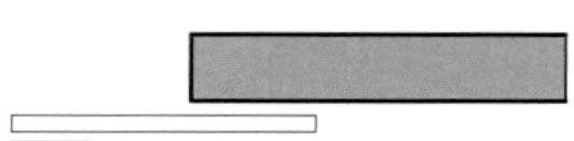

单向外露移门

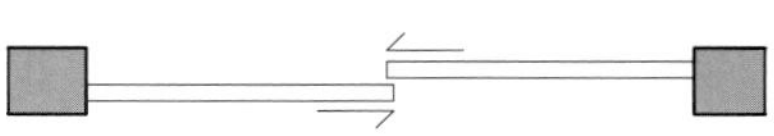

双向移门

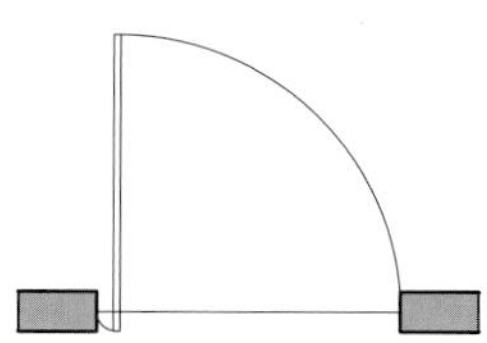

地弹簧门

标准开门的画法：以门铰链位置为圆心，以门边和墙中为起止点，画 1/4 圆。

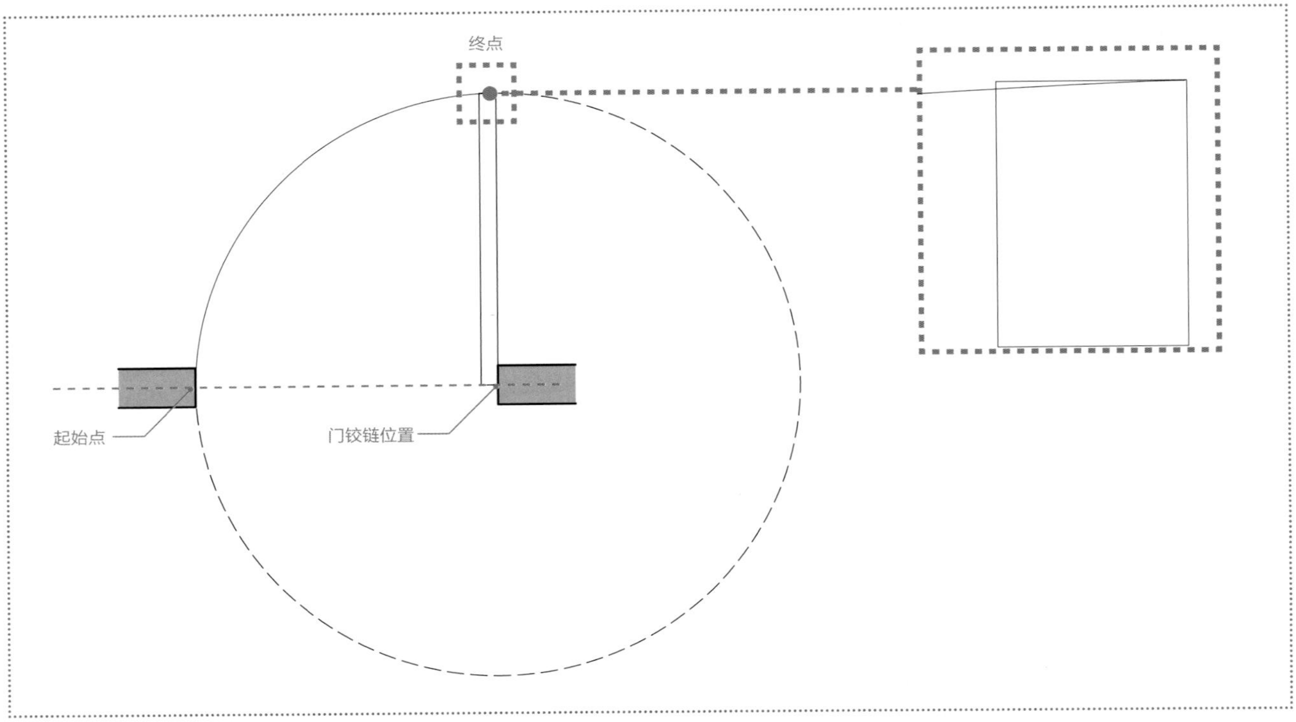

2）窗

这里提到的窗户大多是指建筑窗，在平面布置图纸以简化性的剖面表达。

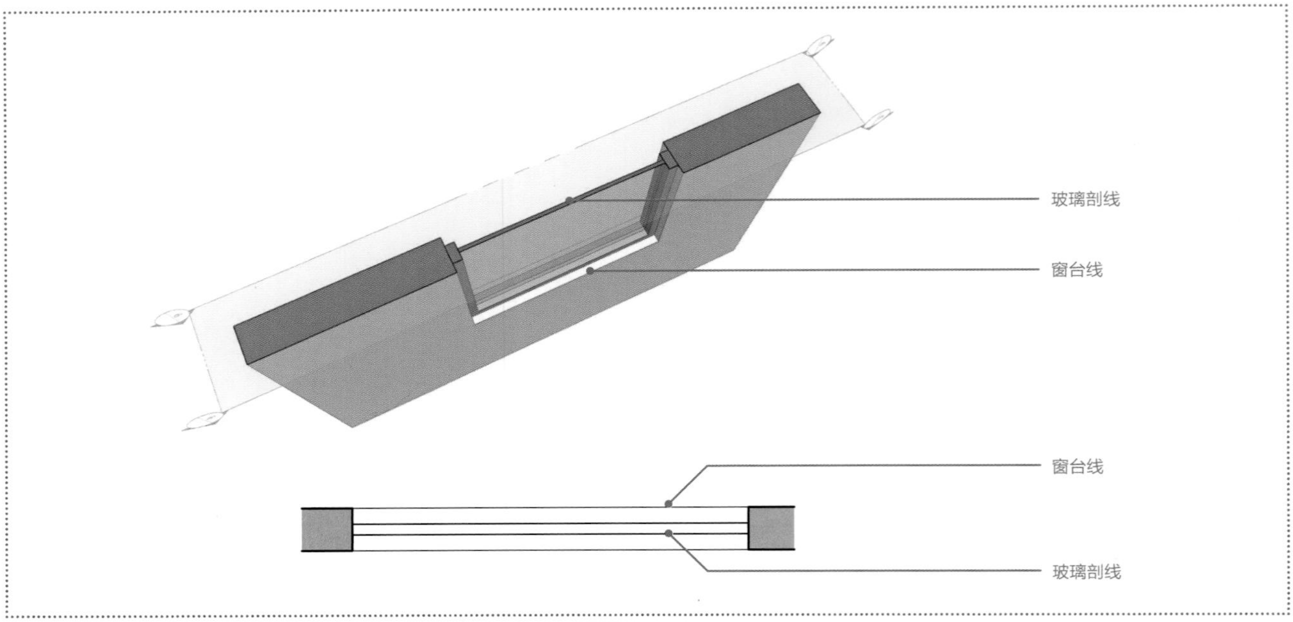

3）楼梯

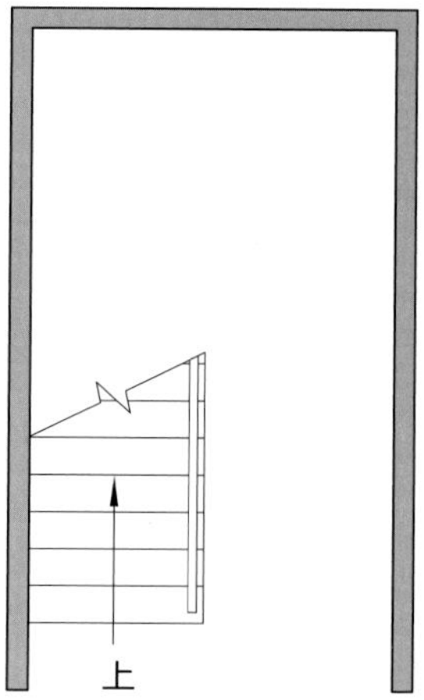

首层平面图

（1）楼梯首层

首层只出现向上的楼梯，用折断线表达剖断。

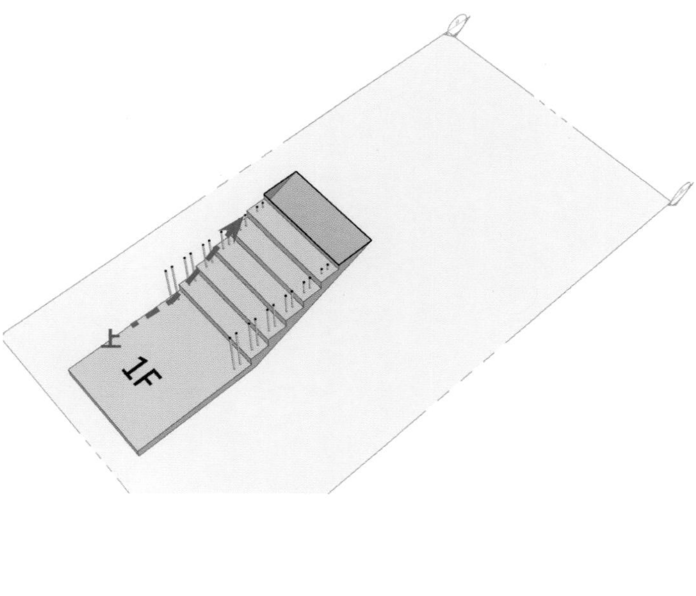

模型透视图

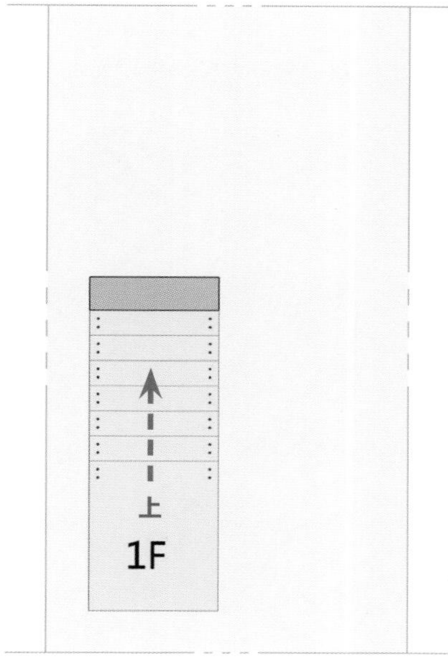

模型平面图

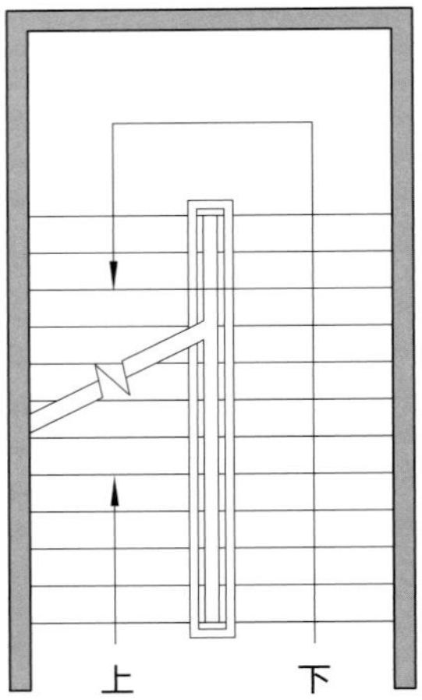

标准层平面图

（2）楼梯标准层

标准层同时出现上和下的楼梯，用双折断线表达剖断。

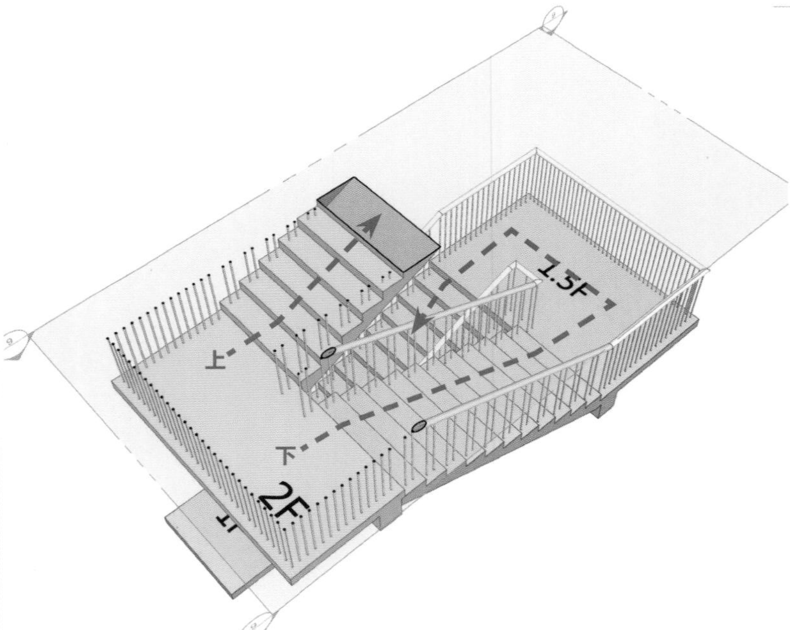

模型透视图

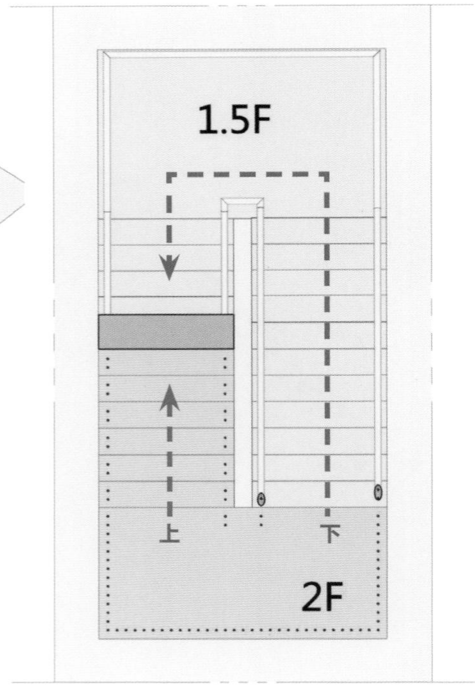

模型平面图

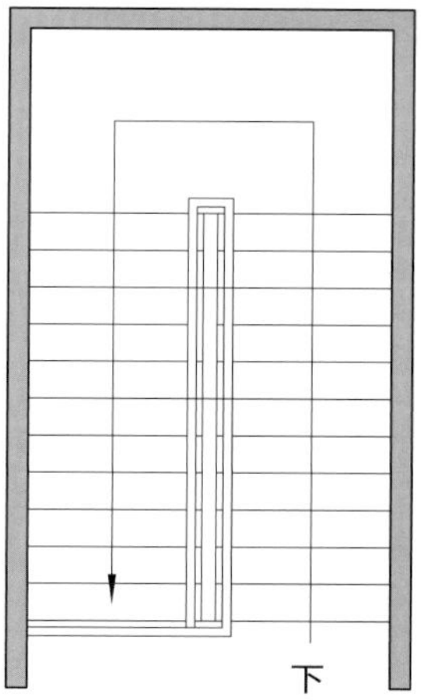

顶层平面图

（3）楼梯顶层

顶层出现完整向下的楼梯，没有剖切号，注意平台上的栏杆表示方法。

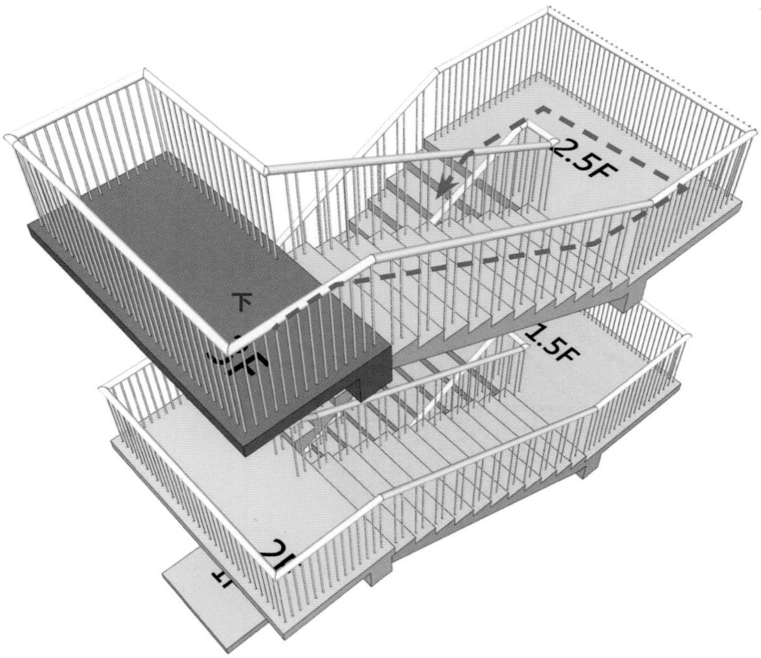

模型透视图

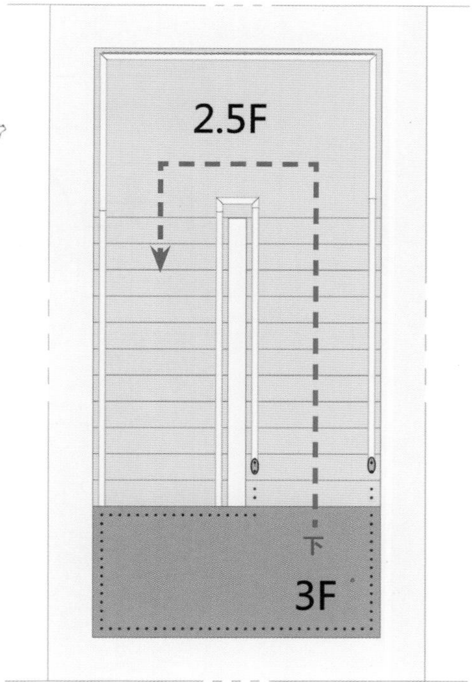

模型平面图

4）图面优化

方案平面图还不属于施工图范畴，所以为了图面效果更加美观，可以根据需要添加地坪图案和墙体填充，强化图面的表现力。

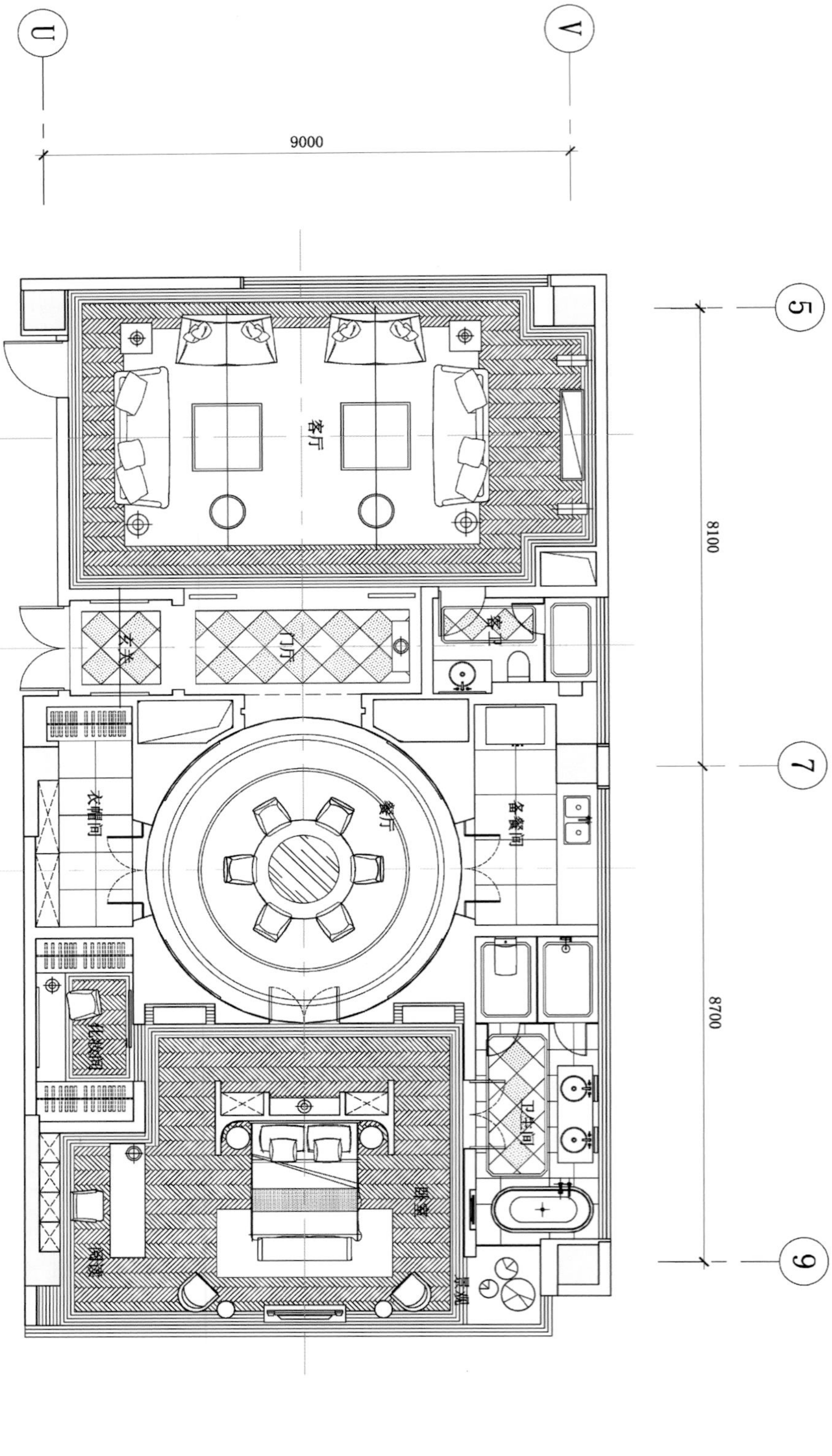

5）CAD 技巧：遮罩

对于家具和地坪的处理，传统做法是沿着家具轮廓对地坪分隔线进行剪切，非常麻烦，而且一旦家具位置改变，地坪分隔线就要重新绘制调整（图 1）。

使用遮罩命令，可以不破坏地坪分隔的完整性，同时使家具处于地坪上方，家具位置的改变也不会对地坪造成任何影响（图 2）。

具体操作步骤见第 5 章 CAD 技巧。

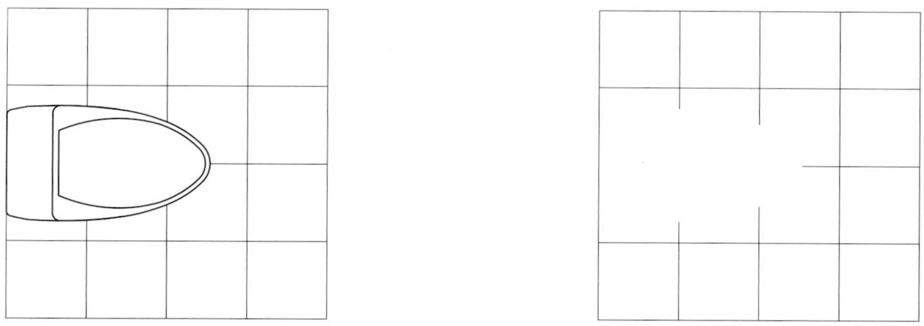

图 1 不使用遮罩，移走马桶后见左图。

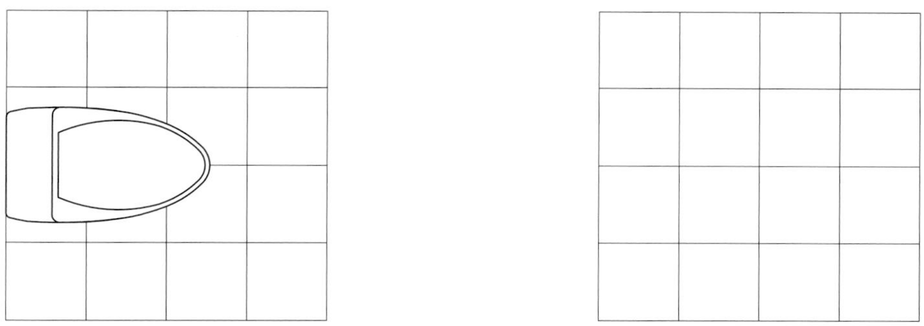

图 2：使用遮罩，移走马桶后见左图。

6. 制图步骤

（1）以整理好的建筑底图或者现场勘测绘制的图纸为底图，根据方案设计师手稿在“模型空间”绘制新建墙体，确定大空间的分割。

（2）确定好主要空间的墙体后，再次进行每个局部空间的墙体划分。

（3）绘制门洞。

（4）绘制门扇并结块。

（5）绘制固定家具。

（6）按照方案手稿添加活动家具模块。

（7）添加空间的名称、面积。

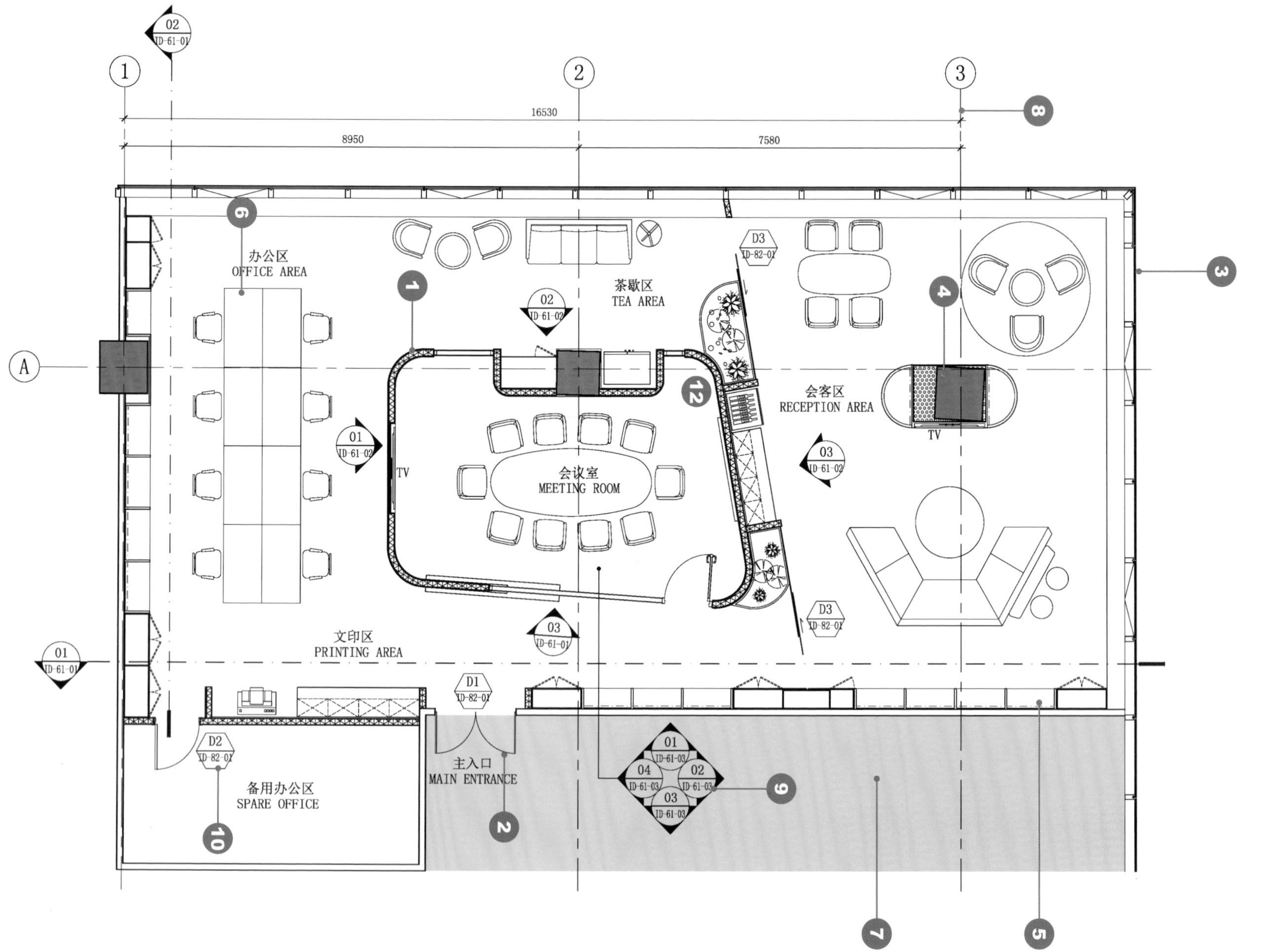

平面布置图

Scale 1:75

设计范围图例

图例	名称

DESIGN

上海大朴室内设计有限公司

PROJECT NAME 工程名称: 办公室项目

REVISION NO 修改 | DATE 日期

CHLEF DESIGNED BY. 设计负责

DESIGNED BY. 设计

CHECKED BY. 审核

DRAWN BY. 校对

SHEET TITLE 图名: 平面布置图

SCALE. 比例: 1:75

DATE. 日期: 2018. 08. 08

SPECIALTY. 专业: 装饰

STATUS. 阶段: 施工图

PROJECT NO. 项目编号: dop-002

SHEET NO.

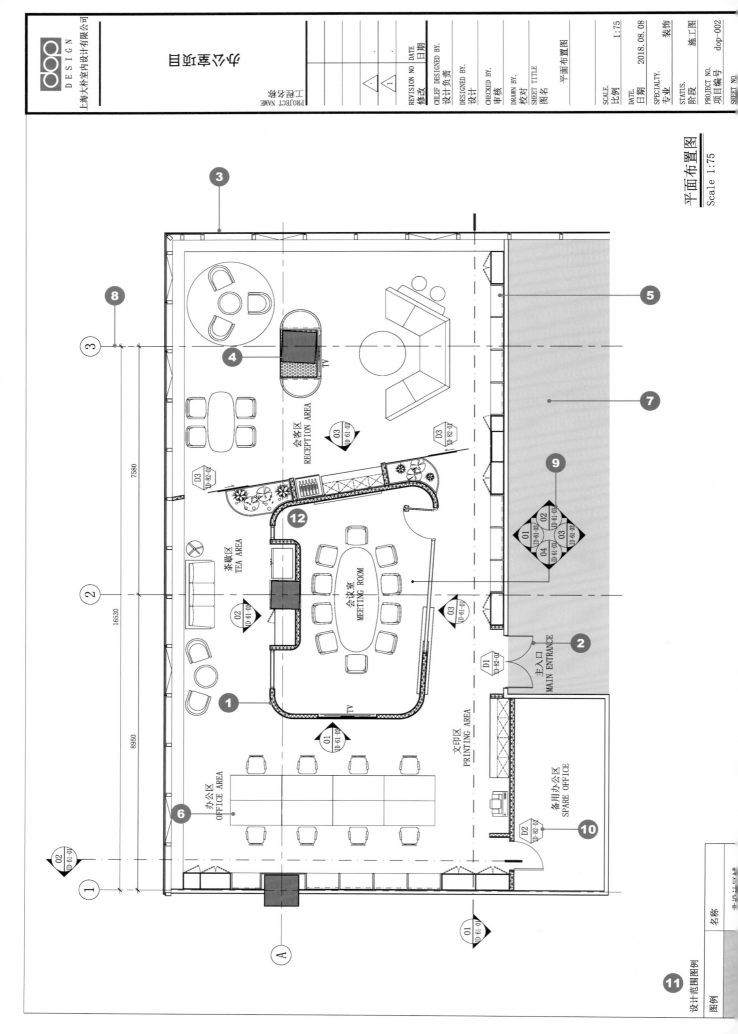

3.2.2 平面布置图

1. 定义描述

平面布置图是室内施工图图纸的基础，不仅是室内设计专业，还包括机电以及其他配合专业的图纸都是在平面布置图的基础上开展的，因此平面布置图所包含的信息也是最多的，造型关系、对设计的理解等都将会反映在图纸上。

2. 图纸内容（见左图）

❶ 墙体、装饰完成面; ❷ 门; ❸ 窗、幕墙; ❹ 柱; ❺ 固定家具; ❻ 活动家具、配景; ❼ 非设计区域填充; ❽ 轴网; ❾ 立面索引符号；❿ 门索引符号；⓫ 设计范围图例。

3. 设计提资

平面布置图 = 方案平面图 + 墙体分类 + 装饰完成面 + 门套。

简化：当项目要求不高时，装饰完成面和门套的表达也可以简化，甚至取消。

4. 专业知识

1）墙、柱

平面布置图中出现的隔墙通常分为 2 类：

① 建筑墙体。土建现场已经存在的墙体，俗称一次隔墙。比如建筑外墙和室内一些大的空间分割隔墙，这类墙体主要有剪力墙和轻质砖墙。

② 新建墙体。室内设计进行空间规划后，需要新建的墙体，俗称二次隔墙。这类墙体主要有轻质砖墙、轻钢龙骨墙、钢结构墙、玻璃隔墙。

（1）轻钢龙骨墙

常用规格：100 系列、75 系列、50 系列

面板：9.5mm 厚石膏板或 12mm 厚石膏板，水泥板，木基层板

填充物：隔音棉

墙体厚度：

150mm(100 系列龙骨 + 双面双层 12mm 石膏板)

120mm(100 系列龙骨 + 双面单层 12mm 石膏板)

100mm(75 系列龙骨 + 双面单层 12mm 石膏板)

适用范围：无水区域的隔墙、墙面承重要求不高的隔墙

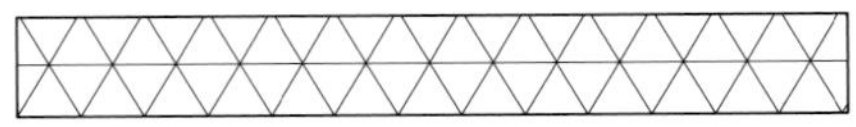

墙体的平面表达

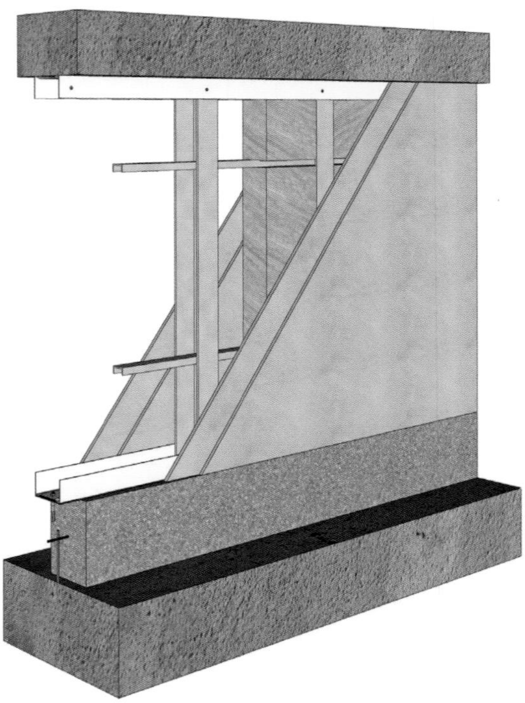

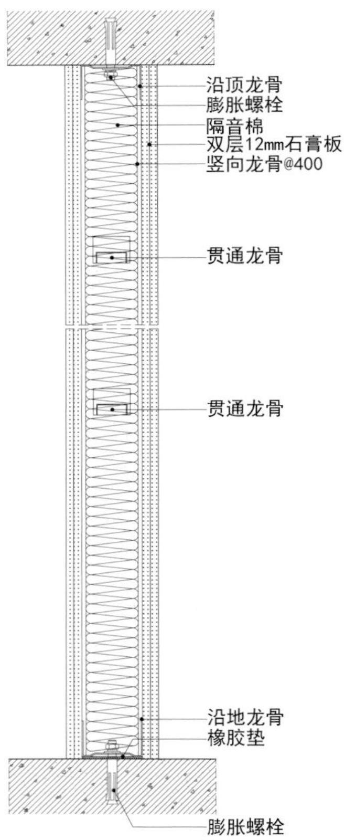

（2）轻质砌块墙

常用规格：100mm 厚、200mm 厚

构造：导墙、构造柱、圈梁

墙体厚度：100mm 厚、200mm 厚

适用范围：分户墙、有水区域的隔墙、管井隔墙、墙面承重要求不高的隔墙

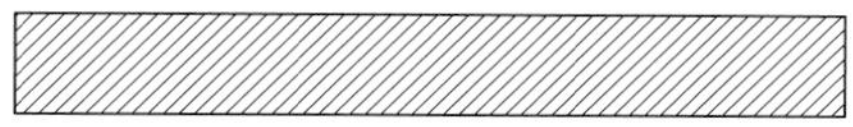

墙体的平面表达

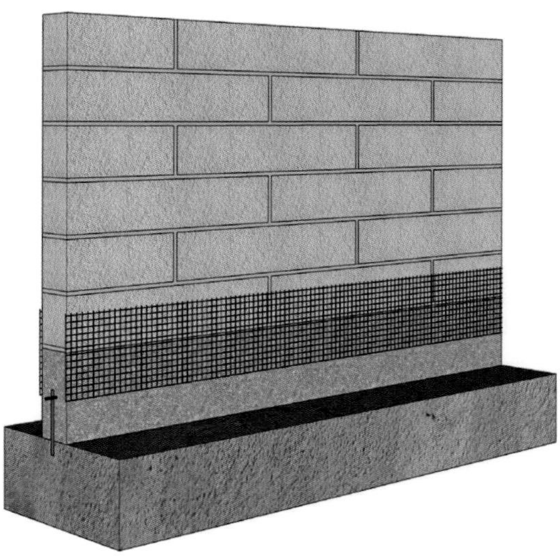

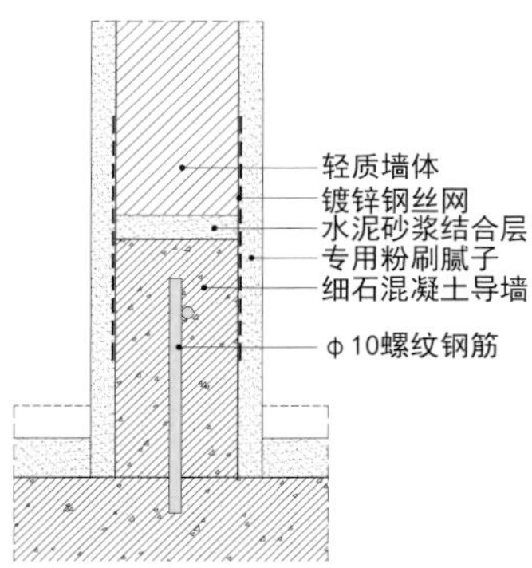

（3）钢结构墙

常用规格：槽钢、方钢管、角钢

面板：水泥板、钢丝网粉刷

墙体厚度：最薄 60~80mm 厚

适用范围：薄型隔墙、墙面有承重要求的隔墙

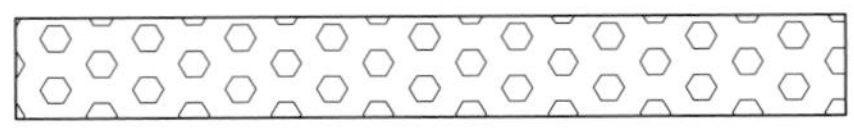

墙体的平面表达

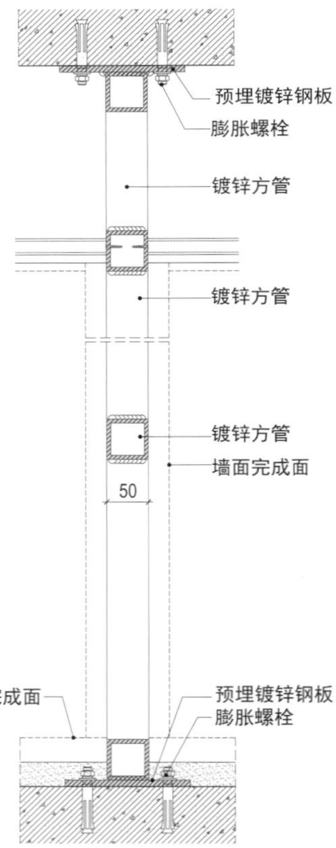

（4）玻璃隔墙

常用规格：10mm、12mm 钢化玻璃

适用范围：通透性好、隔声要求低

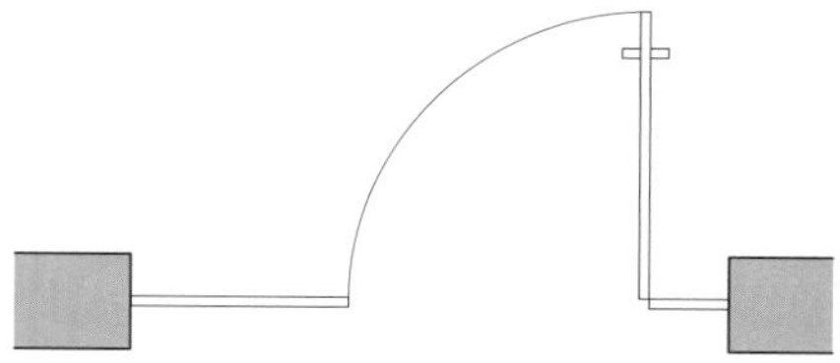

墙体的平面表达

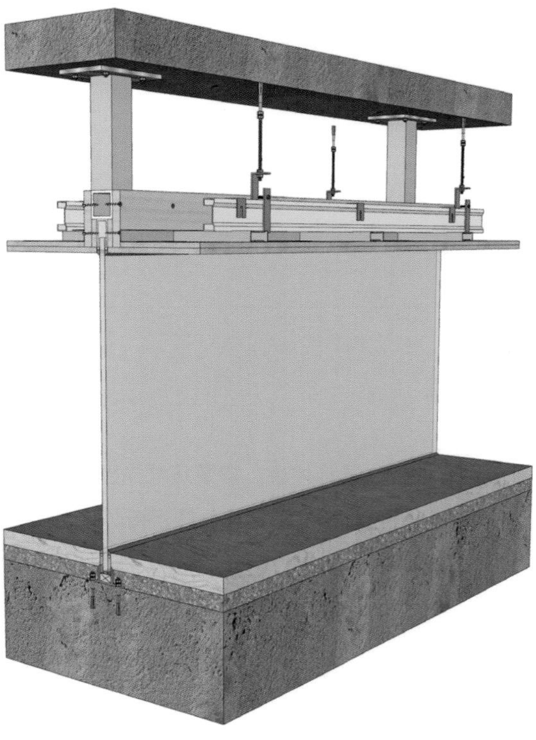

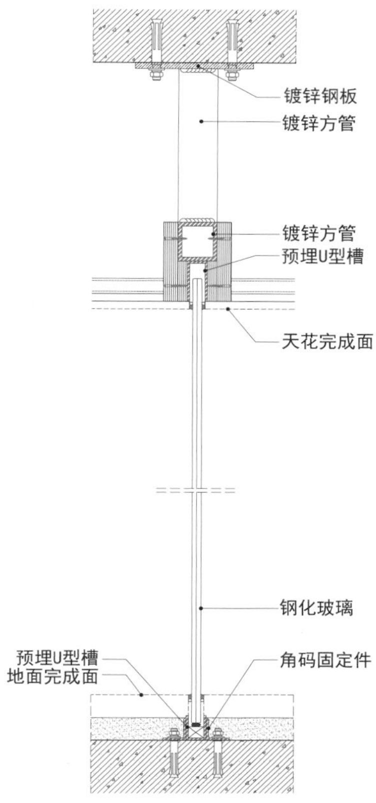

（5）剪力墙

可以理解为变形的柱子，形式、尺寸、位置等信息需要从结构图上核实且不可改变。可以进行构件的连接，承重性好。

平面表达

（6）混凝土柱

形式、尺寸、位置等信息，需要从结构图上核实，且不可改变。

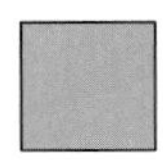

平面表达

（7）钢柱

形式、尺寸、位置等信息，需要从结构图上核实，且不可改变。不能在柱子上进行构件的连接。

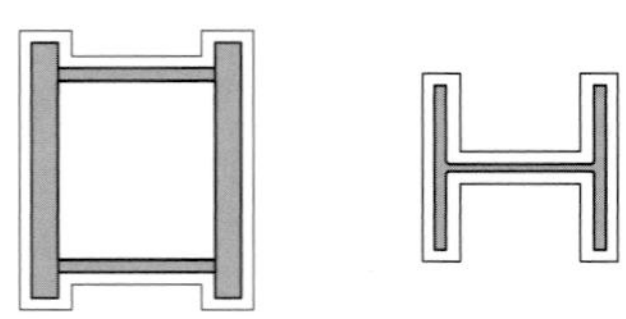

平面表达

2）隔断

这里的隔断指工厂加工，现场装配的成品隔断。常见种类有：成品办公隔断、成品卫生间隔断、高隔断等。成品隔断是成熟的标准化产品，不同厂家都有其研发的五金构件、模具、板材以及安装方式。设计师可以根据自己对功能、造型和材质的需求来进行选择。

（1）成品办公隔断

常用类型：双层玻璃、单层玻璃、明框系统、隐框系统。

面板材料：玻璃、铝合金、钢材、木饰面、布艺等。

（2）成品卫生间隔断

常用板材：抗倍特板、三聚氰胺板

（3）高隔断

常用类型：拼装式、推移式、折叠式、悬挂式等

面板材料：玻璃、织物、软包、木饰面

3）装饰完成面

装饰完成面由墙体以外的装饰材料、安装基层及必要的连接或者找平层共同组成。由于不同的装饰材料施工方法不同，完成面厚度也不一样。设计师在此阶段首先需要确定墙面的装饰材料类型，才能根据不同的材料来进行完成面厚度的推导，最终在平面布置图上表示。装饰完成面的添加会让平面的尺寸及定位更加精准。

常见墙面装饰材料及完成面厚度见下表。

单位：mm

材料类别	木饰面	石材饰面	金属饰面	硬包饰面	玻璃饰面	涂料、壁纸	墙面装饰造型
材料厚度	12+0.6	20，30	1.5，1.2，1.0	9，12	6，8	0	—
安装方式	干挂、粘贴	粘贴、干挂	干挂、粘贴	钉、粘贴	粘贴	涂刷、粘贴	—
完成面厚度	50	50、约 200	30	50	30	0	设计尺寸

（1）木饰面

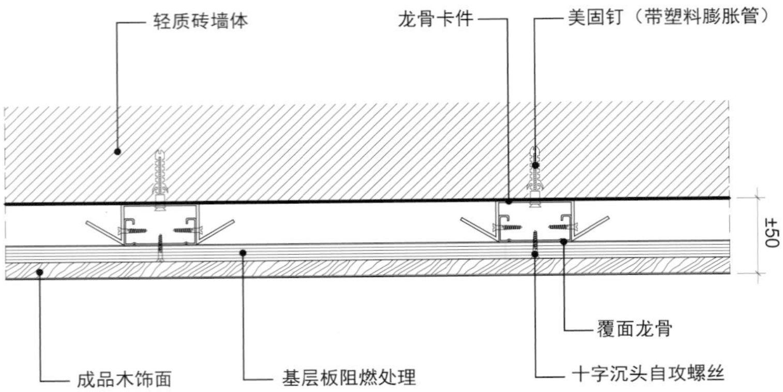
轻质砖墙体
龙骨卡件
美固钉（带塑料膨胀管）
±50
覆面龙骨
成品木饰面
基层板阻燃处理
十字沉头自攻螺丝

（2）石材饰面

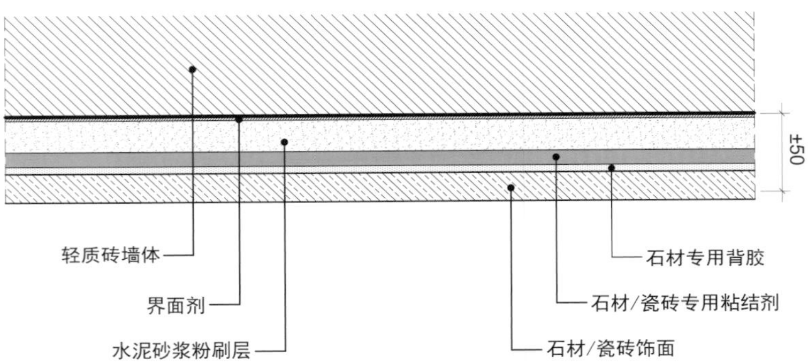
±50
轻质砖墙体
界面剂
水泥砂浆粉刷层
石材专用背胶
石材/瓷砖专用粘结剂
石材/瓷砖饰面

（3）金属饰面

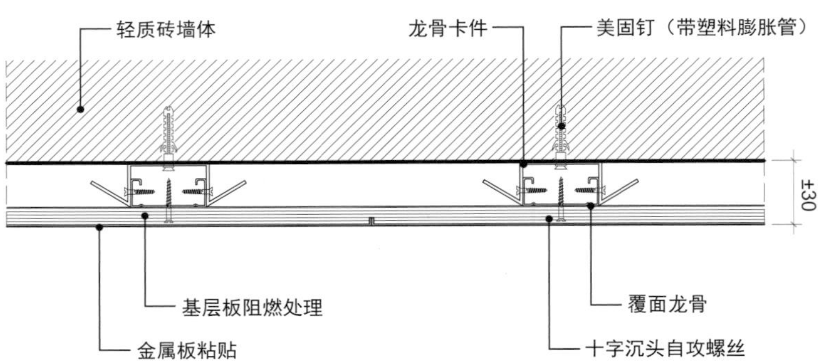
轻质砖墙体
龙骨卡件
美固钉（带塑料膨胀管）
±30
基层板阻燃处理
金属板粘贴
覆面龙骨
十字沉头自攻螺丝

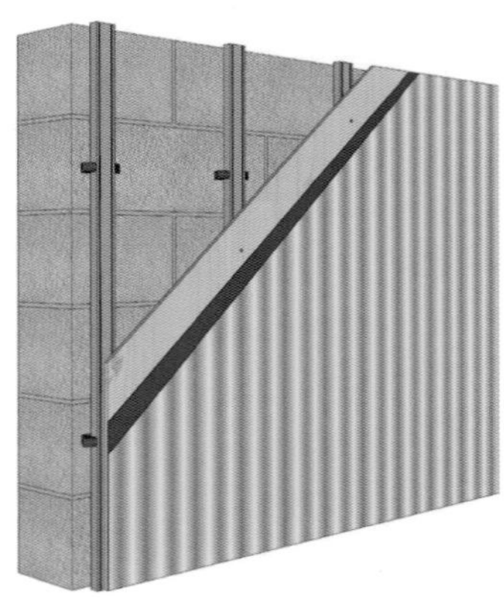

（4）硬包饰面

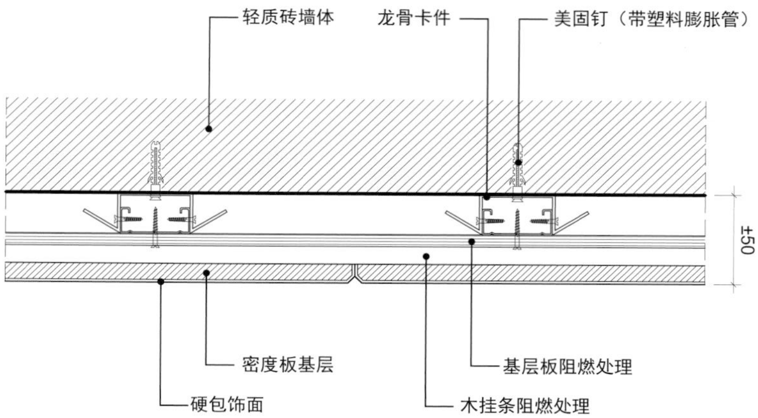

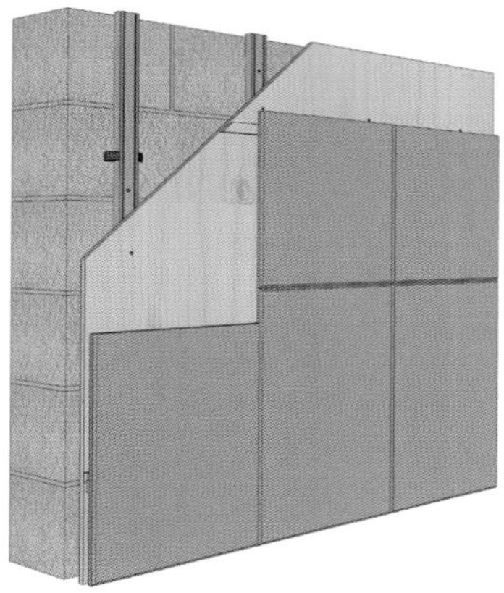

（5）玻璃饰面

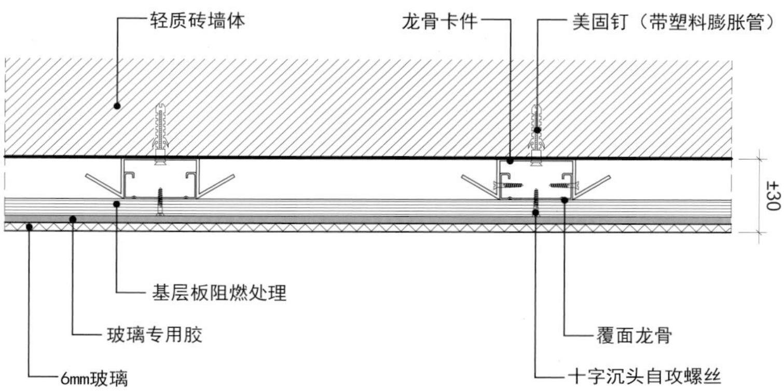

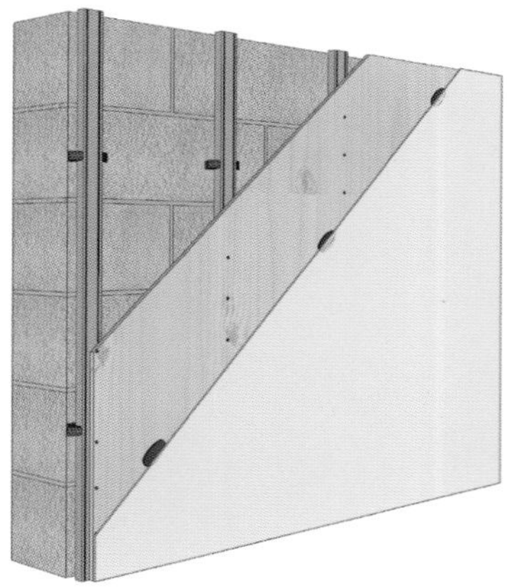

（6）涂料、壁纸

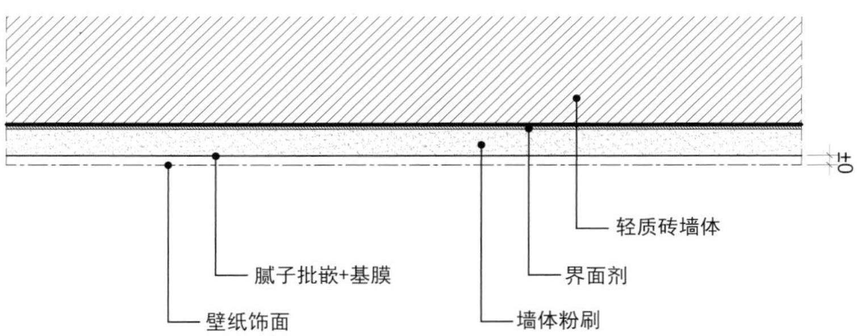

注意：不同材质的装饰完成面的厚度并不是固定不变的，而是一个常规的的区间数值，影响它的因素包括不同的施工工艺和施工现场的误差。

4）门

常见的平开门由门框、门套线、门扇和铰链组成，门的尺寸有固定的，也有可变的。

① 固定尺寸：门扇厚度 40~50mm 之间，门框厚度 50mm 左右，门企口宽度 10~15mm。

② 变量尺寸：A、B 依据设计而定，C 依据墙体厚度而定。

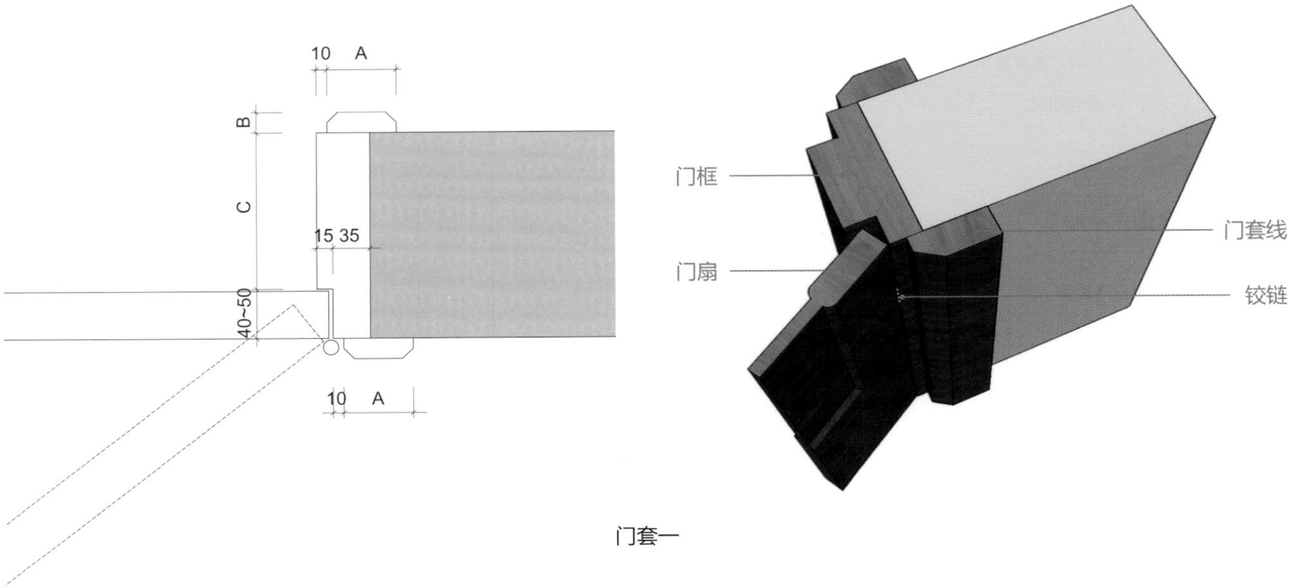

门套一

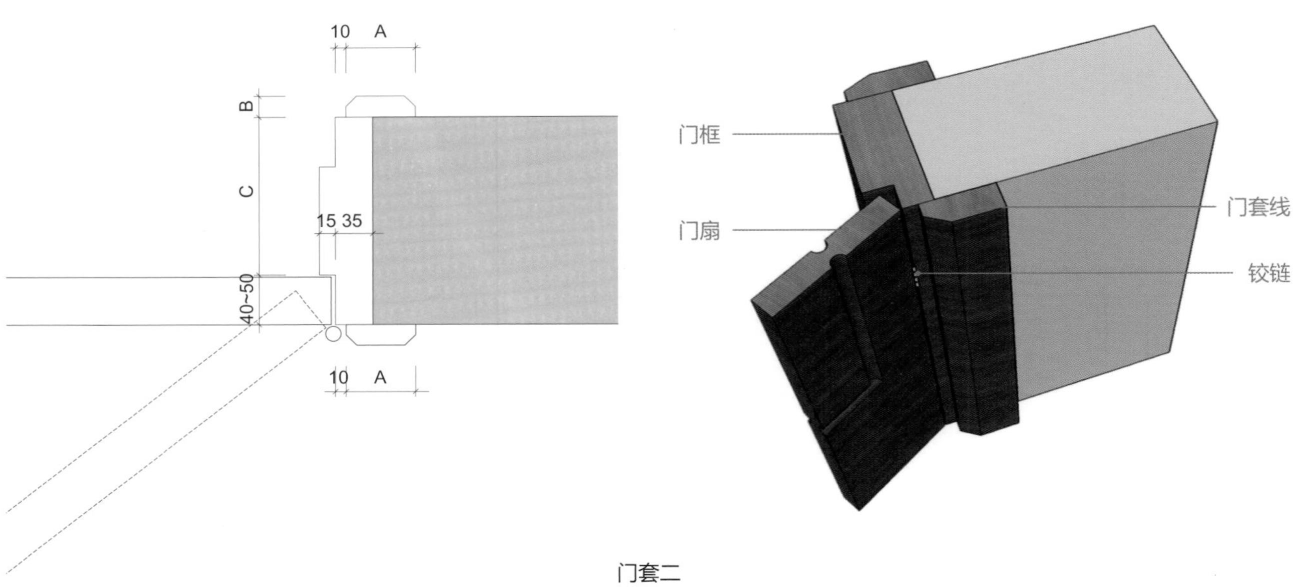

门套二

（1）门宽度

建筑设计的门宽度是指 A 墙洞宽。

室内设计的门宽度根据习惯可以选择 B 门扇宽，也可以选择 C 门洞宽。

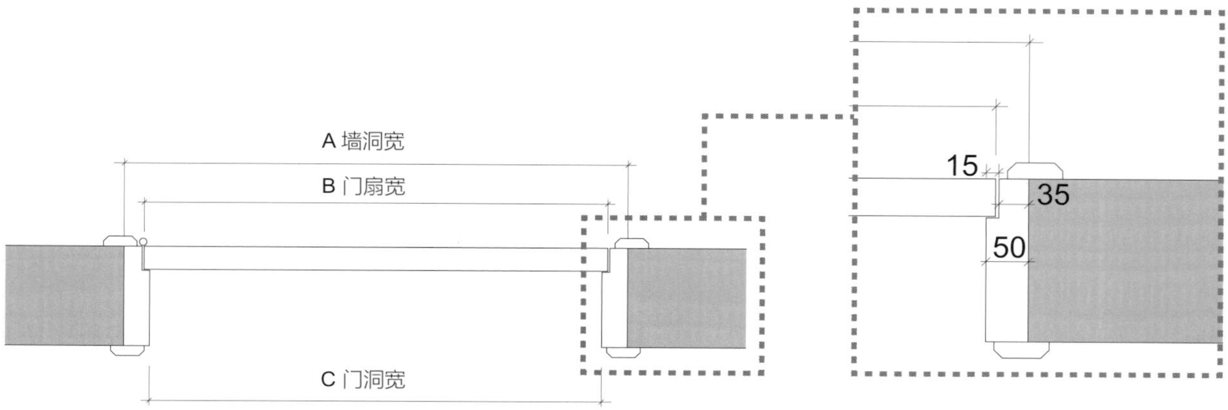

A=C+50mm+50mm

B=C+15mm+15mm

（2）防火门

设置在楼梯走道、电梯间、电缆井、排烟道等一些封闭场所或防火分区边界且满足防火要求的门，称为防火门。

① 防火门的作用：在一定时间内能满足耐火稳定性、隔热性，可以阻止火势蔓延及扩散，确保人员疏散，保护人们安全疏散至出入口的门，是消防阻隔措施里必不可少的“主力队员”。

单扇木质防火门

双扇木质防火门

② 防火门按照材质可以分为：木质、钢制、钢木以及其他材质防火门，在目前国内主流项目中，最为常用的是木质和钢制防火门。

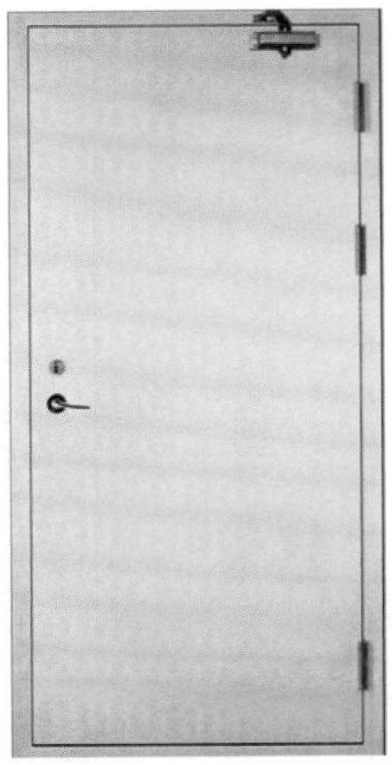

单扇钢质防火门

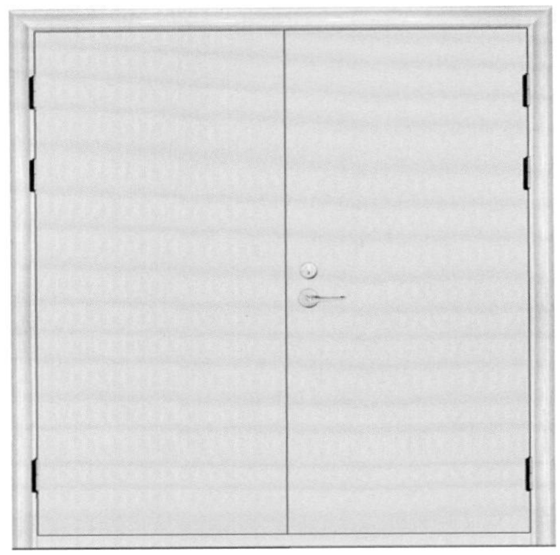

双扇钢质防火门

注意：防火门是由建筑设计根据相关规范进行设计和布置的，由于其特殊性，防火门的数量、位置、尺寸都不能随意改变。

了解更多防火门知识，可参考防火门规范。

ICS 13.220.50
C 82

GB

中华人民共和国国家标准

GB 12955—2008
代替 GB 12955-1991、GB 14101-1993

防火门

Fire resistant doorsets

2008-04-22 发布 2009-01-01 实施

国家质量监督检验检疫总局
国家标准化管理委员会 发布

5. 画法要点

1）固定家具的表达

施工图中的家具分为固定家具和活动家具，固定家具就是固定在地面或墙面上不可移动的家具，比如厨房的橱柜。活动家具指成品家具，比如可以移动的沙发餐桌。

施工图纸中的固定家具根据安装形式主要分为四类：落地到顶、落地不到顶、不落地到顶和不落地不到顶。

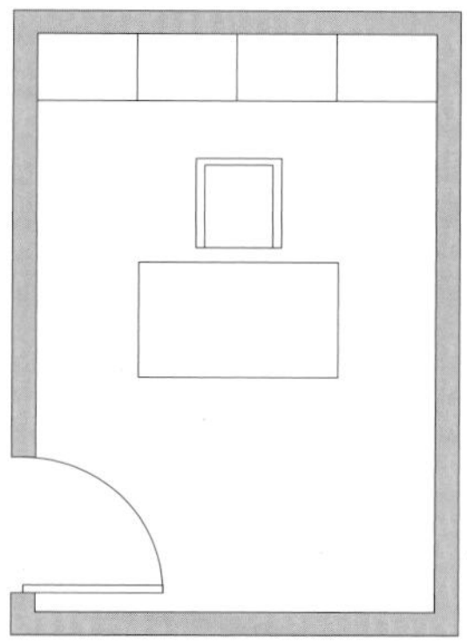

通过平面手稿并不能确定空间内橱柜形式，此时应与设计师沟通，确定空间内陈设哪些为活动家具，哪些为固定家具，以及其安装形式、材料等。

（1）落地到顶

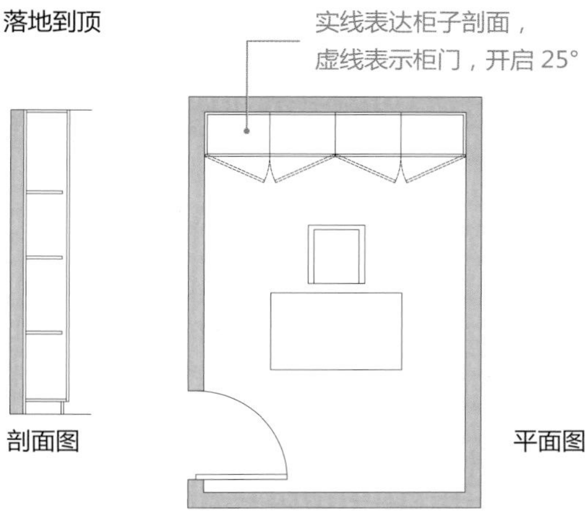

（2）不落地到顶

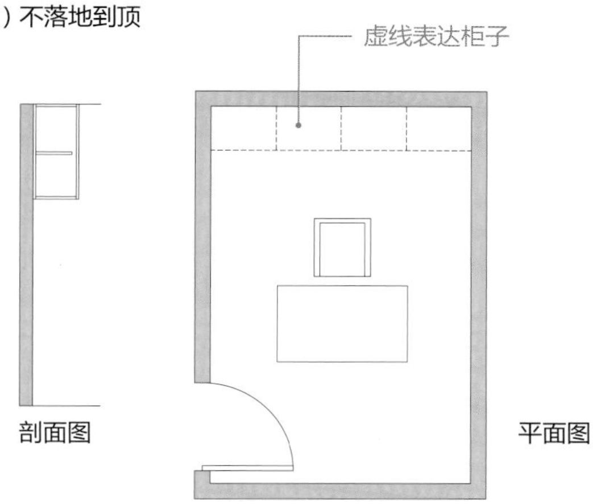

（3）落地不到顶

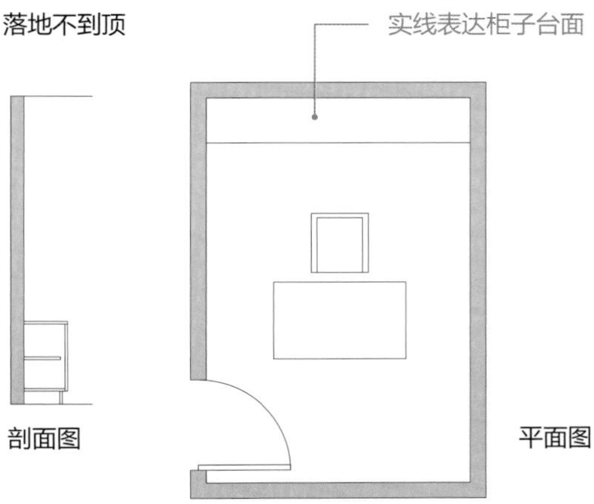

（4）不落地不到顶

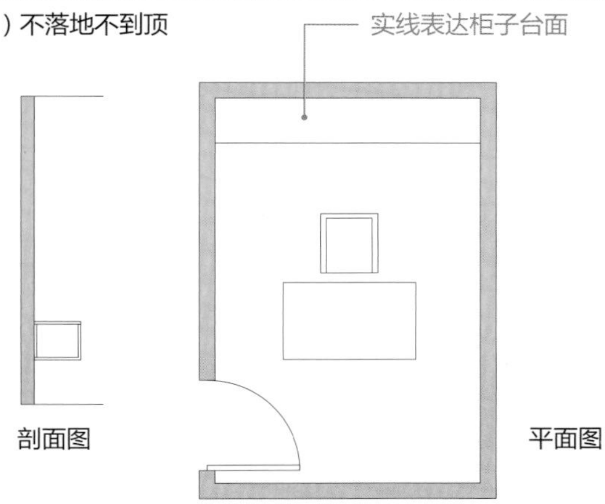

2）墙体交接的表达

同类型的墙体在交接处贯通，不同类型的墙体在交接处需要有线分开。

图例	名称
	原建筑墙
	剪力墙、结构柱
	轻质砌块隔墙
	轻钢龙骨隔墙

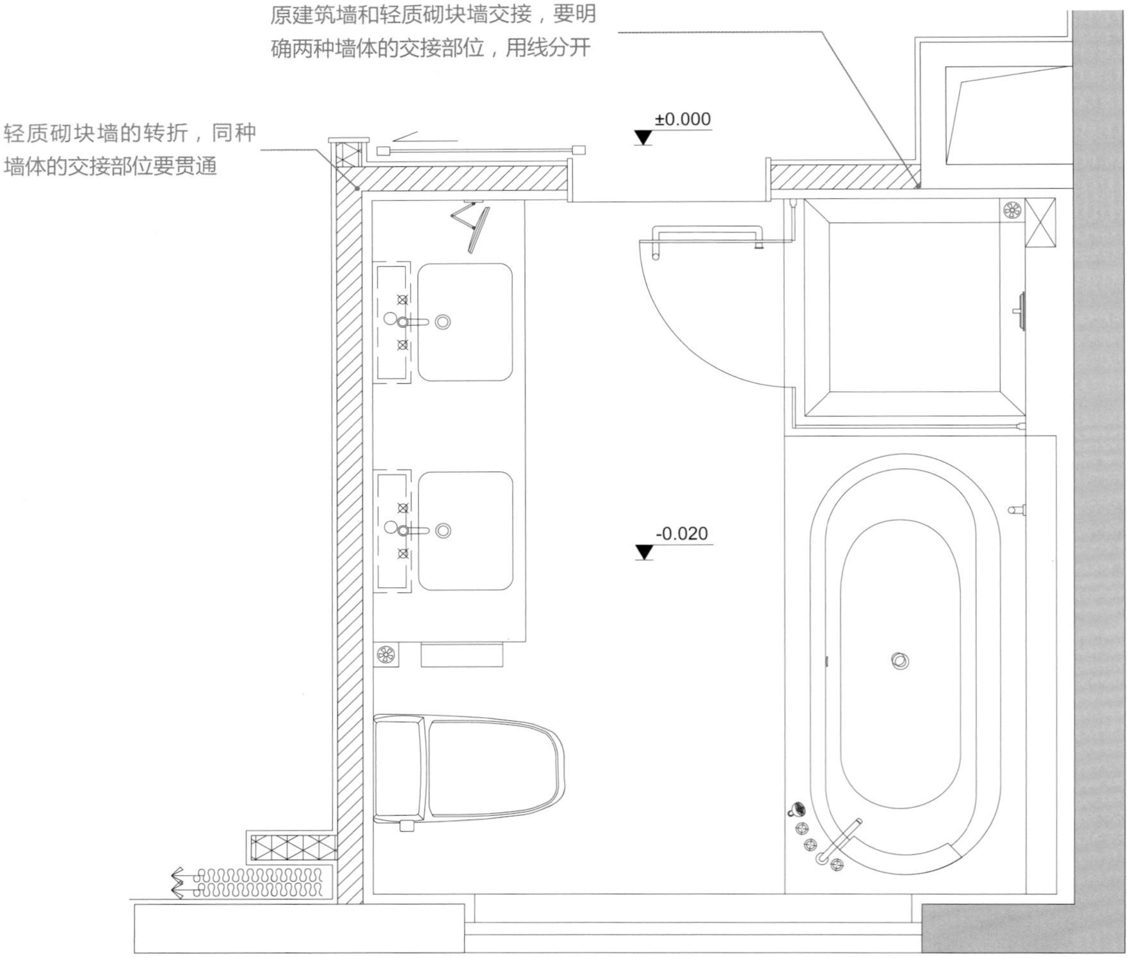

原建筑墙和轻质砌块墙交接，要明确两种墙体的交接部位，用线分开
轻质砌块墙的转折，同种墙体的交接部位要贯通
±0.000
-0.020

3）门窗和完成面的关系

随着设计的深入，需要绘制相应的装饰完成面厚度及门套形式。

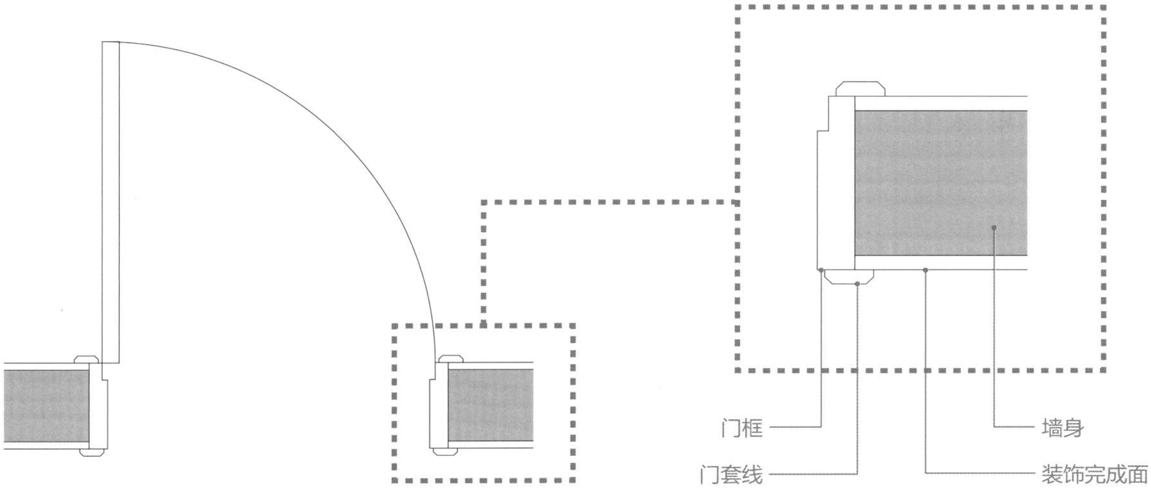

装饰完成面和门套

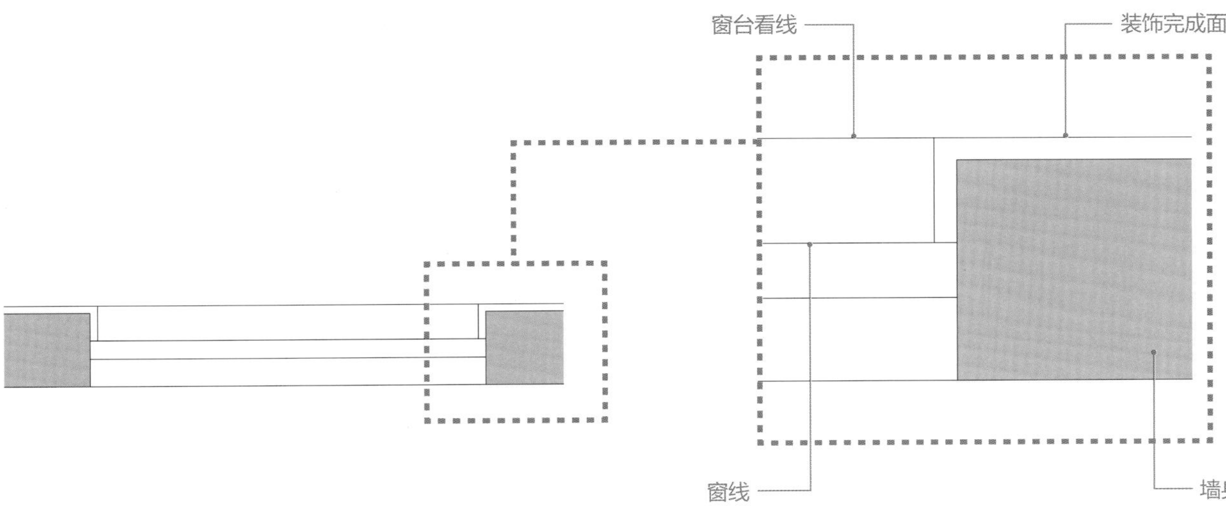

装饰完成面和窗

4）非设计范围

在平面布置图上要明确出设计范围的边界在哪里（见下图）。

房间以外的电梯厅和楼梯间就属于非设计范围，此区域用灰色（254）填充示意，再结合图例进行说明，使人一目了然。

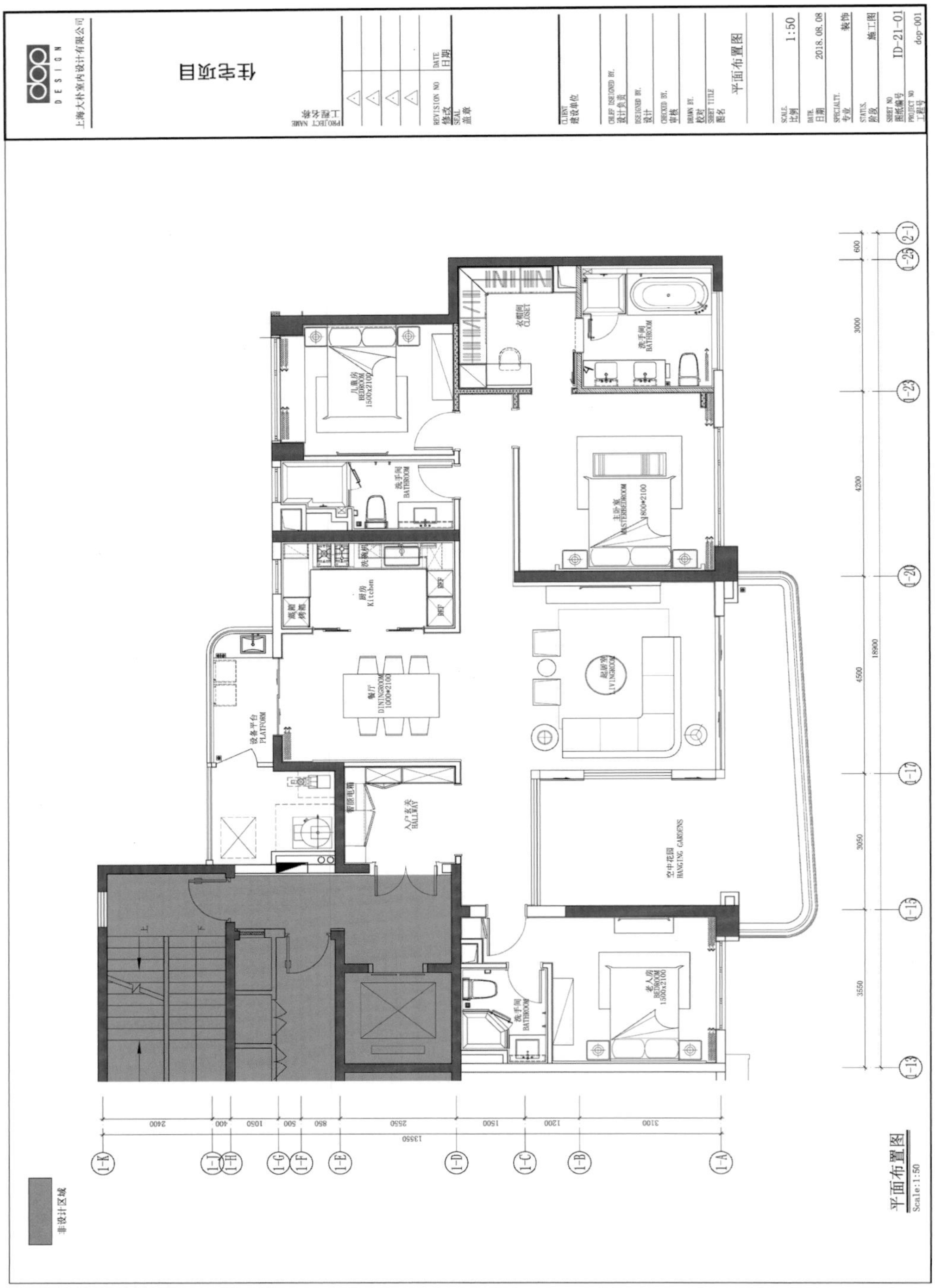

5）高低差的表达

地坪的不同高低会在平面图上呈现出一条高低差线，在图纸上应该清晰表达。

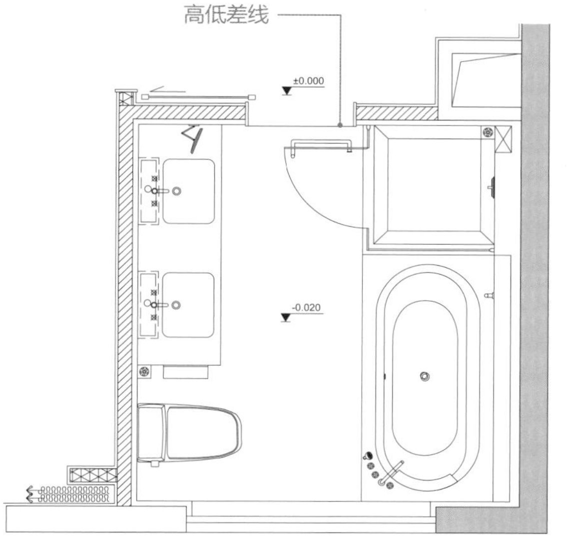

6. 制图流程

（1）在“模型空间”内根据需求对墙体进行分类，并进行相应的填充。

（2）在“模型空间”内明确设计的边界，对非设计范围进行相应填充。

（3）在“模型空间”内根据方案设计提供的效果图及墙身材料，绘制相应的装饰完成面和门套。

（4）在“模型空间”内调整门扇。

（5）在“模型空间”内根据装饰完成面及造型调整固定家具、楼梯、栏杆、隔断等的位置。

（6）在“模型空间”内根据装饰完成面及造型调整活动家具的位置。

（7）在“布局空间”内新建视口，设定合适的比例，对图纸进行排版。

（8）在“布局空间”内添加图名、图框并完善图框信息。

（9）在“布局空间”内添加空间名称、面积等文字。

（10）在“布局空间”内添加立面索引符号、门表索引符号（注：明确需要绘制的立面后再放置立面索引符号）。

（11）在“布局空间”内添加非设计范围图例。

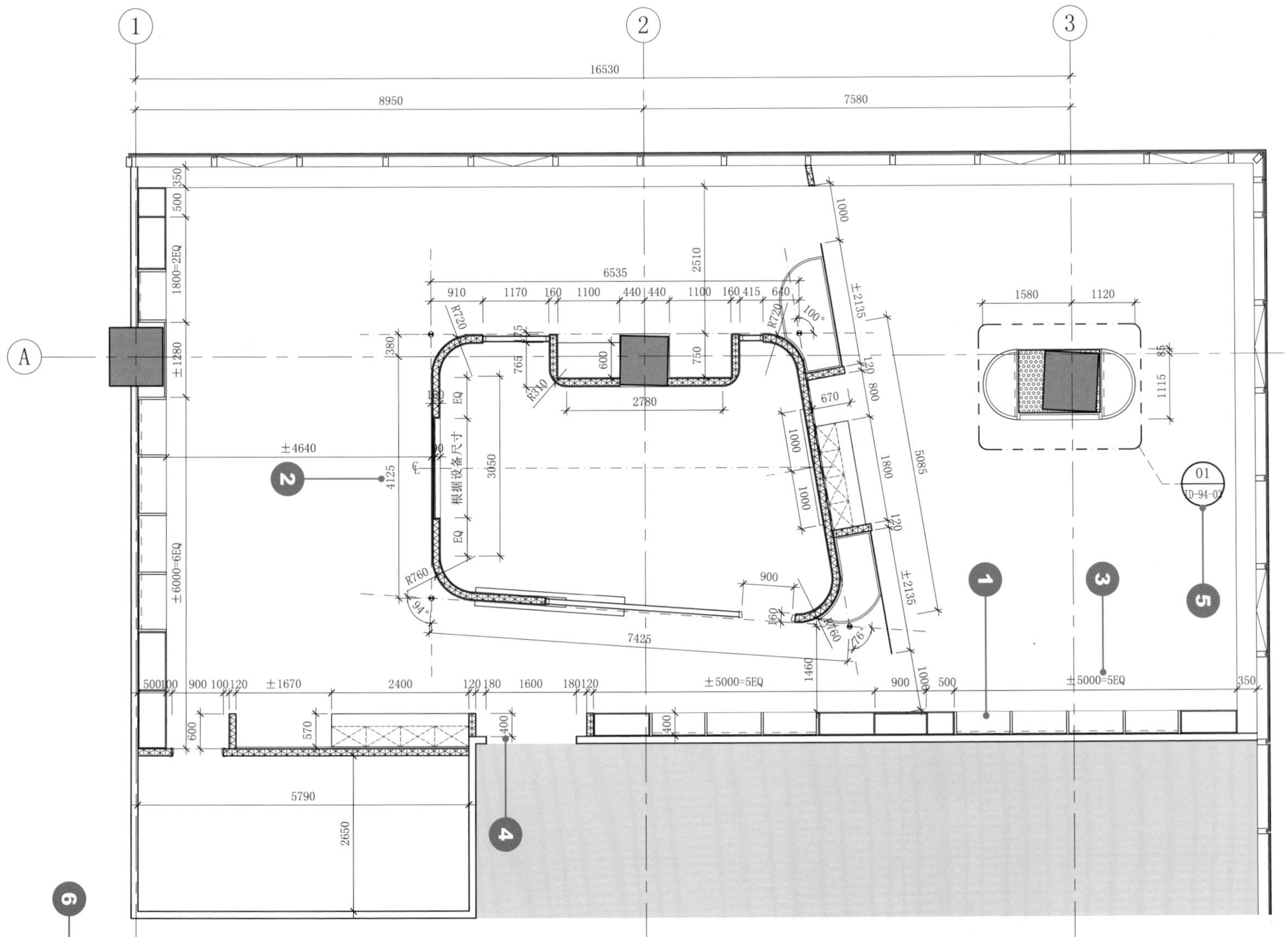

图例	名称
	原建筑墙
	剪力墙、结构柱
	轻钢龙骨隔墙

尺寸定位图

Scale 1:75

DESIGN 上海大朴室内设计有限公司	
PROJECT NAME 工程名称	办公室项目
REVISION NO 修改	DATE 日期
CHLEF DESIGNED BY. 设计负责	
DESIGNED BY. 设计	
CHECKED BY. 审核	
DRAWN BY. 校对	
SHEET TITLE 图名	尺寸定位图
SCALE. 比例	1:75
DATE. 日期	2018.08.08
SPECIALTY. 专业	装饰
STATUS. 阶段	施工图
PROJECT NO. 项目编号	dop-002
SHEET NO.	

3.2.3 尺寸定位图

1. 定义描述

尺寸定位图是对平面布置图纸信息进行尺寸标注和指导定位的图纸。

标注内容为：空间、造型、门、固定家具、洁具等。

作用：① 强调设计关系，同时检验设计尺度的合理性；② 配合成本计算、指导施工

2. 图纸内容（见左图）

❶ 固定家具；❷ 墙体定位尺寸；❸ 固定家具定位尺寸；❹ 门洞定位尺寸；❺ 固定家具放大索引符号；❻ 墙体类型图例。

3. 设计提资

尺寸定位图 = 平面布置图

4. 画法要点

1）尺寸标注原则

尺寸标注的基准有两个选择：标注装饰完成面（见图 1）和标注墙体（见图 2）。

室内施工图建议选择标注装饰完成面的尺寸，因为这个尺寸才是设计师需要控制的装饰完成后的最终尺寸。

标注墙体尺寸只是确定了墙体的定位，但是无法体现出装饰完成后的净尺寸，是不可控的。建筑施工图的尺寸定位因为不需要考虑装饰完成面，所以采用的是标注墙体尺寸。

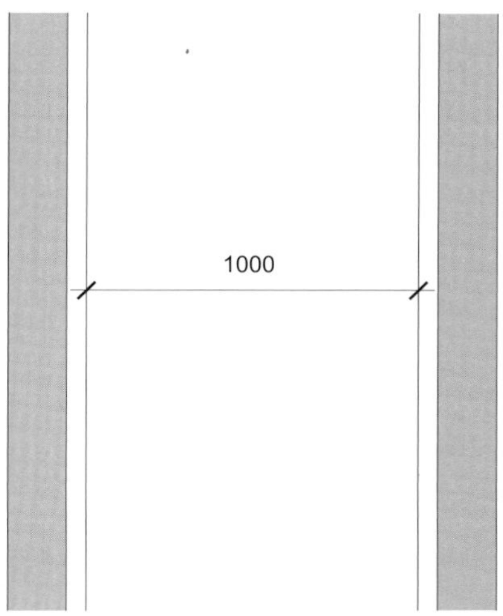

图 1

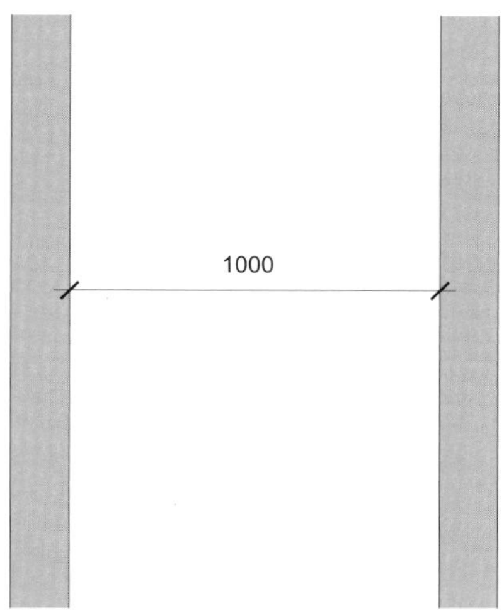

图 2

2）中线、对齐的使用

中线最重要的是强调中轴和两侧的关系，中线往往是和对称一起出现的。对齐则是强调相隔较远或不太明显的齐平关系。

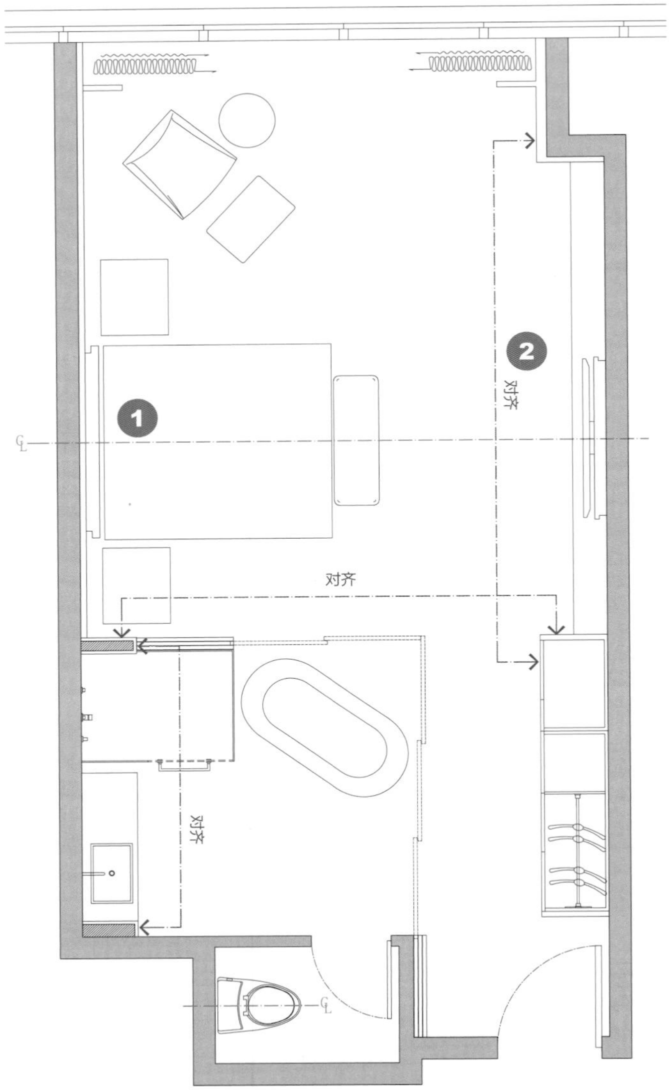

❶ 中线

图纸语言：床头背景造型、床、电视、电视背景造型必须保证中心线一致。

❷ 对齐

图纸语言：衣柜的外边缘和靠近窗户处的墙体外边缘必须齐平。（如果有偏差可以利用墙体的装饰完成面来找平）

3）正负的使用

正负即约等于，代表变量，用 ± 表示，表示尺寸在一个范围内是可变的，现场的空间尺寸和墙体位置不可能和图纸上完全一致，会有偏差，因此在进行尺寸标注时，如果把所有的尺寸全部定死，会导致施工人员即使发现现场尺寸与图纸不符，但是也无从判断哪些尺寸重要，不能改变，哪些次要，可以调整。表达出正负这个信息后就可以清晰告知施工人员哪里是可变的（见下图）。

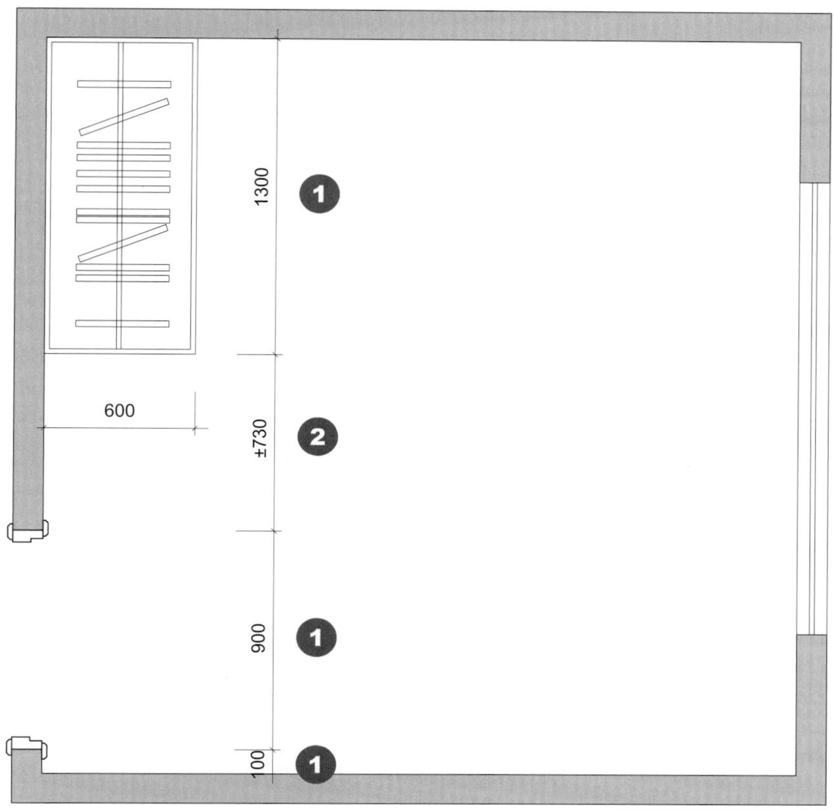

❶ 重要尺寸，不可变。

图纸语言：衣柜的宽度 1300mm，门洞尺寸 900mm，距墙边 100mm 是设计师强调的重要尺寸，需要保证。

❷ 次要尺寸，可以浮动

图纸语言：门洞距衣柜边大约 730mm，是次要尺寸，如果现场尺寸和图纸有出入，施工人员可以在这段尺寸里进行调整。

4）等分的使用

（1）均匀等分：一段固定尺寸内，均分多份，不需要做除法，可以采用总尺寸 =X 等分的标注方法（见下图）。

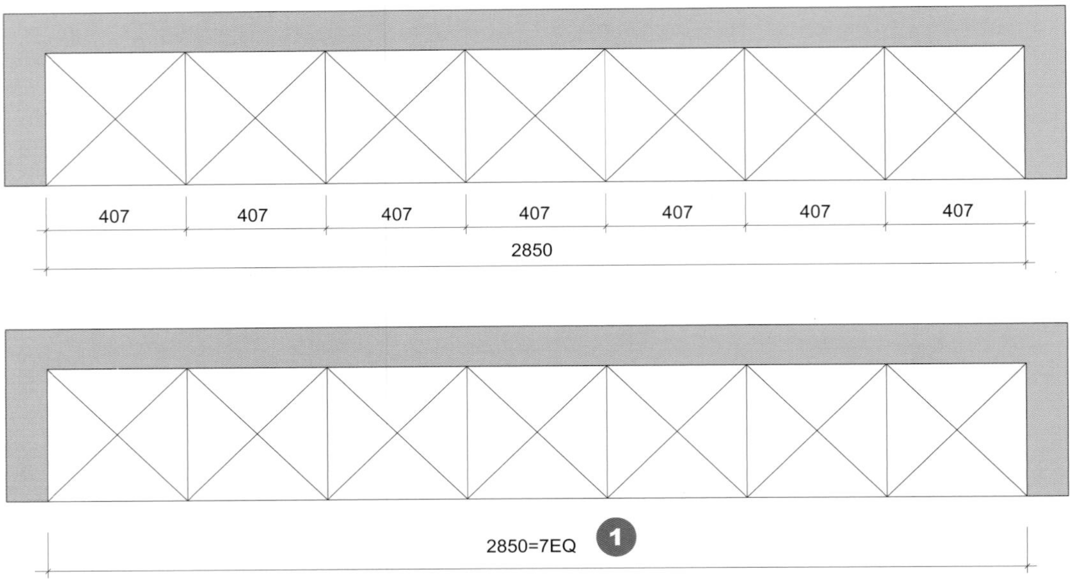

❶ 图纸语言：2850mm 的长度等分 7 段。如果 2850mm 的尺寸和现场有出入，依然保证 7 等分即可。

（2）对称等分：在一段固定尺寸两侧均分，不需要做加减法，标注方式见下图。

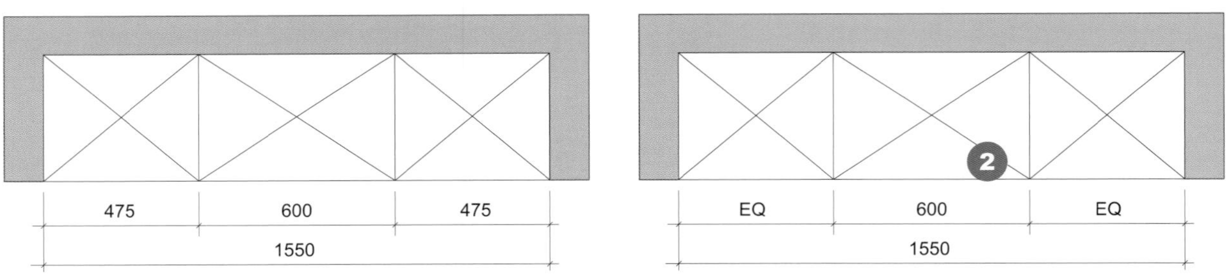

❷ 图纸语言：1550mm 的长度分为 3 段，中间一段保证 600mm, 两侧两段均分。如果 1550mm 的尺寸和现场有出入，中间部分 600 不变，变量在两侧，依然均分。

5）根据实际尺寸的使用

尺寸需要根据现场情况等外在不确定因素确定。

如遇到暂不确定造型需要标注，可填写根据实际尺寸进行标注。比如电视机需要嵌墙安装，但是电视机尺寸还未确定，就可以标注“根据设备尺寸”（见下图）。

❶ 图纸语言：不管电视机尺寸多大，安装在墙中心位置，两边尺寸均分。

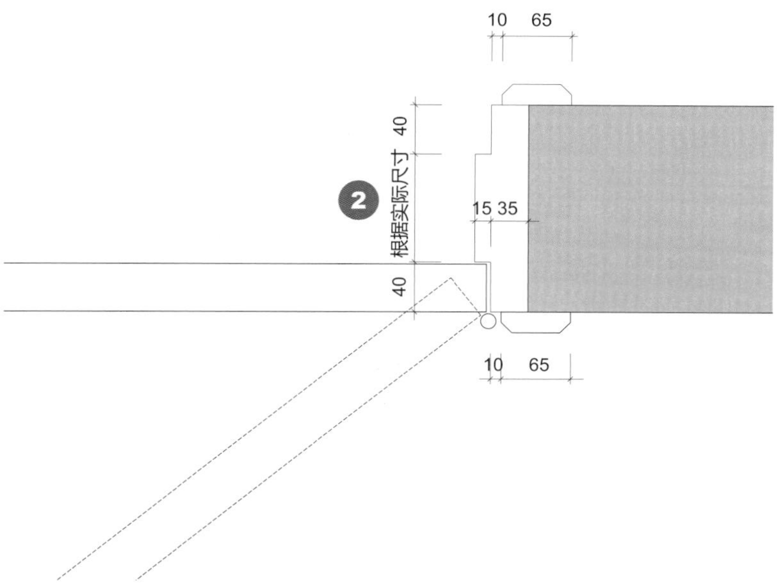

❷ 图纸语言：其他尺寸都确定，中间这段尺寸是变量，根据实际的墙体厚度来决定。

6）尺寸标注案例分析

不遗漏、不重复、不封闭、就近成组、排列合理。

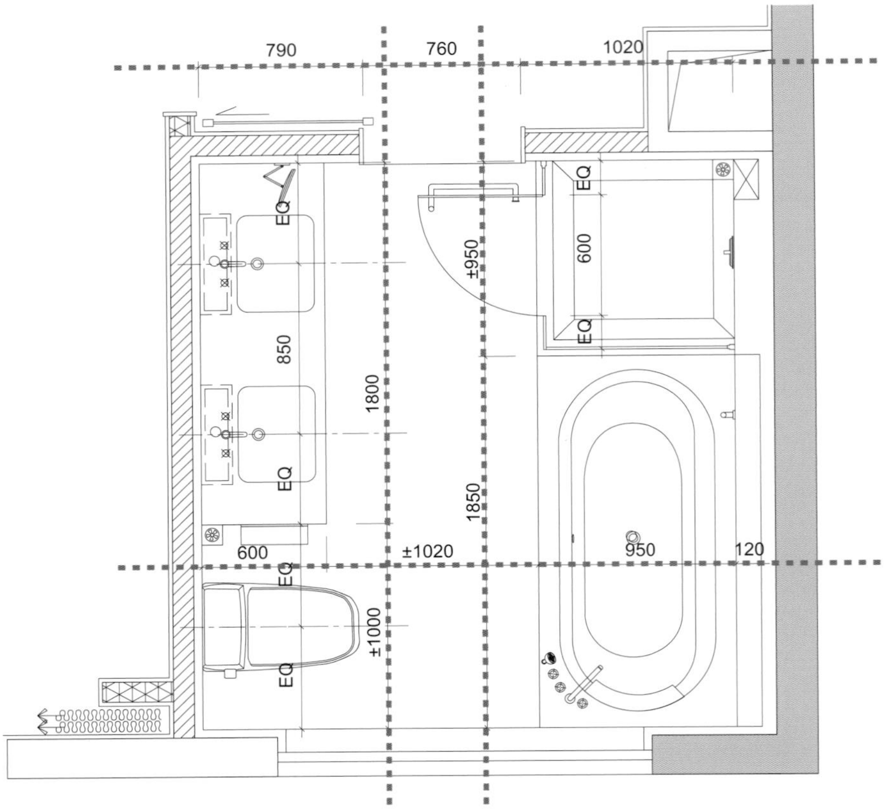

（1）不遗漏：平面上应有的定位尺寸没有缺失（原建筑的一些尺寸是否需要标注，可以根据自己的需求来定）。

（2）不重复：没有重复出现的尺寸。

（3）不封闭：合理利用“EQ”，强调了对称关系。利用正负的表达，强调了一段尺寸中需要保证的重要尺寸，也明确了现场施工人员可以调节的次要尺寸。

（4）就近成组：先标注大的尺寸关系，分为 2 横 2 纵（上图虚线），在此基础上再标注小的分段尺寸，标注的思路清晰。

（5）排列合理：尺寸标注在不影响平面造型表达前提下，和标注物体之间关系明确。标注完成后图面清晰准确。

5. 制图步骤

（1）复制 “平面布置图” 视口及图框作为 “尺寸定位图”。

（2）双击进入复制视口内，关闭活动家具、门图层。

（3）在 “布局空间” 内进行尺寸标注，检查尺寸标注是否有小数，是否需要手动规整。

（4）在 “布局空间” 内添加固定家具放大索引符号。

（5）在 “布局空间” 内添加墙体类型图例。

（6）添加图名并修改图框信息。

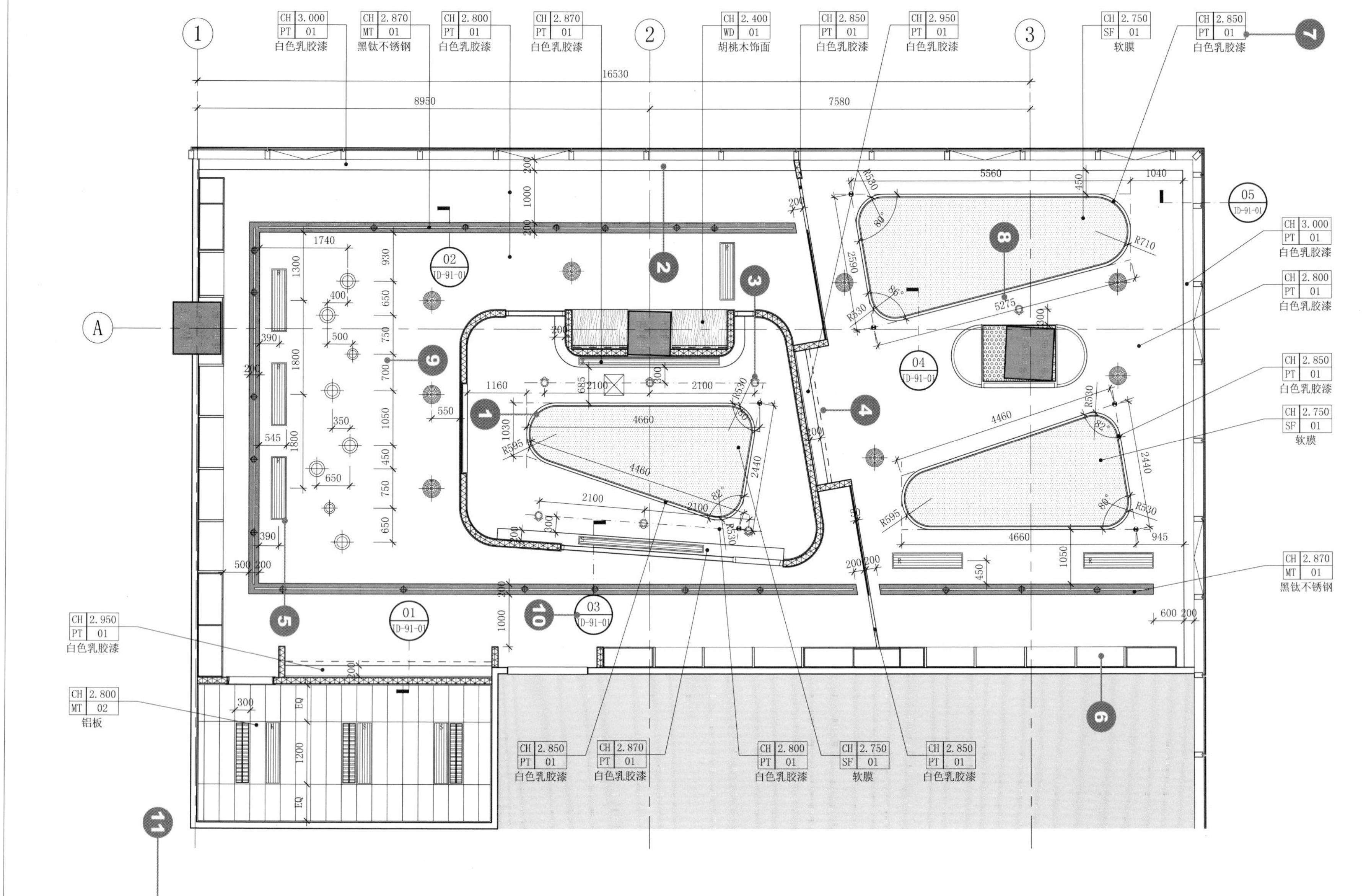

图例	名称	图例	名称
S	条形风口		射灯
R	条形风口		轨道射灯
	圆形散流器		300*1200 格栅灯
	检修口		暗藏灯带

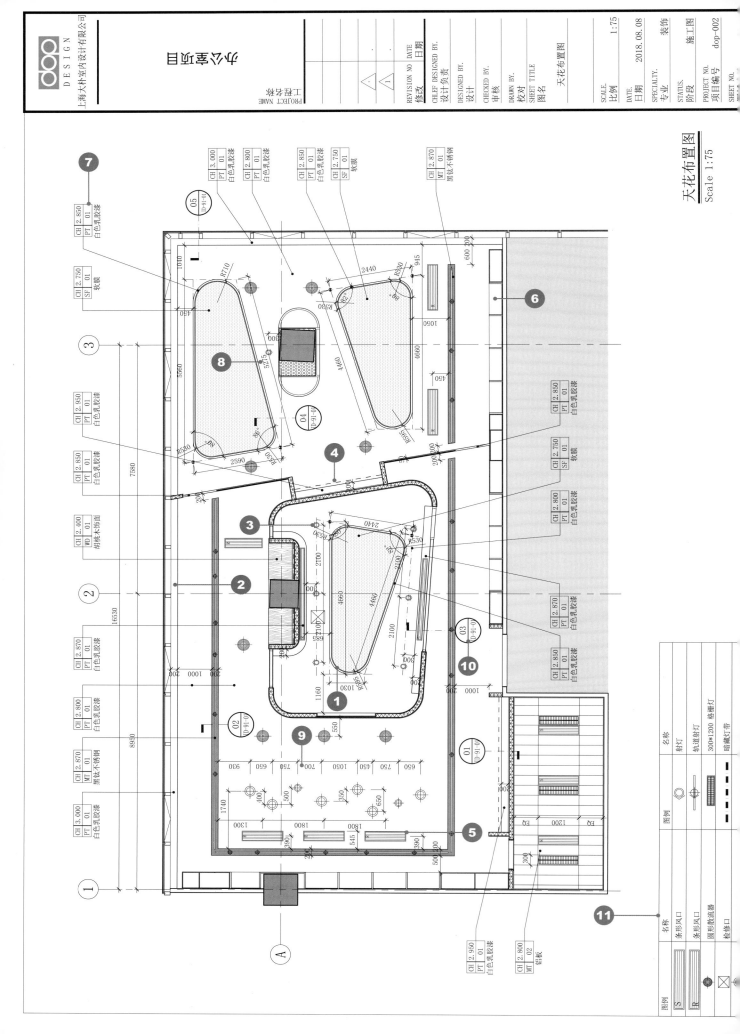

天花布置图
Scale 1:75

DOP DESIGN 上海大朴室内设计有限公司	
PROJECT NAME 工程名称	办公室项目
REVISION NO 修改	DATE 日期
CHLEF DESIGNED BY. 设计负责	
DESIGNED BY. 设计	
CHECKED BY. 审核	
DRAWN BY. 校对	
SHEET TITLE 图名	天花布置图
SCALE. 比例	1:75
DATE. 日期	2018.08.08
SPECIALTY. 专业	装饰
STATUS. 阶段	施工图
PROJECT NO. 项目编号	dop-002
SHEET NO.	

3.2.4 天花布置图

1. 定义描述

天花布置图是描述室内空间顶部造型、标高、灯具、材质的平面图纸。

2. 图纸内容（见左图）

❶ 天花造型；❷ 窗帘盒；❸ 天花灯具；❹ 天花灯带；❺ 风口、设备；❻ 固定家具（到顶）；
❼ 天花标高、材料；❽ 天花造型尺寸；❾ 天花灯具尺寸；❿ 天花节点索引符号；⓫ 天花图例。

3. 设计提资

天花布置图 = 平面布置图 + 效果图或手稿（要具备四要素：造型、标高、灯具、材质）。

4. 专业知识

1）常见天花造型

在大部分室内设计案例中，天花都是由一些基本造型通过不同的组合形成的。在绘制天花图前，应该了解这些基本造型以及它们在图纸上的表达。

(1) 跌级吊顶

利用不同的高低差呈现的天花造型。

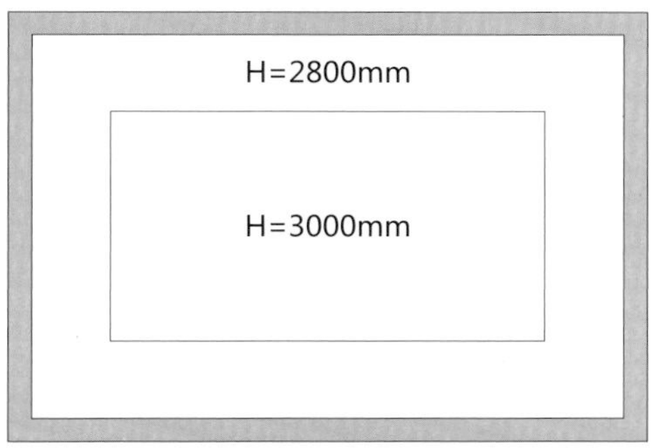

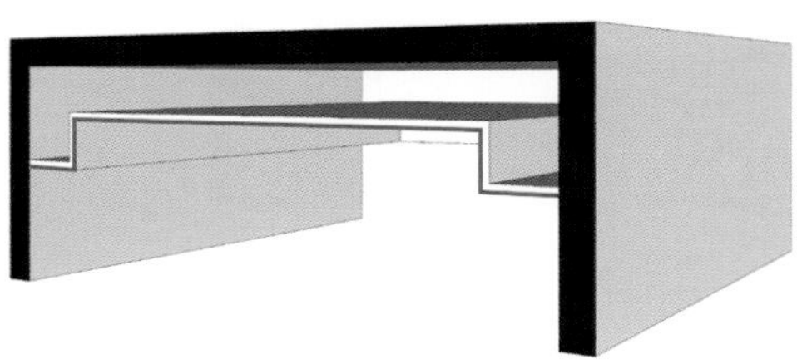

(2) 暗藏灯槽（一）

中间高，四周低，利用高低差吊顶的空档添加光源，是灯光照亮中心高顶的一种造型，因为灯具不可见，所以也叫暗藏灯槽。

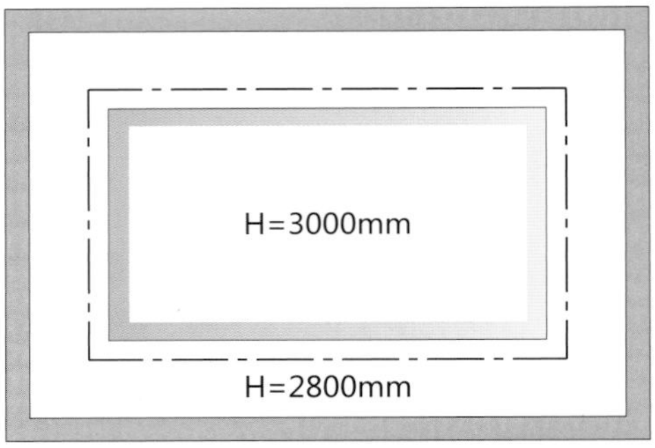

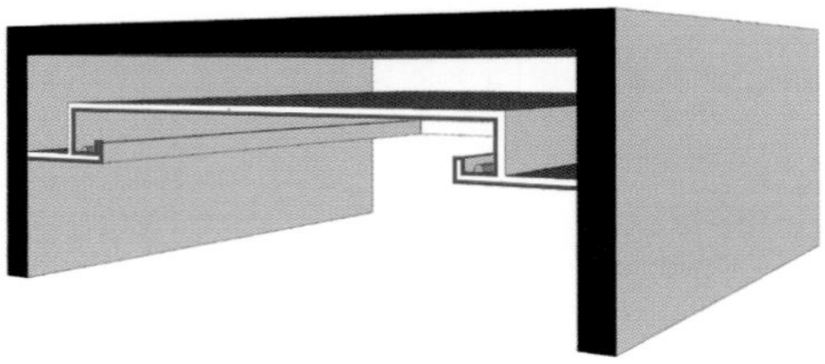

（3）暗藏灯槽（二）

中间低，四周高，利用高低差吊顶的空档添加光源，是灯光照亮四周高顶的一种造型。

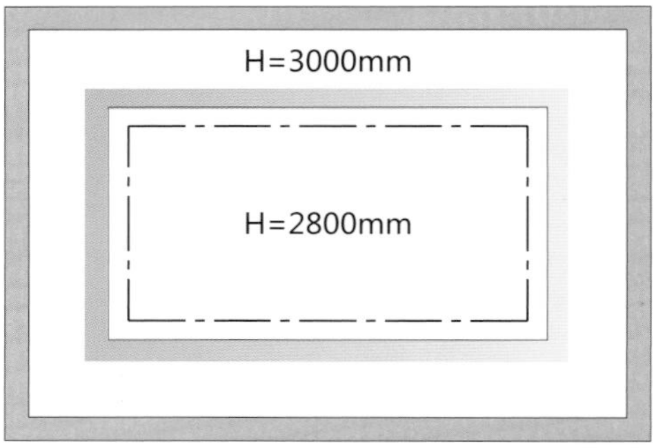

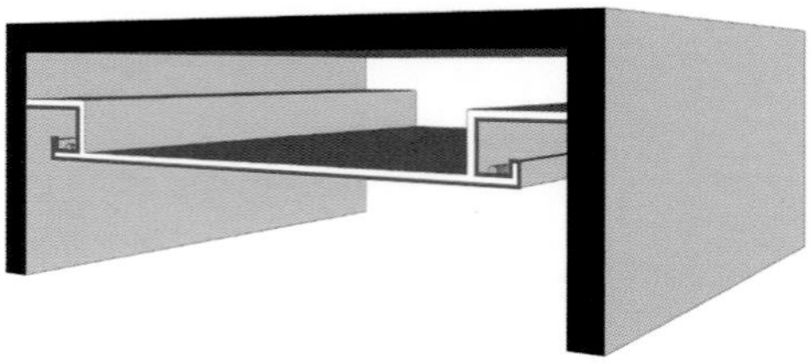

（4）暗藏灯槽（三）

灯槽二的变形，目的不是照亮高顶，而是为了让灯光像水一样从天花自上而下照亮墙面，也叫洗墙灯槽。

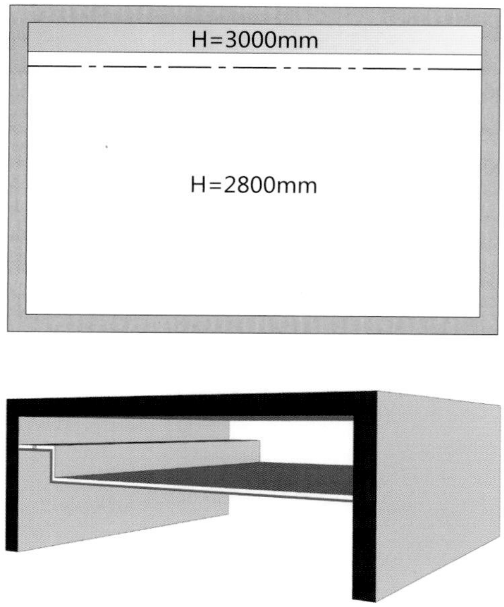

（5）暗藏灯槽（四）

在天花上做出条形的高顶，并与灯具相结合的造型。

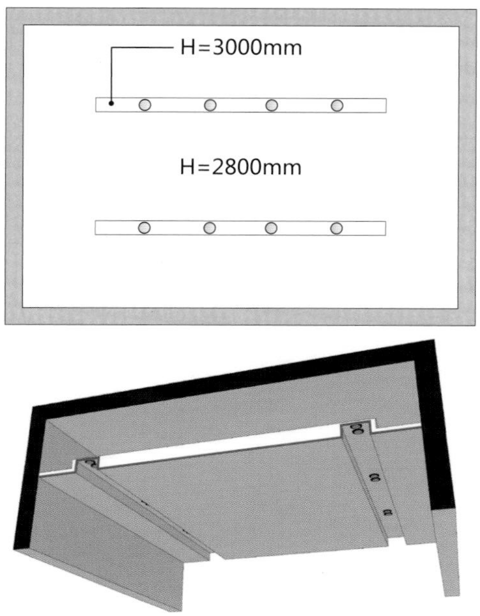

（6）留缝造型

在天花上留出精致矩形缝隙的造型手法，留缝尺寸一般在 10mm×10mm。

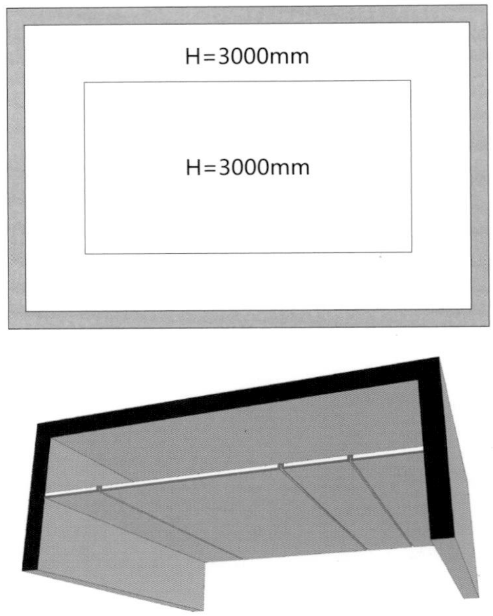

（7）明窗帘盒

明窗帘盒指为了遮挡窗帘轨道而在天花下部，窗帘前方设置的垂板。

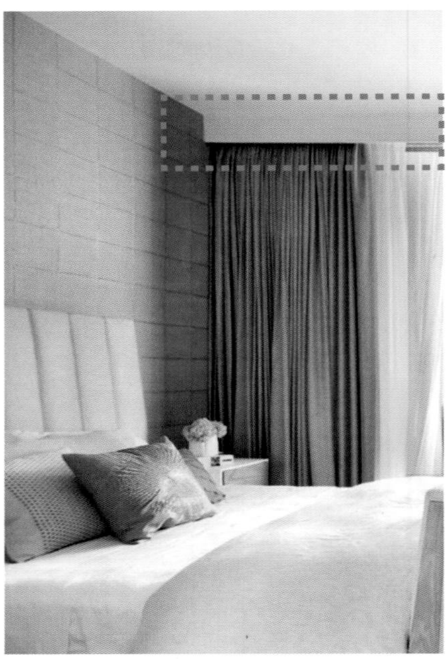

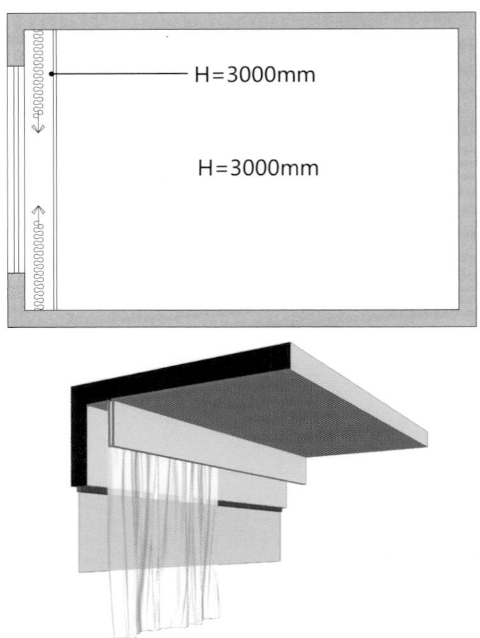

（8）暗窗帘盒

同样是为了遮挡窗帘轨道，但是暗窗帘盒利用了天花的高低差，把窗帘安装在局部高顶上，视觉上更加具有整体性。

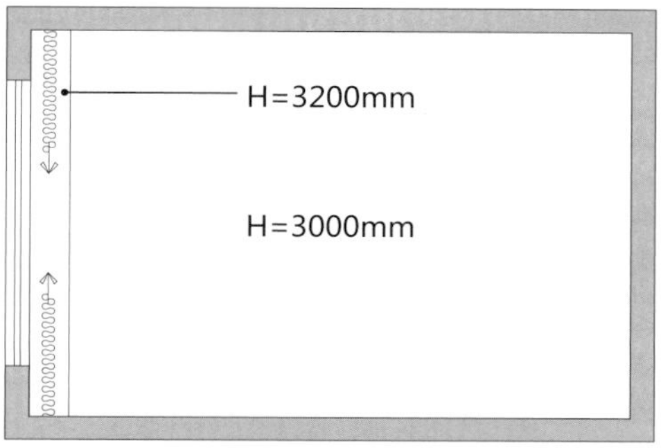

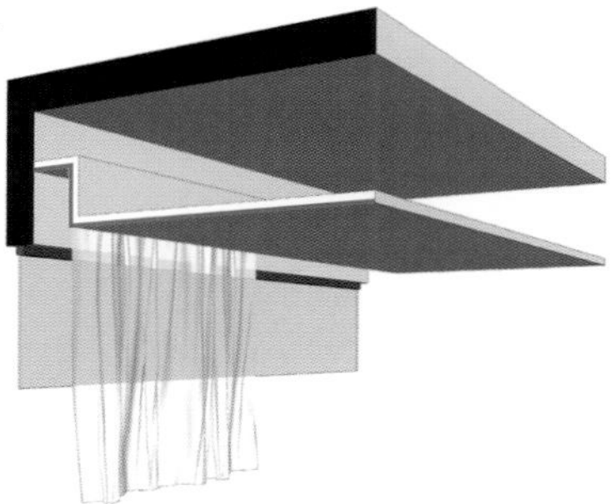

2）绝对标高、相对标高

（1）建筑设计中的绝对标高是一个基准，以某一地区的海平面高度作为绝对标高的零点，建筑室内的 ±0.000 和此基准之间的高度即为相对标高。

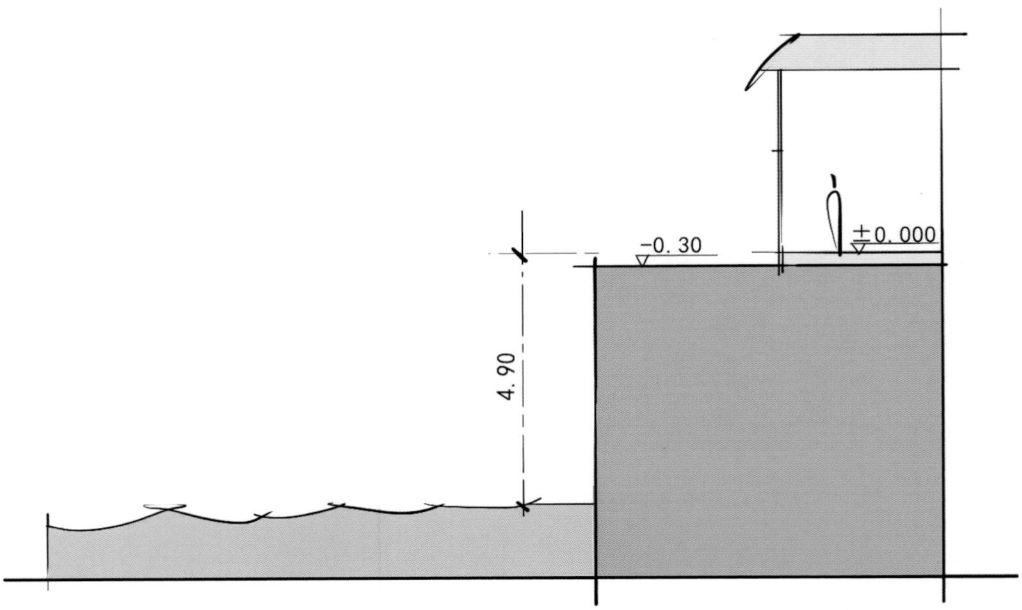

在标准建筑图中，上图示意：建筑的相对标高相当于绝对标高（例如：吴淞高程）4.90m。

（2）标高的室内应用：对于室内设计来说，相对标高和绝对标高是一个习惯性说法，和建筑设计有所不同。

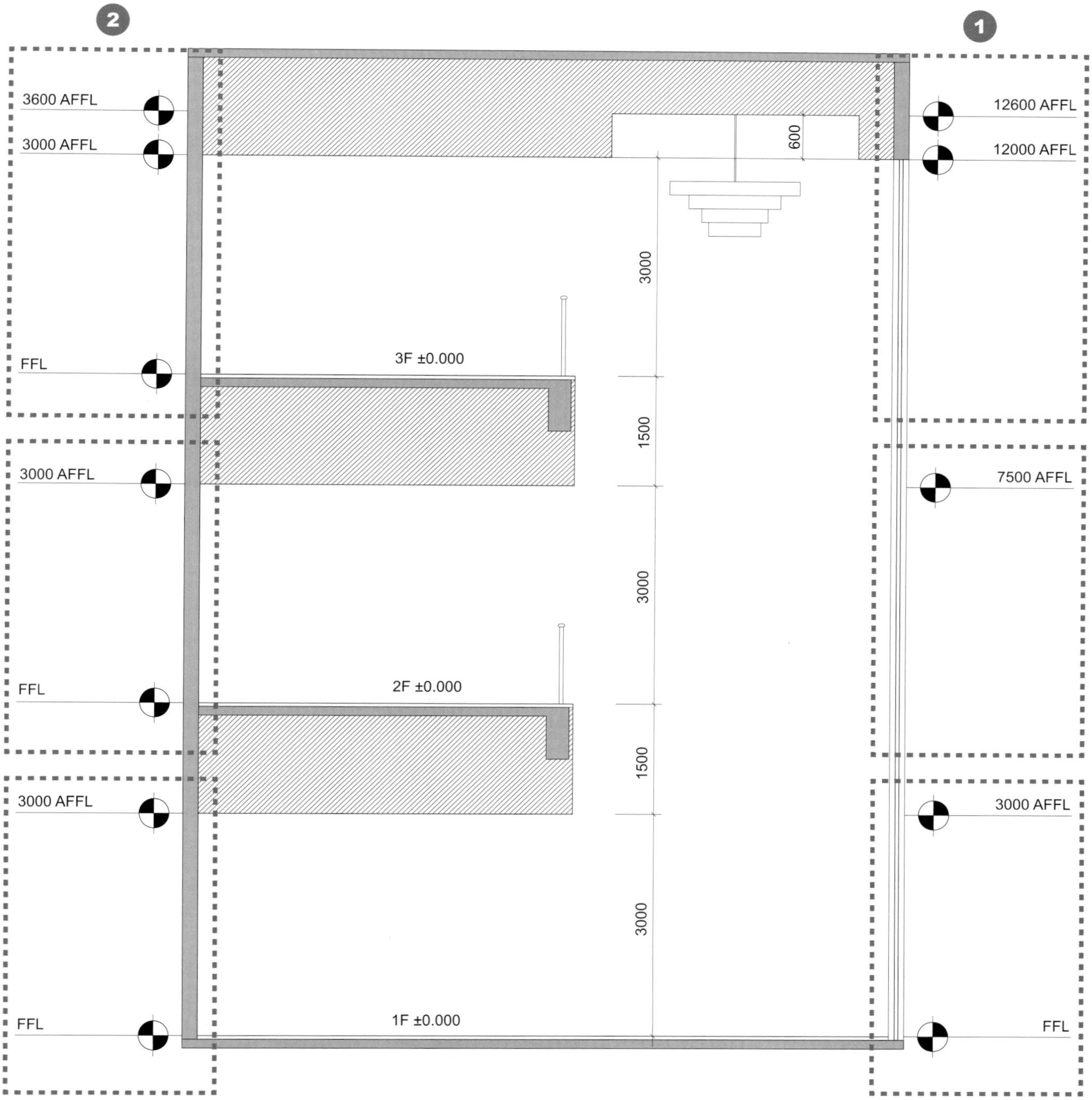

❶ 针对首层的 ±0.000 计算的标高，称为室内的绝对标高。

❷ 针对每层的 ±0.000 计算的标高，称为室内的相对标高。

按此规律，上图 2F 天花处的绝对标高为 7500mm，相对标高为 3000mm。

3）照明

随着专业的细分以及对灯光效果的重视，照明设计在当今已经发展为一个独立复杂的专业体系，照明设计师会根据不同的方案，系统考虑照明的功能、效果以及灯具的选型。但是对于室内设计师来说，为了保证设计效果，仍然需要了解一些灯光的基础知识。

（1）照明效果

从照明效果来说，主要分为两类。

① 普通照明：满足基础照度，保证使用功能。在任何功能的空间里都必须达到人的正常活动所需的照明要求，要满足基本的照明规范《建筑照明设计标准》。

开敞的办公空间和公共大堂：照度均匀明亮，满足工作和交通的基本要求

② 重点照明：突出重点，渲染氛围。针对重要部位或物体的指向性照明，用来强调物体的质感，营造空间的氛围。

展示空间：对所陈列的展品进行重点照明，强调物品的质感、光泽，吸引人的注意力

洽谈会客空间：通过照明强调独立的空间范围，起到围合聚拢的效果

（2）常用灯具

根据安装方式的不同，常用灯具可分为以下几类。

① 嵌装灯具：嵌入式安装在天花内的灯具，需要有装饰天花及天花内的安装高度。

② 吸顶灯具：灯具暴露在天花以外，可以直接在楼板上安装。

③ 壁装灯具：安装在墙壁上的灯具，设计时需要注意不同形式的壁灯安装高度。

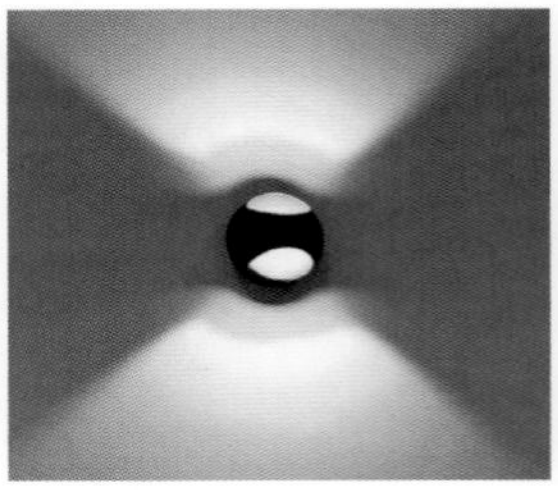

④ 吊装灯具：底座安装在天花上，灯具通过吊杆或钢丝垂下。可以直接在楼板上安装。

⑤ 轨道灯：灯具安装在配套的轨道上，可以自由调节灯具数量、位置和角度。

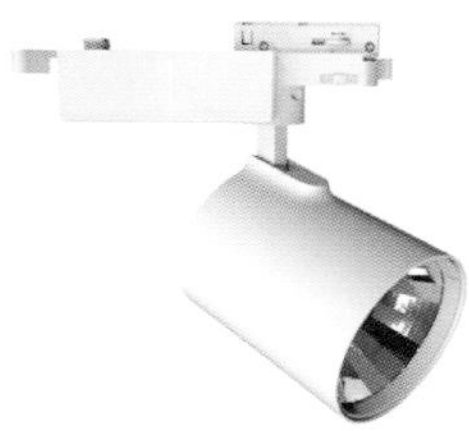

⑥ 地灯：嵌装在地面的灯具。

⑦ 水下灯：可以完全浸入水中的安全灯具。

(3) 照明及灯具的专业参数

照明及灯具的专业参数有很多，建议室内设计师了解的主要有以下 5 个。

① 光源：市场上常见的光源有荧光灯、节能灯、LED 等。

② 尺寸：灯具的尺寸分为两种，灯具自身的尺寸（长宽高）和灯具安装所需在天花板上的开孔尺寸（明装灯具不需要）。

③ 功率和光通量：功率是指灯具的能耗指标，单位是 W（瓦）；在同样的功率下，光通量大，发出的光线就多，灯具也就越亮越节能，光通量的单位是 lm（流明）。

④ 显色性：光源对物体本身颜色的还原程度。光源显色性越高，人眼所见的物体颜色越接近自然色；显色性越低，人眼所见的物体颜色偏差就越大。

显色性的高低由显色指数决定，显色指数的符号是 Ra 或 CRI，60<Ra<80（显色性一般）、80<Ra<90（显色性较好）、Ra=100（显色性完美）。

一般

较好

完美

⑤ 色温：简单来说就是对灯光冷暖程度的描述，色温的单位是 K（开尔文），色温的数值从低到高，代表光色从暖到冷。

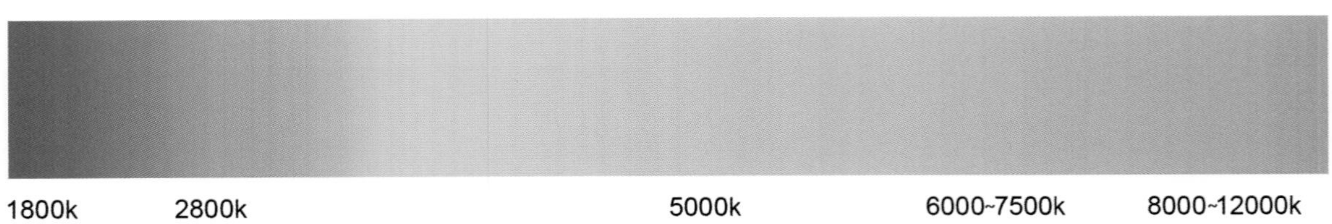

照明设计师制作的灯具选型见下图。

Light fittings specification/照明灯具规格说明

Item No./项目编号：VI-201801　　　　Day/日期：2018/08/24

Related Picture Information/相关图片资料

Code/编号
D02-T

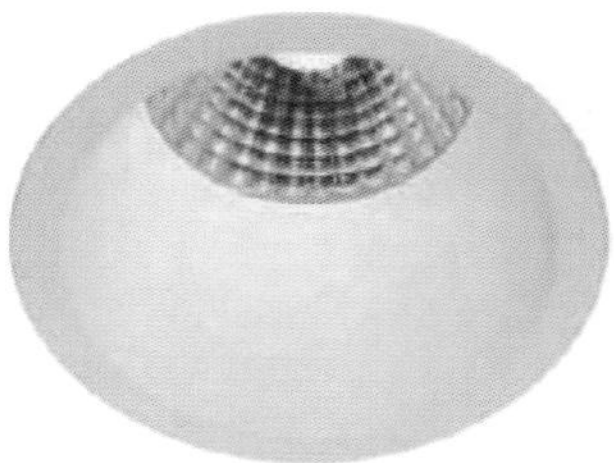

ALDL0374 TW TB

CITIZEN COB LED 1X5W/350mA
Luminous flux:2700/3000K 530lm
CRI≥92/85
Beam angle:24°/36°/60°

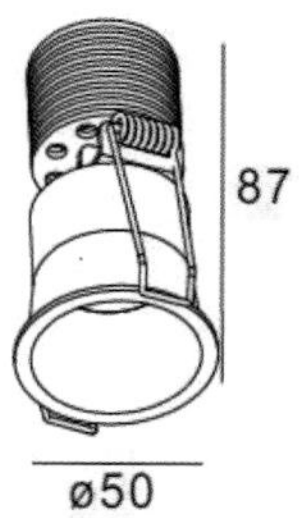

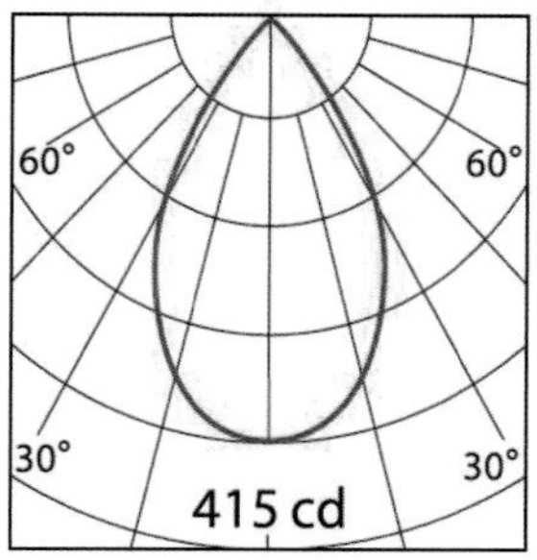

H(m)	D(m)	E(lx) 60°
1.0	1.2	415
2.0	2.3	104
3.0	3.5	46

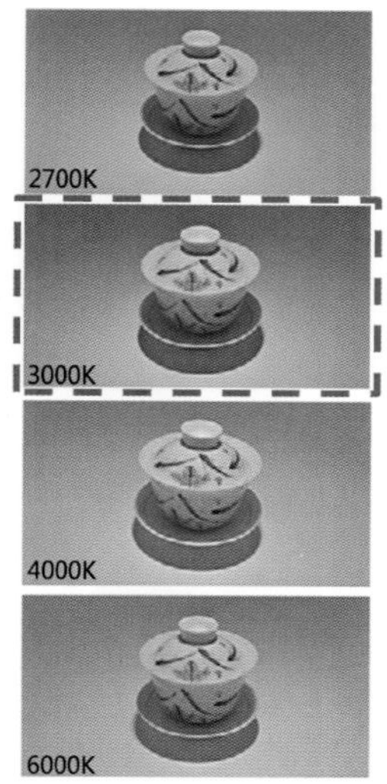

Discription/灯具描述：　嵌入式LED小筒灯

Model/型号：　ALDL0374

Brands/推荐品牌：　　　　Contact/联系人：

Lamps/光源：	LED	Material/材料：	压铸铝
Chip brand/芯片品牌：	Cree/Osram/Lumileds	Size/灯具尺寸：	50(Φ)*87(H)mm
Power/功率：	5W	Cute out/开孔尺寸：	45(Φ)mm
Beam angle/发光角度：	60°	Colour/灯体颜色：	灯具表面匹配周边颜色
Color temperature/色温：	3000K	Voltage/灯具电压：	AC220V
Luminous flux/光通量：	530lm	Protection class/防护等级：	IP20
CRI /显色指数：	≥85	Control mode/控制方式：	0~10V调光
Accessories/配件：	N/A		

Special request/特殊要求：　灯具编号后加-T,表示该灯具需进行调光，需配相应的可调光变压器

Information/送审资料：
- ▪灯具实品须送审
- ▪灯具实品需现场测试

Remarks/备注：
1. 厂商必须提供必要的变压器 / 驱动器或相关处理器。
2. 水电承包单位需于预接线位置前与设计单位确认后始得施作。
3. 所有材料及结构，安装方式必须符合商业使用。
4. 电子相关的配件必须符合相关法令或经过验证之产品。
5. 如遇到需合色样的特殊漆色或表面处理，承包厂商必须和原样本一同审。
6. 承包厂商必须制作所需的配件、零件、布料的数量，最后计算和确认。
7. 承包厂商若需使用替代灯具，灯具样式需先送审，由设计师确认。

4）常见设备

（1）防火卷帘

由建筑设计根据防火分区设计其位置及形式，在室内设计过程中不得随意改变。火灾发生时防火卷帘自动落下，起到阻止火势蔓延，延长逃生时间的作用。

单轨防火卷帘

双轨防火卷帘

（2）挡烟垂壁

由建筑设计根据防烟分区来设计其位置及形式，在室内设计过程中不得随意改变。安装在吊顶或楼板下，火灾时能够阻止烟和热气体水平流动的垂直分隔物。挡烟垂壁可以是钢化玻璃固定，或者用挡烟卷帘布来做。

不燃材料制成，下垂不小于 500mm

（3）喷淋

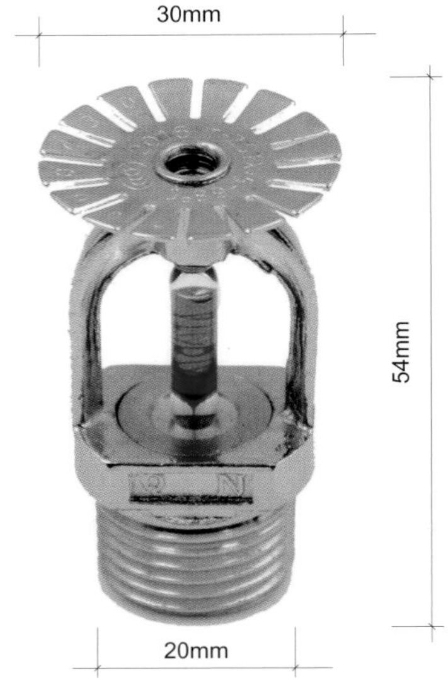

工作原理：玻璃是普通玻璃，内部为一定量的水银。当发生火灾时，水银受热膨胀压力升高，达到规定数值玻璃爆裂，密封垫失去支撑脱落，压力水喷出灭火。喷淋形式除下喷外，还有上喷和侧喷两种。

(4) 烟感

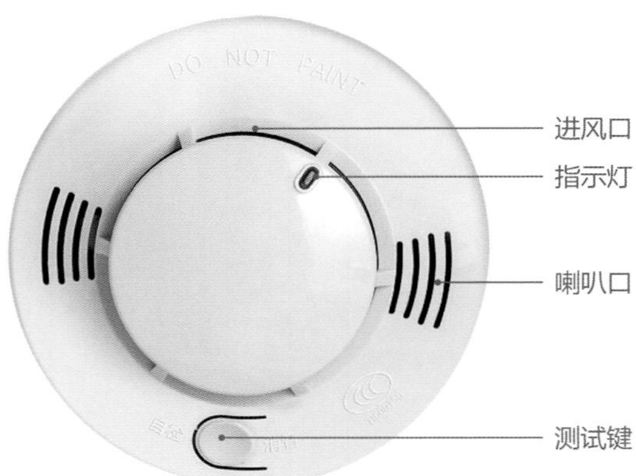

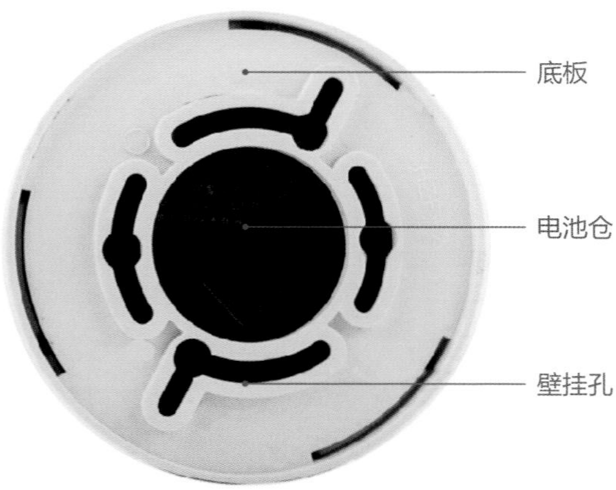

工作原理：检测到烟雾时，使光源产生散射，光接收元件感受到光强度，光强度达到预定值时探测器发出火警信号。

（5）吸顶式消防广播

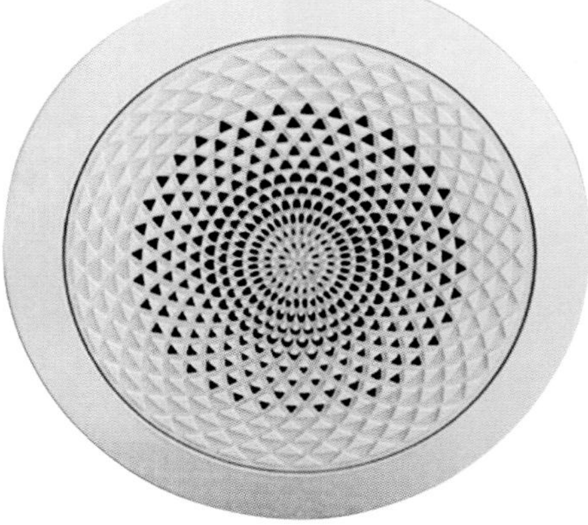

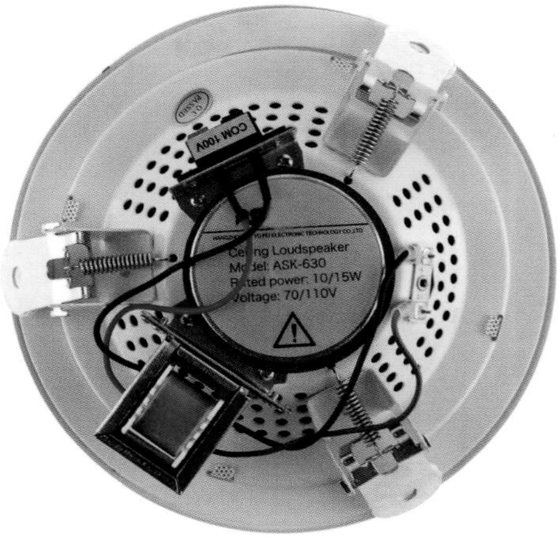

工作原理：消防广播控制器与自动报警主机通过模块联系在一起，当发生火灾时，消防主机通过控制器播放消防疏散的警示通告。

（6）检修口

为了便于检修吊顶内的设备、管道、阀门等，在天花上设置可开启检修口。

检修口分为可上人和不可上人两种，可上人检修口的位置排布没有太大要求，因为检修人员可以直接进入吊顶。不可上人检修口需要在维修半径 500mm 以内布置检修口，方便人的身子探入，伸手可以触及到设备，不可上人检修口的最小尺寸为 450mm×450mm。

暗装检修口

明装检修口

5）设计理解

分析关系、尺寸、材质、灯位等信息，再结合与设计师的沟通，绘制出天花图。

（1）案例一

根据上图设计分析可知：

① 造型关系：两个标高的跌级造型，在两个标高之间有小的造型（见上图红色轮廓线）。

② 尺寸：可以按图纸所示比例判断，也可以和方案设计师沟通确认。

③ 材质：由图面判断为乳胶漆。

④ 灯具：嵌入式筒灯、嵌入式斗胆灯、吊灯。

由此分析绘制出下图。

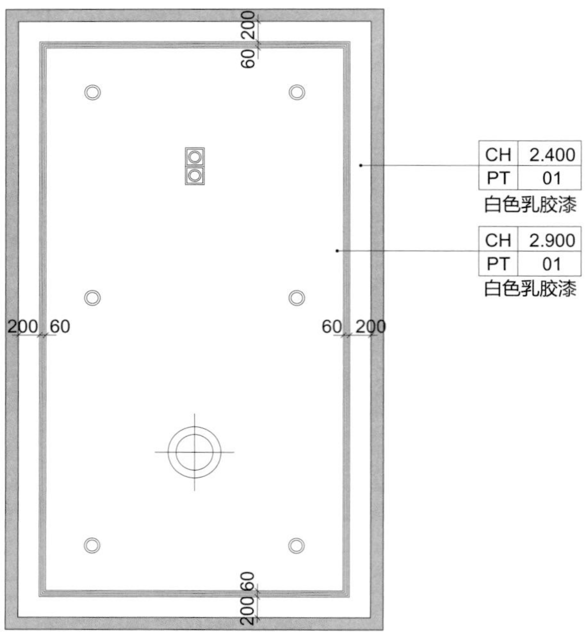

天花布置图

（2）案例二

根据上图设计分析可知：

① 造型关系：两个标高的暗藏灯槽造型，在高顶和低顶上都有留缝的处理（见上图红色轮廓线）。

② 尺寸：可以按图纸所示比例判断，也可以和方案设计师沟通确认。

③ 材质：由图面判断为乳胶漆。

④ 灯具：嵌入式筒灯、吊灯。

由此分析绘制出下图。

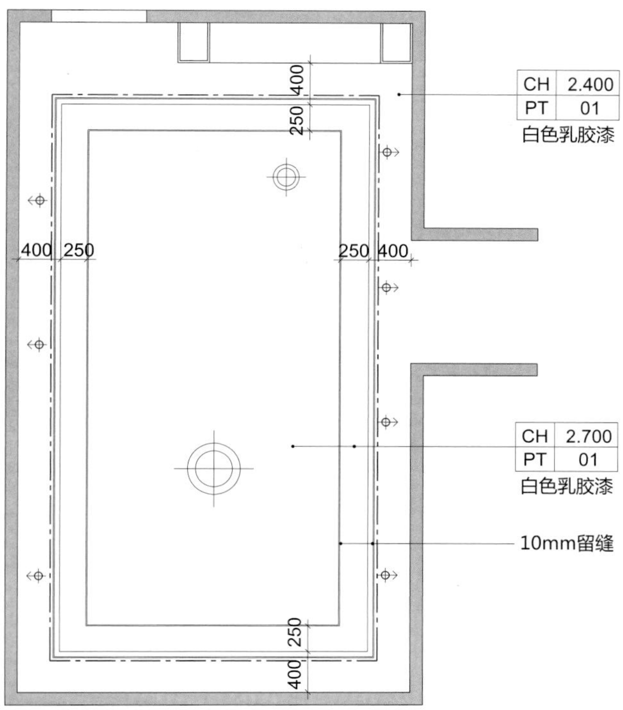

天花布置图

5. 画法要点

1）在天花图中楼梯依旧存在，但是和平面图上的表达完全不同。

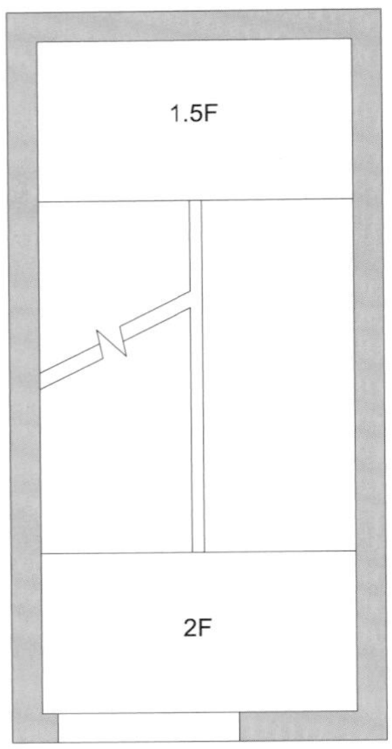

（1）首层天花图

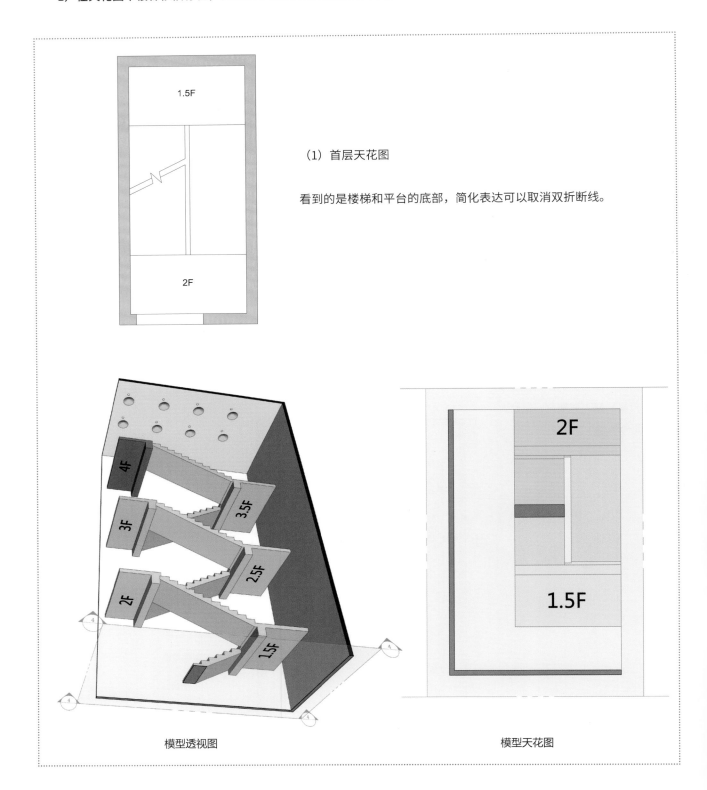

看到的是楼梯和平台的底部，简化表达可以取消双折断线。

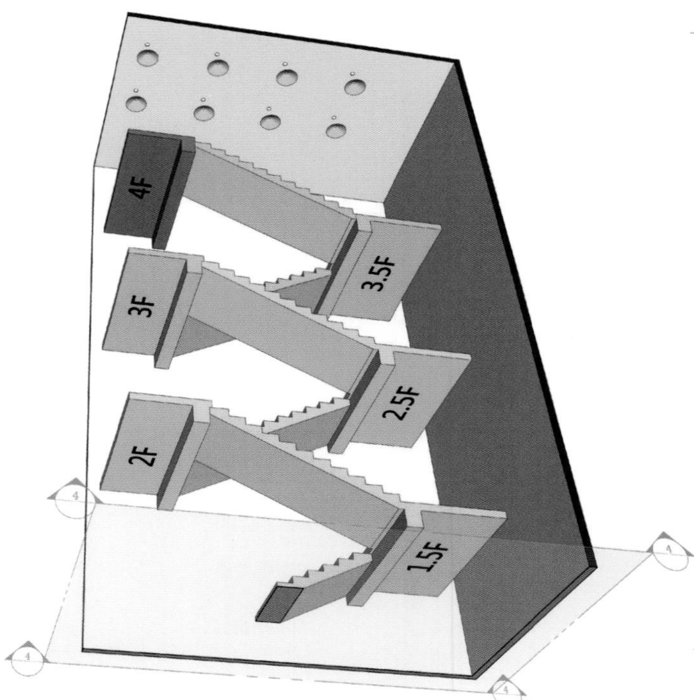

模型透视图

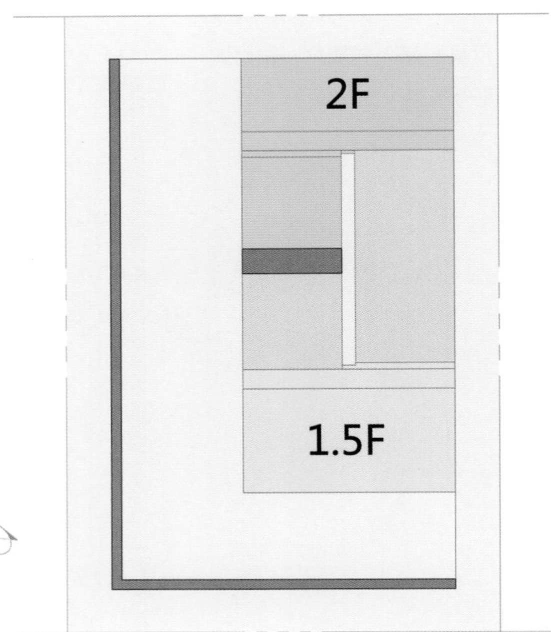

模型天花图

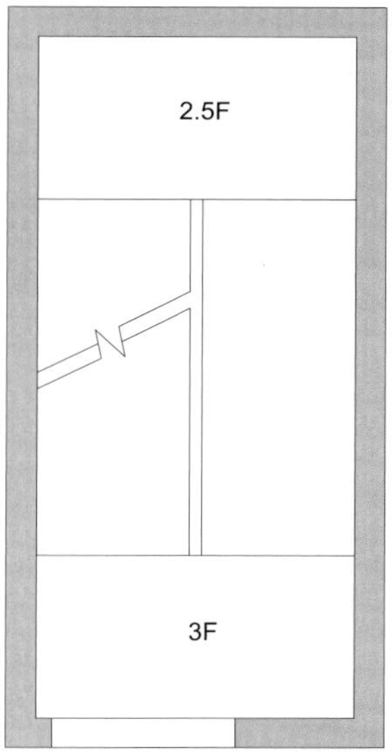

（2）标准层天花图

看到的是楼梯和平台的底部，简化表达可以取消双折断线。

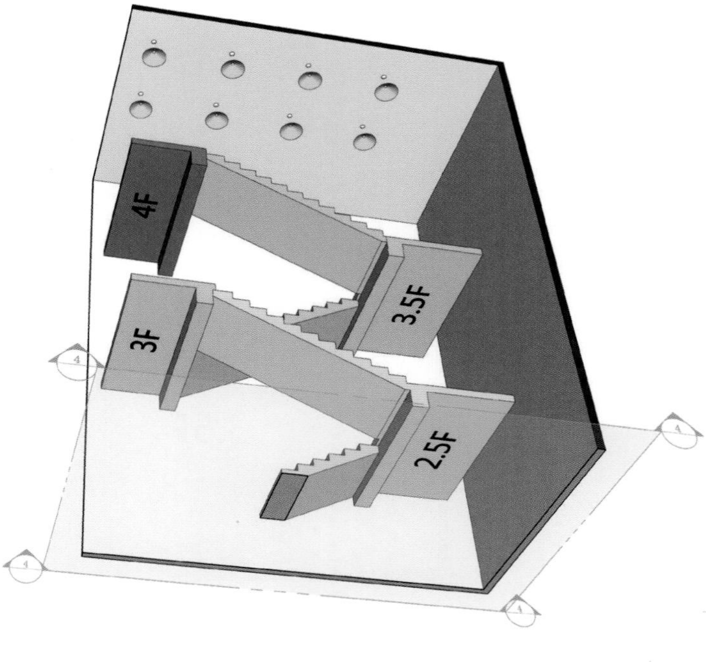

模型透视图

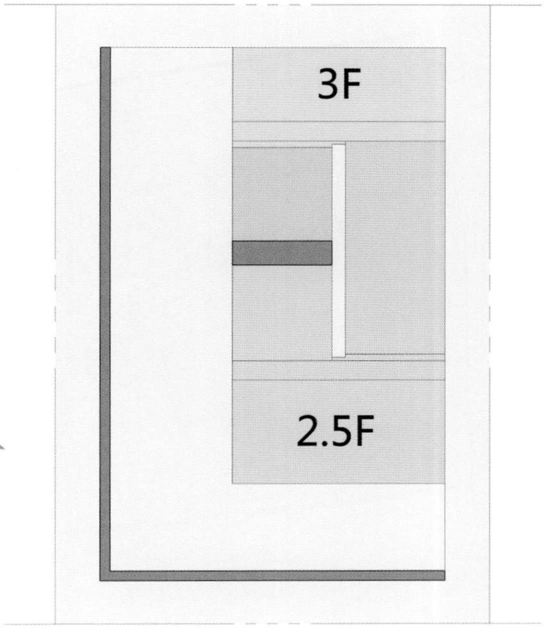

模型天花图

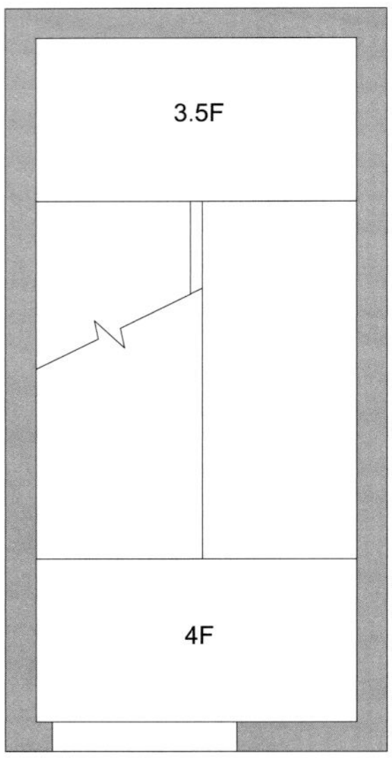

(3) 三层天花图

看到的是楼梯和平台的底部以及楼梯剖切后所显示的空洞，用折断线表达截面。

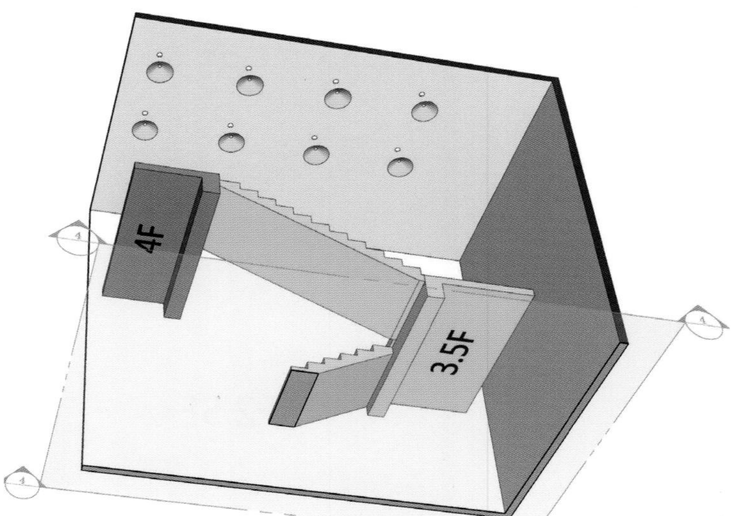

模型透视图

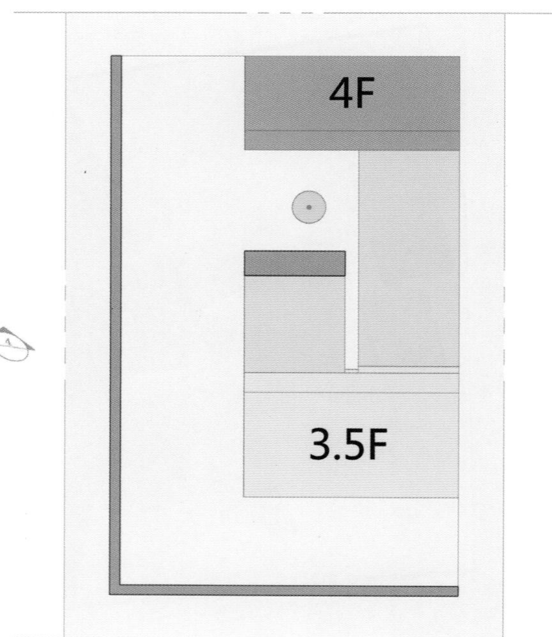

模型天花图

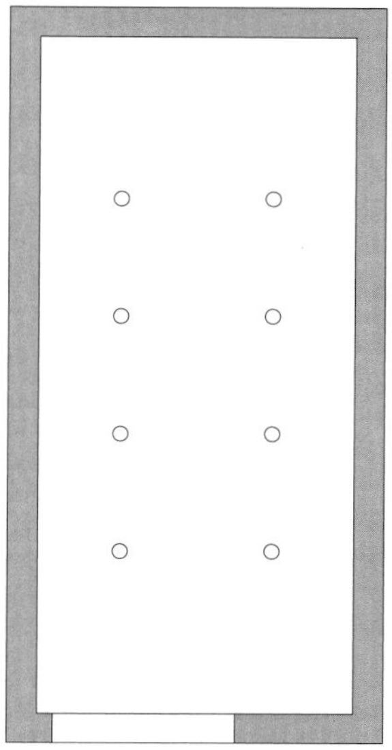

（4）顶层天花图

看到的是顶层天花，看不到任何楼梯内容。

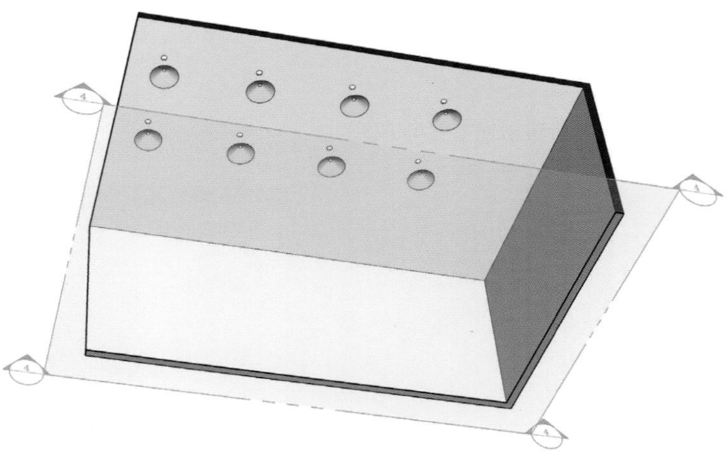

模型透视图

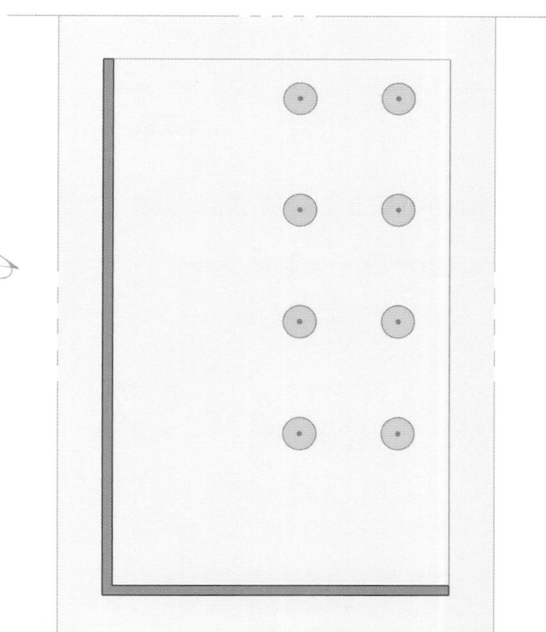

模型天花图

2）特殊空间

通常天花图是以平面图为基础绘制的，但是要注意平面和天花并不总是完全对应的。下图所示为一个二层带室外露台的空间。

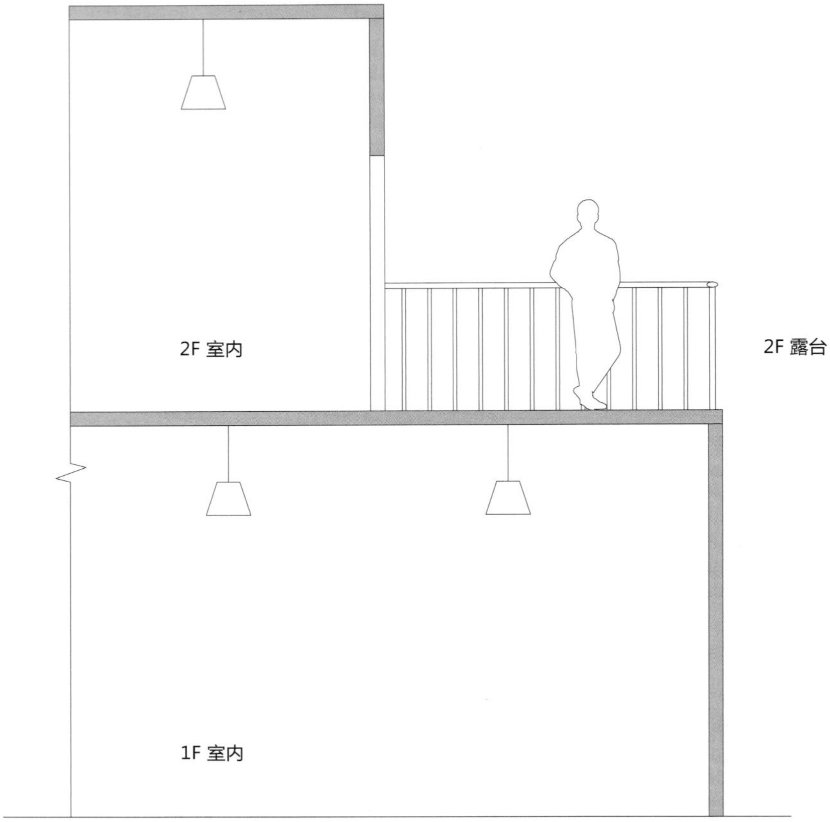

剖面图

二层的平面图上应该显示露台，但是在二层天花图上露台就不应该出现了（见下图）。

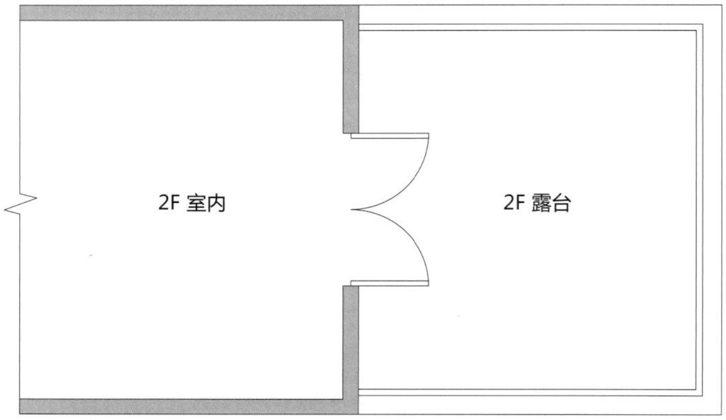

2 层平面图

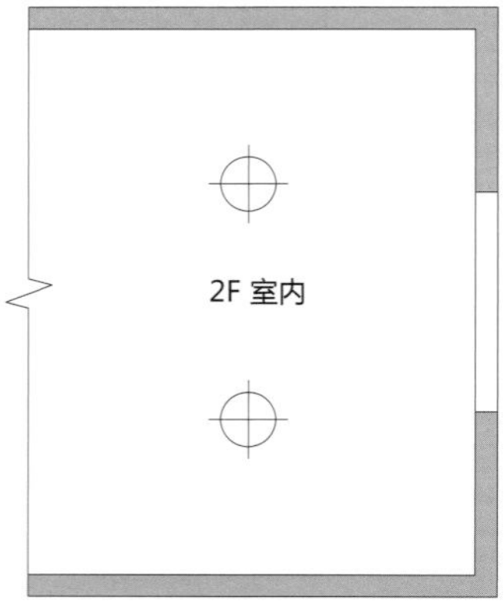

2 层天花图

注意：天花一定要以上层楼板为底图。

3）固定家具

所有不到顶的家具在天花上均不出现。

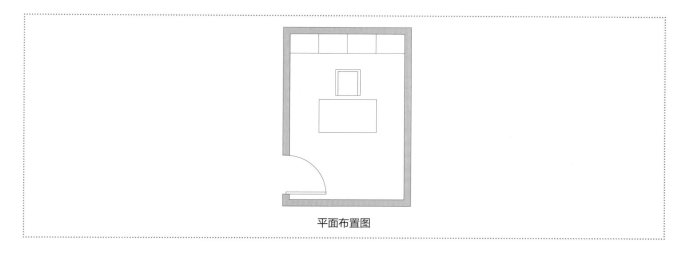

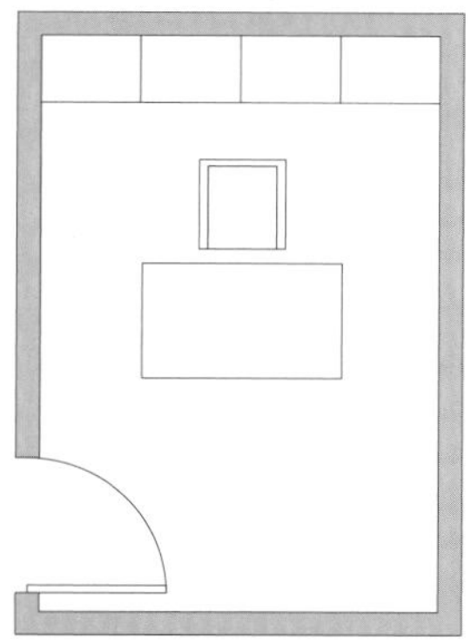

平面布置图

（1）落地到顶

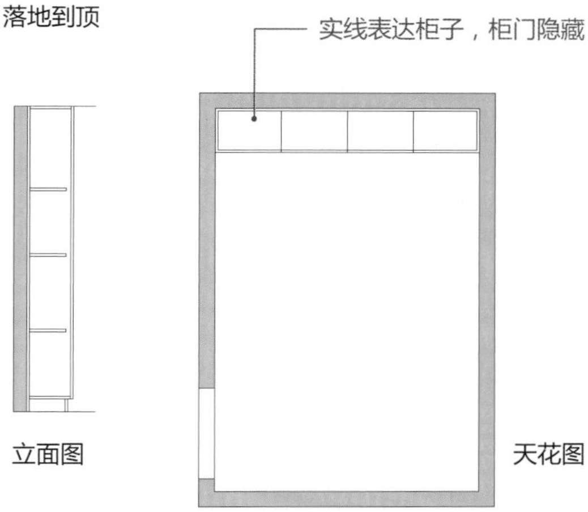

（2）不落地到顶

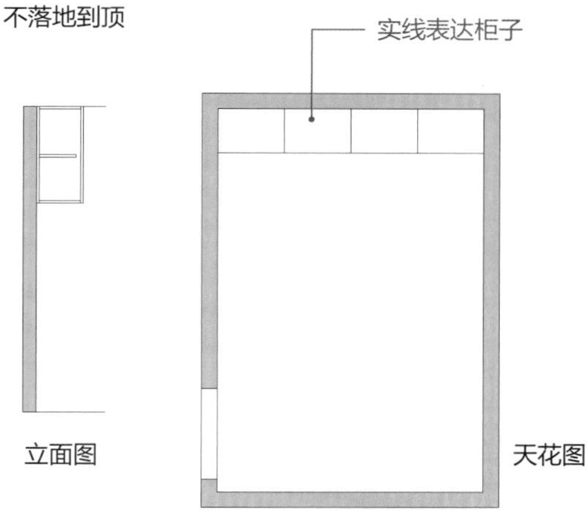

（3）落地不到顶

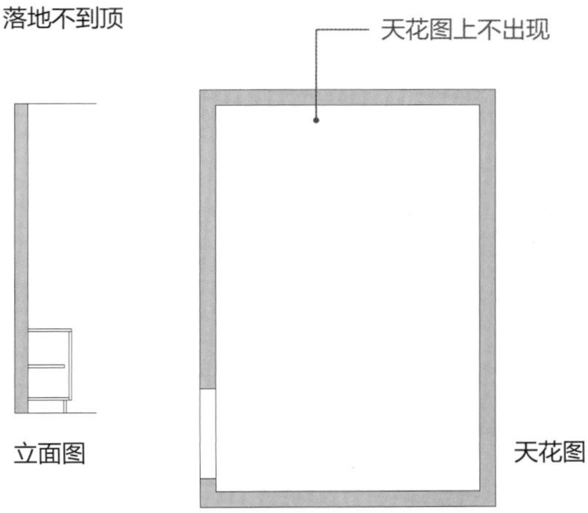

（4）不落地不到顶

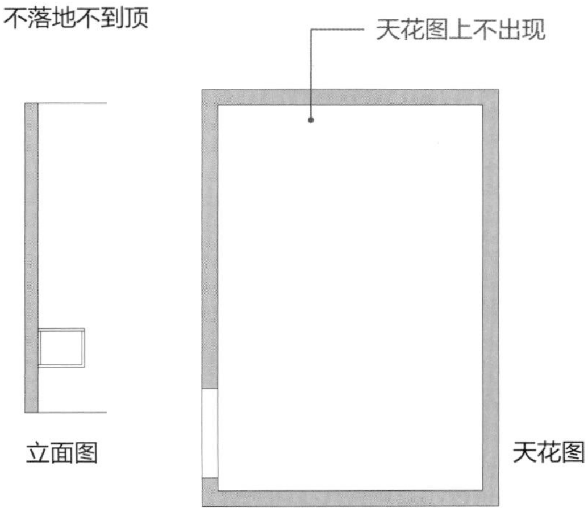

4）共享空间

绘制共享空间（见下图）时，不同楼层天花图的表达和天花标高的处理也有所不同。

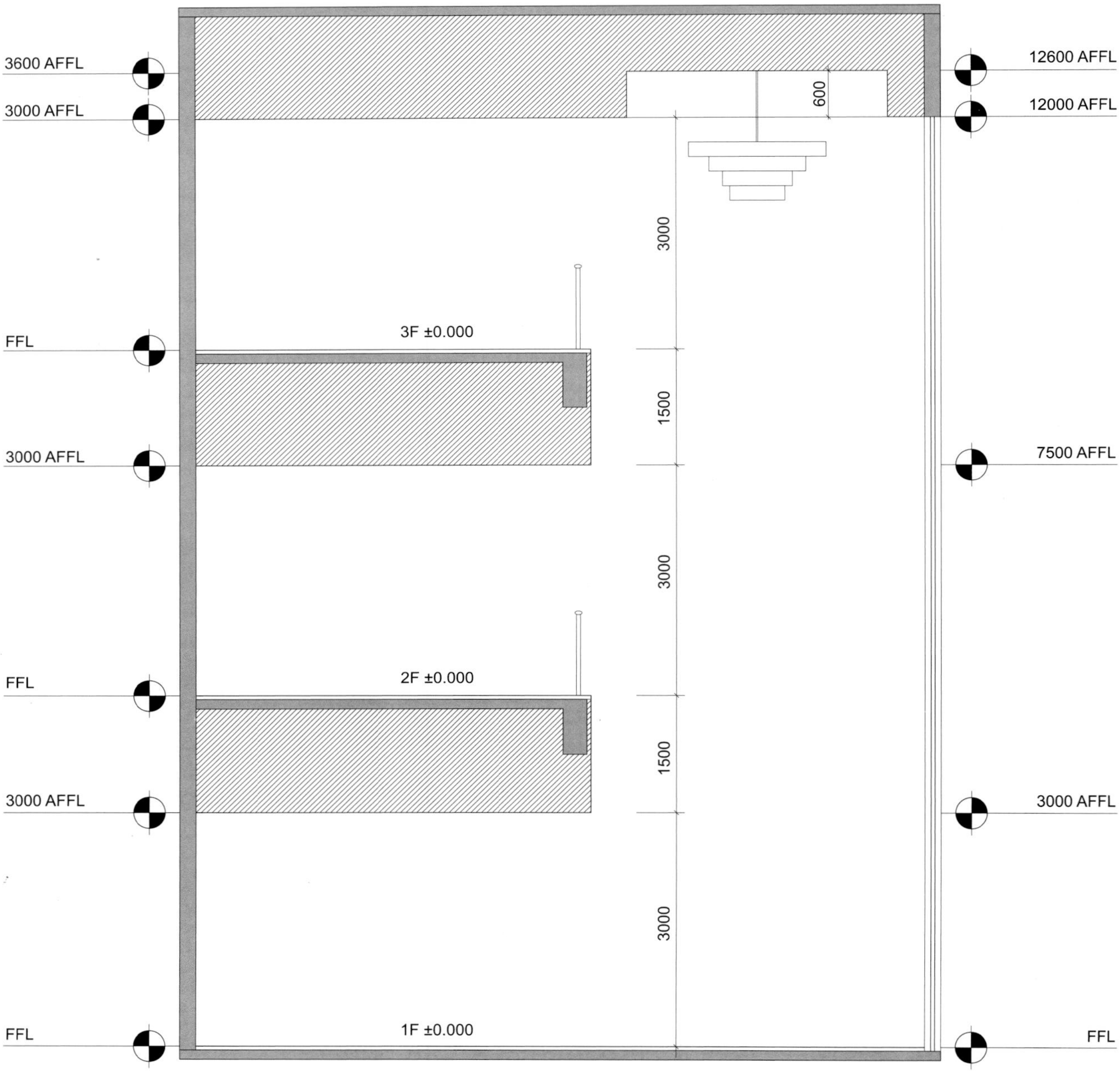

剖面图

（1）1 层和 2 层天花图中空位置绘制边界轮廓，并使用空洞符号并标注文字“上空”（见下图）。

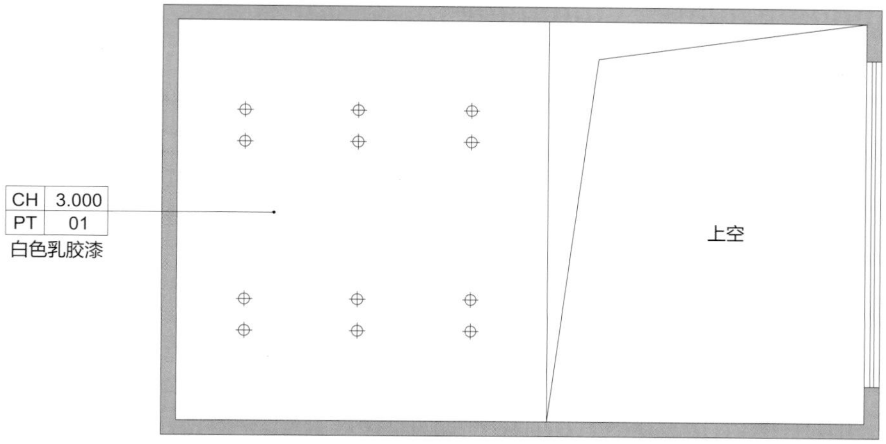

1 层、2 层天花布置图

（2）3 层天花图正常绘制造型灯具（见下图）。

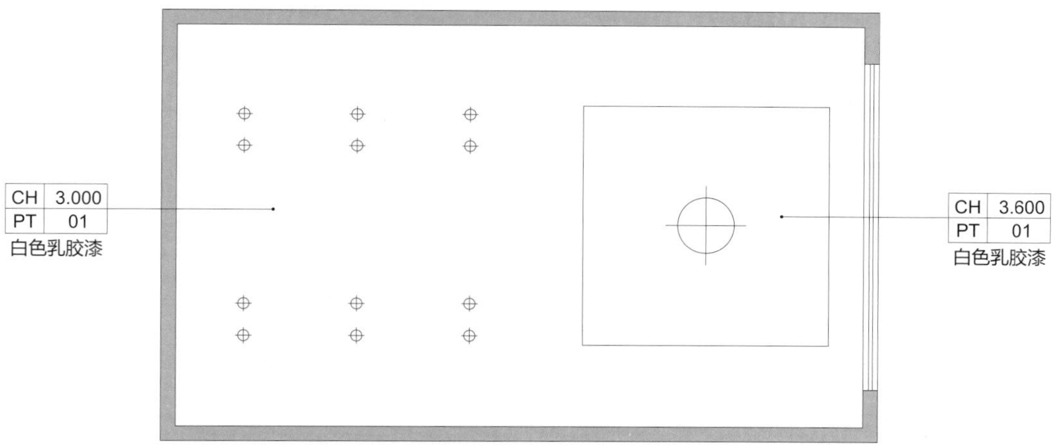

3 层天花布置图

（3）建议挑空区域的天花标高采用同层的相对标高，使用绝对标高容易产生歧义。如果希望表达挑空天花的净高，也可以采用相对标高 + 绝对标高的方式标注。

5）门框连线

天花布置图上不出现门扇，但是可以看到门框的两条看线，因此在天花布置图上门洞位置需要连线。

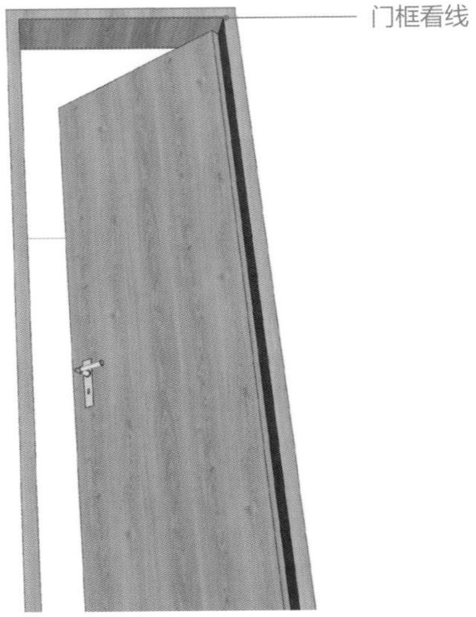

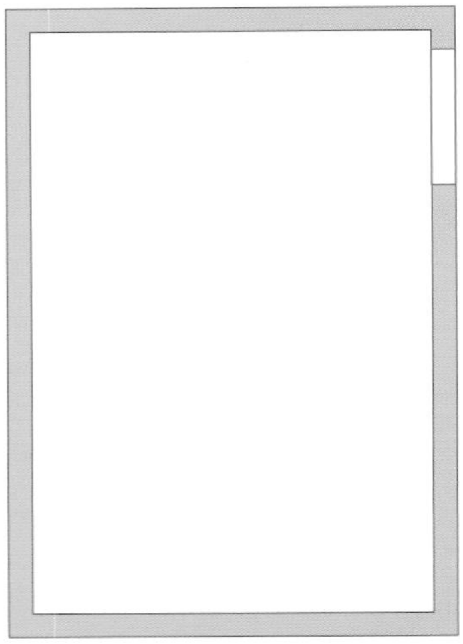

6）灯具布置

（1）均匀布置：灯具在做均等布置时，不应是简单的等分。

左下图所示灯具的间距虽然是一样的，但是对于整个空间来说，两端的照明和中间是不均匀的，建议使用右下图方式，即灯光间距统一，又光照均匀。

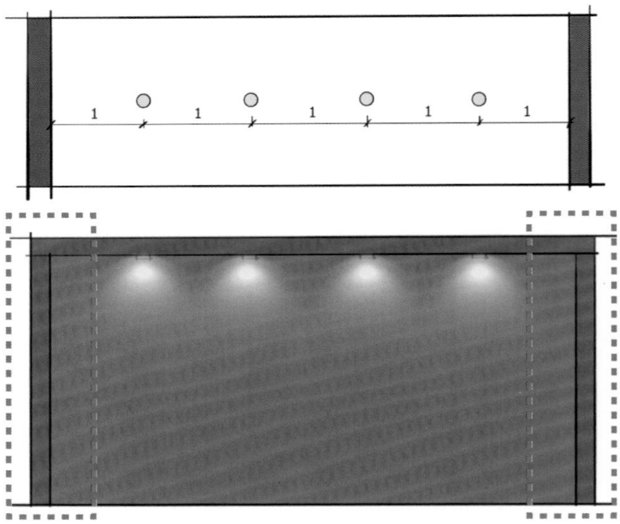

光照不均

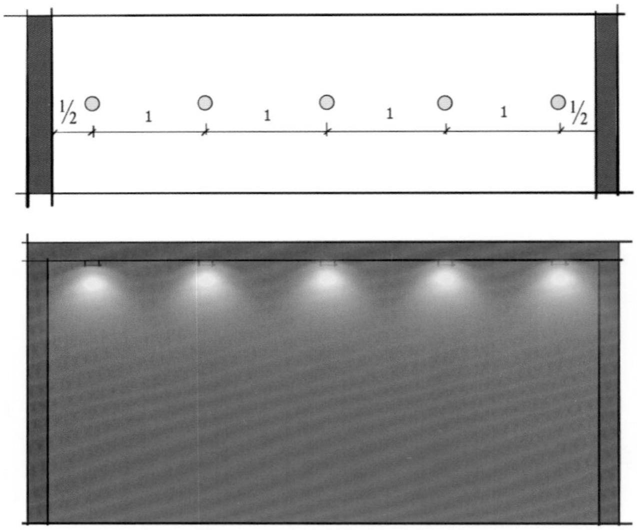

光照均匀

（2）对应布置：当灯具点位没有按照固定的规律布置，而是和活动家具的摆放一一对应时，可以在天花图上显示活动家具，这样在读图时更容易理解灯具的布置意图。

注意：为了避免信息过多干扰图面，建议活动家具用虚线表达。

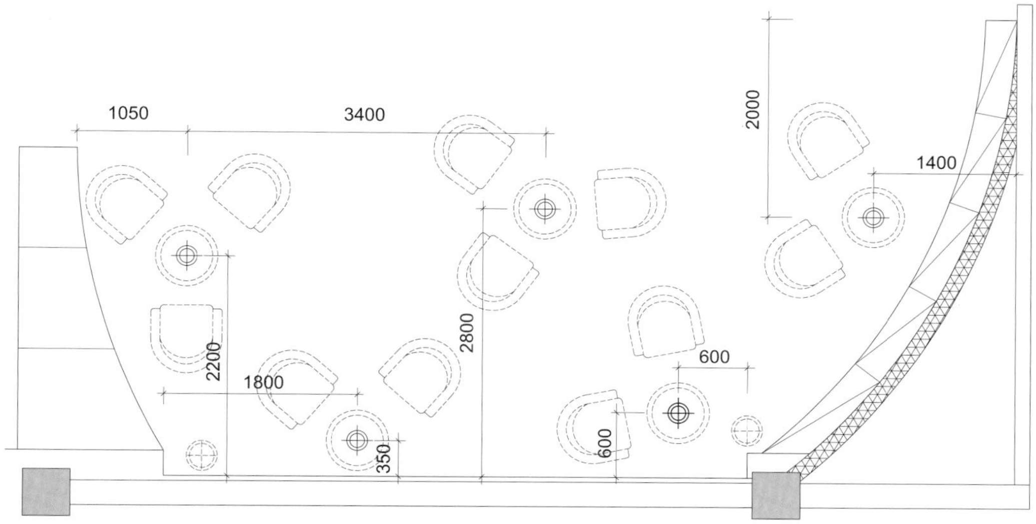

7）尺寸标注

天花布置图的尺寸标注是对天花造型和灯具进行尺寸定位，起到强调和检验方案设计关系、指导施工安装的作用。

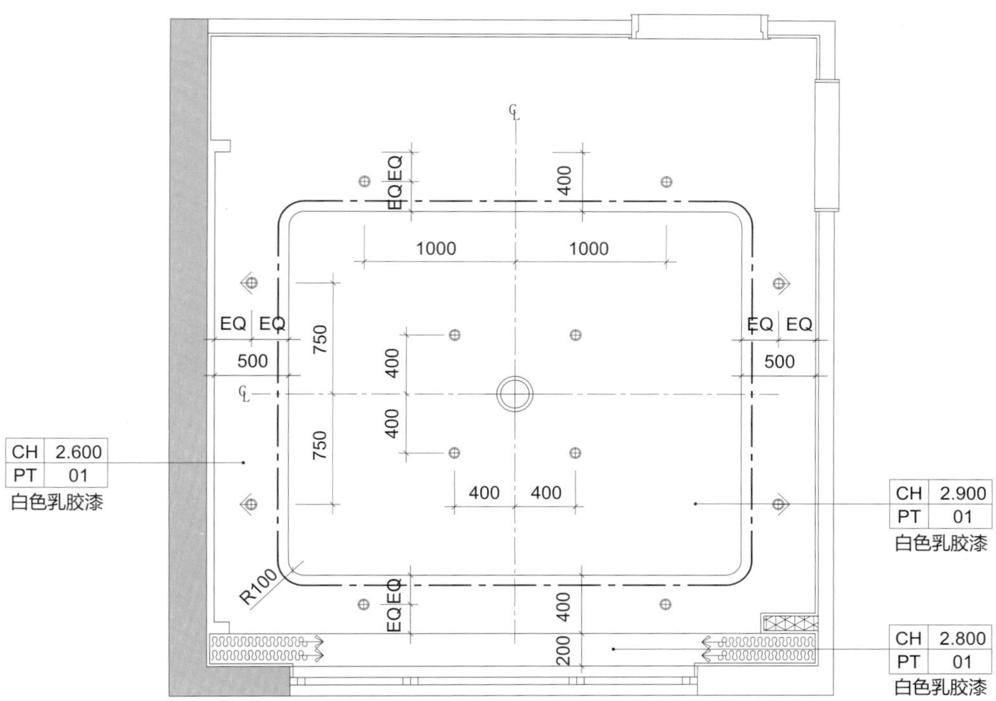

8）图纸拆分

在复杂的天花布置图上，尺寸标注比较密集，会影响到制图和读图，这时可以将天花布置图拆分为天花造型定位图（只标注造型尺寸）、天花灯具定位图（只标注灯具尺寸）。

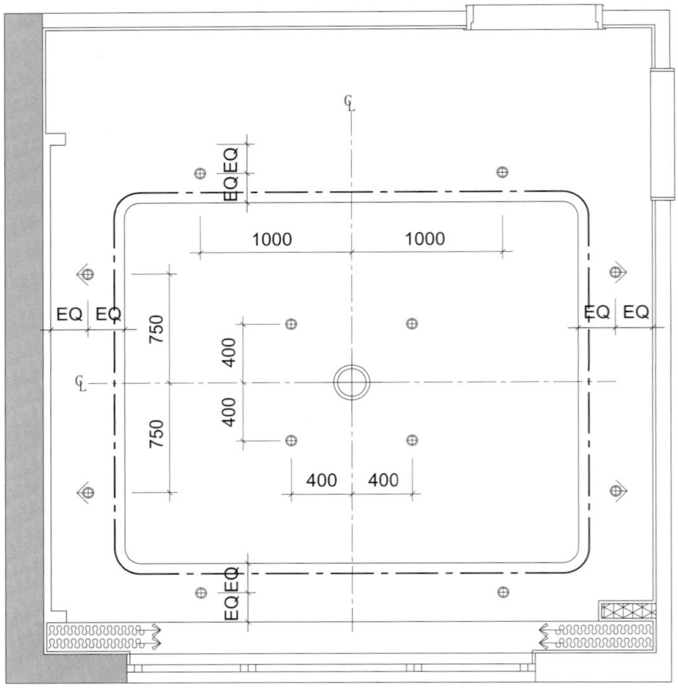

天花灯具定位图

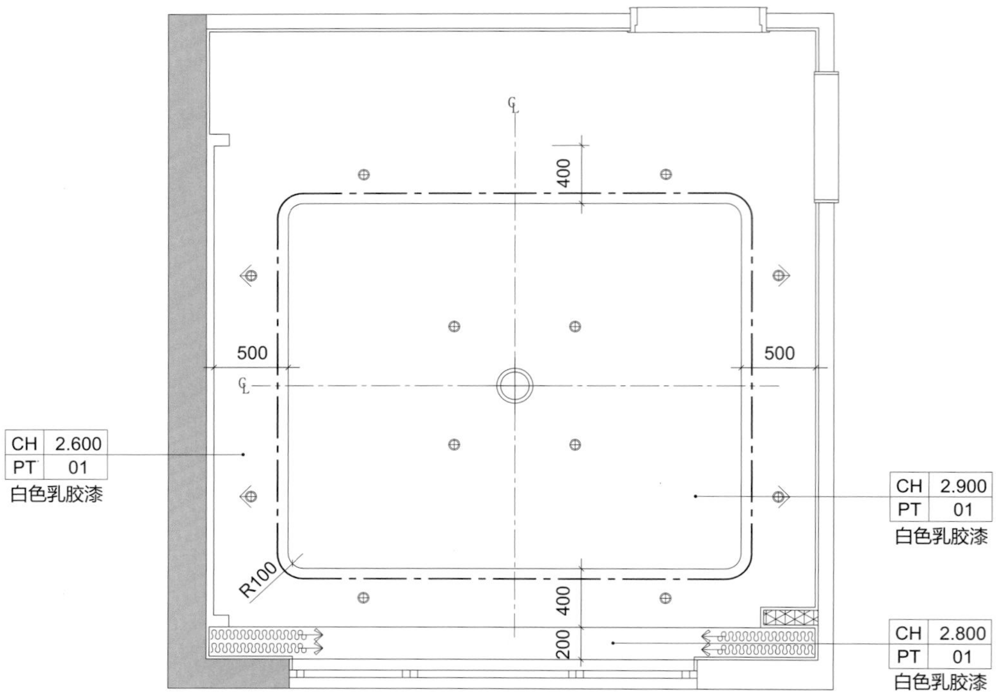

天花造型定位图

6. 制图步骤

（1）复制“尺寸定位图”视口及图框作为“天花布置图”。

（2）双击进入复制视口内，关闭 DS 图层（楼梯、半高隔墙、不到顶的固定家具等）。

（3）在“模型空间”内连接门套天花看线。

（4）在“模型空间”内绘制天花造型、窗帘盒等内容。

（5）在“模型空间”内绘制天花灯具，包括灯带。

（6）在“模型空间”内绘制空调风口（包括侧出风口）、排风扇、检修口等对天花造型有影响的内容。

（7）在“布局空间”内标注天花材料及天花造型标高。

（8）在“布局空间”内标注天花造型定位尺寸。

（9）在“布局空间”内标注天花灯具定位尺寸。

（10）在“布局空间”内添加天花节点索引符号（注：此步骤可延后至节点图绘制前开始）。

（11）在“布局空间”内添加灯具图例。

（12）添加图名并修改图框信息。

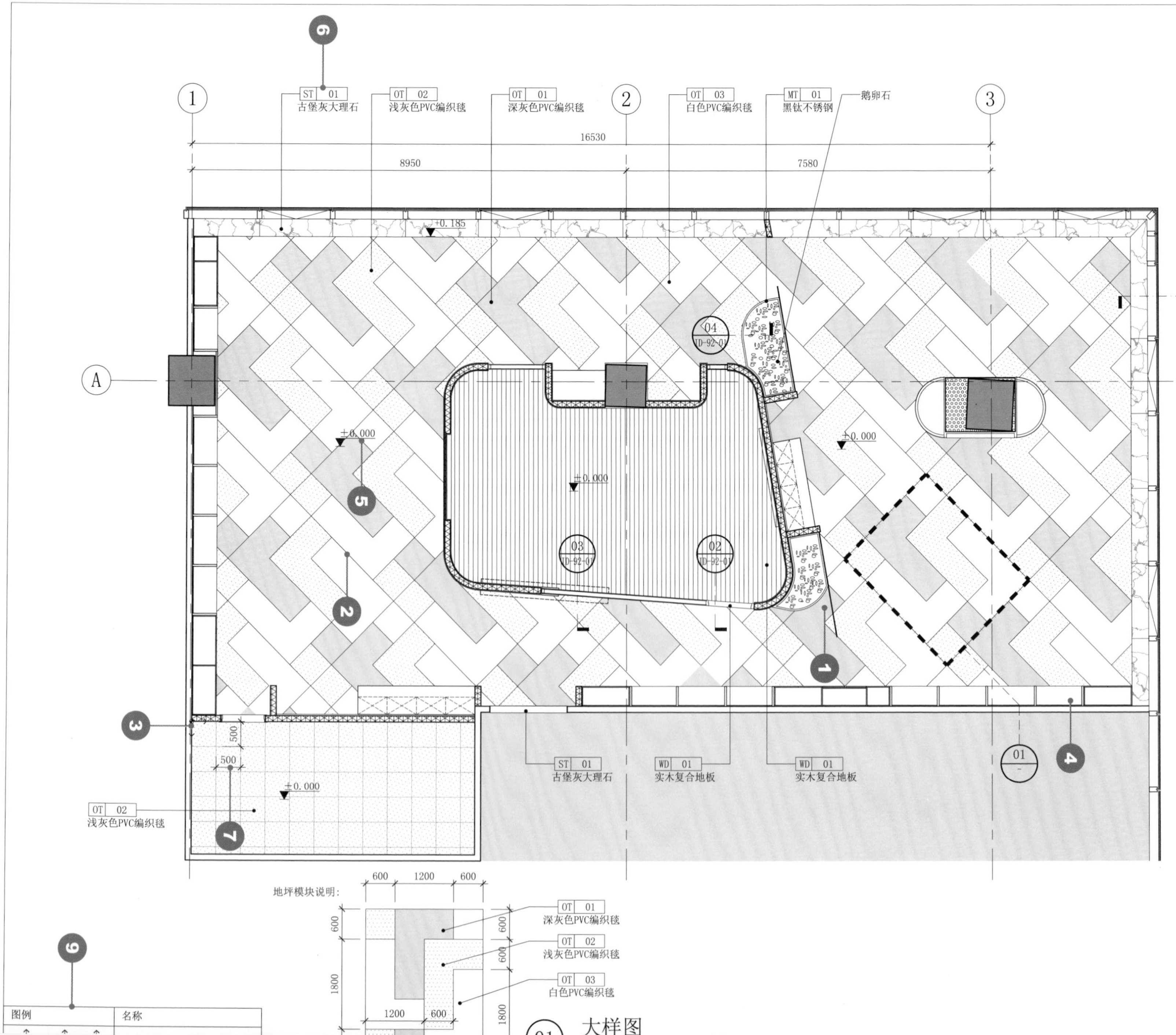

地坪布置图

Scale 1:75

dop DESIGN

上海大朴室内设计有限公司

PROJECT NAME
工程名称

办公室项目

REVISION NO 修改 | DATE 日期

CHLEF DESIGNED BY. 设计负责

DESIGNED BY. 设计

CHECKED BY. 审核

DRAWN BY. 校对

SHEET TITLE 图名

地坪布置图

SCALE. 比例 1:75

DATE. 日期 2018.08.08

SPECIALTY. 专业 装饰

STATUS. 阶段 施工图

PROJECT NO. 项目编号 dop-002

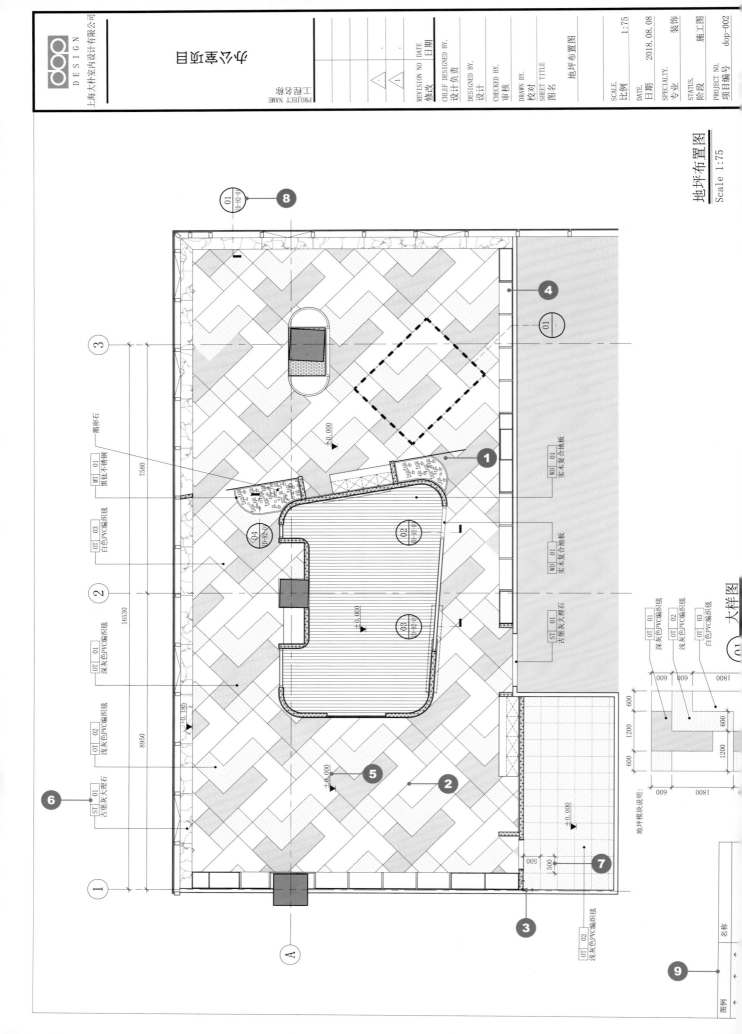

3.2.5 地坪布置图

1. 定义描述

地坪布置图是描述地面高低，材质、铺贴的平面图纸。

2. 图纸内容（见左图）

❶ 地坪造型；❷ 地坪材料分割；❸ 起铺点；❹ 固定家具（落地）；❺ 地坪标高；❻ 地坪材料；❼ 地坪材料尺寸；❽ 地坪节点索引符号；❾ 地坪图例。

3. 设计提资

地坪布置图 = 平面布置图 + 效果图或手稿。

4. 专业知识

1）常见地坪材料

（1）石材

天然材料，纹路不规则，长宽规格没有固定尺寸，设计的自由度大。

常见厚度：20mm 左右。

（2）地砖

人造地材，颜色、质感选择多，属于规格型材料，设计时尽可能遵循固有规格。

常 见 规 格：300×300mm，400×400mm，500×500mm，600×600mm，800×800mm，1000×1000mm，300×600mm。

厚度：6~8mm 左右。

（3）木地板

根据材质及加工方式不同主要分为以下三类。

① 强化地板：合成地材。

② 实木复合：表面为实木层。

③ 实木地板：纯实木。

木地板属于规格型材料，市场上的规格较多。

（4）地毯

满铺地毯，适用于家庭、酒店、饭店等场合，花型、质地和规格可据设计需求定制。

方块地毯，适用于办公空间，属于规格型材料。

常见规格：500mm×500mm。

2）设计理解

分析材质、尺寸、板块分隔等信息，再结合与设计师的沟通信息，绘制出地坪布置图。

（1）案例一

根据上图设计分析可知：

① 材质：地面材质为灰白色和米色两种石材或地砖，再经过和方案设计师的沟通，最后确认为人造石。

② 板块分隔：有长度相同宽度不同的两种长方形规格，“工”字型错缝铺贴。

③ 尺寸：由图面判断，再经过和方案设计师确认大板块尺寸为 900mm×600mm，小板块尺寸为 900mm×300mm。

④ 拼花：根据图面上的两种颜色分布进行理解和绘制。

由此分析绘制出下图。

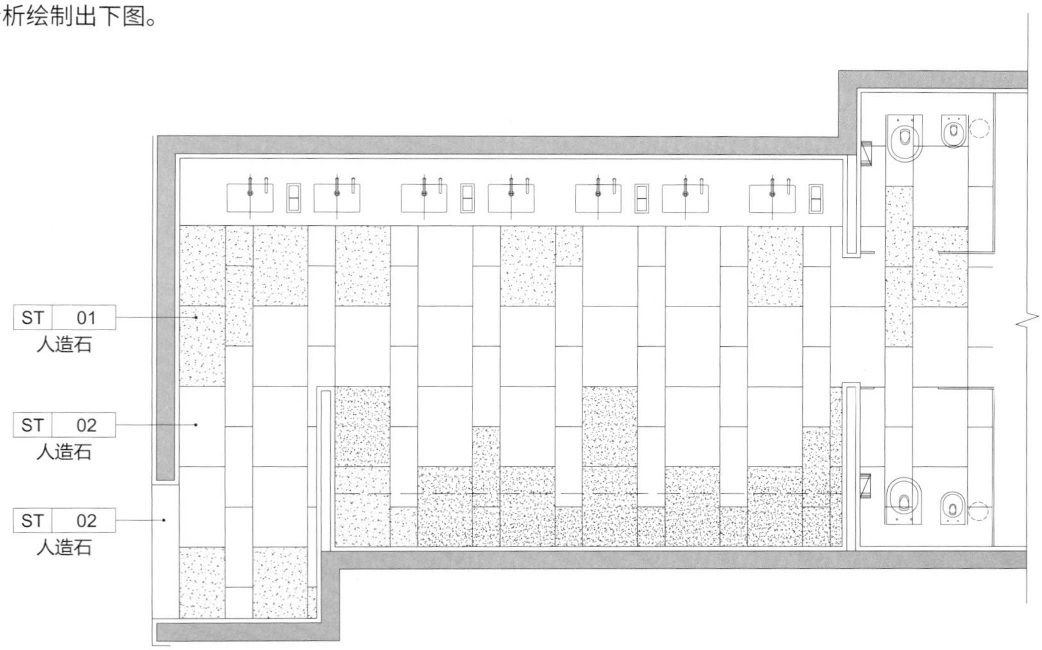

地坪布置图

3）地坪标高

地坪标高以本层 ±0.000 为基准，高于 ±0.000 的用“+”，低于 ±0.000 的用“-”。

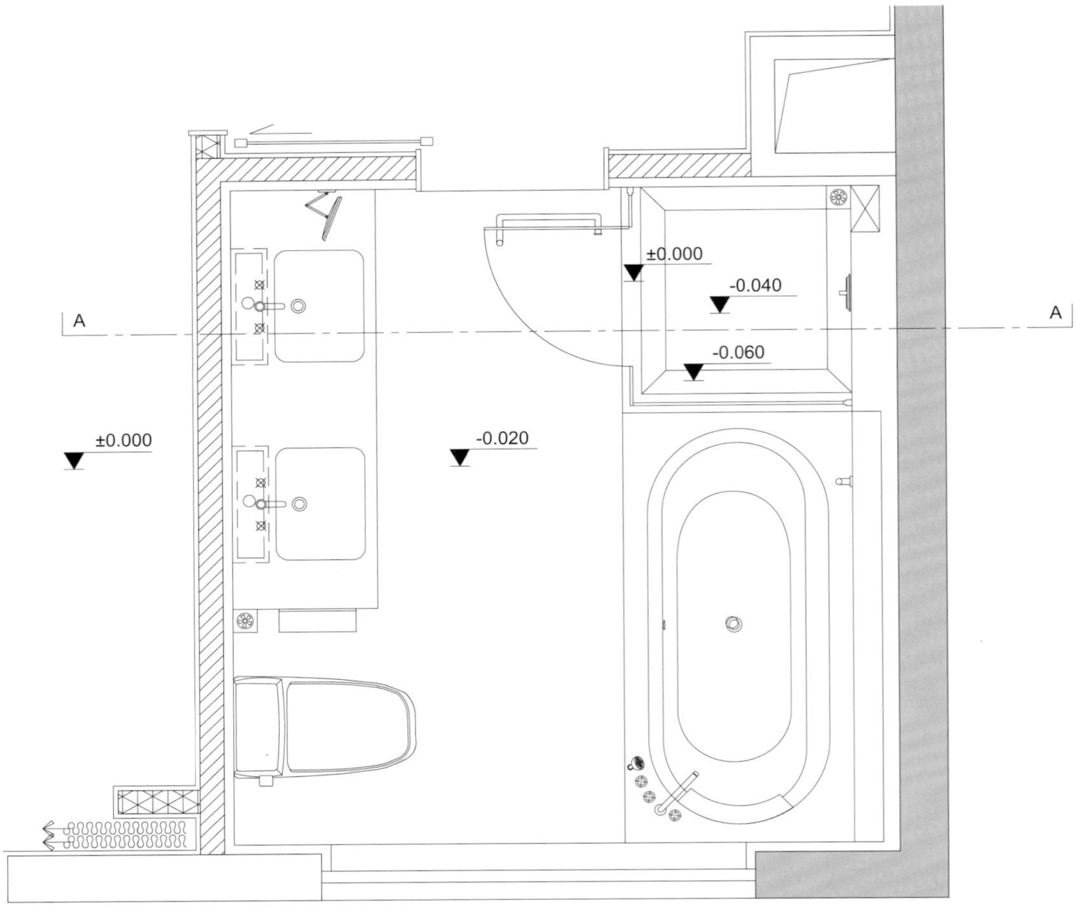

平面图

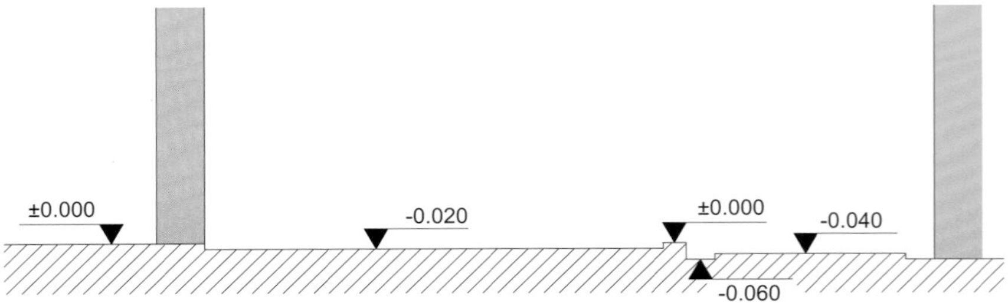

A—A 剖面图

4）门槛石

门槛石主要有以下 3 种作用。

（1）不同的地面材料的过渡和收口。

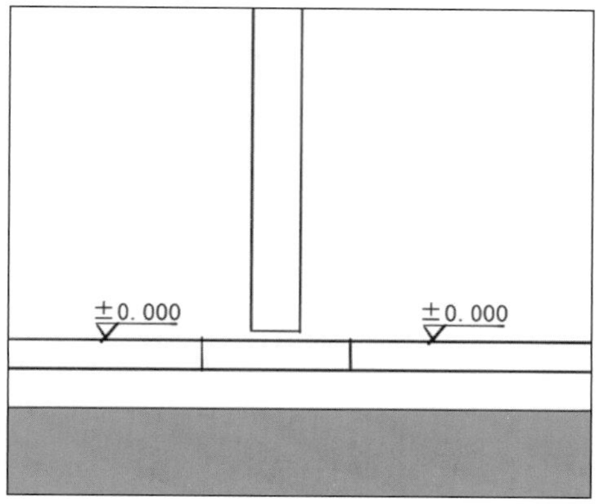

（2）防止地材铺装过长，引起热胀冷缩。

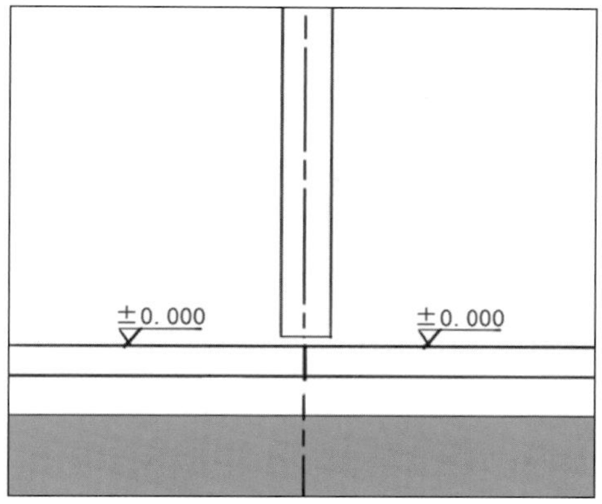

（3）不同的地面高差过渡。

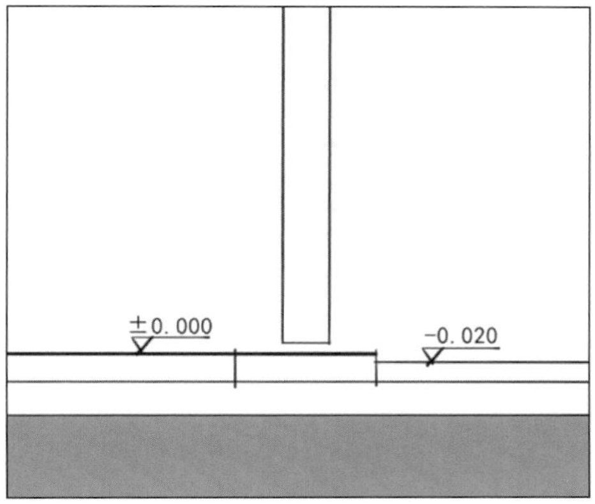

5）淋浴间挡水条

分割卫生间干区和淋浴房之间的地面凸起，作用是防止淋浴时水向干区溢出。

常见淋浴间挡水条的设计样式如下图。

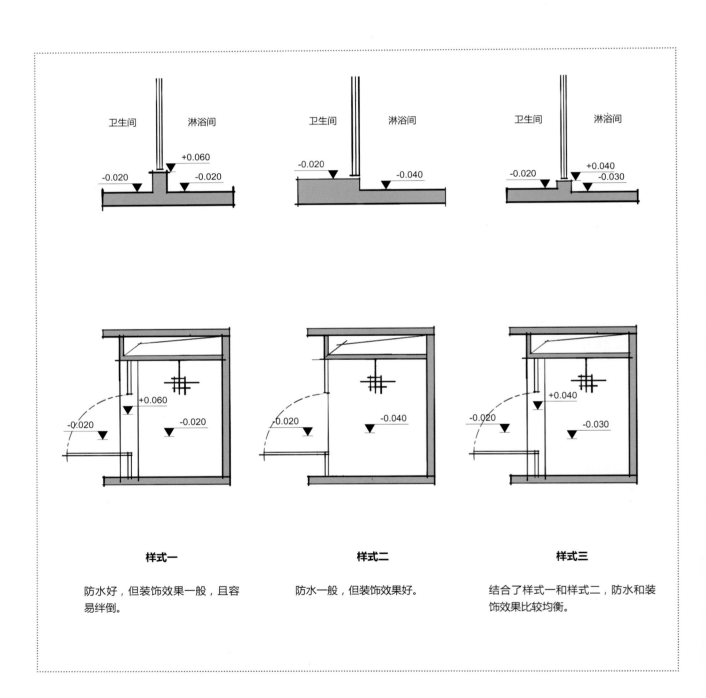

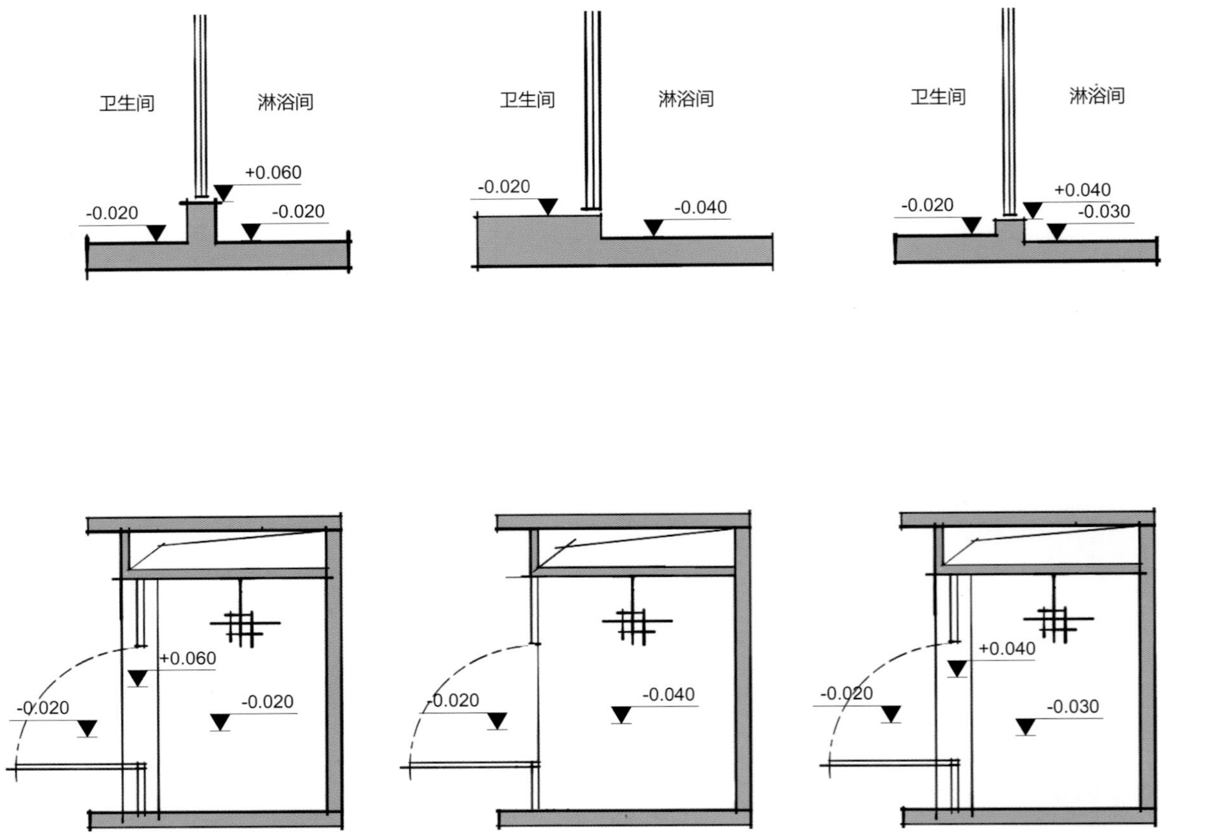

样式一

防水好，但装饰效果一般，且容易绊倒。

样式二

防水一般，但装饰效果好。

样式三

结合了样式一和样式二，防水和装饰效果比较均衡。

6）围边

围边也称波打线，主要用于强调空间，同时增加地坪的设计效果。其另一个作用在于可以通过调节围边宽度来归整地坪分割。

7）地漏

地漏通常设置在有水的空间，比如卫生间和淋浴间，主要功能就是排除地面积水。地漏的数量和位置在一般建筑设计阶段就已经完成了，所以在进行室内设计时尽量不要改变。

（1）常见形式

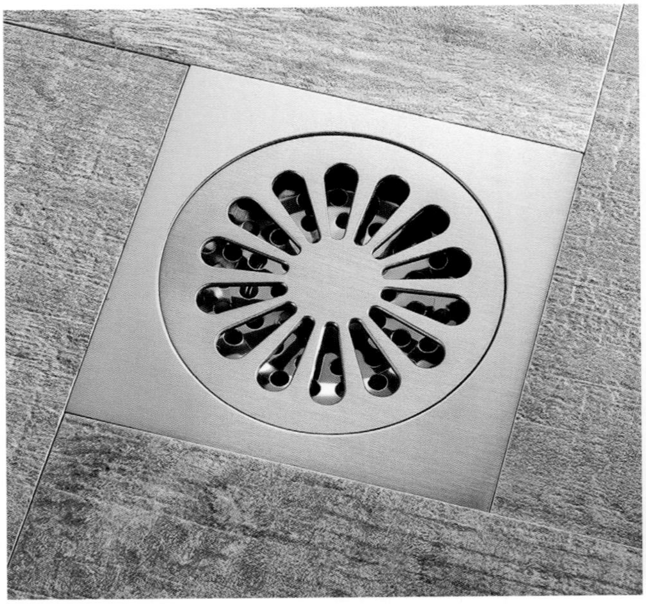

明装地漏

暗装地漏

（2）安装方式：为了方便排水，地坪上需要做出导向地漏的坡度，坡度为 0.3%~0.5%。

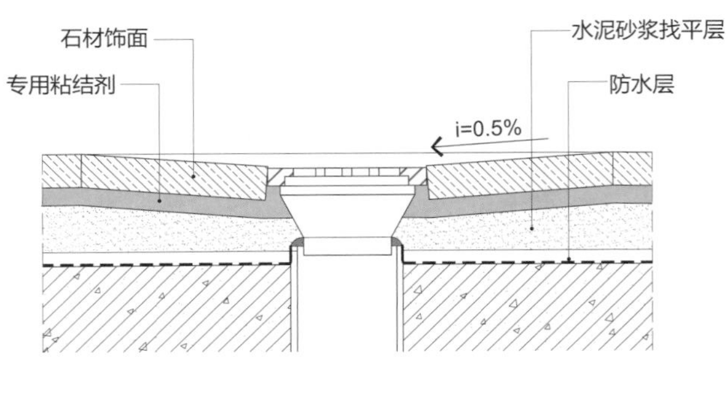

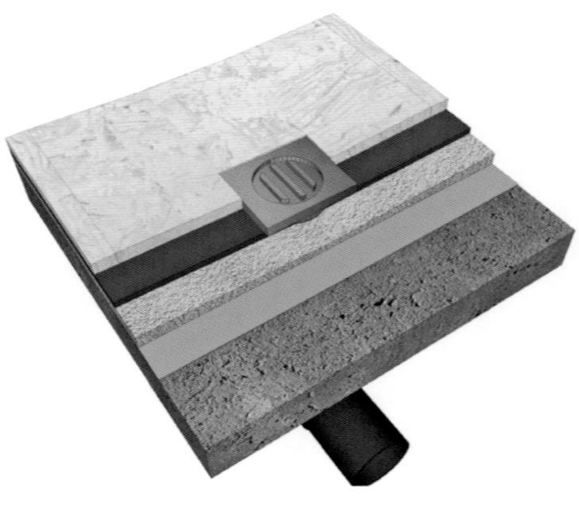

8）变形缝

为防止建筑因为伸缩或沉降而导致变形开裂所设置的构造缝。根据构造和功能的不同分为以下 3 种形式。

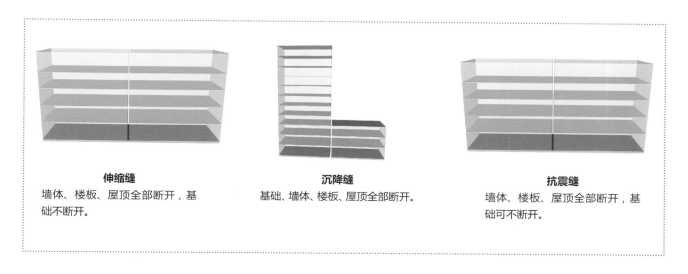

伸缩缝

墙体、楼板、屋顶全部断开，基础不断开。

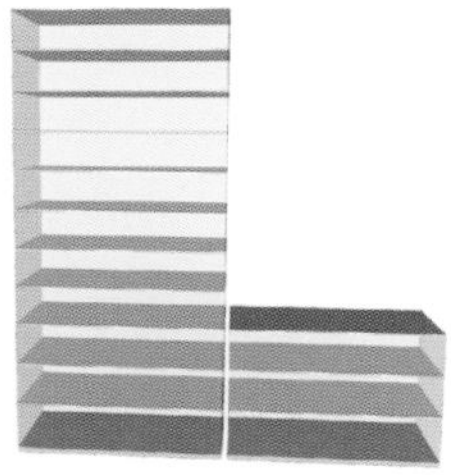

沉降缝

基础、墙体、楼板、屋顶全部断开。

抗震缝

墙体、楼板、屋顶全部断开，基础可不断开。

地坪上的变形缝一般采用成品变形缝盖板来处理。变形缝对室内设计的要求，不能穿越卫生间，因为建筑物的变形可能会导致管道受压迫变形甚至破裂。

成品变形缝盖板

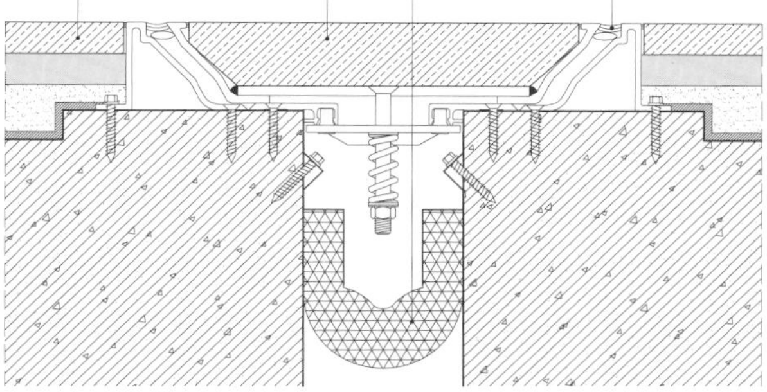

变形缝节点

5. 画法要点

1）起铺点

在地坪材料铺装时，说明地面第一块材料铺贴位置所用的符号。起铺点的作用：

（1）满足设计效果，确保地坪材料的铺贴符合设计意图。

（2）避免不合理的地坪板块出现，指导施工，降低损耗。

从下图可以看到，起铺点的不同设置，地坪材料铺贴呈现的效果完全不同。

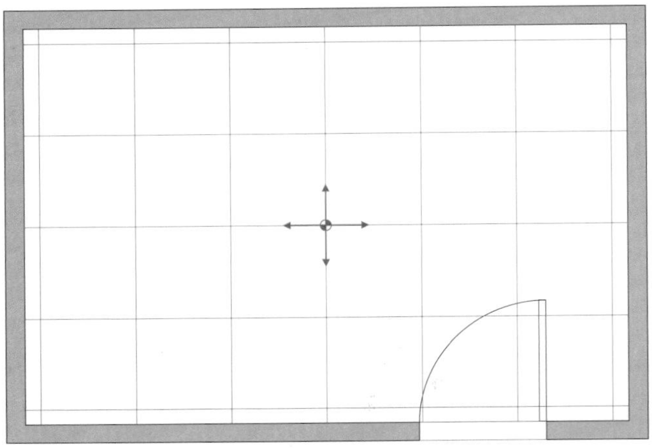

房间中心起铺，起铺点为板块的十字交点

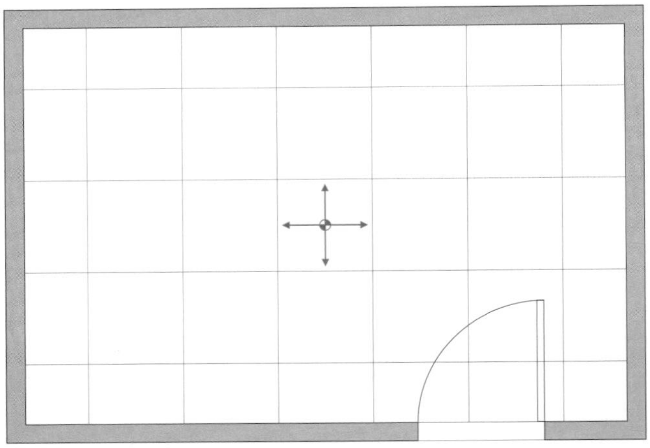

房间中心起铺，起铺点为板块的正中心

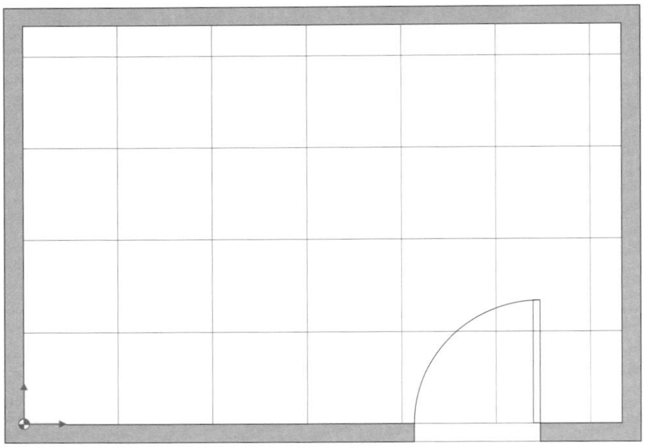

房间左下角起铺，起铺点为板块的左下角

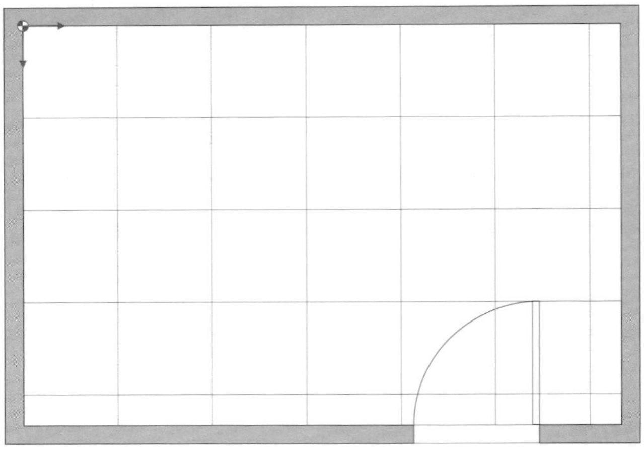

房间左上角起铺，起铺点为板块的左上角

注意：在地坪排版时，尽量不要有过窄的板块。因为不美观、难加工、损耗高。

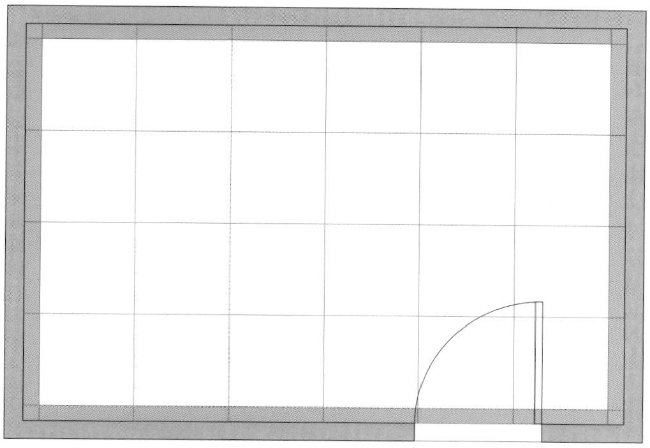

2）尺寸标注

规律型的地坪铺贴，尺寸标注标准板或标准组即可，不需要全部标注。

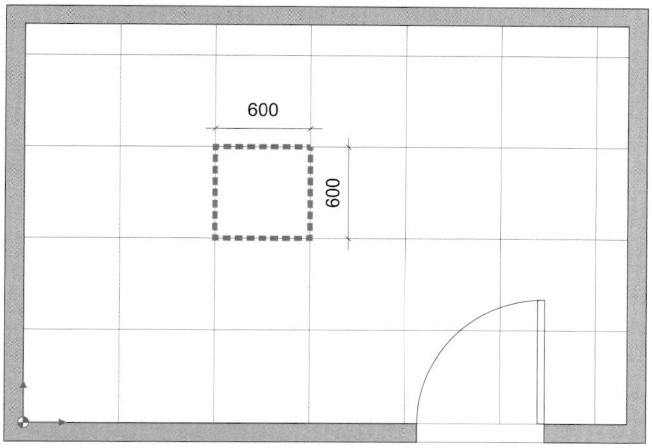

标准板尺寸标注

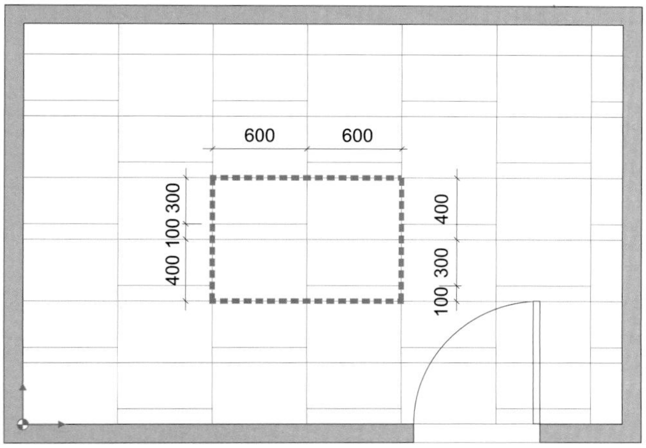

标准组尺寸标注

3）固定家具

不落地的固定家具在地坪图上用虚线显示。落地的固定家具（包括落地的马桶、浴缸等洁具）在地坪布置图上显示。

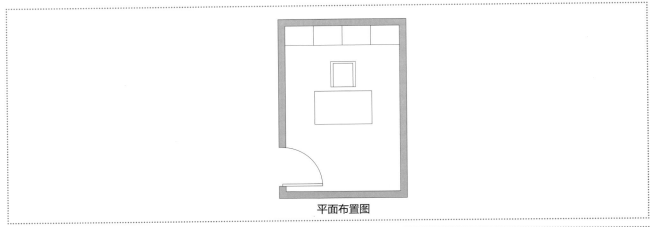

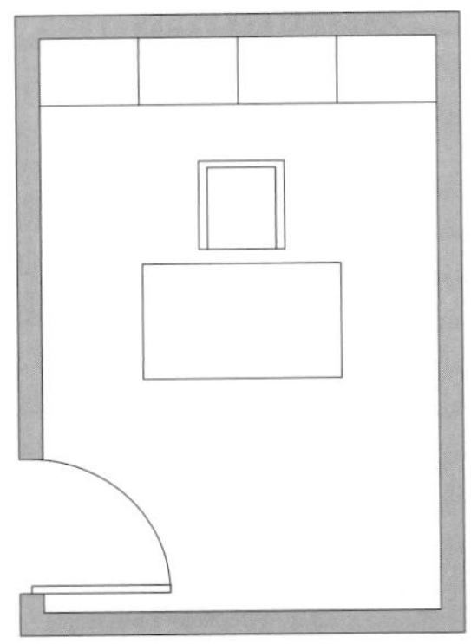

平面布置图

（1）落地到顶

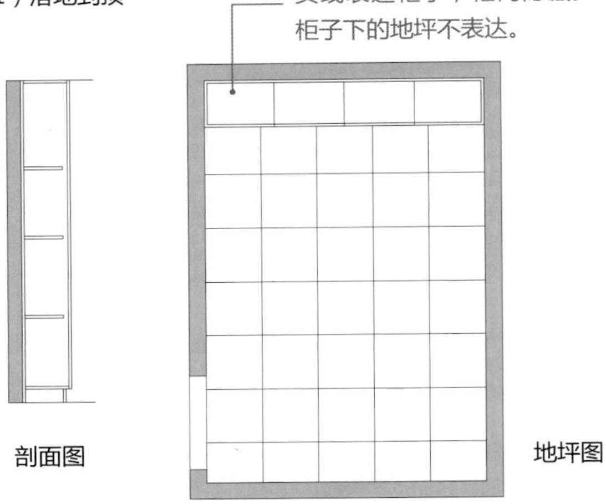
实线表达柜子，柜门隐藏。
柜子下的地坪不表达。
剖面图
地坪图

（2）不落地到顶

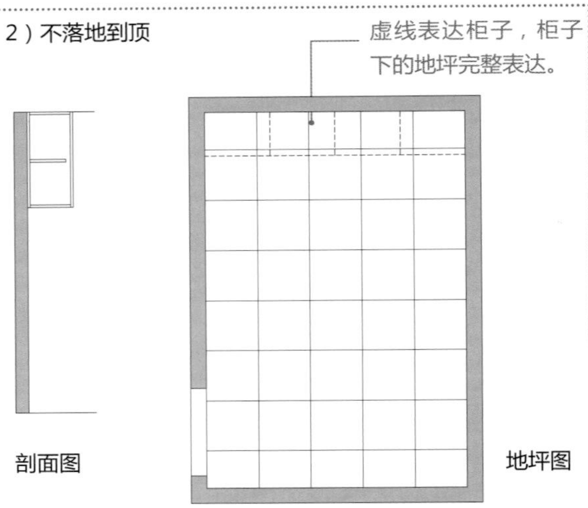
虚线表达柜子，柜子
下的地坪完整表达。
剖面图
地坪图

（3）落地不到顶

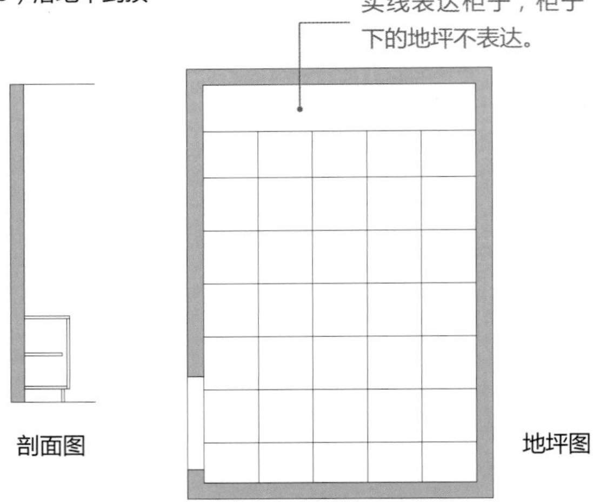
实线表达柜子，柜子
下的地坪不表达。
剖面图
地坪图

（4）不落地不到顶

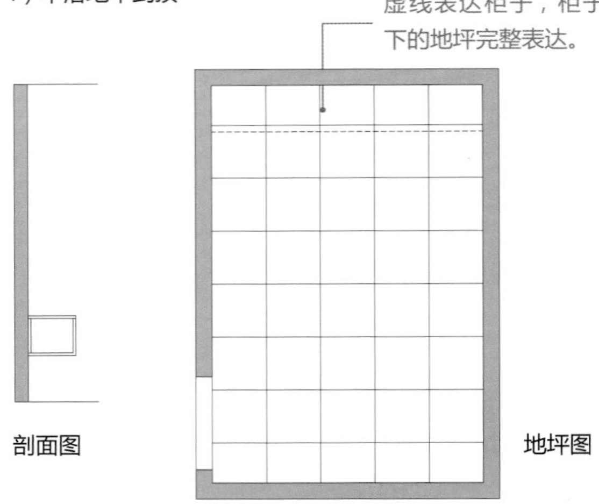
虚线表达柜子，柜子
下的地坪完整表达。
剖面图
地坪图

6. 制图步骤

（1）复制“尺寸定位图”视口及图框作为“地坪布置图”。

（2）在“模型空间”内设定合理的起铺点，绘制地坪材料分割线。

（3）在“模型空间”内绘制地漏。

（4）在“布局空间”内根据不同的标高添加标高符号。

（5）在“布局空间”内标注地坪材料。

（6）在“布局空间”内标注地面拼花尺寸、材料分割尺寸及地漏定位。

（7）在“布局空间”内添加地漏找坡符号。

（8）在“布局空间”内添加地坪节点索引符号（注：此步骤可延后至节点图绘制前开始）。

（9）在“布局空间”内添加地坪图例。

（10）添加图名并修改图框信息。

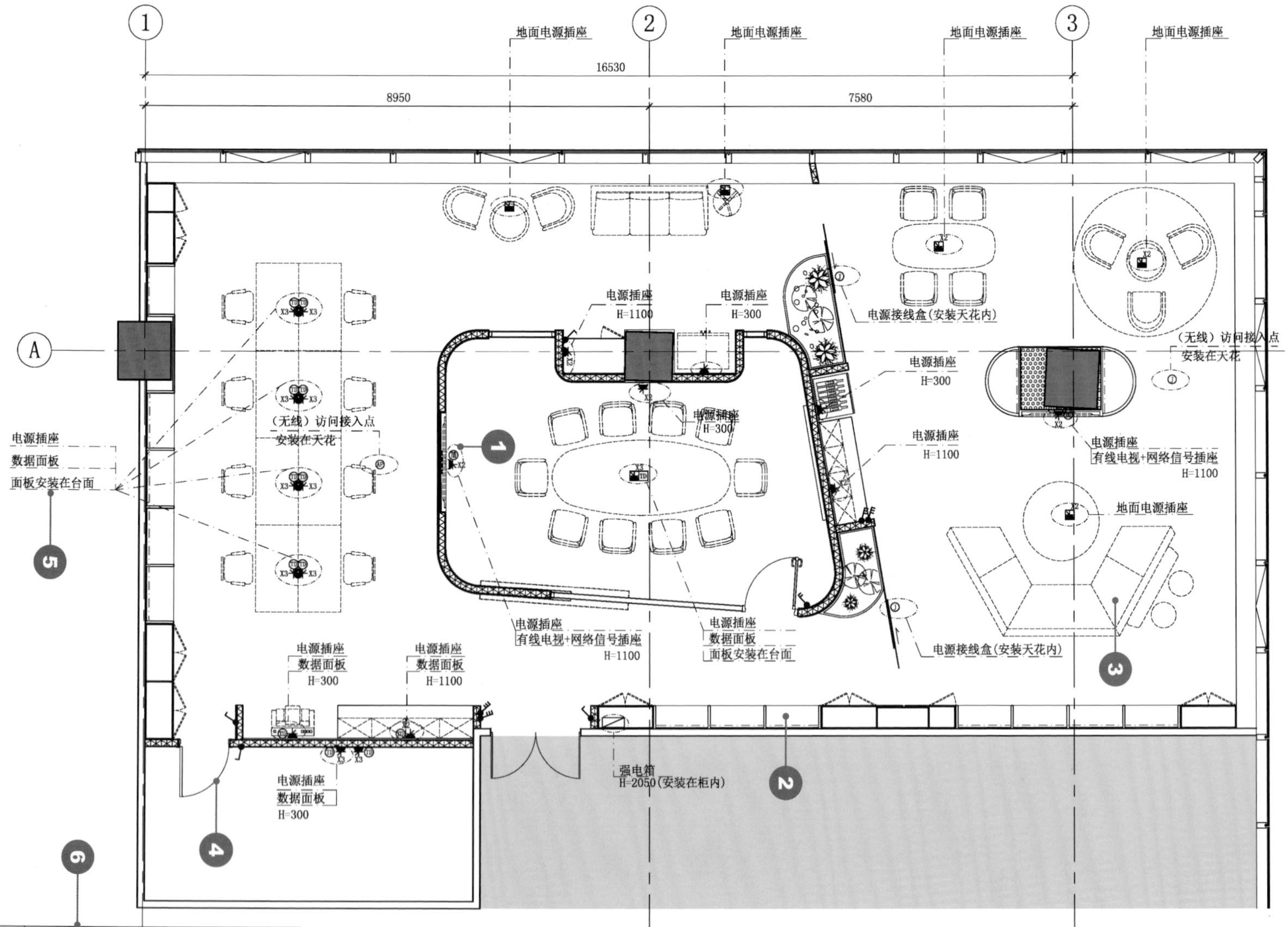

图例	名称
(电源插座符号)	电源插座（单相二极和三极组合）
(地面电源插座符号)	地面电源插座（单相二极和三极组合）
TD	数据面板（电话/网络）
TD	地面数据面板（电话/网络）
TVD	有线电视+网络信号插座
J	电源接线盒
AP	(无线)访问接入点
(强电箱符号)	强电箱

机电点位图

Scale 1:75

DESIGN
上海大朴室内设计有限公司

PROJECT NAME 工程名称：办公室项目

REVISION NO 修改 | DATE 日期

CHLEF DESIGNED BY. 设计负责

DESIGNED BY. 设计

CHECKED BY. 审核

DRAWN BY. 校对

SHEET TITLE 图名：机电点位图

SCALE. 比例 1:75

DATE. 日期 2018.08.08

SPECIALTY. 专业 装饰

STATUS. 阶段 施工图

PROJECT NO. 项目编号 dop-002

SHEET NO.

3.2.6 机电点位图

1. 定义描述

机电点位图是在平面布置图的基础上，按室内空间的功能及机电设备的配置要求，绘制出的强、弱电设备的末端位置图，同时体现出这些末端的安装位置、功能、数量等信息。

2. 图纸内容（见左图）

❶ 强弱电面板；❷ 固定家具；❸ 活动家具（虚线）；❹ 门；❺ 文字说明；❻ 机电点位图例。

3. 设计提资

机电点位图 = 平面布置图 + 专业提资。

在没有专业提资的项目中，绘制机电点位图需要设计师具备一定的专业常识。

4. 专业知识

1）常见面板

（1）控制面板

单开开关

双开开关

三开开关

人体感应开关

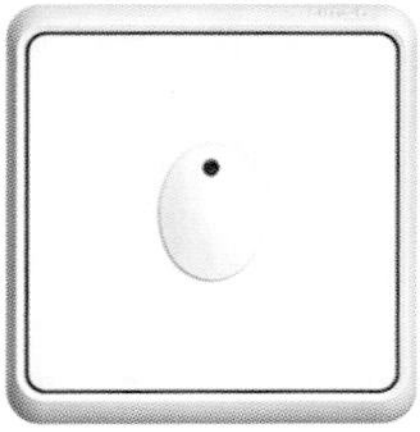

触摸延时开关

声光控开关

（2）插座面板

三孔插座

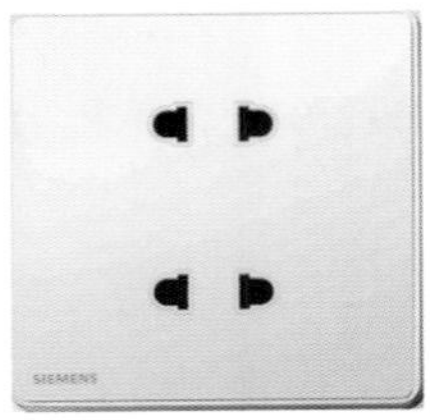

四孔插座

五孔插座

五孔带 USB 插座

电脑插座

电视插座

电脑电话插座

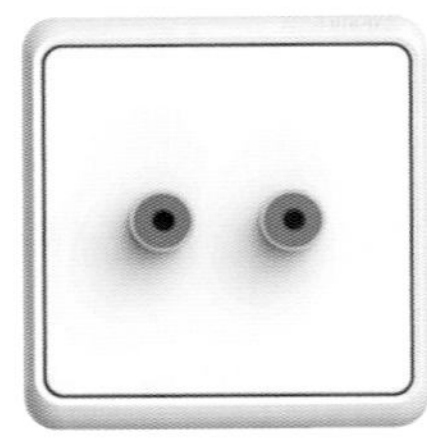

音响插座

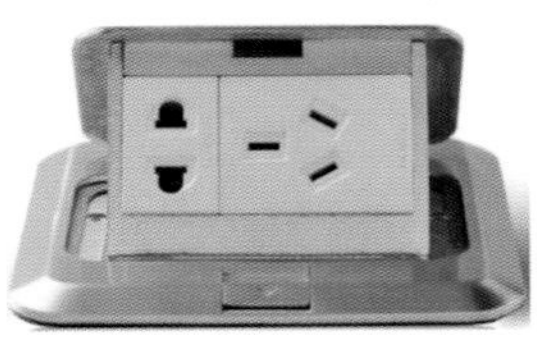

五孔地插

电脑 + 三孔地插

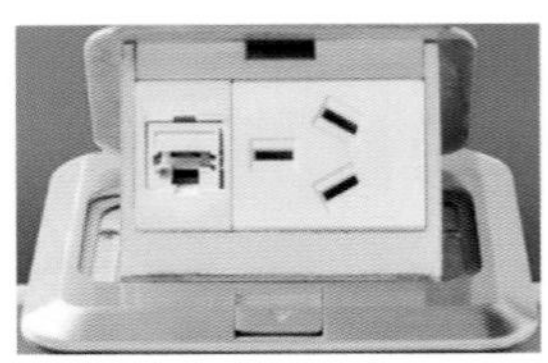

电话 + 三孔地插

电话 + 电脑地插

（3）其他面板

空调面板

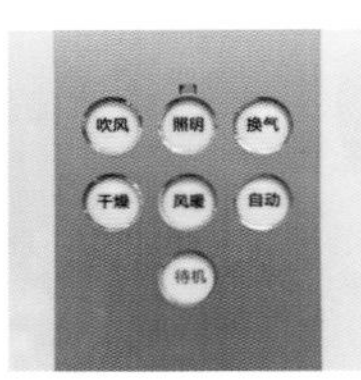

浴霸面板

可视对讲面板

强电面板

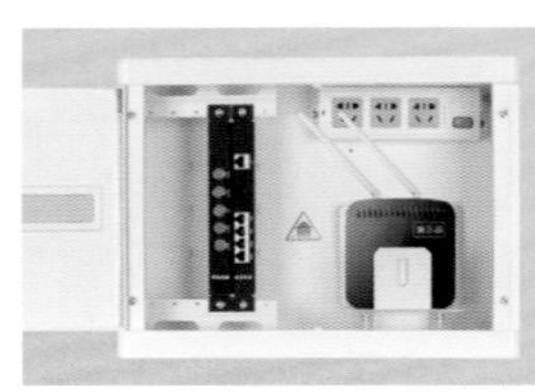

弱电面板

2）常见机电点位图例

图例	名称	备注
LEB	局部等电位端子箱	底边距地0.5米
	强电箱	底边距地2.0米
	信息配线箱	底边距地0.5米
	单相二极和三极组合插座（普通，防水）	一般底边距地0.3米/标注除外
	带开关单相二极和三极组合插座（普通，防水）	一般底边距地0.3米/标注除外
	单相二极和三极组合地插	地面
AP	（无线）访问接入点	
TP	墙身电话插座	一般底边距地0.3米/标注除外
TP	地面电话插座	地面
D	墙身数据插座	一般底边距地0.3米/标注除外
D	地面数据插座	地面
TD	墙面二眼数据口/电话/网络	一般底边距地0.3米/标注除外
TD	地面二眼数据口/电话/网络	地面
TV	有线电视信号插座	一般底边距地0.3米/壁挂电视的底边距地1.1米
TVD	有线电视+网络信号插座	一般底边距地0.3米/壁挂电视的底边距地1.1米
SV	卫星电视插座	一般底边距地0.3米/壁挂电视的底边距地1.1米
VGA	VGA高清转接口	一般底边距地0.3米/壁挂电视的底边距地1.1米
IR	挂壁式红外探测器	底边距地2.2米
IR	吸顶式红外探测器	吸顶
	可燃气体探测器	天然气时吸顶安装/液化气时底边距地0.3米
J	墙面电源接线盒	
J	顶面电源接线盒	
	固定枪式摄像机	底边距地2.5米以上，见专业图纸
	疏散指示	底边距地0.3米
EXIT	安全出口	底边距门头0.2米
	消防警铃	底边距地2.2米
	火灾声光报警	上口距吊顶0.1米
	消防手动报警带电话插口	底边距地1.3米
	卷帘控制箱	底边距地1.3米
	可视对讲室外机	底边距地1.3米
	可视对讲室内机	底边距地1.3米
	门磁	门框上沿
KP	报警控制键盘	底边距地1.3米
	读卡器	底边距地1.3米
	出门按钮	底边距地1.3米
	紧急报警按钮	
T	空调温控开关	底边距地1.3米
	音量控制开关	底边距地1.3米
	浴霸控制开关	底边距地1.3米
C/S	分集水器	
C　H	给水口（冷水:C 热水:H）	

说明：空白处表示安装定位根据项目实际情况确定。

3）常见点位安装位置

（1）卫生间常见安装位置

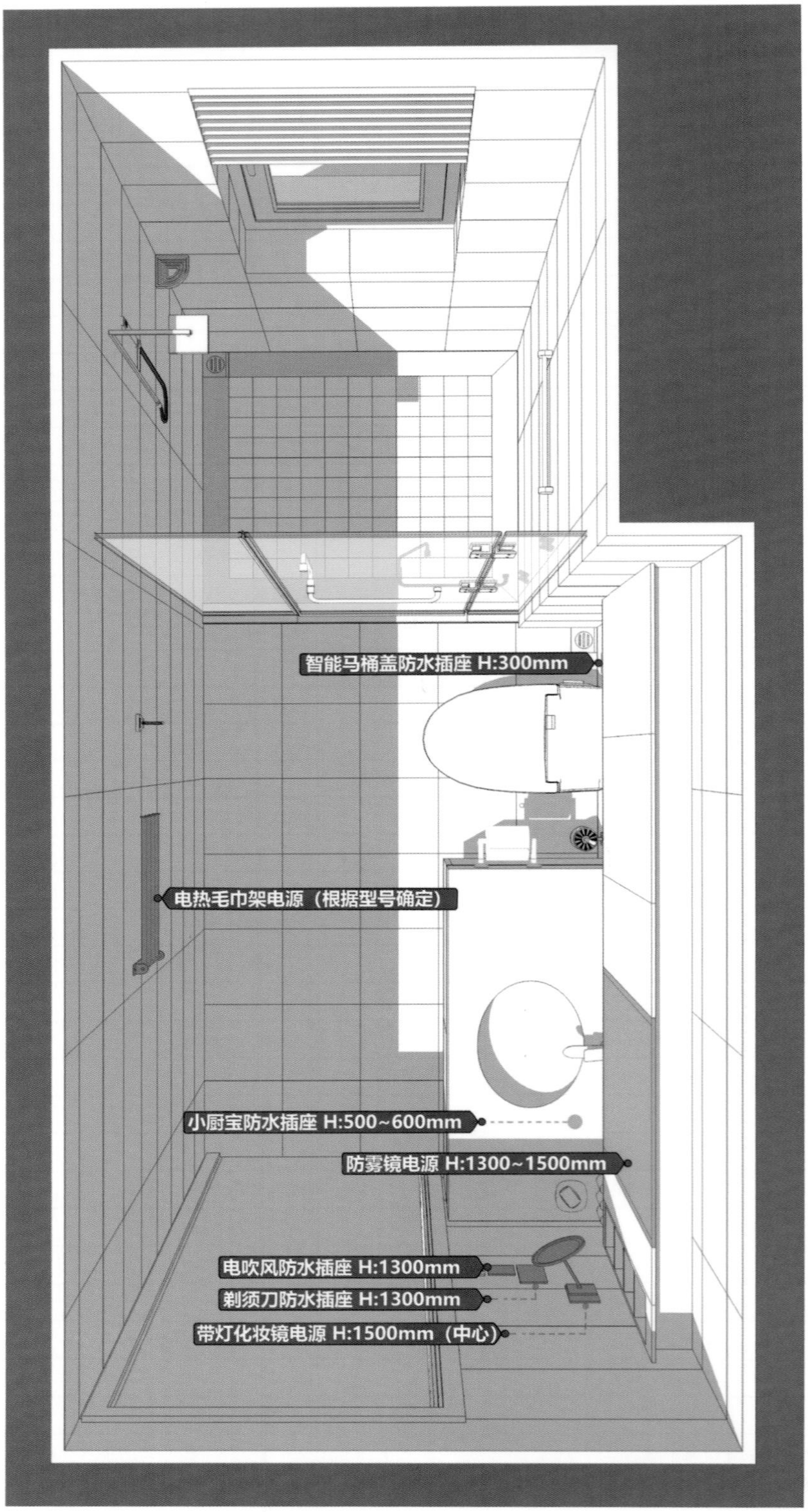

(2) 厨房常见安装位置

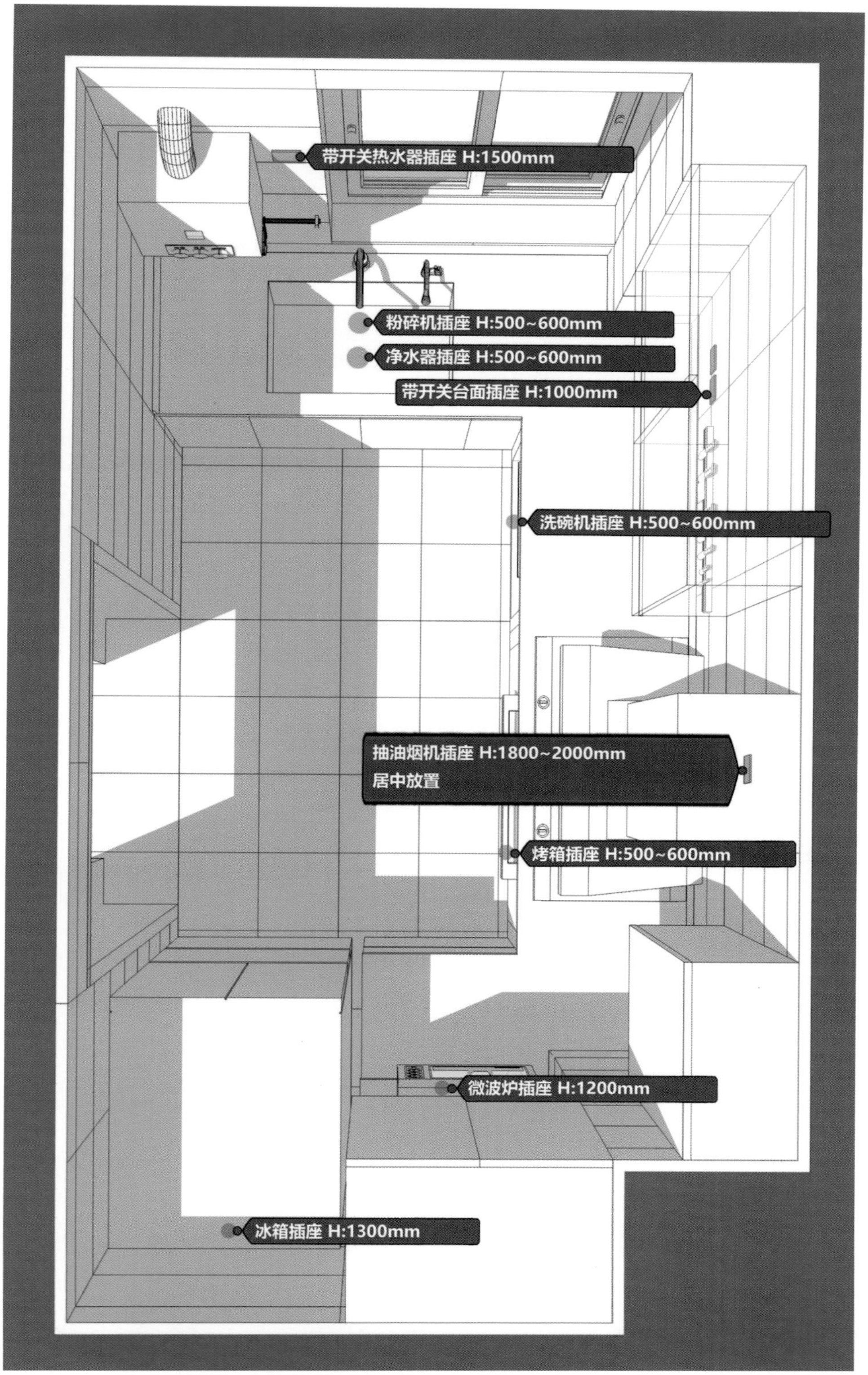

带开关热水器插座 H:1500mm
粉碎机插座 H:500~600mm
净水器插座 H:500~600mm
带开关台面插座 H:1000mm
洗碗机插座 H:500~600mm
抽油烟机插座 H:1800~2000mm
居中放置
烤箱插座 H:500~600mm
微波炉插座 H:1200mm
冰箱插座 H:1300mm

（3）其他常见安装位置

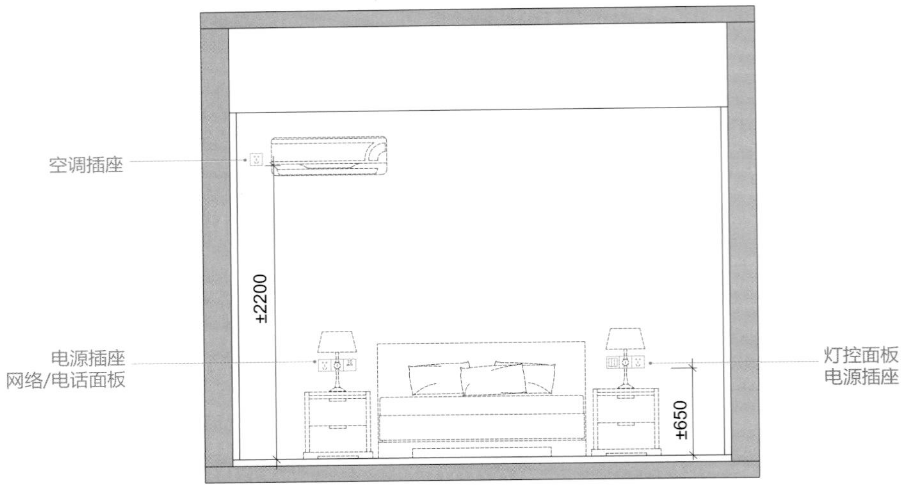

床背景

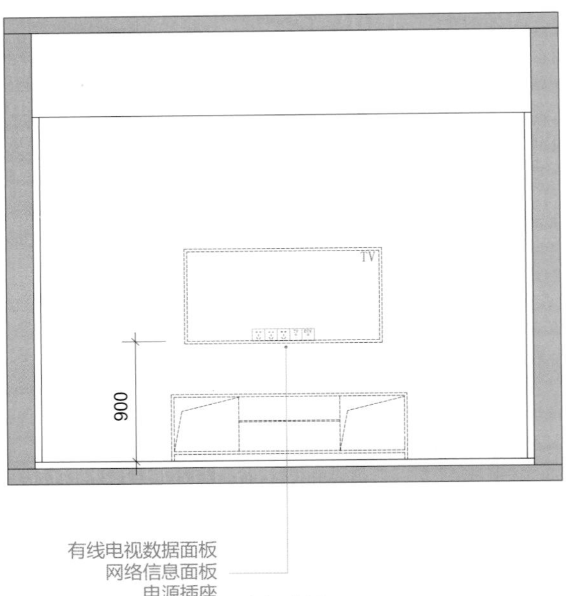

电视背景

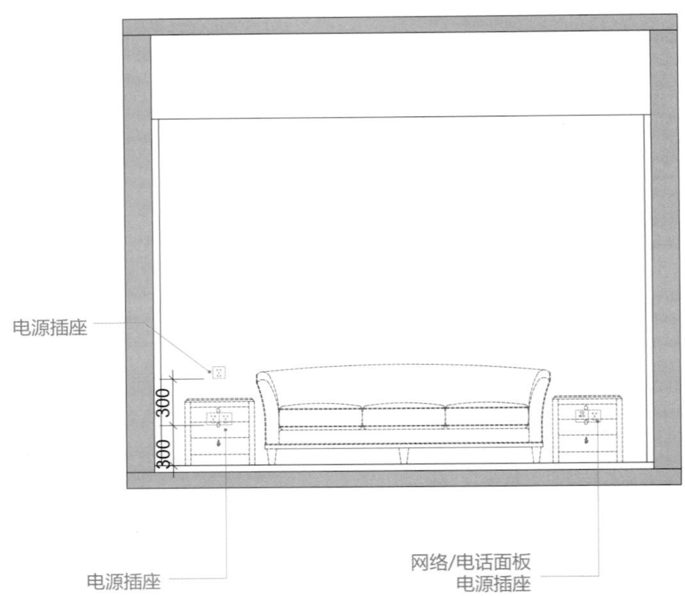

沙发背景

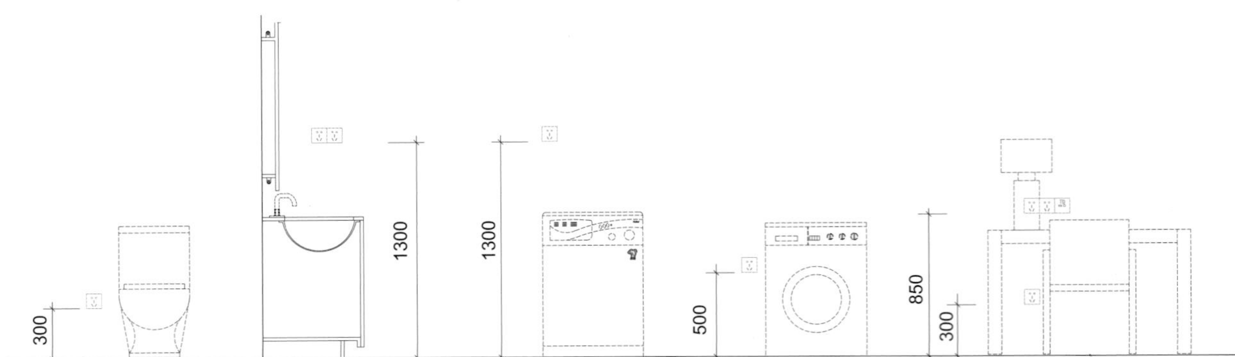

马桶 台盆 涡轮洗衣机 滚筒洗衣机 书桌

5. 画法要点

（1）机电点位的安装高度建议以面板底边为基准（见下图）。

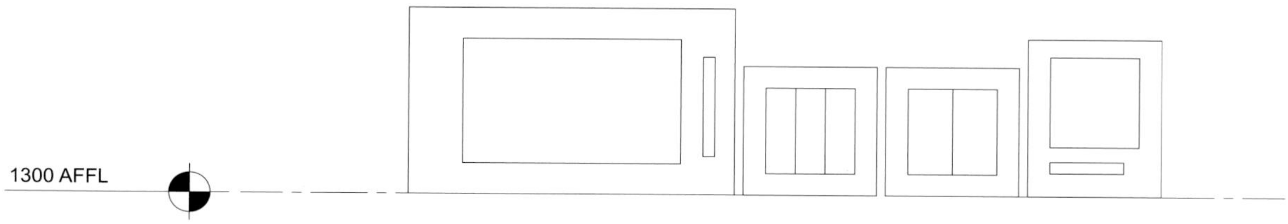

（2）当处在同一条纵线上，上下都布置有面板时（下图左），平面图上的表达见（下图右）。

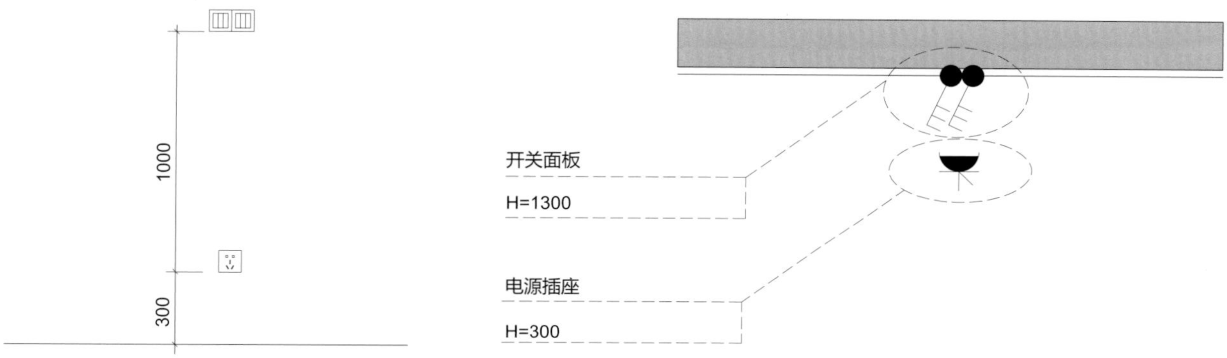

CAD 技巧：一层多线

即同一图层的内容可以在不同视口内显示不同的线型。

机电点位图中的活动家具须以虚线表示。要达到这样的效果并不需要把所有活动家具复制并将其线型改变为虚线，而是直接设置活动家具图层在机电点位图视口内的线型显示为虚线。

具体操作步骤见第 5 章 CAD 技巧。

6. 制图步骤

（1）复制 “平面布置图” 视口及图框作为 “机电点位图”。

（2）双击进入复制视口内，将活动家具图层改为虚线。

（3）在“模型空间”内根据设计要求绘制插座点位。

（4）在“布局空间”内添加插座的文字说明及安装高度。

（5）在“布局空间”内标注插座的定位尺寸。

（6）在“布局空间”内添加机电点位图例。

（7）添加图名并修改图框信息。

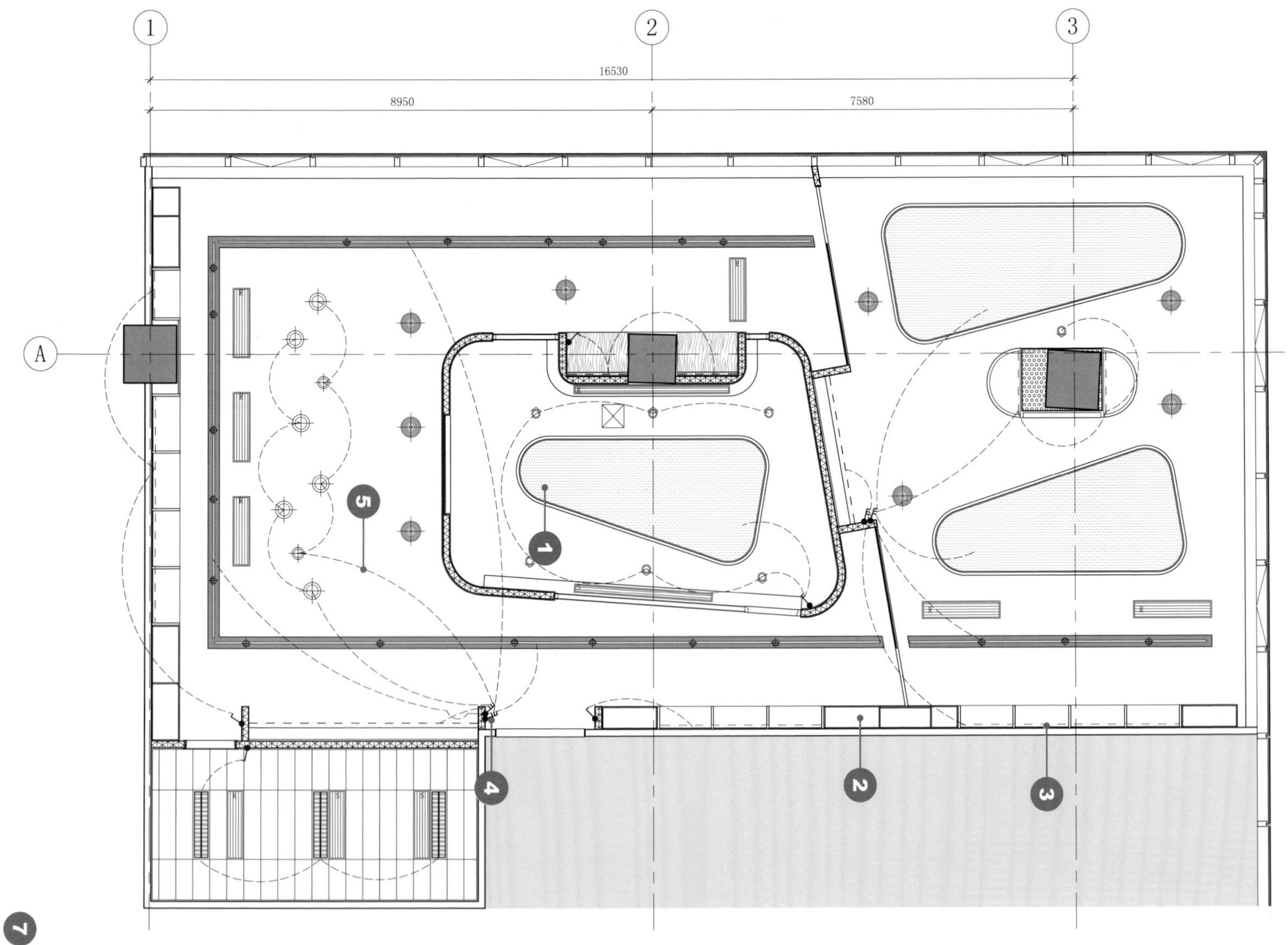

图例	名称	图例	名称
S	条形风口		射灯
R	条形风口		轨道射灯
	圆形散流器		300×1200 格栅灯
☒	检修口		暗藏灯带

图例	名称
	单极单控开关
	双极单控开关

天花灯具连线图

Scale 1:75

dop DESIGN

上海大朴室内设计有限公司

PROJECT NAME 工程名称

办公室项目

REVISION NO 修改	DATE 日期
1	.
.	.

CHLEF DESIGNED BY. 设计负责

DESIGNED BY. 设计

CHECKED BY. 审核

DRAWN BY. 校对

SHEET TITLE 图名

天花灯具连线图

SCALE. 比例 1:75

DATE. 日期 2018.08.08

SPECIALTY. 专业 装饰

STATUS. 阶段 施工图

PROJECT NO. 项目编号 dop-002

SHEET NO.

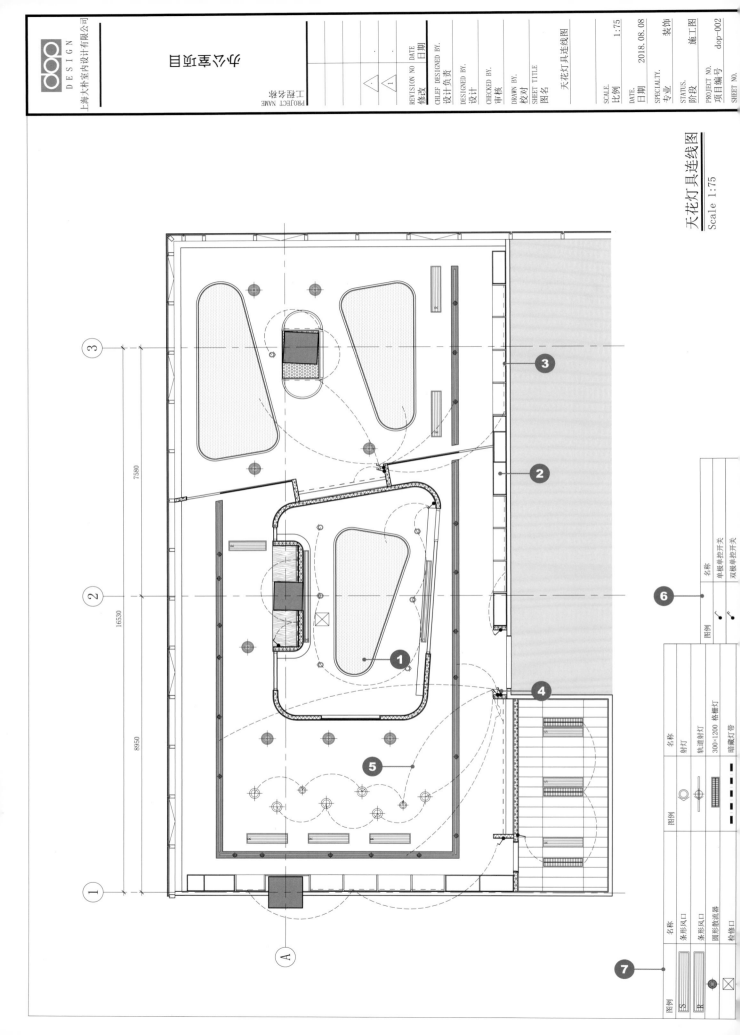

3.2.7 灯具连线图

1. 定义描述

通过连线的方式表达灯具回路以及回路数量。
简单来说，这张图表达两个内容：每条回路控制哪些灯；总共有几条回路。

2. 图纸内容（见左图）

❶ 天花灯具；❷ 固定家具（到顶）；❸ 家具灯带；❹ 灯控开关；❺ 灯具连线；❻ 灯控开关图例；❼ 天花图例。

3. 设计提资

天花灯具连线图 = 天花布置图 + 专业提资。
在没有专业提资的项目中，绘制灯具连线图需要设计师具备一定的专业知识。

4. 专业知识

1）灯具类型

下图天花上的灯具有：❶ 吊灯；❷ 射灯；❸ 暗藏灯带。

2）灯具连线原则

（1）根据灯具类型

同类型的灯设置为一个连线回路，吊灯一路、射灯一路、暗藏灯带一路（如下图）。

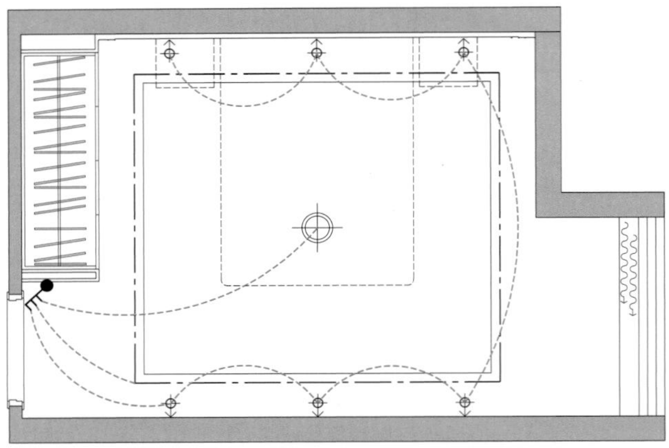

图 1

（2）根据双控功能

从使用便捷的角度，同一回路的灯具需要在两个不同的位置进行开关控制（如下图）。

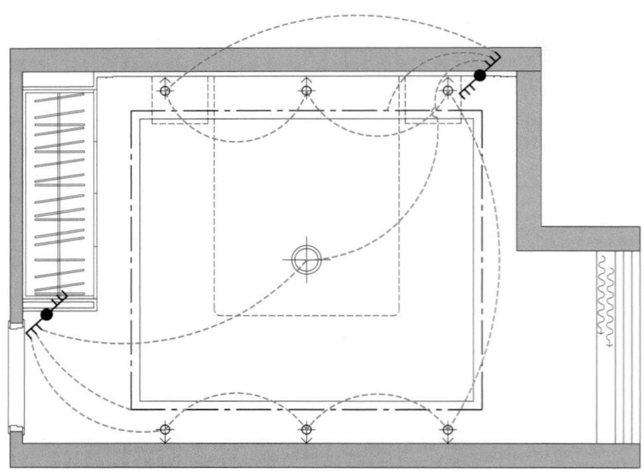

图 2

图 1 中的灯具只能从门口处进行开关操作，这样如果人在床上时需要关灯就必须起来走到门口去操作，再摸黑走回来，明显不合理。图 2 则使用了双控功能，卧室的灯具既能在门口处开关，也能在床头开关，所以下图的设计更人性化。

（3）根据照明效果

照明应做到有主有次、有明有暗，根据不同的使用场景来进行灯具的控制。

① 会客场景：主要照明部打开，空间明亮（如下图）。

② 休息场景：阅读灯、床头灯打开，整体幽暗，适合睡前阅读、看电视（如下图）。

（4） 根据节能要求

办公室的照明控制可以根据办公位置来设置独立的灯具回路，这样在某一排或某一区域无人办公时，可以分区关灯，实现节能的目的。如下图所示，每一排工位上方的灯具设置为一个独立回路。

5. 画法要点

灯具连线有交叉时，为避免产生歧义，在两条线的交叉点选取任一条线绘制圆弧。

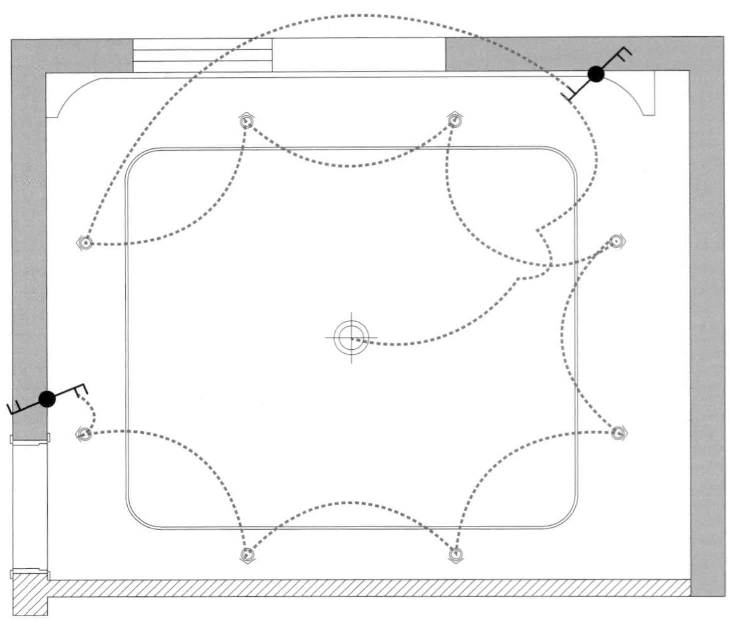

6. 制图步骤

(1) 复制“天花布置图”视口及图框作为“天花灯具连线图”。

(2) 删除天花布置图中关于天花标高、材质、造型定位尺寸及灯具定位尺寸的标注。

(3) 双击进入复制视口内，将家具灯带图层打开。

(4) 在“模型空间”内根据灯具回路控制原则，绘制灯具开关。

(5) 在“布局空间”中绘制灯具回路连线，将连线交叉处打断并用半圆形连接。

(6) 在“布局空间”内添加开关及灯具图例。

(7) 添加图名并修改图框信息。

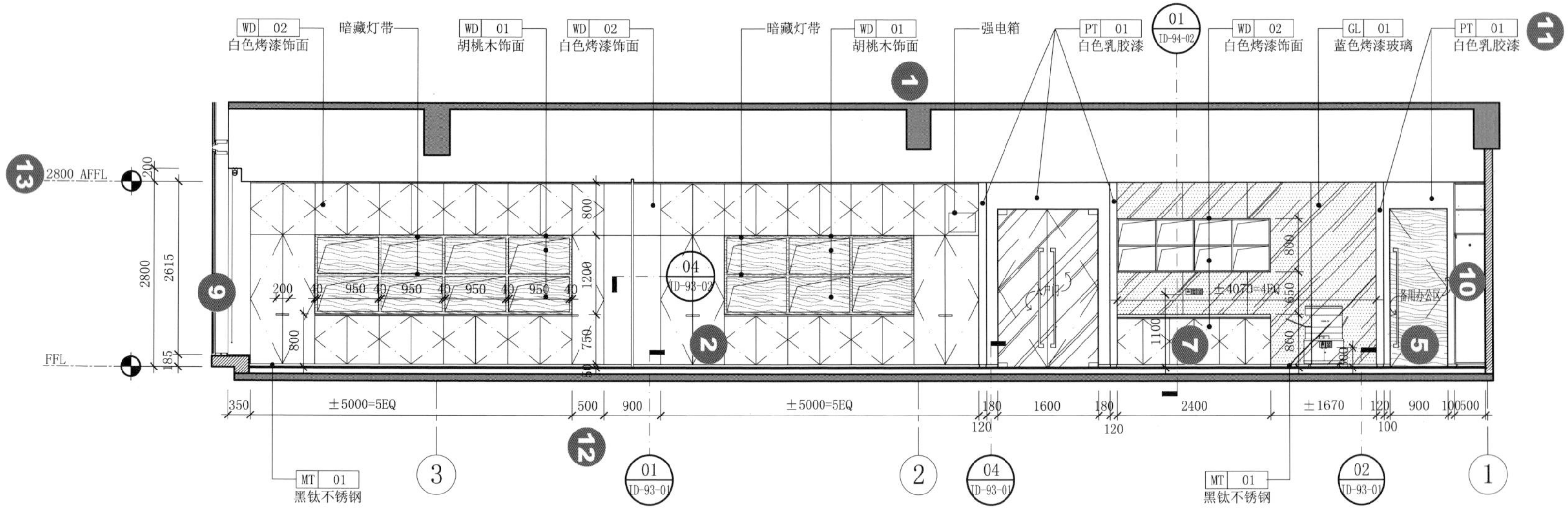

01 立面图 Scale 1:75

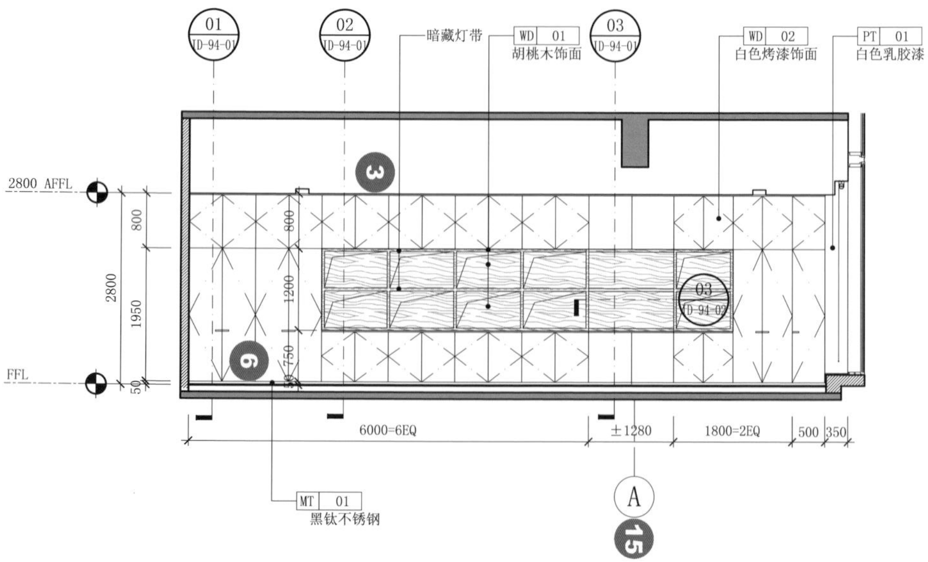

02 立面图

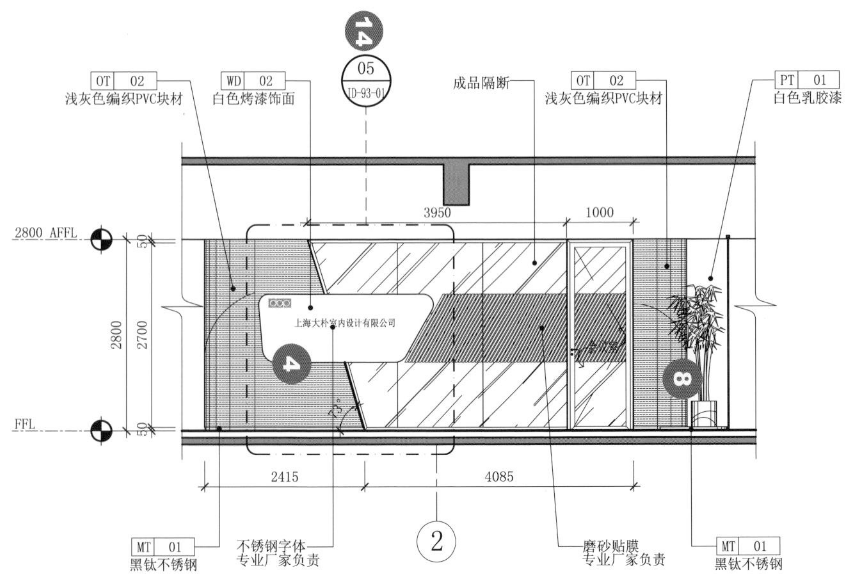

03 立面图

DESIGN
上海大朴室内设计有限公司

PROJECT NAME 工程名称：办公室项目

REVISION NO 修改 | DATE 日期

CHLEF DESIGNED BY. 设计负责

DESIGNED BY. 设计

CHECKED BY. 审核

DRAWN BY. 校对

SHEET TITLE 图名：立面图（一）

SCALE. 比例 1:75

DATE. 日期 2018. 08. 08

SPECIALTY. 专业 装饰

STATUS. 阶段 施工图

PROJECT NO. 项目编号 dop-002

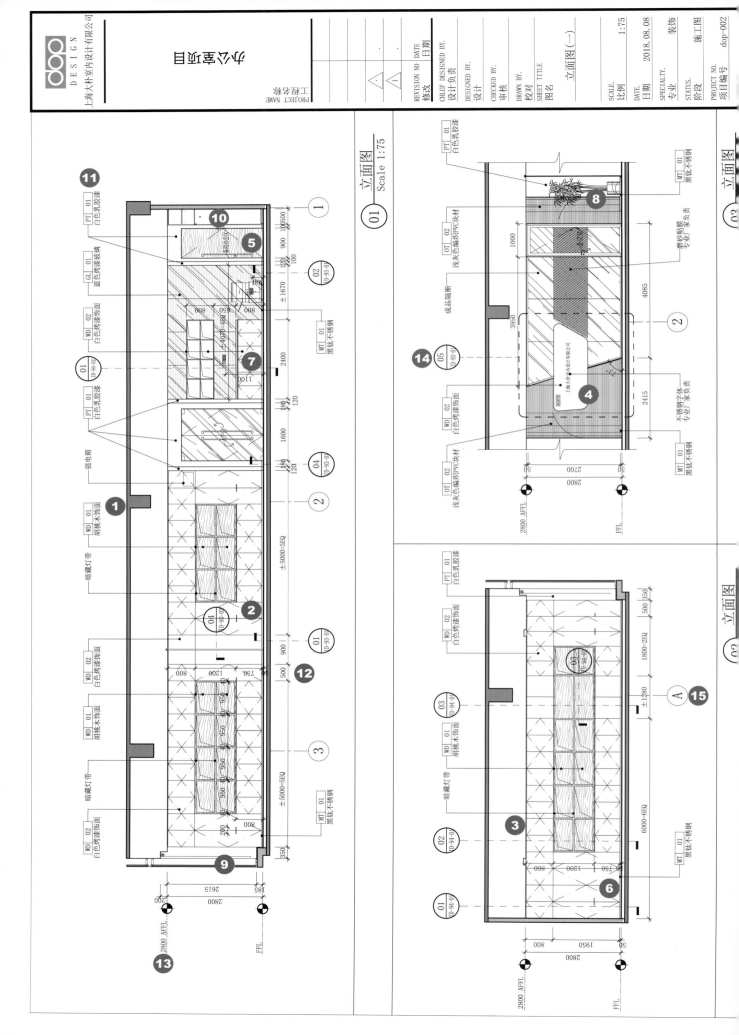

3.3 立面类图纸

3.3.1 立面图

1. 定义描述

室内立面图是以平面图、天花图为基础，按正投影法绘制成的图纸，从立面视角表达室内的造型、尺寸、材料等设计信息。

2. 图纸内容（见左图）

❶ 建筑楼板、梁；❷ 地面完成面；❸ 天花造型剖面；❹ 立面造型；❺ 门；❻ 踢脚；❼ 固定家具；❽ 活动家具、配景；❾ 门窗剖面；❿ 固定家具剖面；⓫ 立面材料标注；⓬ 立面尺寸标注；⓭ 立面标高；⓮ 立面节点索引符号；⓯ 轴号。

3. 画法要点

1）立面索引

立面索引工作不只是机械的放置索引符号而已，它是立面图工作的计划书。

① 立面索引直接决定了所需绘制立面图纸的数量。

② 立面索引提前规划了立面图的绘制边界和图纸内容。

（1）标准的闭合矩形空间，对绘制的立面数量和立面边界没有疑义，可以直接放置四面内视的立面索引符号（见下图）。

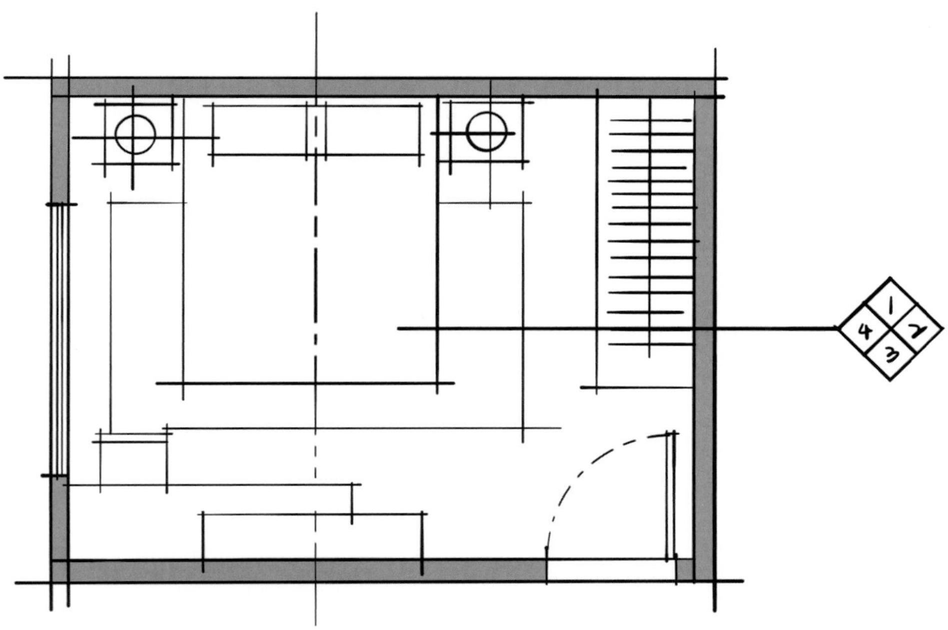

(2) 不标准的空间，需要先分析再进行立面索引的规划。同样的一个立面，索引规划的不同会导致立面图呈现的不同（见下图）。A 立面图看向浴缸区域，可以选择画出门洞，后方的浴缸和背景在其他立面图上表达；也可以选择画出门洞后方的浴缸和背景。

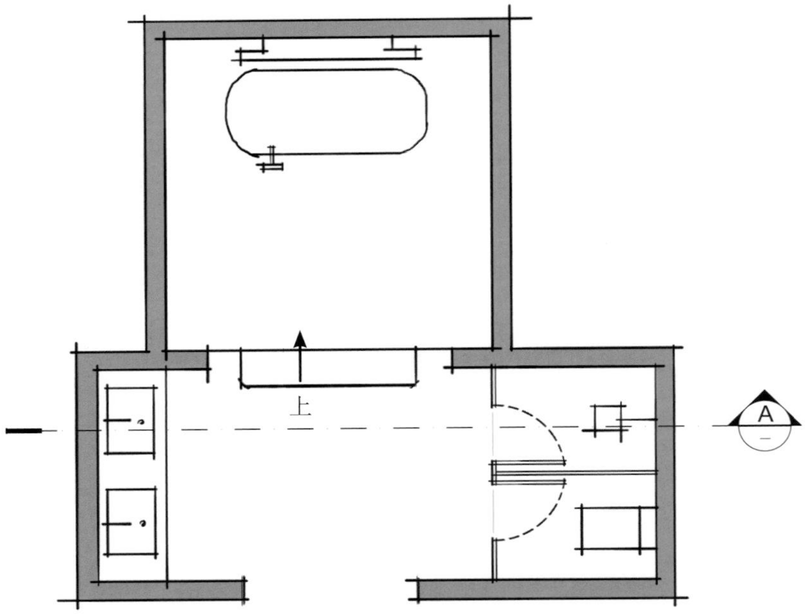

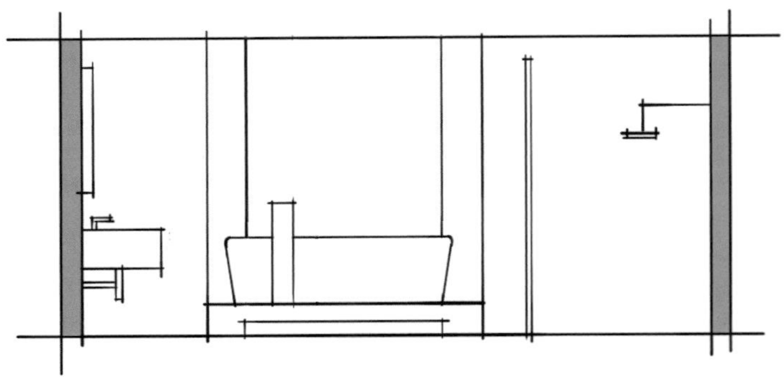

看：
绘制出门洞后方的造型。

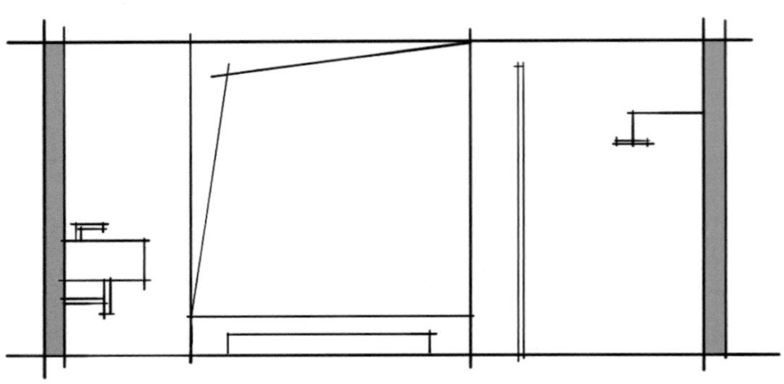

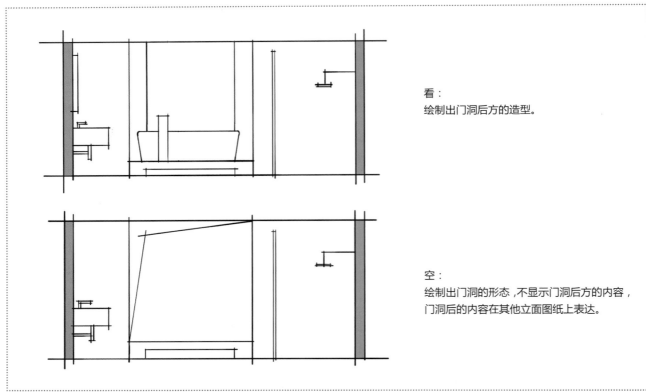

空：
绘制出门洞的形态，不显示门洞后方的内容，门洞后的内容在其他立面图纸上表达。

选择“看”还是“空”：如果一个立面就能够表达出门洞前后的内容，选择“看”；如果门洞后的内容被遮挡过多，无法清晰表达，选择“空”。

（3）对于开放空间，B 立面图横贯了空间，C 立面图只描述浴缸区（见下图）。

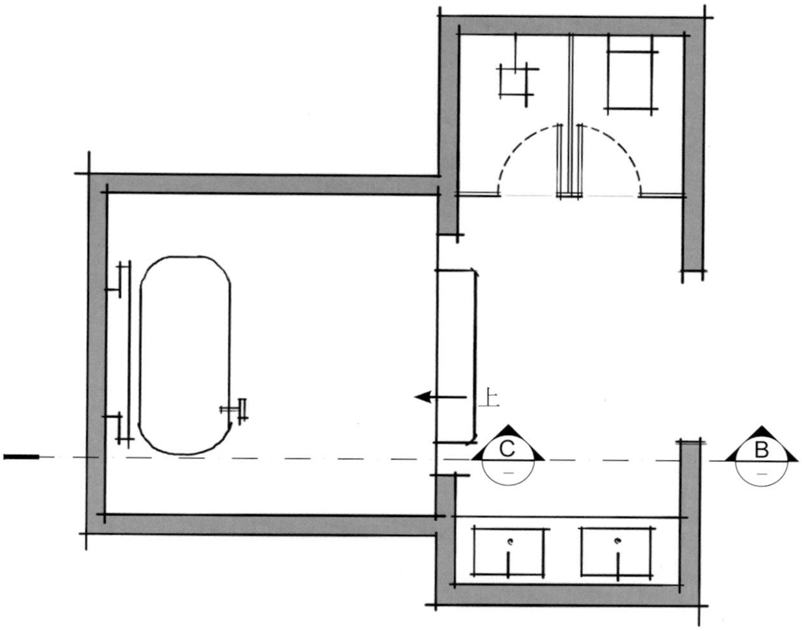

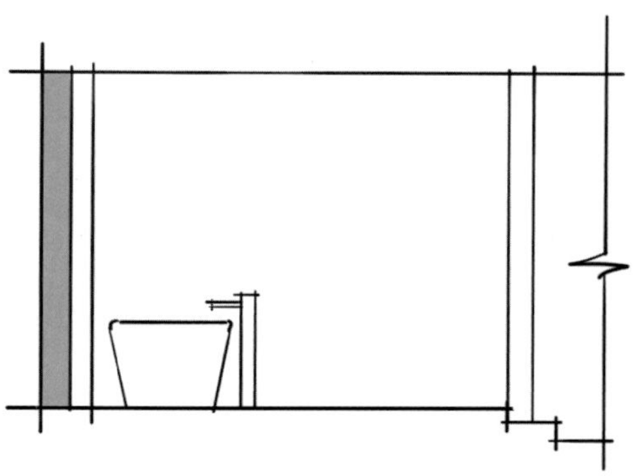

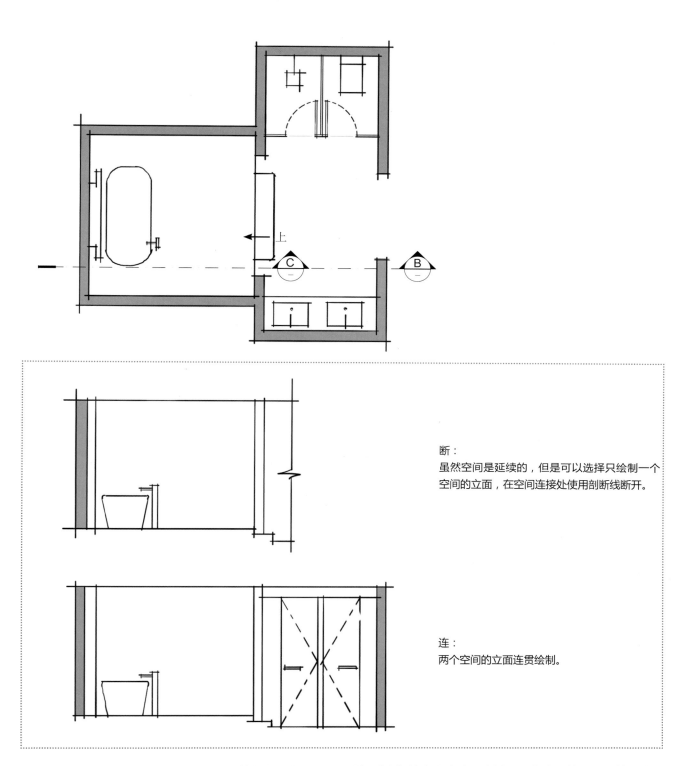

断：
虽然空间是延续的，但是可以选择只绘制一个空间的立面，在空间连接处使用剖断线断开。

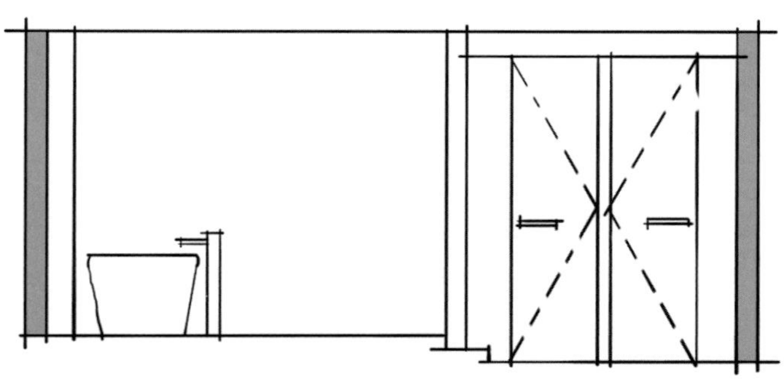

连：
两个空间的立面连贯绘制。

选择“断”还是“连”：如果图幅和排版条件允许，建议选择“连”的方式表达，这样图纸的连续性和关系的表达都更加完整；如果因为图幅有限或其他原因不适合连续绘制，选择“断”。

2）投影面、展开面

（1）投影面

利用投影理论在平面图的基础上制作正立投影面。正投影面是指从平面图上的关键节点引出竖直引线来绘制的立面。

（2）展开面

展开面需要测量平面上的实际长度，以此为依据绘制立面。

投影面和展开面有各自的优点和适用场景，设计师需要根据不同的情况进行判断和选择。如下图所示的空间关系，在立面图的表达上可以采用投影面也可以采用展开面，但是所绘制出的立面和所表达的信息是完全不同的。

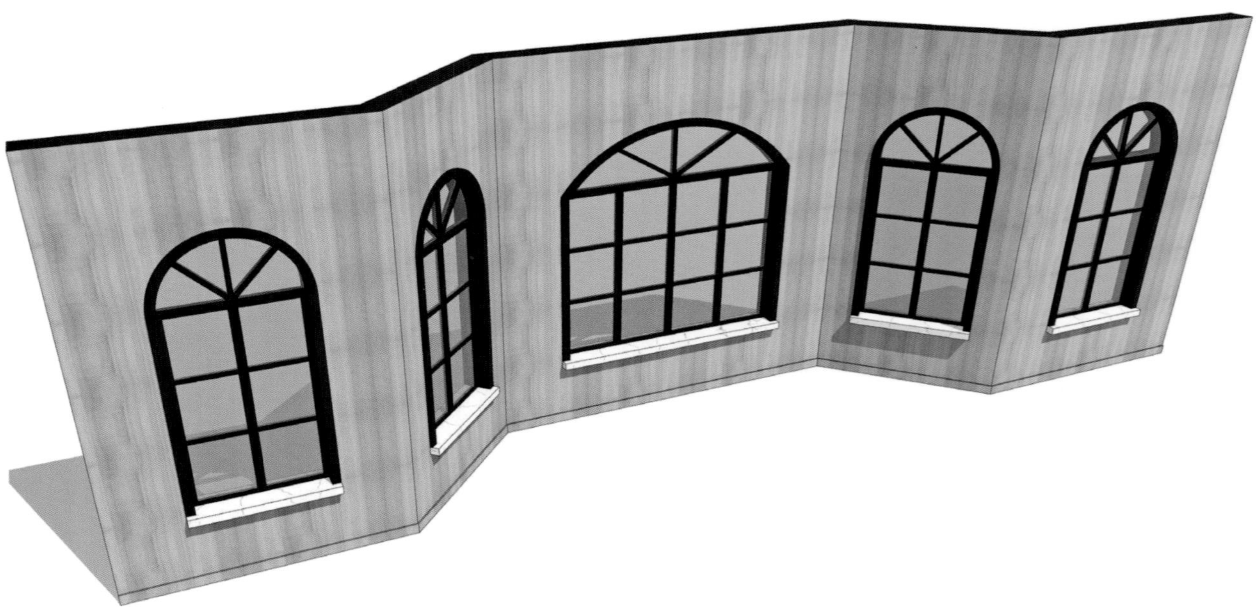

透视图

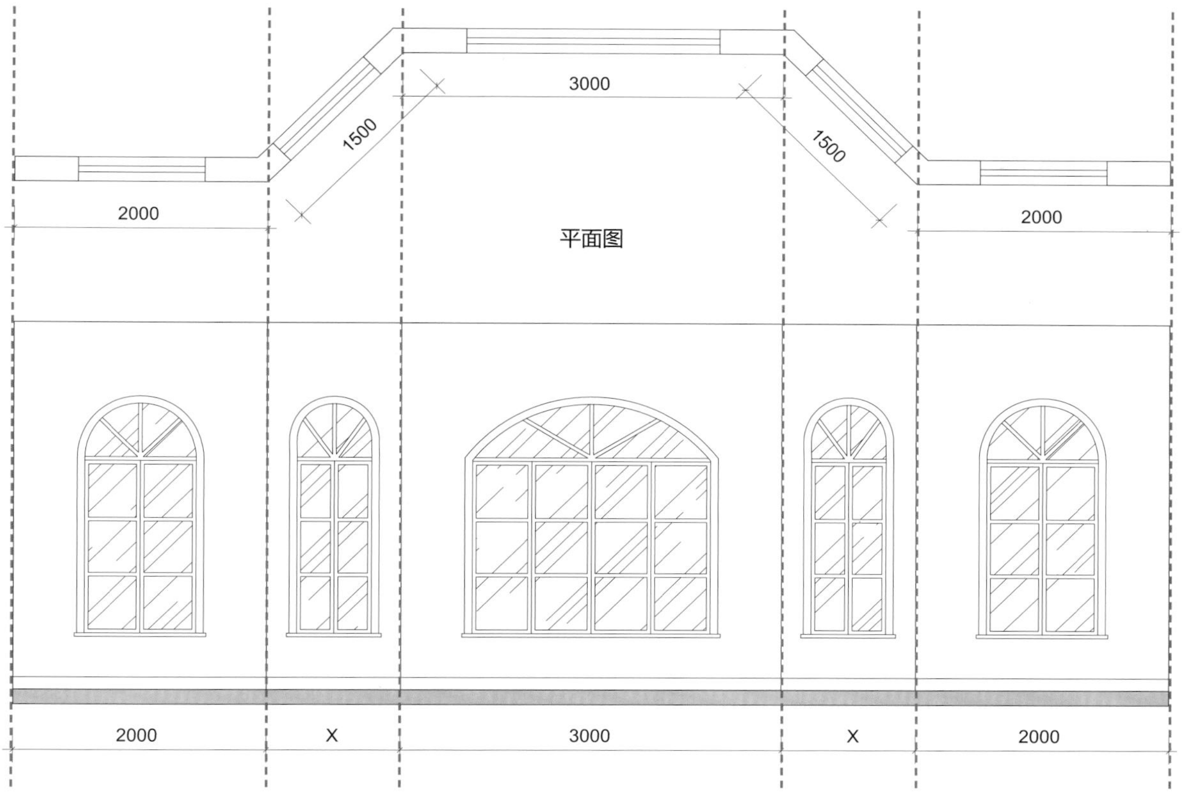

投影立面图

投影立面能够显示更真实的空间关系，但是局部无法准确表达横向尺寸（上图中 X 所示）。

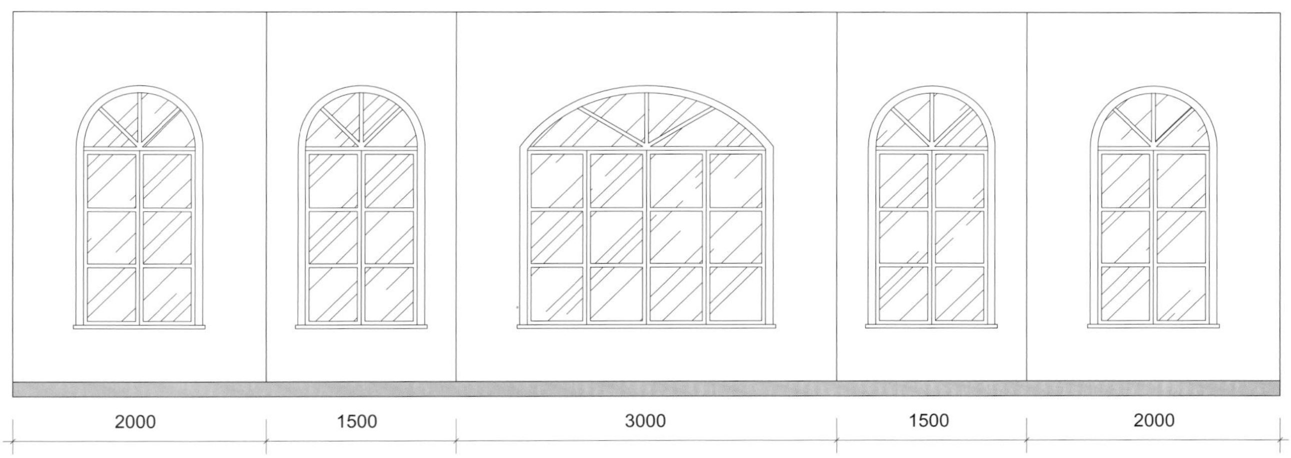

展开立面图

展开立面能够表达准确的横向尺寸，但是体现不出空间关系。

4. 制图步骤

立面图的绘制分以下 3 个步骤：① 立面框架绘制；② 立面造型绘制；③ 立面标注成图。

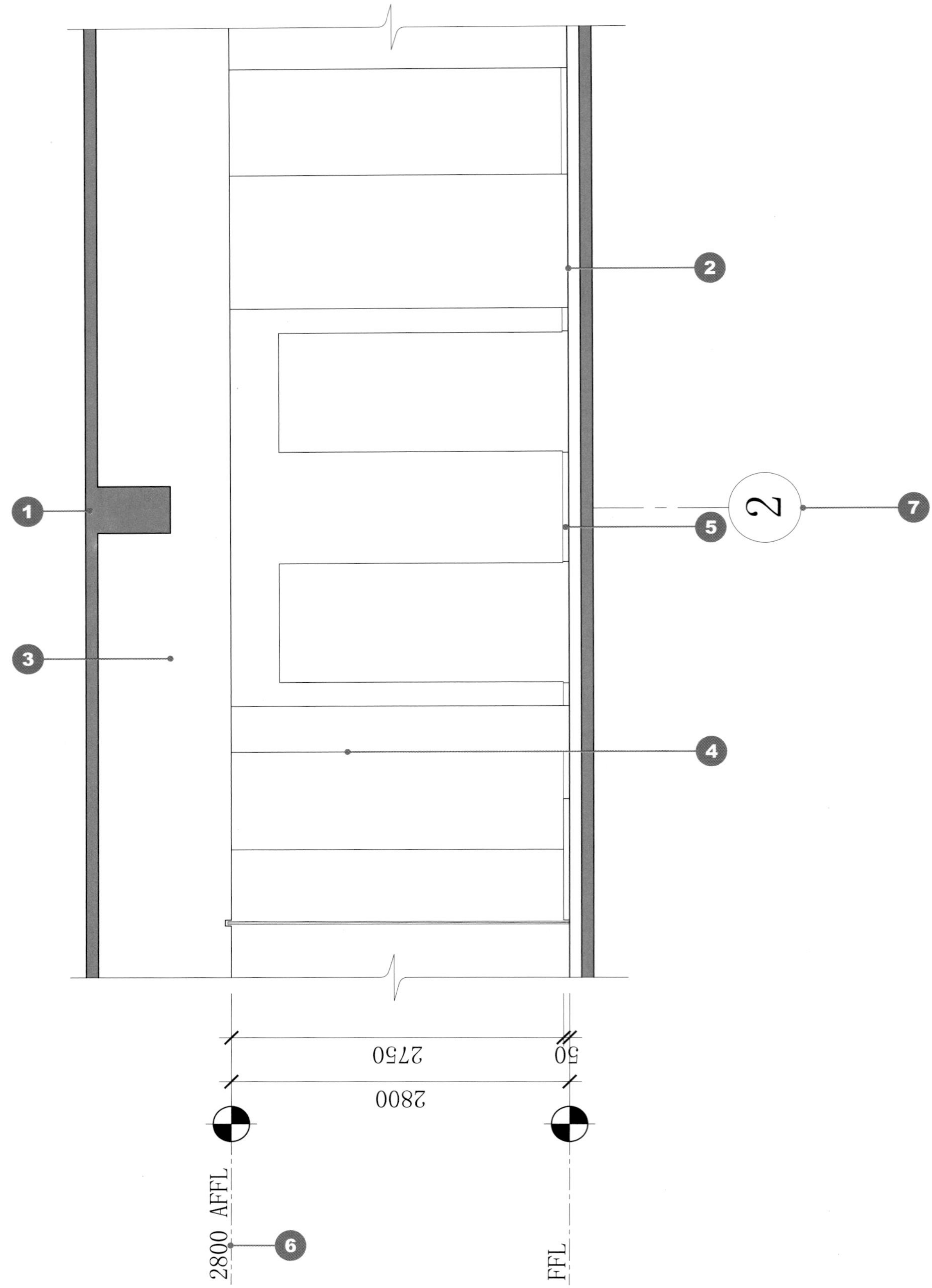
1
2
3
4
5
6
7
2
2750
50
2800
2800 AFFL
FFL

3.3.2 立面框架

1. 定义描述

作为立面图绘制的第一步，画出立面图上的建筑结构信息以及部分基础装饰信息，同时确定图纸比例。

2. 图纸内容（见左图）

❶ 建筑楼板、梁；❷ 地面完成面；❸ 天花造型剖面；❹ 立面造型轮廓；❺ 踢脚；❻ 立面标高；❼ 轴号。

3. 设计提资

立面框架 = 平面图 + 天花图 + 建筑剖面图（层高，地面完成面）+ 建筑立面图（层高，外窗，阳台）+ 结构图（梁、板尺寸）。

4. 专业知识

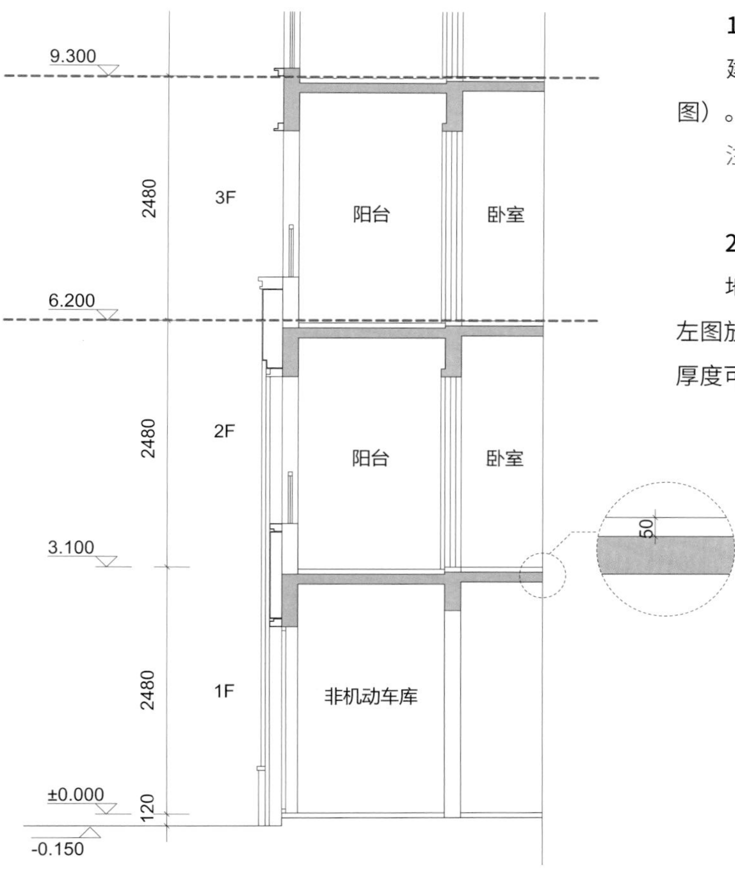

1）建筑层高

建筑层高是指上层楼板面到下层楼板面的高度（见左图）。

注意：建筑层高不是楼层的净高。

2）地面完成面

地面完成面是指建筑剖面图中楼板上方的这条线（见左图放大图），即楼板结构上增加了铺贴地面材料的完成面，厚度可以在建筑剖面图上测量，一般在 50mm 左右。

3）建筑门窗

绘制立面图时，门窗的尺寸、高度、形式等信息可以从建筑立面以及门窗表来获得（见下图）。如果建筑已经完成施工，也可以现场进行测绘。

门窗（洞）表

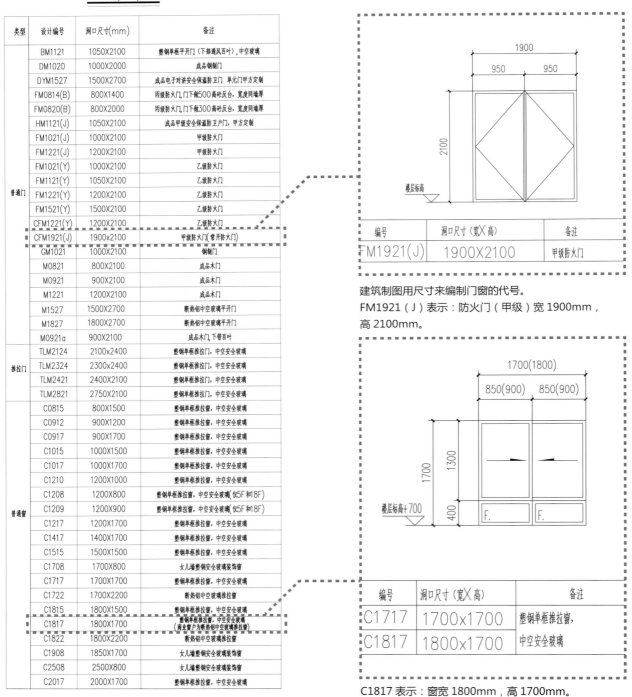

类型	设计编号	洞口尺寸(mm)	备注
普通门	BM1121	1050X2100	塑钢单框平开门（下部通风百叶），中空玻璃
	DM1020	1000X2000	成品钢制门
	DYM1527	1500X2700	成品电子对讲安全保温防卫门 单元门甲方定制
	FM0814(B)	800X1400	丙级防火门，门下做500高砼反台，宽度同墙厚
	FM0820(B)	800X2000	丙级防火门，门下做300高砼反台，宽度同墙厚
	HM1121(J)	1050X2100	成品甲级安全保温防卫户门，甲方定制
	FM1021(J)	1000X2100	甲级防火门
	FM1221(J)	1200X2100	甲级防火门
	FM1021(Y)	1000X2100	乙级防火门
	FM1121(Y)	1050X2100	乙级防火门
	FM1221(Y)	1200X2100	乙级防火门
	FM1521(Y)	1500X2100	乙级防火门
	CFM1221(Y)	1200X2100	乙级防火门
	CFM1921(J)	1900x2100	甲级防火门(常开防火门)
	GM1021	1000X2100	钢制门
	M0821	800X2100	成品木门
	M0921	900X2100	成品木门
	M1221	1200X2100	成品木门
	M1527	1500X2700	断热铝中空玻璃平开门
	M1827	1800X2700	断热铝中空玻璃平开门
	M0921a	900X2100	成品木门，下带百叶
推拉门	TLM2124	2100x2400	塑钢单框推拉门，中空安全玻璃
	TLM2324	2300x2400	塑钢单框推拉门，中空安全玻璃
	TLM2421	2400X2100	塑钢单框推拉门，中空安全玻璃
	TLM2821	2750X2100	塑钢单框推拉门，中空安全玻璃
普通窗	C0815	800X1500	塑钢单框推拉窗，中空安全玻璃
	C0912	900X1200	塑钢单框推拉窗，中空安全玻璃
	C0917	900X1700	塑钢单框推拉窗，中空安全玻璃
	C1015	1000X1500	塑钢单框推拉窗，中空安全玻璃
	C1017	1000X1700	塑钢单框推拉窗，中空安全玻璃
	C1210	1200X1000	塑钢单框推拉窗，中空安全玻璃
	C1208	1200X800	塑钢单框推拉窗，中空安全玻璃(仅5F和18F)
	C1209	1200X900	塑钢单框推拉窗，中空安全玻璃(仅5F和18F)
	C1217	1200X1700	塑钢单框推拉窗，中空安全玻璃
	C1417	1400X1700	塑钢单框推拉窗，中空安全玻璃
	C1515	1500X1500	塑钢单框推拉窗，中空安全玻璃
	C1708	1700X800	女儿墙塑钢安全玻璃装饰窗
	C1717	1700X1700	塑钢单框推拉窗，中空安全玻璃
	C1722	1700X2200	断热铝中空玻璃推拉窗
	C1815	1800X1500	塑钢单框推拉窗，中空安全玻璃
	C1817	1800X1700	塑钢单框推拉窗，中空安全玻璃（商业窗户为断热铝中空玻璃推拉窗）
	C1822	1800X2200	断热铝中空玻璃推拉窗
	C1908	1850X1700	女儿墙塑钢安全玻璃装饰窗
	C2508	2500X800	女儿墙塑钢安全玻璃装饰窗
	C2017	2000X1700	塑钢单框推拉窗，中空安全玻璃

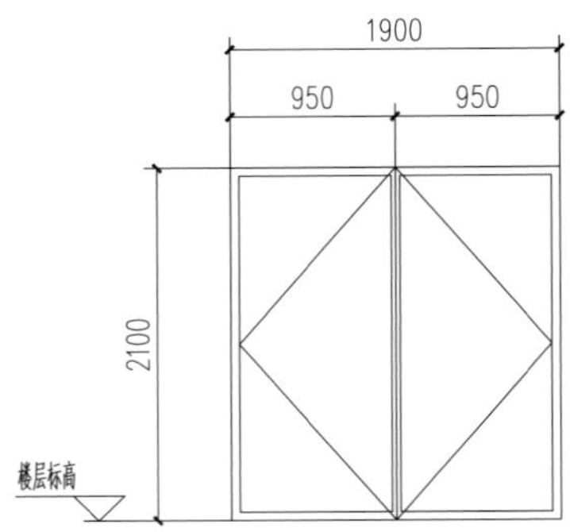

编号	洞口尺寸（宽X高）	备注
FM1921(J)	1900X2100	甲级防火门

建筑制图用尺寸来编制门窗的代号。
FM1921（J）表示：防火门（甲级）宽 1900mm，高 2100mm。

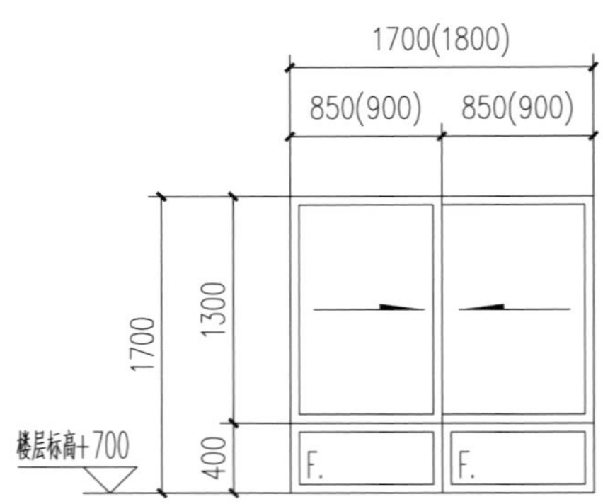

编号	洞口尺寸（宽X高）	备注
C1717	1700x1700	塑钢单框推拉窗，中空安全玻璃
C1817	1800x1700	

C1817 表示：窗宽 1800mm，高 1700mm。

4）楼板

楼板的厚度和标高等信息可以从结构专业的结构平面布置图中获得，如下图所示。

楼板在很多时候 并不是一个水平面，出于防水考虑或是预留管线等原因，楼板会有高低。楼板低于 ±0.000 的叫降板，高于 ±0.000 的叫升板，住宅建筑的卫生间、阳台区域都会有降板。

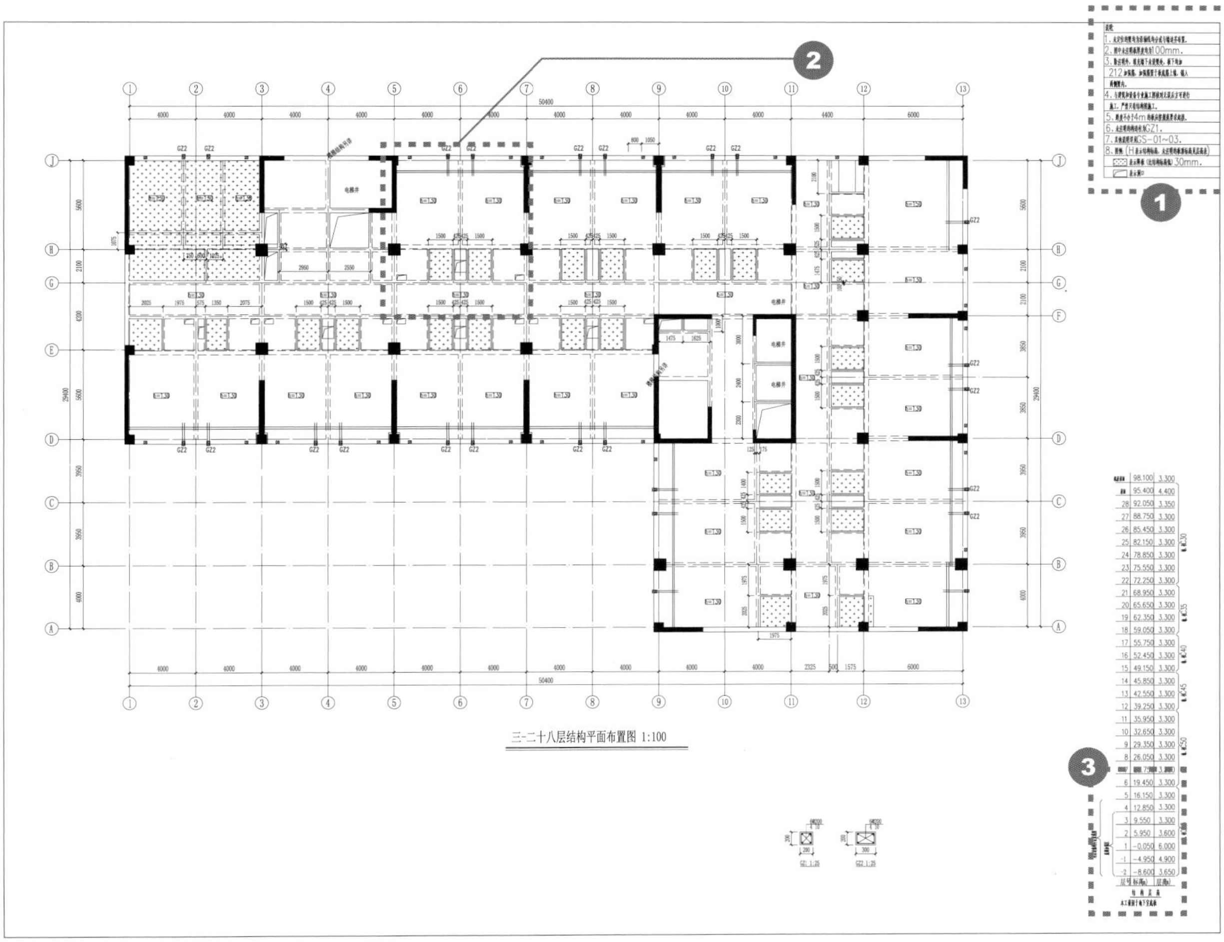

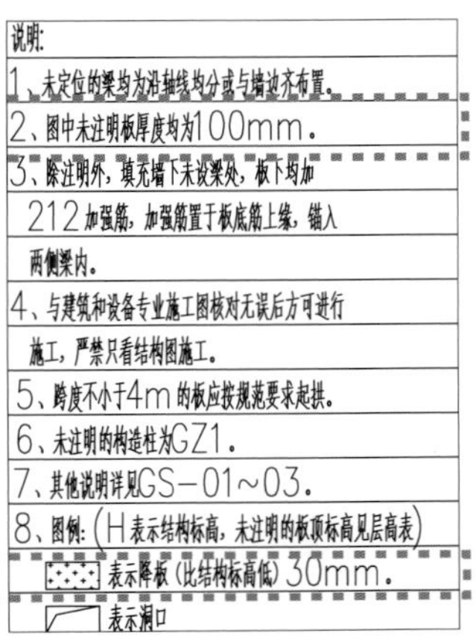

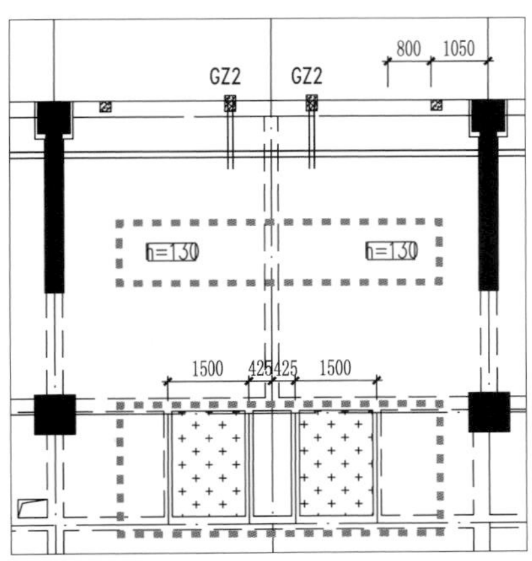

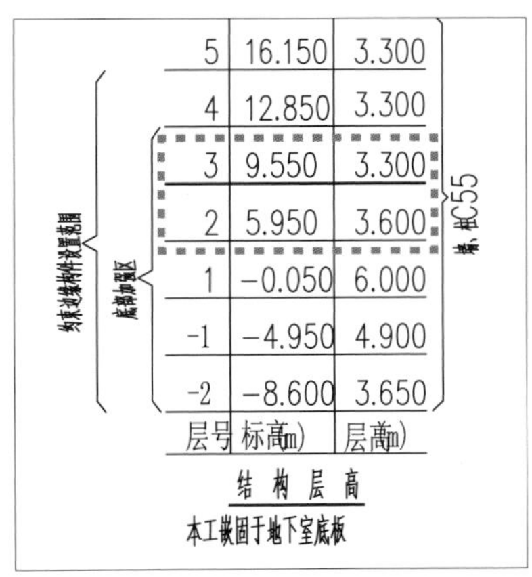

① 从图中可以看出，大部分楼板厚度为 100mm；降板区域以填充表达。

② 从图中可以看出，h=130 代表该处楼板厚 130mm，填充区域降板 30mm。

③ 从图中可以看出，2 层和 3 层之间有一条粗线段，这表示本图是 2 层和 3 层之间的楼板图。

5）梁

梁的宽、高等信息可以在结构图的梁配筋图中获得，见下图例所示。

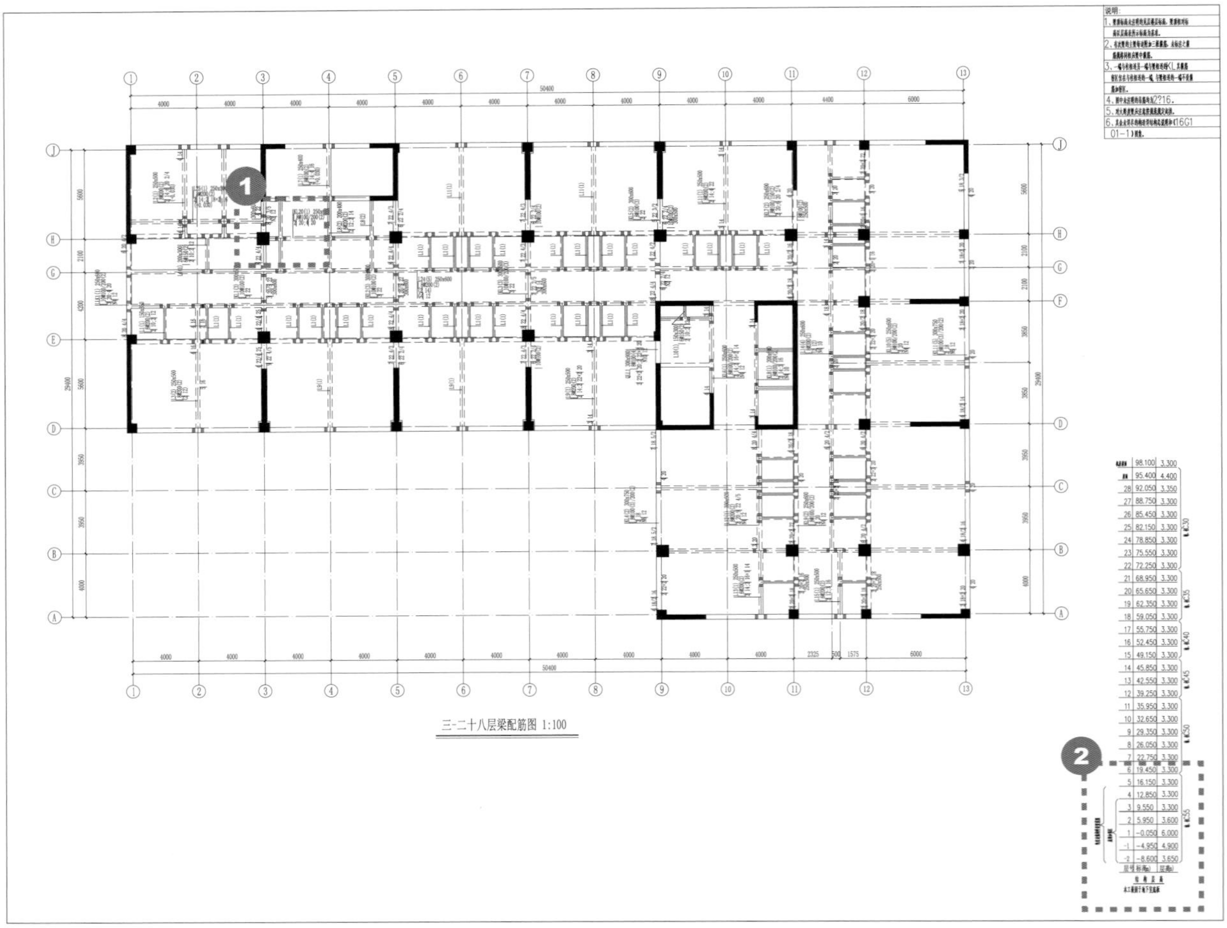

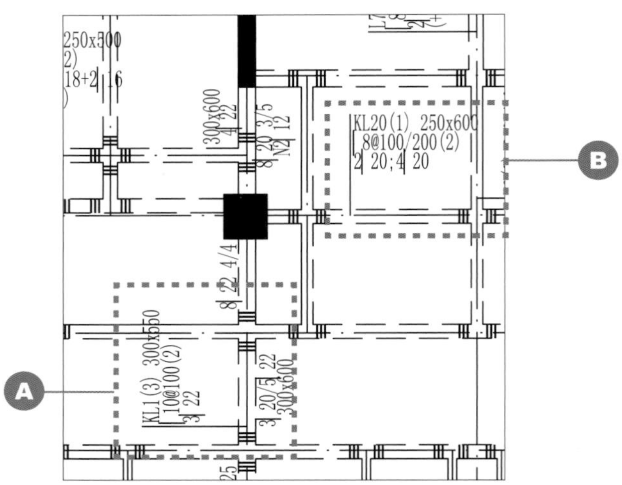

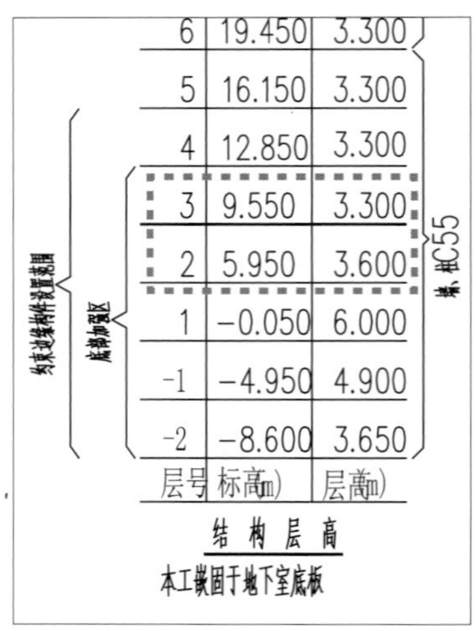

❶ 从上图中可以看出，A 梁：宽 300mm，高 550mm；B 梁：宽 250mm，高 600mm。剖立面形态见右页图。

❷ 从上图中可以看出，2 层和 3 层之间有一条粗线段，这表示本图是 2 层和 3 层之间的梁配筋图。

注意：梁的高度是从楼板顶部到梁底部的尺寸，这里面包含了楼板的厚度，见下图所示。

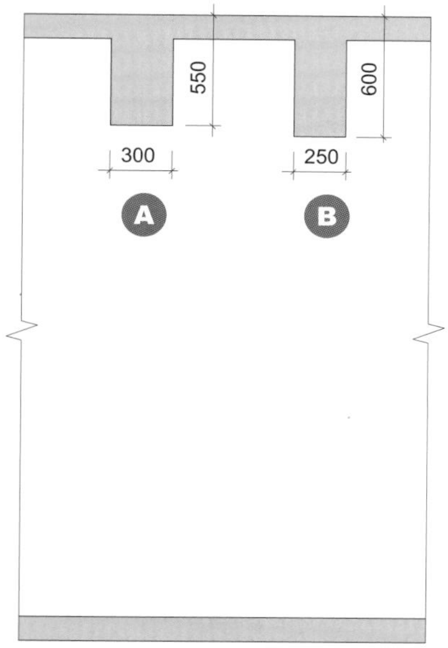

5. 画法要点

1）天花剖面

在立面图中描述出相应的天花造型的剖面轮廓，有助于图纸关系的理解，也能复核天花标高和梁板之间的关系。绘制天花剖面时，需要注意暗藏灯槽或跌级造型的看线连接，见下图所示。

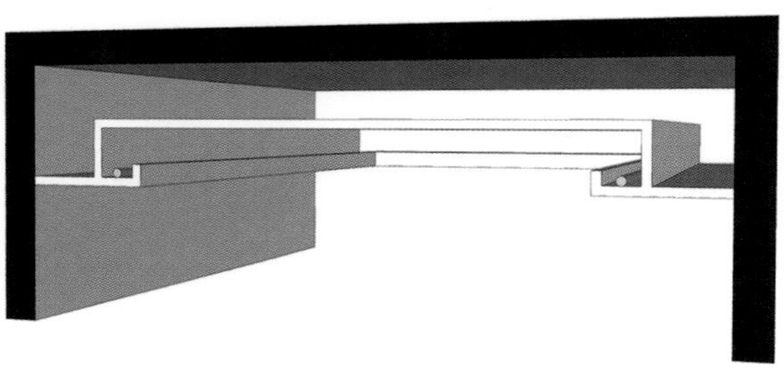

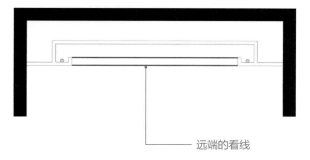

2）踢脚

不同的踢脚形式，立面图上表达出的剖面也不相同。

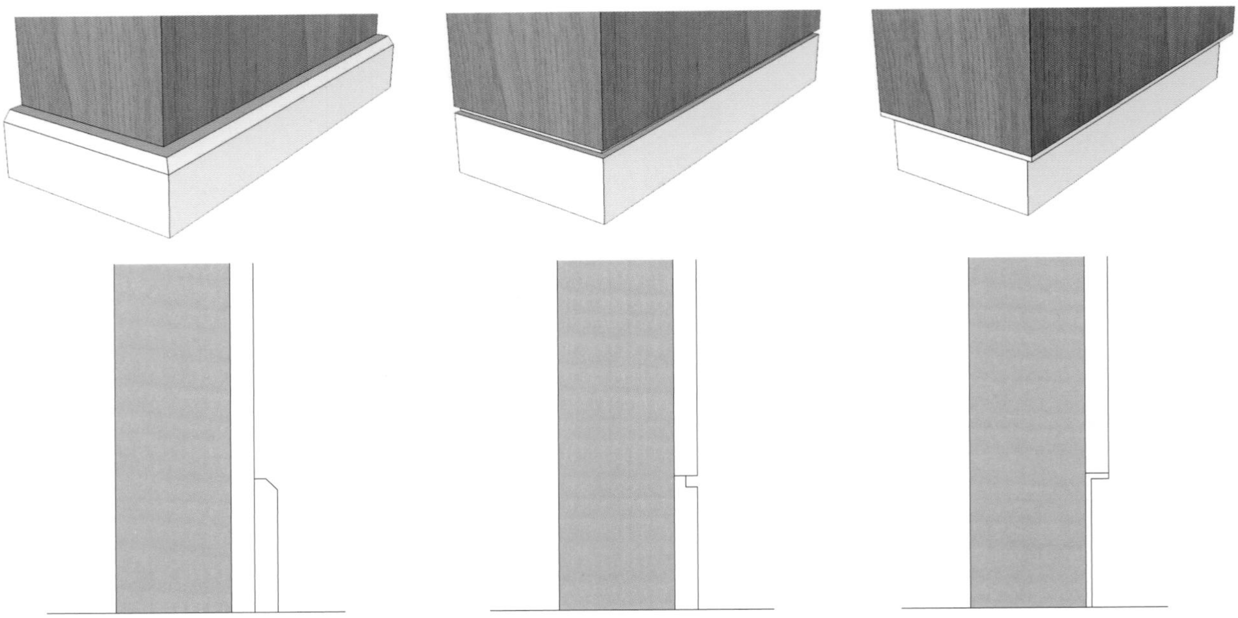

外凸踢脚：踢脚突出在墙面以外　　平踢脚：踢脚和墙面平齐　　内凹踢脚：踢脚凹陷在墙面以内

3）门的表达

在绘制立面框架时，门的造型细节可能还未考虑成熟，因此只需表达门的高、宽、门套以及开启方向。

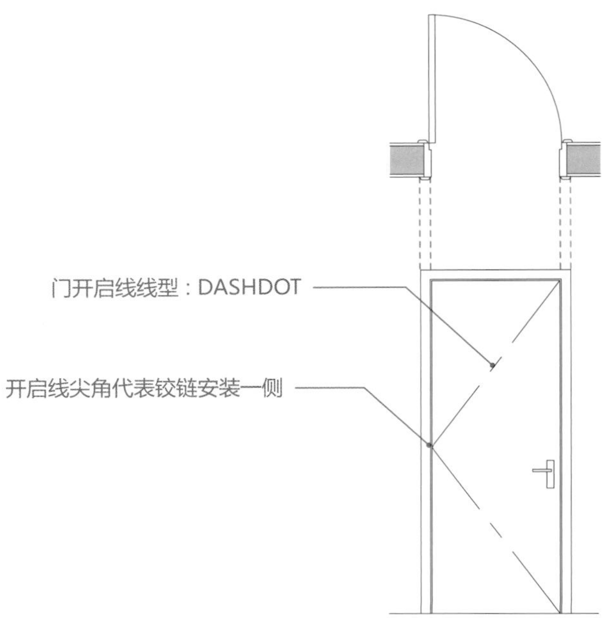
门开启线线型：DASHDOT
开启线尖角代表铰链安装一侧

4）超长立面

如果立面长度过长，在图框内放不下，但是又希望保持图纸的连贯性时，可以采用立面分段的方式来表达。

注意：分段的两个立面要包含一段重叠部位，见下图例所示。

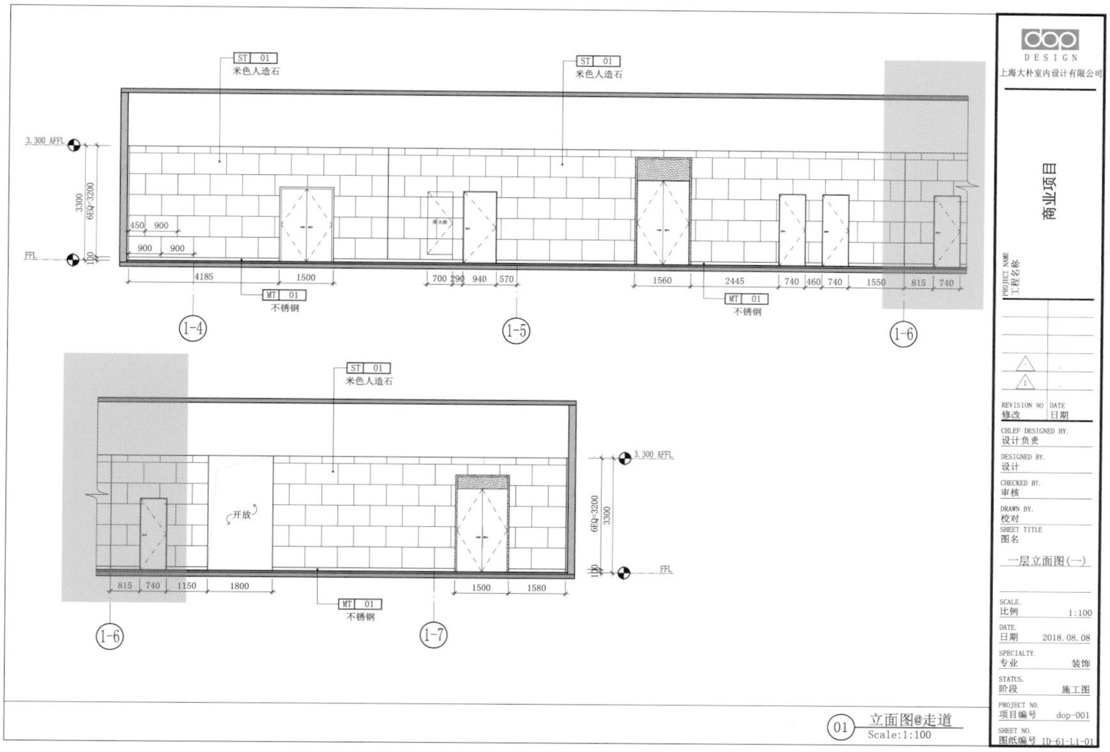

6. 制图步骤

（1）在平面布置图上添加立面索引符号，确认要画的立面数量及内容。

（2）在“模型空间”内绘制上下层楼板（复核建筑、结构图纸，确定建筑层高、装饰完成面和楼板厚度）。

（3）在“模型空间”内绘制结构梁剖面（复核结构图纸，确定结构梁的位置大小）。

（4）在“模型空间”内绘制墙体剖面，包括剖到的门、窗、幕墙（视需要添加剖断符号）。

（5）在“模型空间”内对梁板和墙体分别进行填充。

（6）在“模型空间”内绘制天花造型剖面轮廓。

（7）在“模型空间”内绘制立面转折线以及大的造型轮廓。

（8）在“模型空间”内绘制立面上的门、门洞、踢脚。

（9）在“布局空间”内设定合适的比例，对图纸进行排版。

（10）在“布局空间”内在布局内添加轴号、标高符号。

（11）在“布局空间”内添加图名、图框，并完善图框信息。

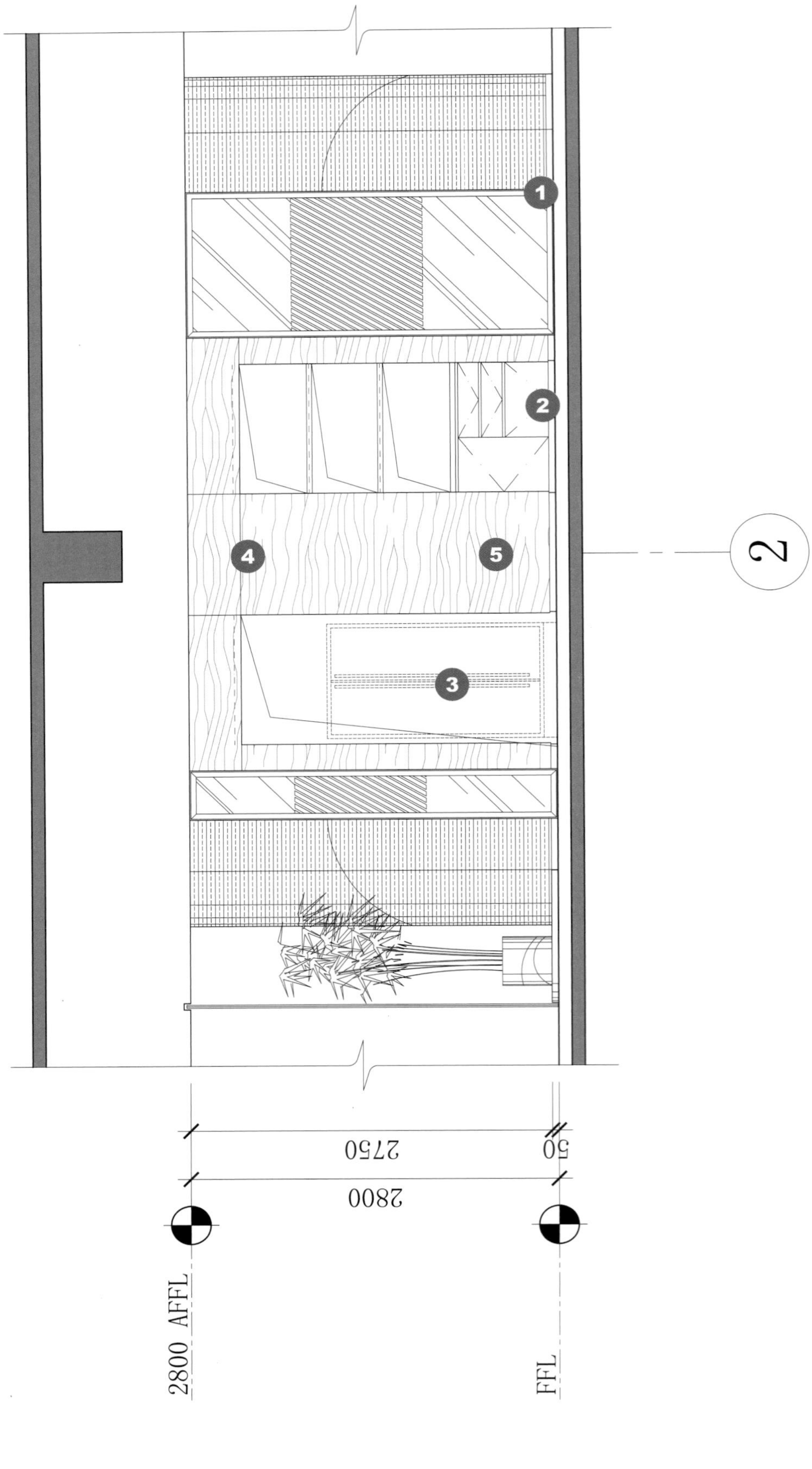
1
2
3
4
5
2
2750
50
2800
2800 AFFL
FFL

3.3.3 立面造型

1. 定义描述

在立面框架的基础上，结合设计方案，绘制完成立面图上的其他内容。

2. 图纸内容（见左图）

❶ 立面造型细节；❷ 固定家具；❸ 活动家具、配景；❹ 立面材质分缝；❺ 立面材料填充。

3. 设计提资

立面造型 = 立面框架 + 效果图或意向图片（要具备三要素：造型、尺度、材料）。

4. 专业知识

1）人体工学

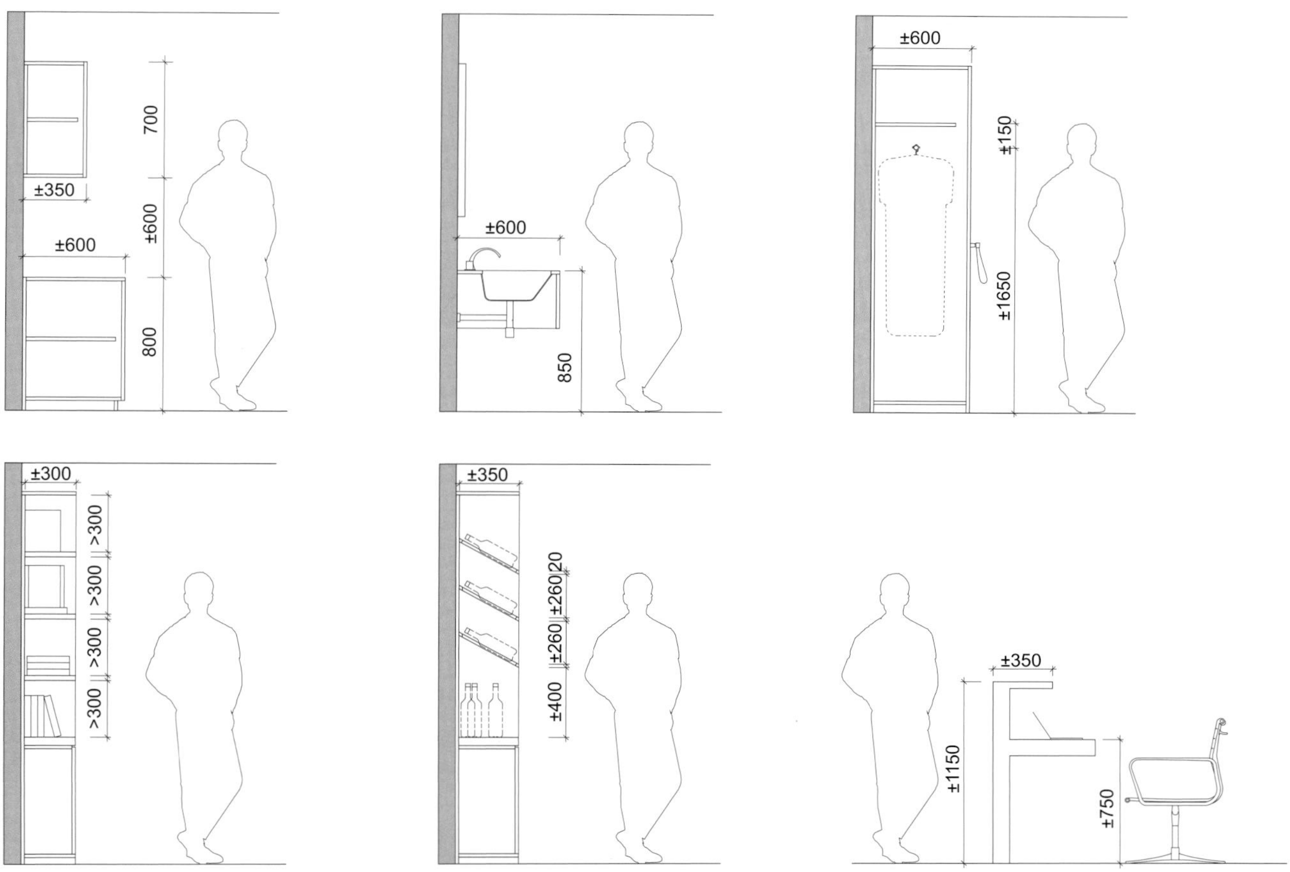

2）设计理解

与设计师进行沟通，分析造型、尺寸、材质等信息，绘制立面造型。

（1）案例一

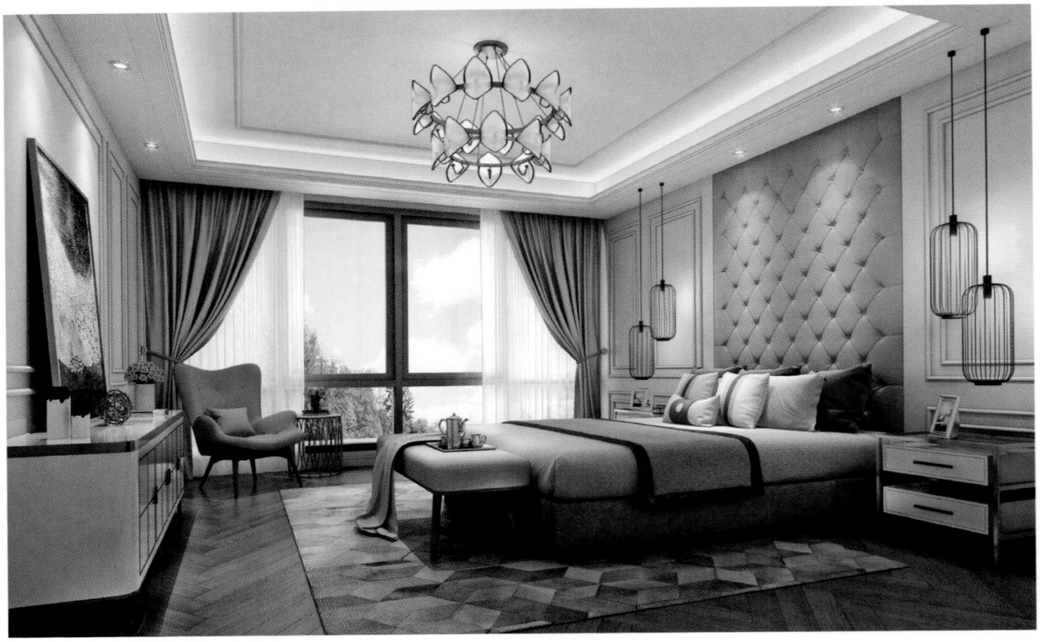

空间效果图

根据上图设计分析可知：

① 造型：床头背景为大块面软包，床头两侧为欧式镶板造型，床头柜上方有吊灯，踢脚看不见，需要和方案设计师沟通。

② 尺寸：分析平面图和效果图比例，确认软包宽度；确认镶板造型的比例及尺寸。

③ 材质：软包为织物或是皮革，镶板造型为白色哑光油漆。

由此分析绘制出下图。

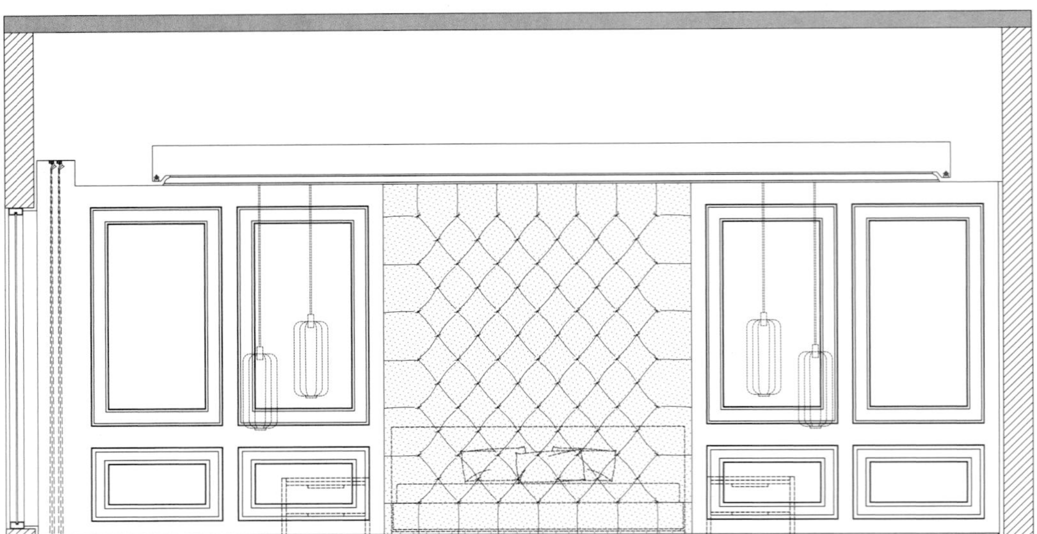

立面造型

（2）案例二

空间效果图

根据上图设计分析可知：

① 造型：悬挑的台盆柜，外侧靠墙，内侧为装饰隔断，镜面突出于墙面，镜面上下有暗藏灯带，有踢脚。

② 尺寸：根据人体工学确定台面高 850mm，根据比例判断柜体高 400mm，镜面高 1100mm, 距台盆柜高 250mm。

③ 材质: 墙面为米色大理石、台面为白色大理石、台盆柜为米色大理石抽槽，装饰隔断为古铜色金属、踢脚为古铜色金属。

④ 墙面石材分缝：效果图上不清晰，需要和方案设计师沟通确认。

由此分析绘制出下图。

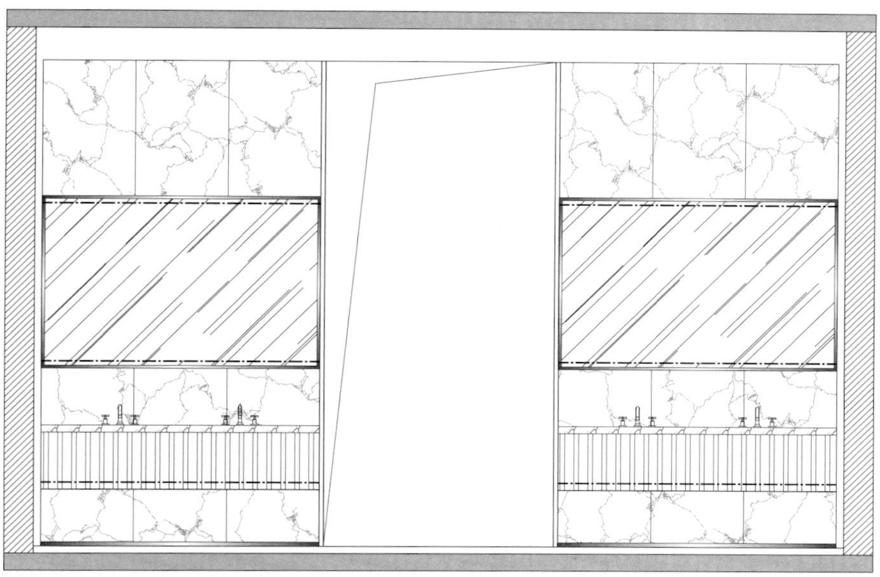

立面造型

5. 画法要点

1）立面图层的设置

立面图的绘制基本不会涉及到图层的开关，因此在立面图在图层的设置上可以尽量简化。

dop_图层线型规范

EL　立面类图层

图层名称	线型	颜色	打印色	打印线宽	应用
EL-通用	CONTINUOUS	6	黑色	0.5	地坪完成面　备注:可在此层设置不同颜色以控制线宽
	CONTINUOUS	5	黑色	0.35	楼板、墙体剖线
	CONTINUOUS	100	黑色	0.25	天花剖线、立面粗线
	CONTINUOUS	30	黑色	0.18	立面中线
	CONTINUOUS	134	黑色	0.13	立面细线
	CONTINUOUS	8	黑色	0.10	立面细线
EL-常规填充	CONTINUOUS	250	黑色	0.10	常规填充
EL-深灰填充	CONTINUOUS	251	对象色	0.10	楼板填充、大理石填充、木饰面填充
EL-浅灰填充	CONTINUOUS	254	对象色	0.10	浅灰填充
EL-备用	CONTINUOUS	按需	黑色	按需	不好归类的内容可以放置在备用图层　备注:可在此层设置不同颜色以控制线宽

不同线宽的使用对于图纸的表达至关重要，立面图线宽的运用有几个原则：近线粗，远线细；剖线粗，看线细；轮廓粗，细节细。

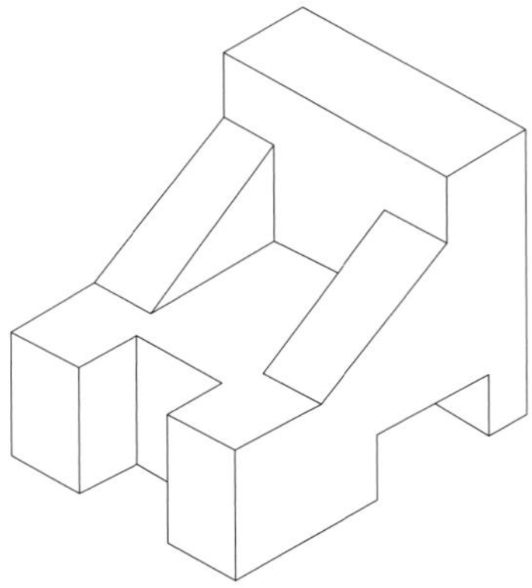

没有设置线宽

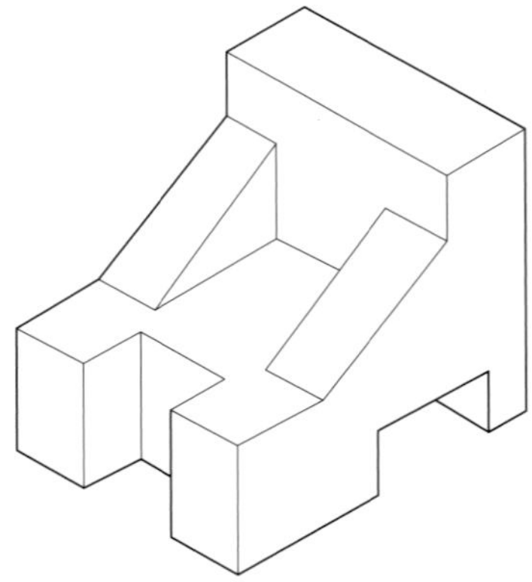

合理设置线宽

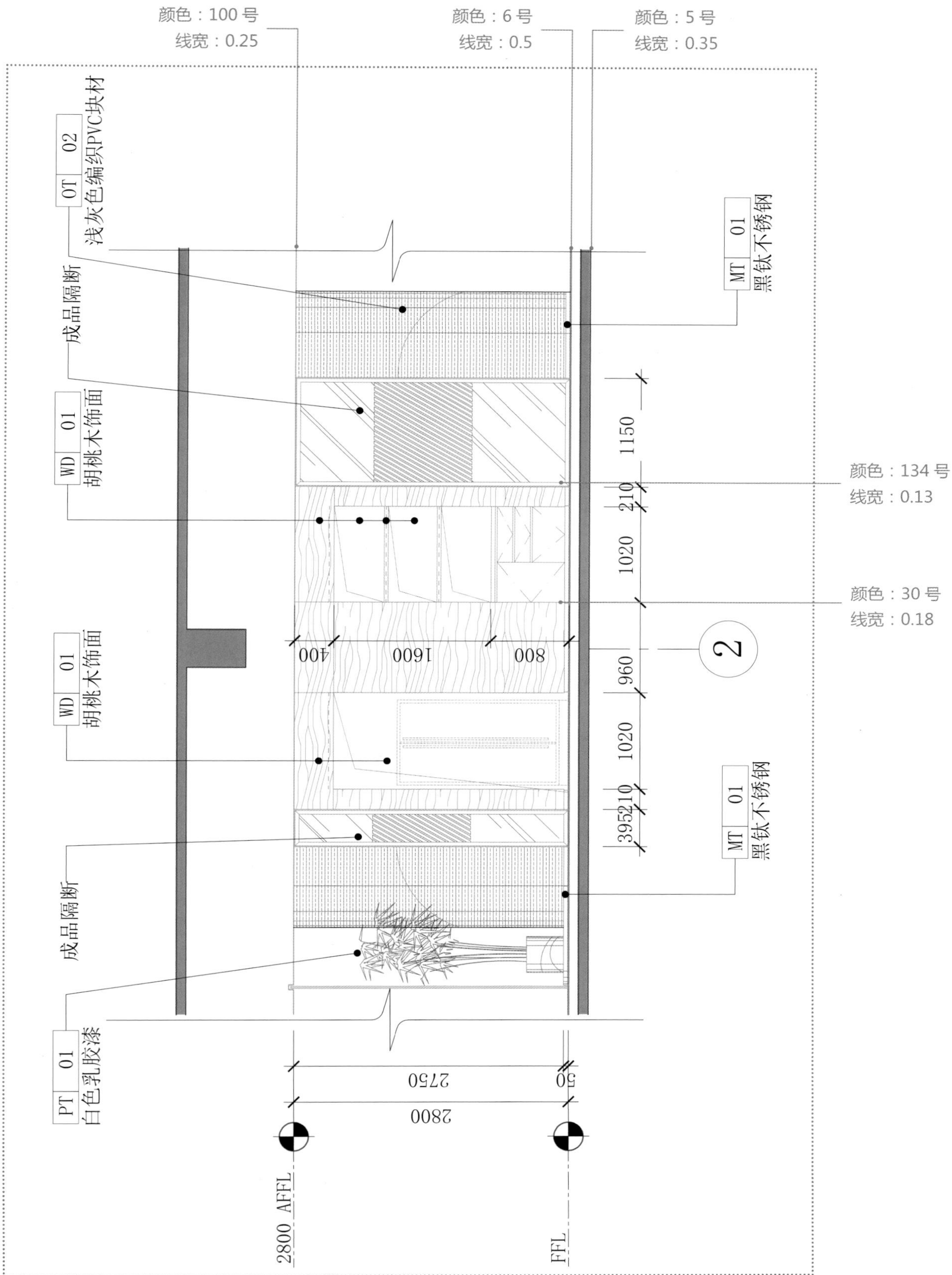
颜色：100 号
线宽：0.25
颜色：6 号
线宽：0.5
颜色：5 号
线宽：0.35
颜色：134 号
线宽：0.13
颜色：30 号
线宽：0.18
OT 02
浅灰色编织PVC块材
成品隔断
WD 01
胡桃木饰面
WD 01
胡桃木饰面
成品隔断
PT 01
白色乳胶漆
MT 01
黑钛不锈钢
MT 01
黑钛不锈钢
1150
210
1020
960
1020
395210
400
1600
800
2750
50
2800
2
2800 AFFL
FFL

2）填充

填充的作用表现在以下 2 个方面：

（1）辅助区分材料：对材料的主要判断依据是材料标注，填充只是起到辅助作用。

（2）提升图面效果：合理填充以后图面会变得丰富、美观。

注意：

（1）平立面的填充图案没有固定规范，多依据行业习惯和设计师习惯。

（2）填充要合理美观，注意填充图案的密度和角度。

（3）平立面图纸的填充都是辅助手段，不是必须的，也不是越多越好。

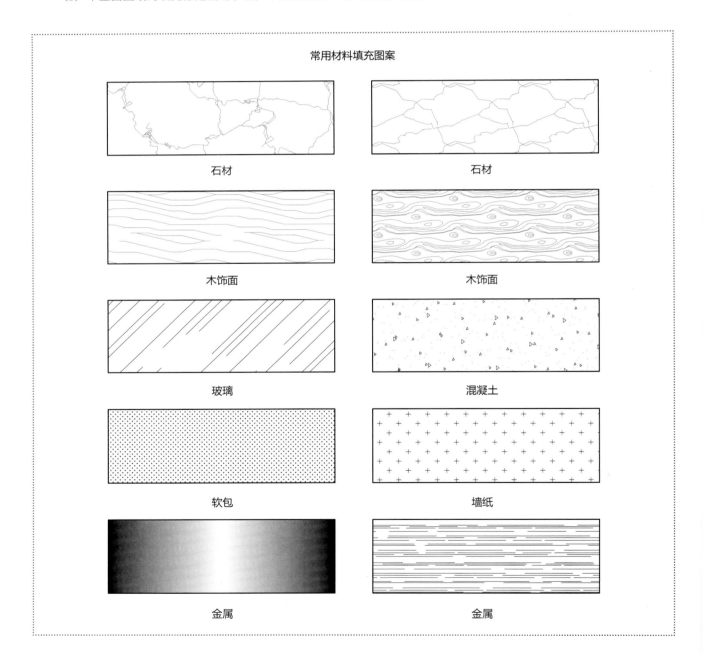

常用材料填充图案

石材

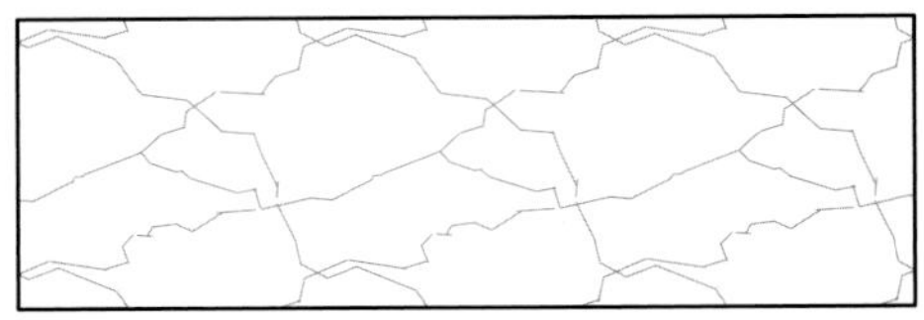

石材

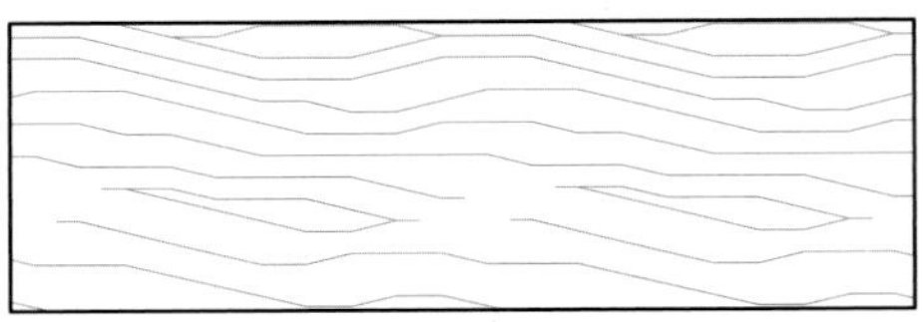

木饰面

木饰面

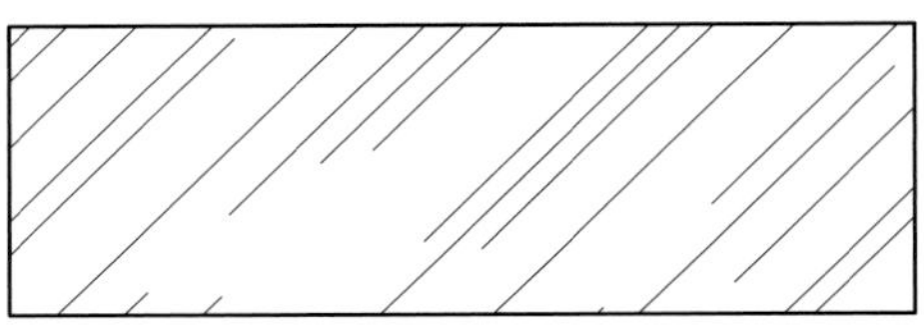

玻璃

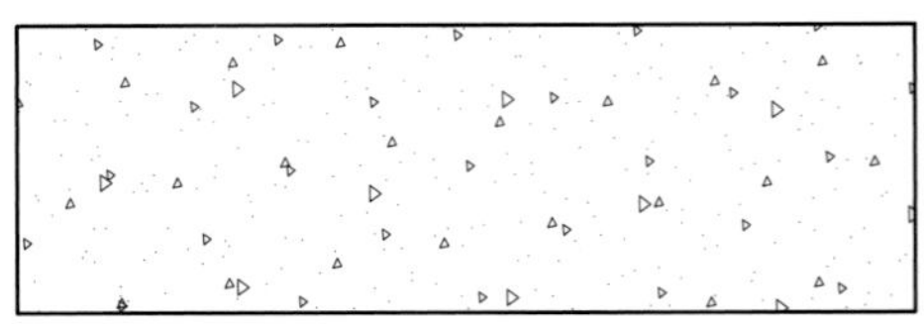

混凝土

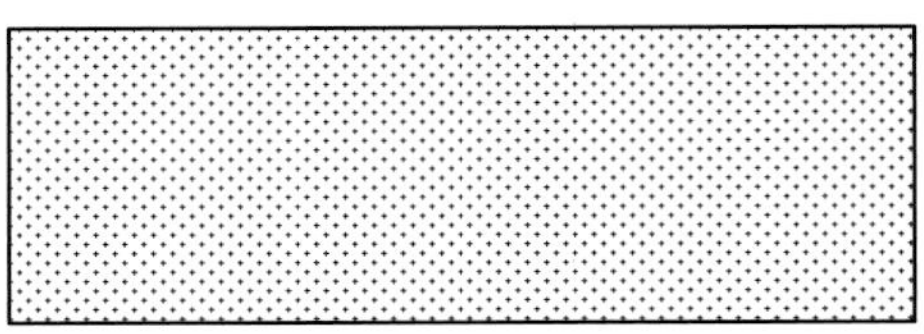

软包

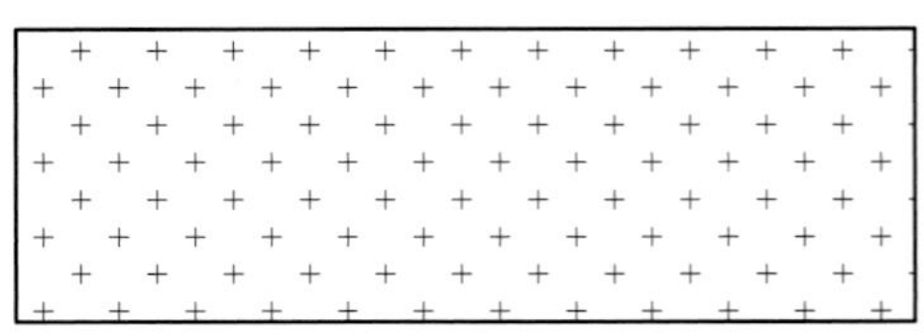

墙纸

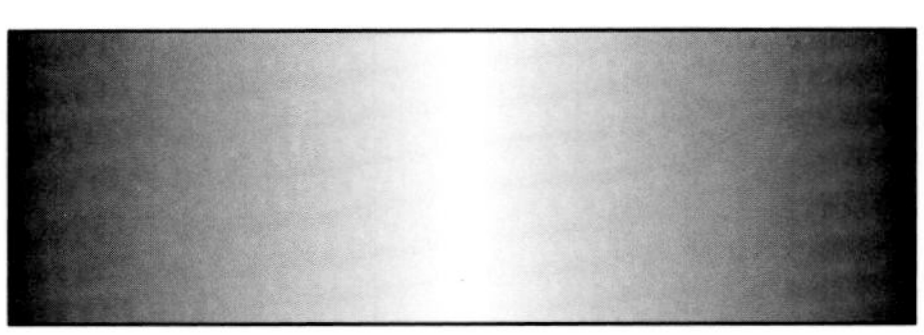

金属

金属

对比以下两张图可见，同样的大理石填充图案，下图左通过调整填充的密度和角度，呈现的图面效果要优于下图右。

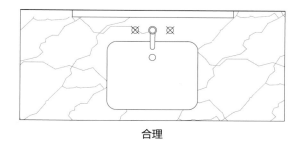

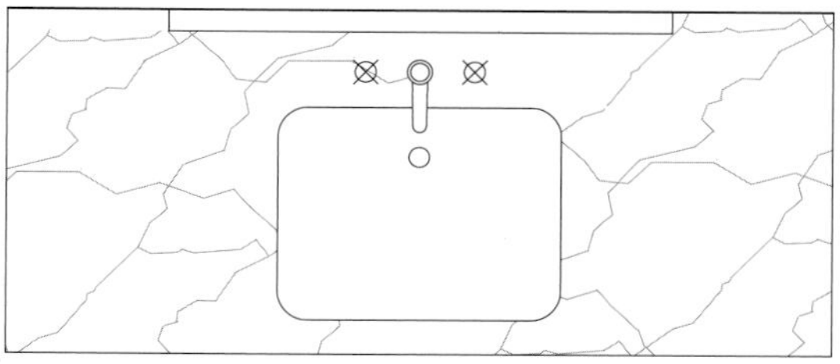

合理

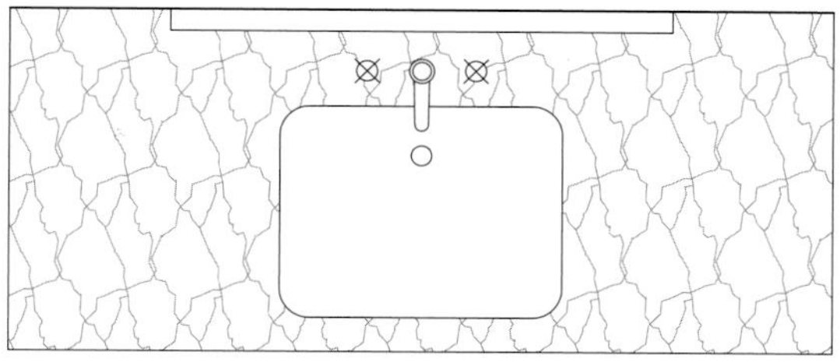

不合理

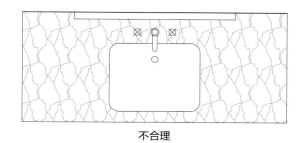

对比以下两张立面图可见，上图没有填充，图面清晰整洁；下图有了填充的辅助，图面丰富，不同材质一目了然。

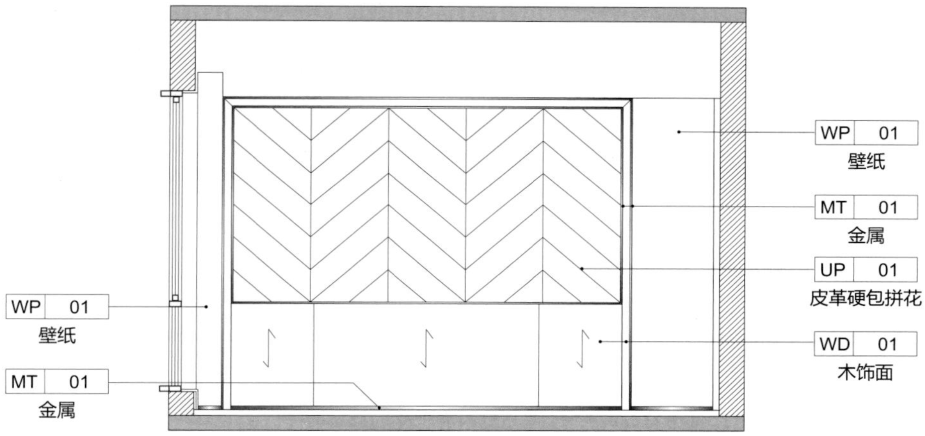

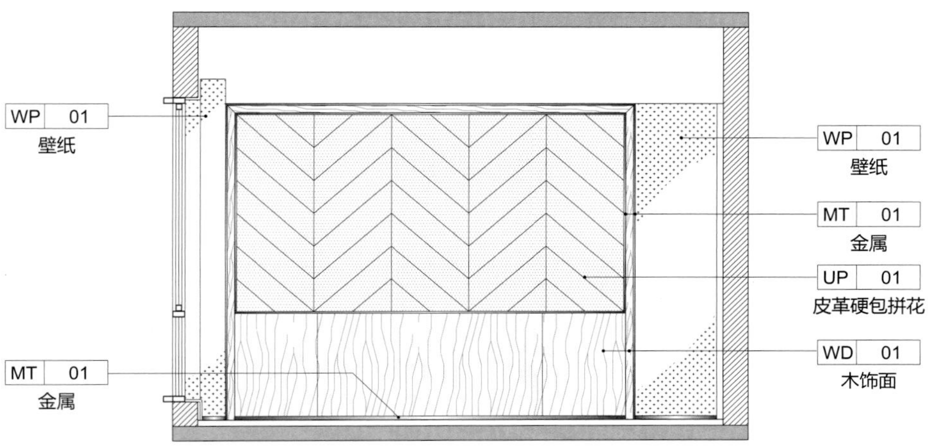

3）插入图片

为了图纸表达，有时需要在施工图纸里插入图片，见下图例所示。

根据图面效果，在 CAD 文件中插入图片，见下图例所示。

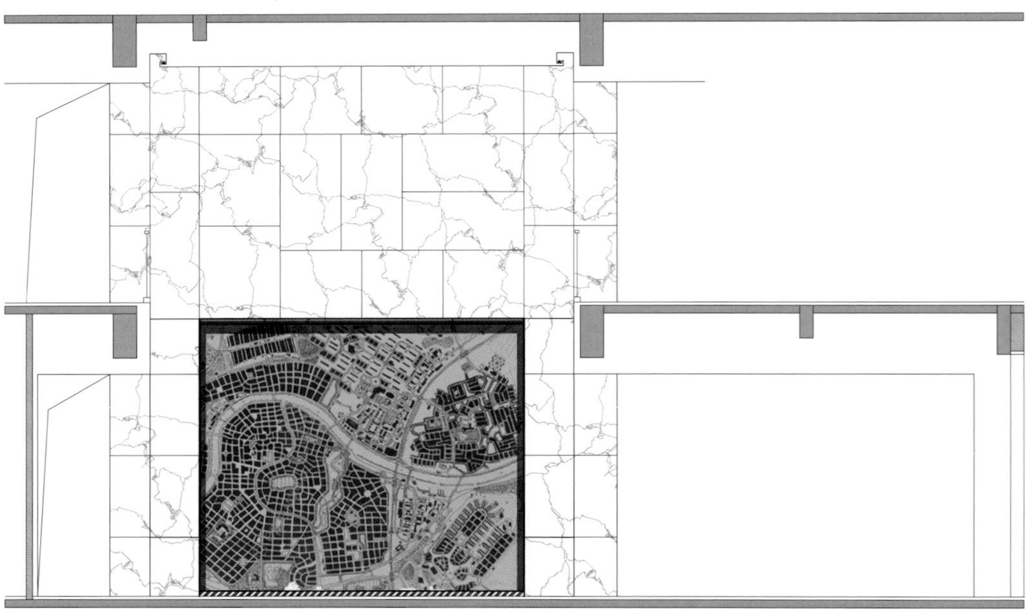

如果没有图片，图纸上会有大块空白，图面效果会受到影响；插入图片后，图面丰富，方便理解图纸。

CAD 技巧：ole 对象插入，具体操作步骤见第 5 章 CAD 技巧。

4）活动家具和配饰

绘制活动家具和配饰的作用在于以下两方面：

（1）提升图面效果，对于理解图纸有一定的帮助。

（2）辅助机电点位的定位，立面上有了活动家具后会让机电点位的功能和位置更加直观。

注意：

（1）立面图纸上所出现的活动家具是辅助手段，不是必须的。

（2）活动家具不能喧宾夺主，影响了立面图上的主体内容。

（3）立面图上的活动家具用虚线表示，其尺寸和平面图上的图块应保持一致。

活动家具和配饰的常用立面模块

对比以下两张立面图可见，上图没有活动家具和配饰，图面关系清晰；下图增加了床、床头柜和窗帘，可以判断是卧室立面图，能明确插座点位和床头柜的关系。

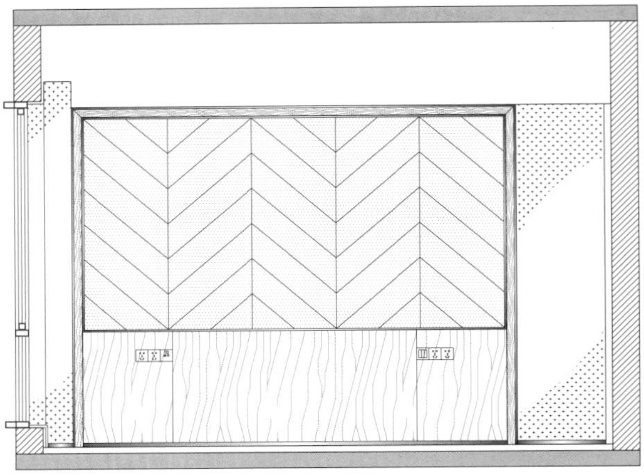

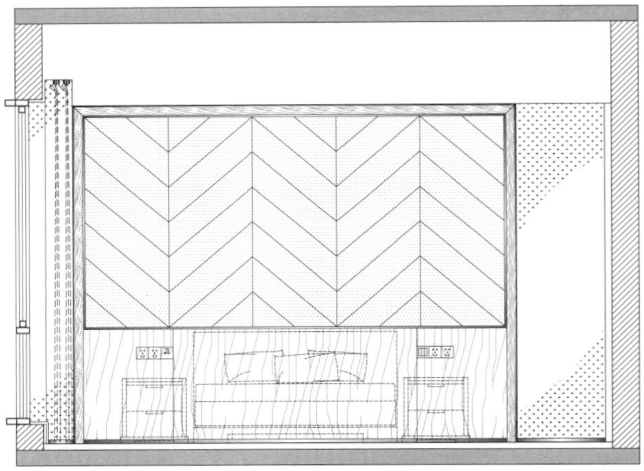

6. 制图流程

（1）在“模型空间”内绘制门和门套。

（2）在“模型空间”内绘制立面造型和固定家具。

（3）在“模型空间”内绘制剖切线剖到的造型和固定家具（有必要时）。

（4）在“模型空间”内绘制造型或材质的分缝、分割线。

（5）在“模型空间”内根据需要添加材质填充。

（6）在“模型空间”内根据需要添加活动家具、配景。

（7）在“模型空间”内添加立面机电点位。

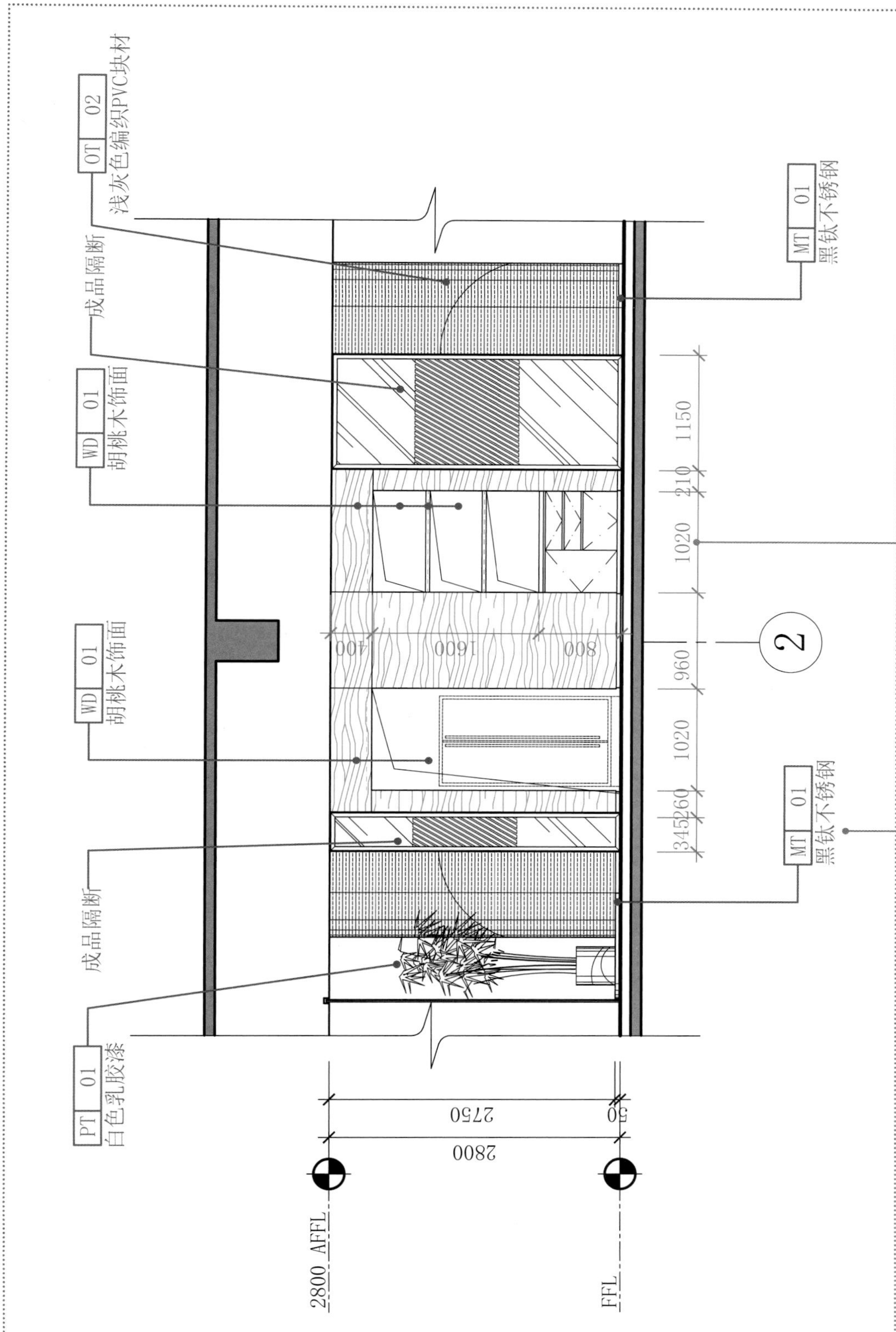
OT 02
浅灰色编织PVC块材
成品隔断
WD 01
胡桃木饰面
WD 01
胡桃木饰面
成品隔断
PT 01
白色乳胶漆
MT 01
黑钛不锈钢
MT 01
黑钛不锈钢
1150
210
1020
960
1020
260
345
400
1600
800
2750
50
2800
2800 AFFL
FFL
2
1
2

3.3.4 立面标注成图

1. 定义描述

立面造型绘制完成后，应对图纸进行尺寸和材料的标注，才能最终完成立面图的绘制。

2. 图纸内容（见 P219）

❶ 材料标注；❷ 造型尺寸标注；❸ 必要的文字说明。

3. 画法要点

1）标注原则

不重复，不遗漏，就近成组，排列美观。

2）尺寸标注

（1）立面图主要标注的是平面图上无法表达的纵向尺寸及一些造型细节尺寸。

（2）在平面尺寸定位图中已经表达的尺寸，立面图上可以不必重复标注，如果标注则一定要确保平立面尺寸一致。

3）材料标注

常见的材料标注形式主要有以下 3 种：

（1）形式一：材料标注位于图纸的上下部，引线垂直，局部标注困难的地方用倾斜引线，图面整齐。

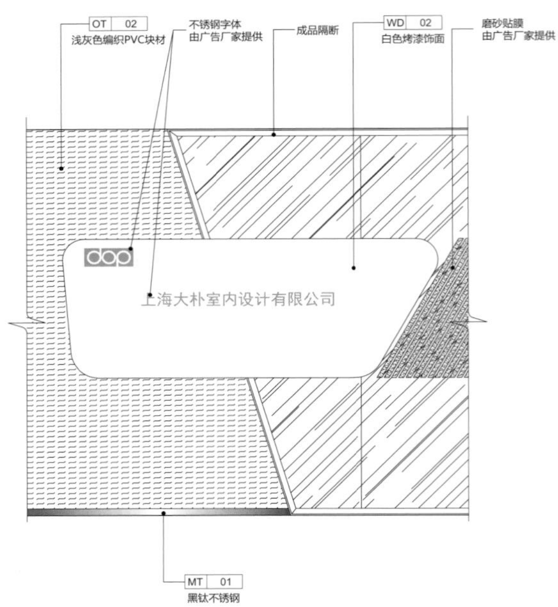

（2）形式二：材料标注位于图纸的四周，引线倾斜，适用于材质种类较多，标注密集的图纸，但图面效果较难控制。

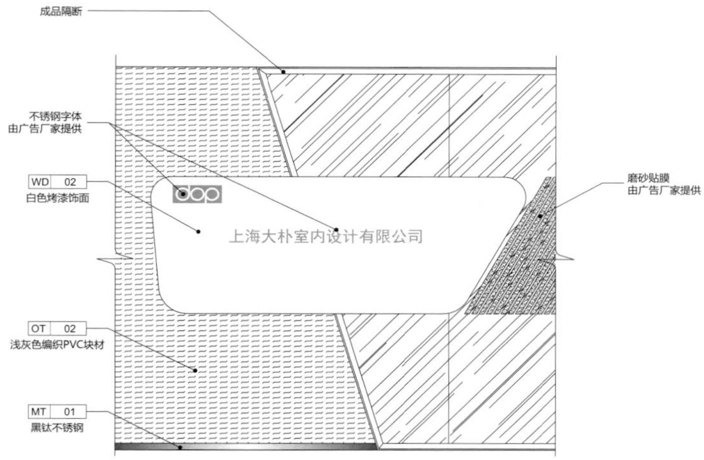

（3）形式三：材料标注位于图纸的上下部，引线倾斜，能最大限度地避免引线和立面图上的图线重合。

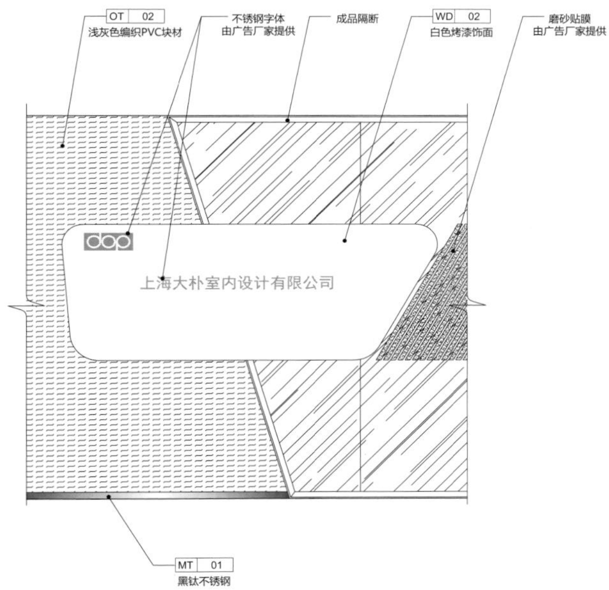

4. 制图步骤

（1）在“布局空间”内绘制材料标注。

（2）在“布局空间”内绘制尺寸标注。

（3）在“布局空间”内对所有标注进行统一调整及优化。

（4）在“布局空间”内添加节点剖切索引符号。

3.4 放大类图纸

3.4.1 定义描述

在两种情况下平面图纸需要放大：

（1）项目面积过大，常规平面图的比例和图框已经容纳不下总平面图时，将总平面图分割成若干小区域并对其放大描述，称为区域放大图。

（2）复杂程度高，细节丰富的区域，在平面图上无法清晰表达，需要重点放大的，称为重点放大图。

下图是一张总平面图，比例为 1:250，在这张图上无法进行正常的标注工作，由于比例小，细节无法看清，因此在此图基础上分为两个区域进行放大（见下图红色虚线框）。

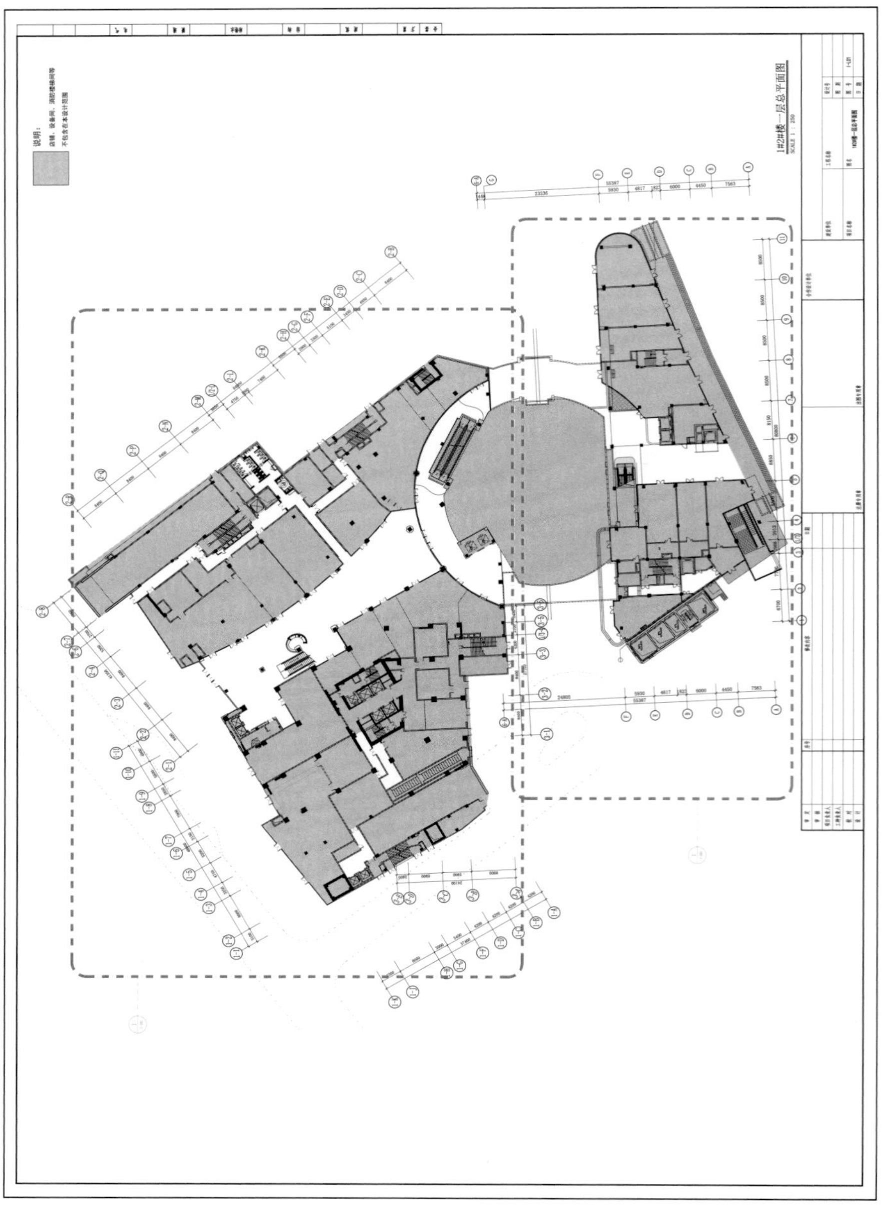

3.4.2 区域放大图

下图为一区的区域放大图，比例为 1:100，属于正常的平面布置图的比例，可以进行标注等工作。
但是在这一区域的公共卫生间比较复杂，内容较多，1:100 的比例无法满足表达要求，这时可以对公共卫生间进行放大。

索引图：说明放大区域的所处位置

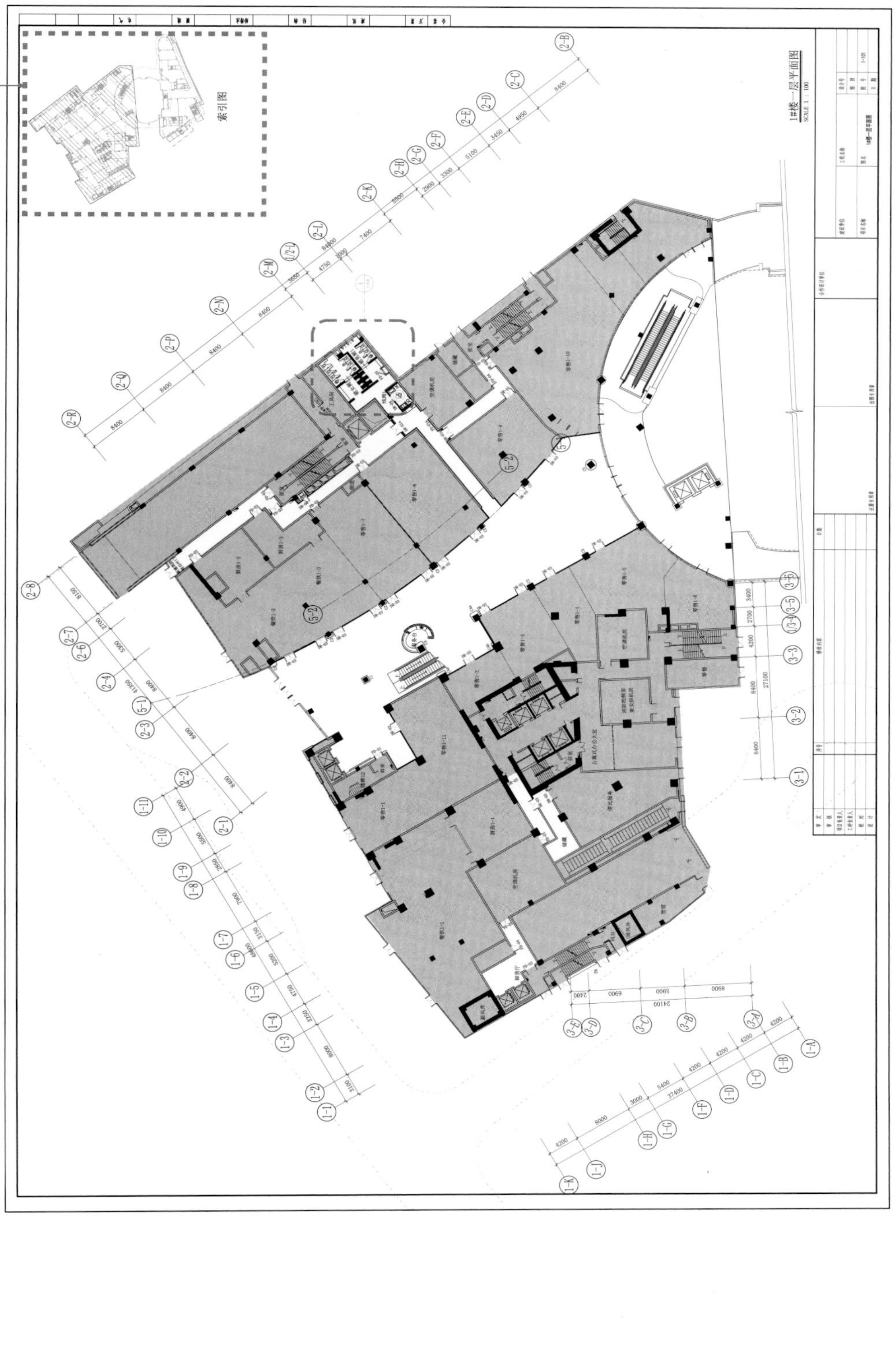

3.4.3 重点放大图

下图为公共卫生间的放大图，比例为 1:30，这时在图纸上公共卫生间的细节内容都得以清晰表达。

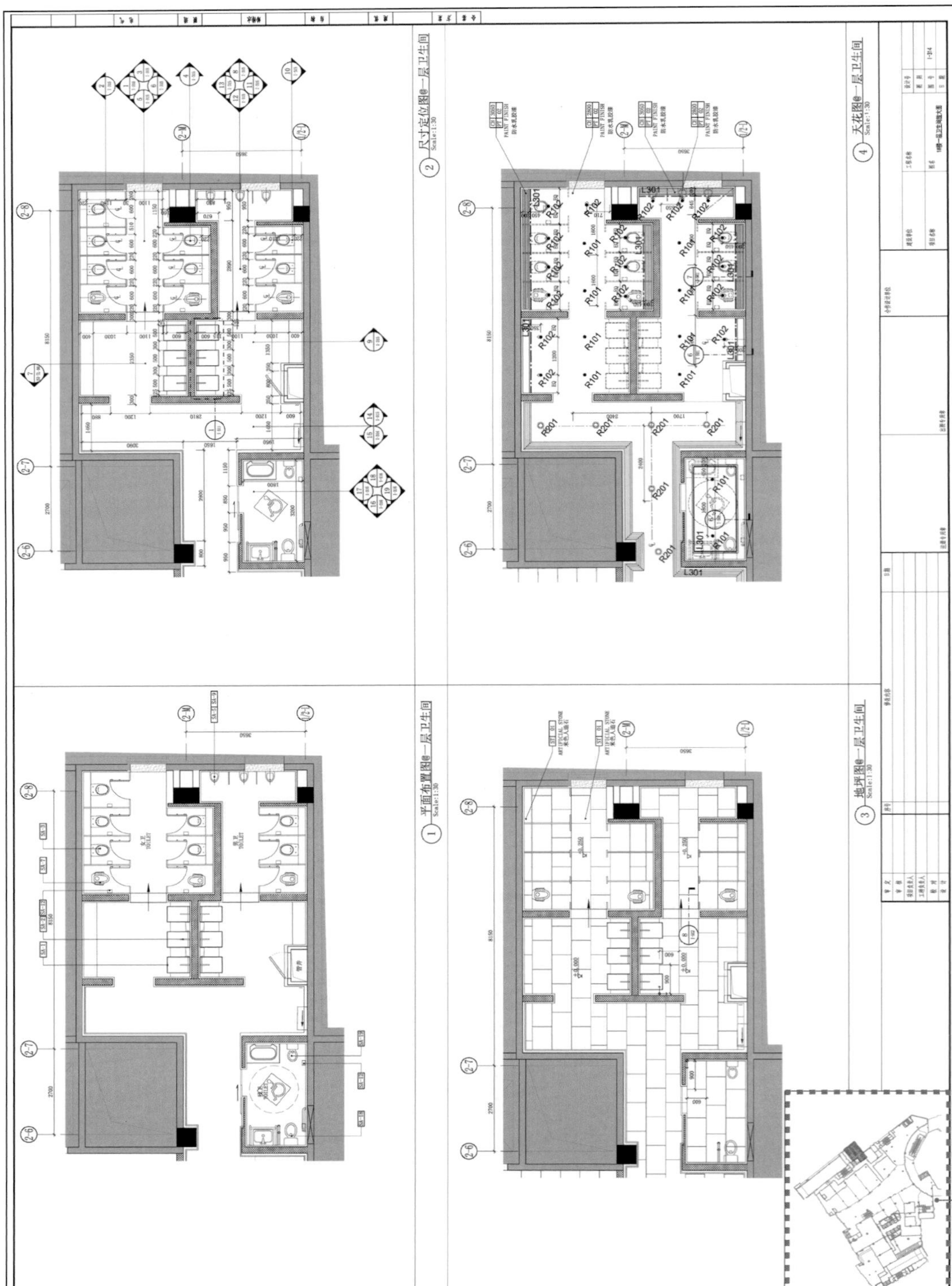

索引图：说明放大区域的所处位置

3.5 门表类图纸

把所有的装饰门按门的编号编制在一起，便于系统性地呈现不同装饰门的种类和信息，门的节点属于门表的一部分，可以编制在门表后面。门表适用于门的种类较多的项目。

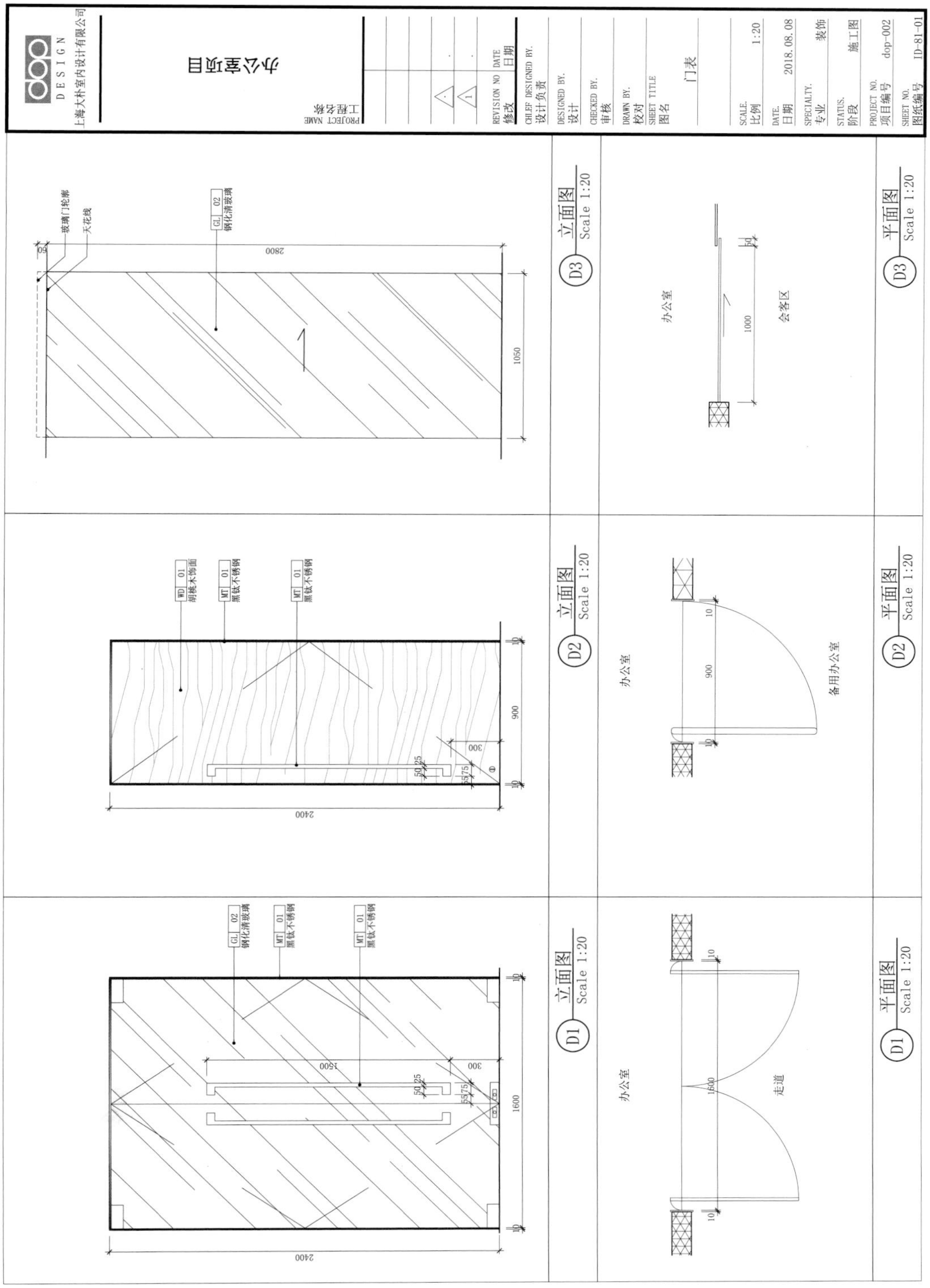

3.6 节点类图纸

3.6.1 定义描述

节点图也叫节点详图。在平立面图上无法表达清楚的造型、尺寸、材料交接、收口处理、内部构造、安装方式等，都需要添加节点图索引，进一步绘制节点图。

踏步模型

上图是一段楼梯的踏步，材质是木板，但是仅看外观，无法了解台阶的内部构造是什么，是怎样一层层地组装起来。

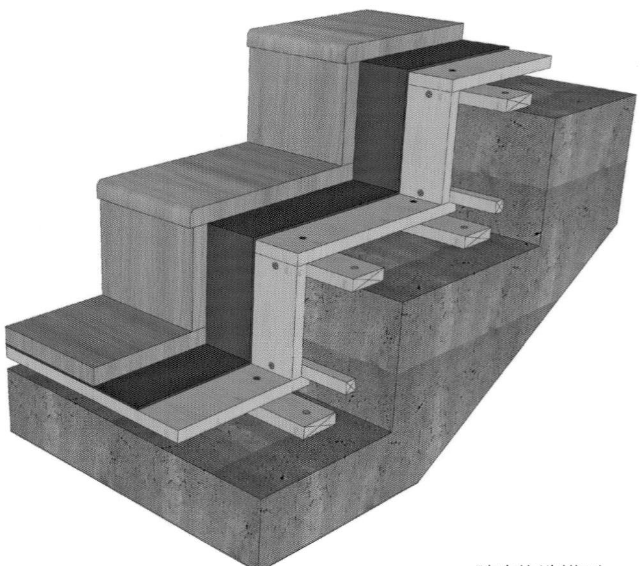

踏步构造模型

想要说明内部关系，必须要对台阶进行剖切，见上图。体现在施工图纸上就需要以节点图来表达。

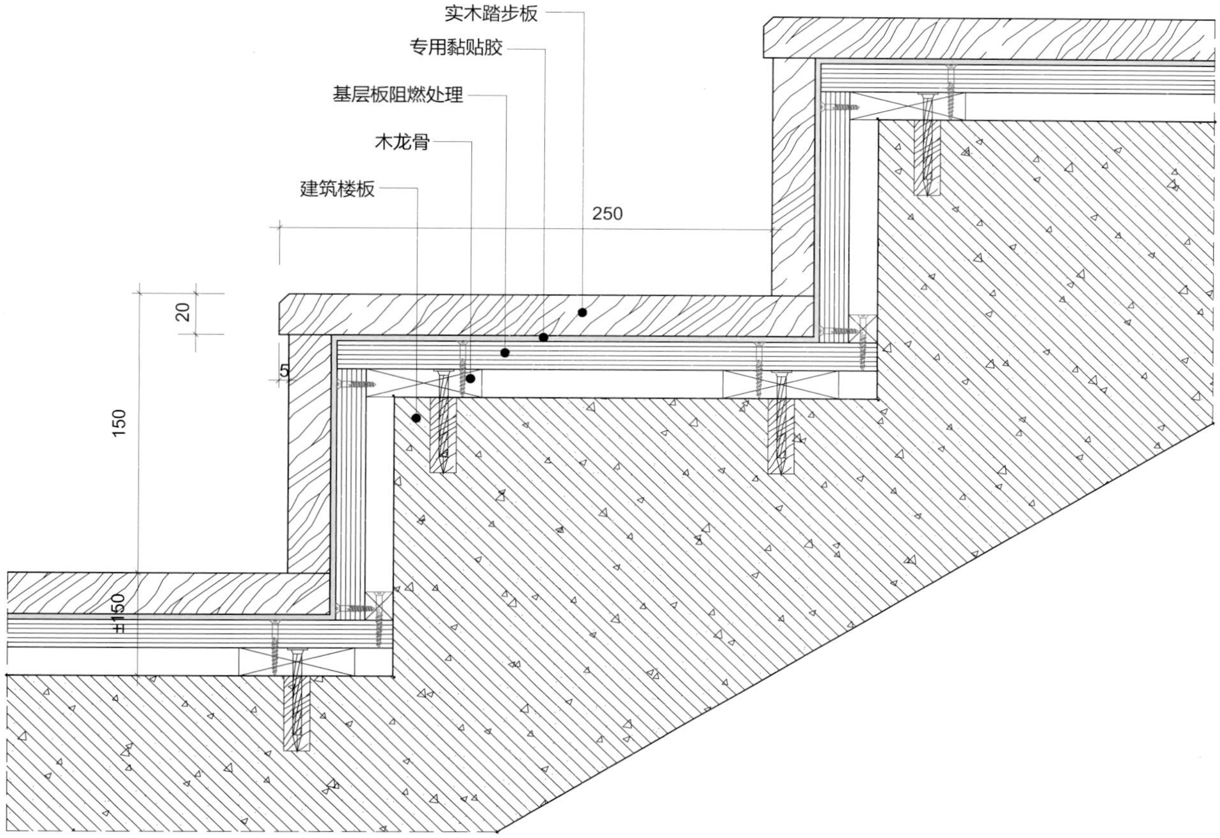

踏步节点图

节点图在施工图的体系中是一个比较特殊的存在。对于平面布置图、天花布置图或者立面图，我们都可以用三视图原理、投影画法这些知识来进行绘制，表达出设计的造型和关系；但是节点图的绘制除了要求设计师能够理解设计，还需要对看不到的内部构造和施工工艺有所了解，甚至还需要有一定的施工现场的经验。这时年轻的设计师往往会感到困难。

不过对于一些常见的基础节点来说，只要了解了一些基本的材料知识，掌握了一定的绘图套路，哪怕没有太多的工艺经验，还是一样可以画出符合要求的节点图。

3.6.2 节点类图纸的组成

节点类图纸包主要含以下 4 部分内容：

（1）天花节点图。

（2）地坪节点图。

（3）墙身节点图。

（4）固定家具节点图。

1. 天花节点图

天花节点图是指描述天花造型细节和做法的图纸，索引自天花布置图，见下图示例。

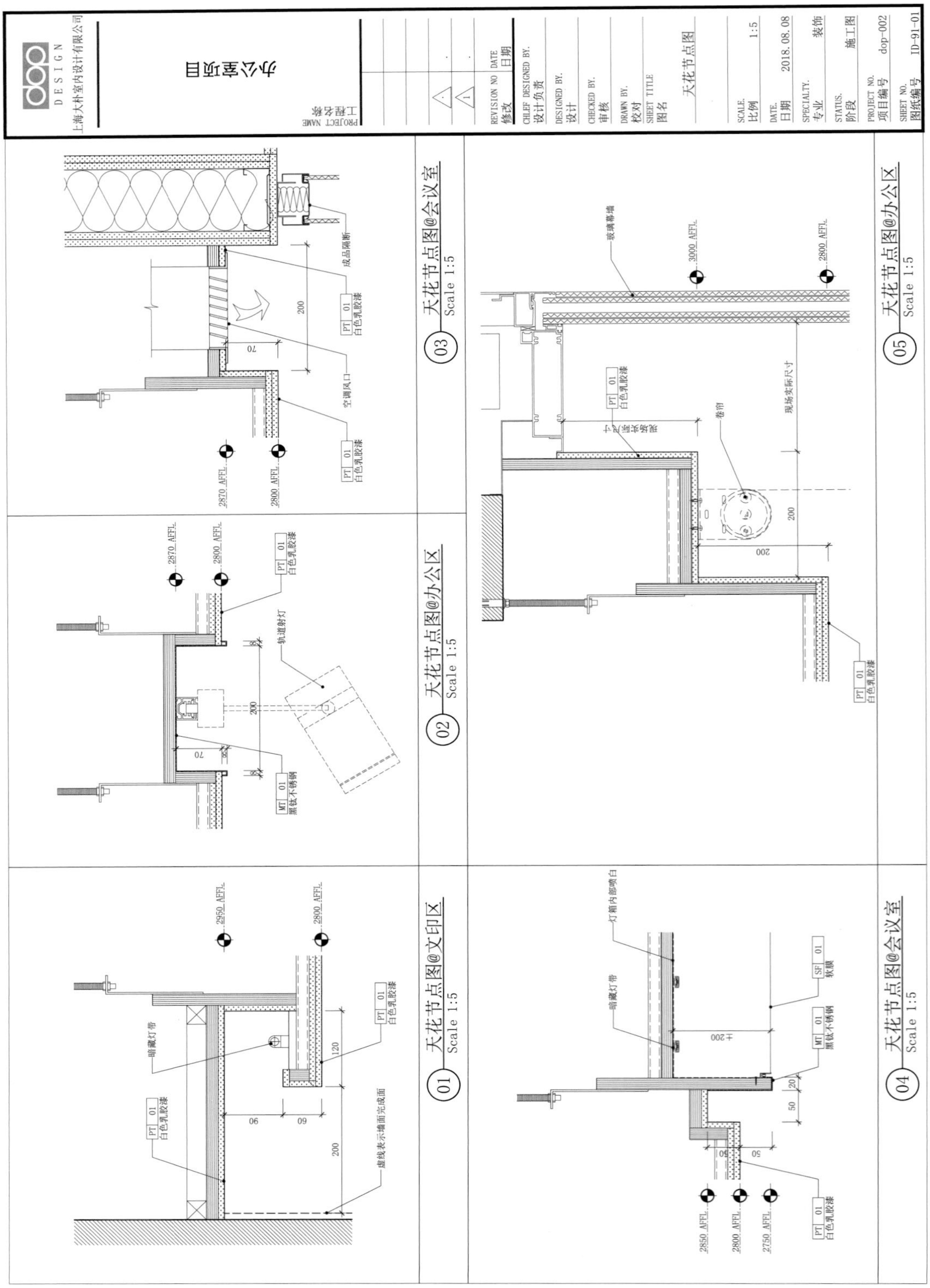

2. 地坪节点图

地坪节点图是指描述地坪做法和交接细节的图纸，索引自地坪布置图，见下图示例。

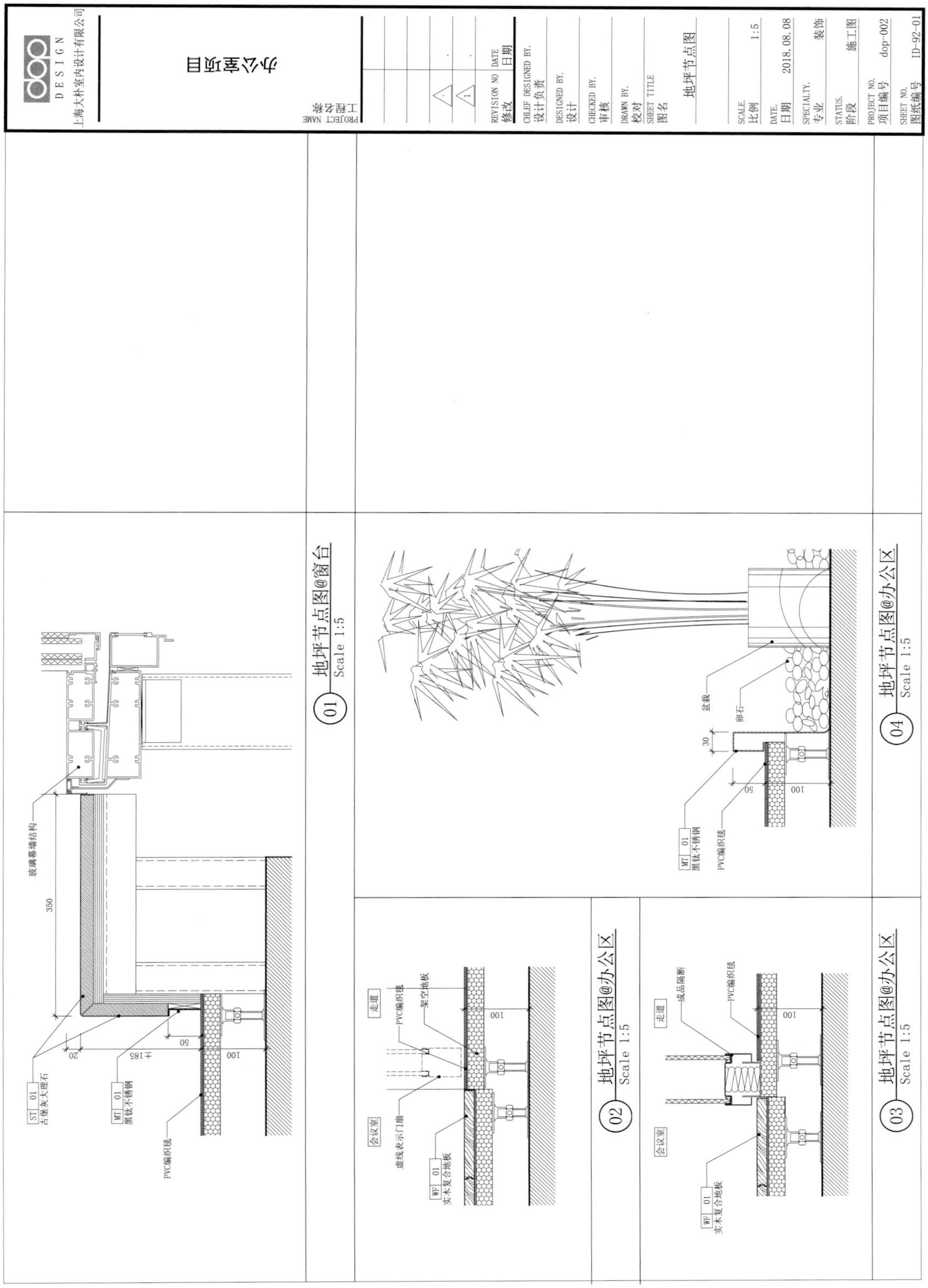

3. 墙身节点图

墙身节点图是指描述墙身材料、踢脚的标准做法和墙面造型细节的图纸，索引自立面图，见下图示例。

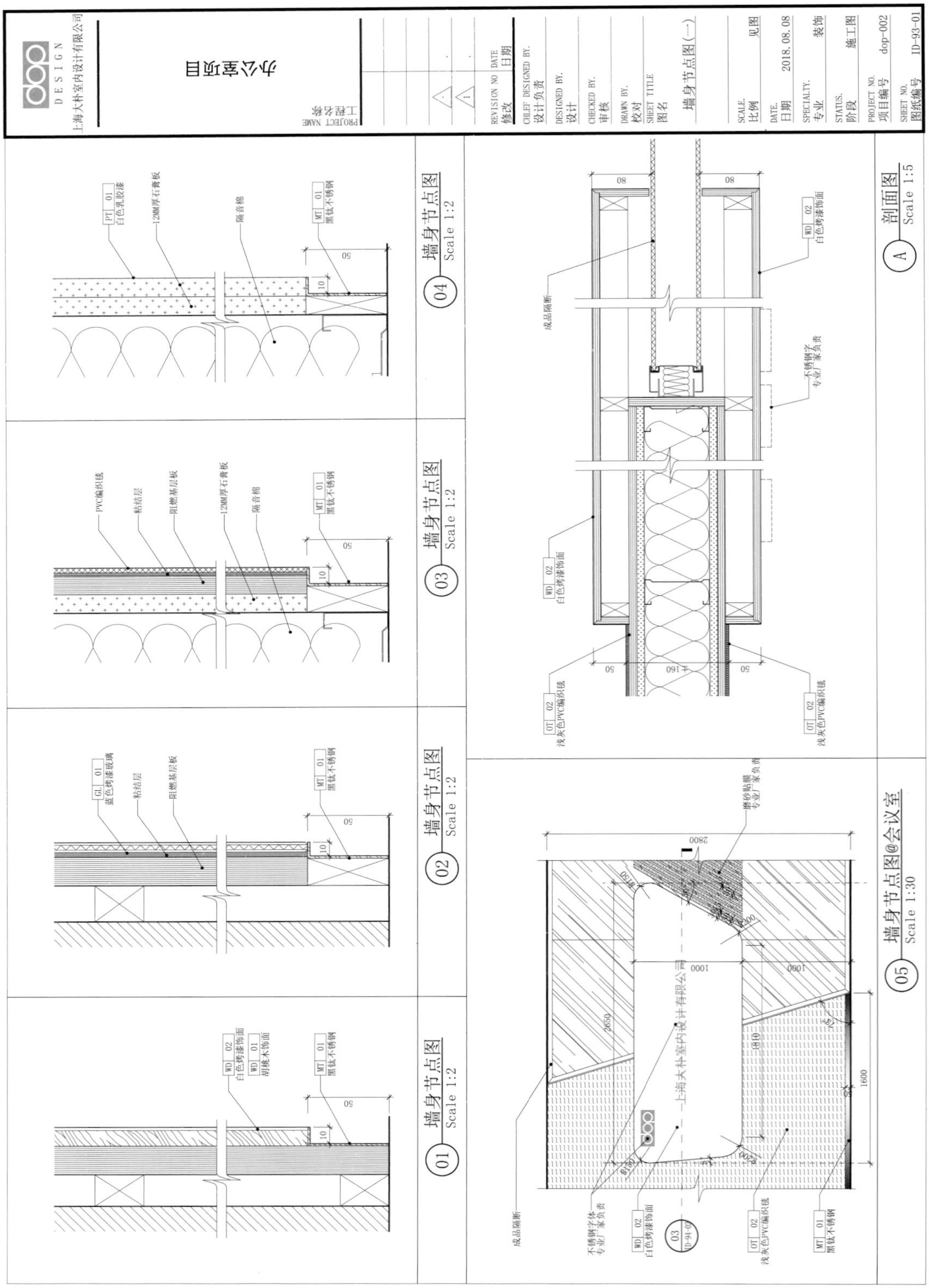

4. 固定家具节点图

固定家具节点图是指描述固定家具造型细节和做法的图纸，以放大形式引出的固定家具节点索引自尺寸定位图；以剖面形式引出的固定家具节点索引自立面图，见下图示例。

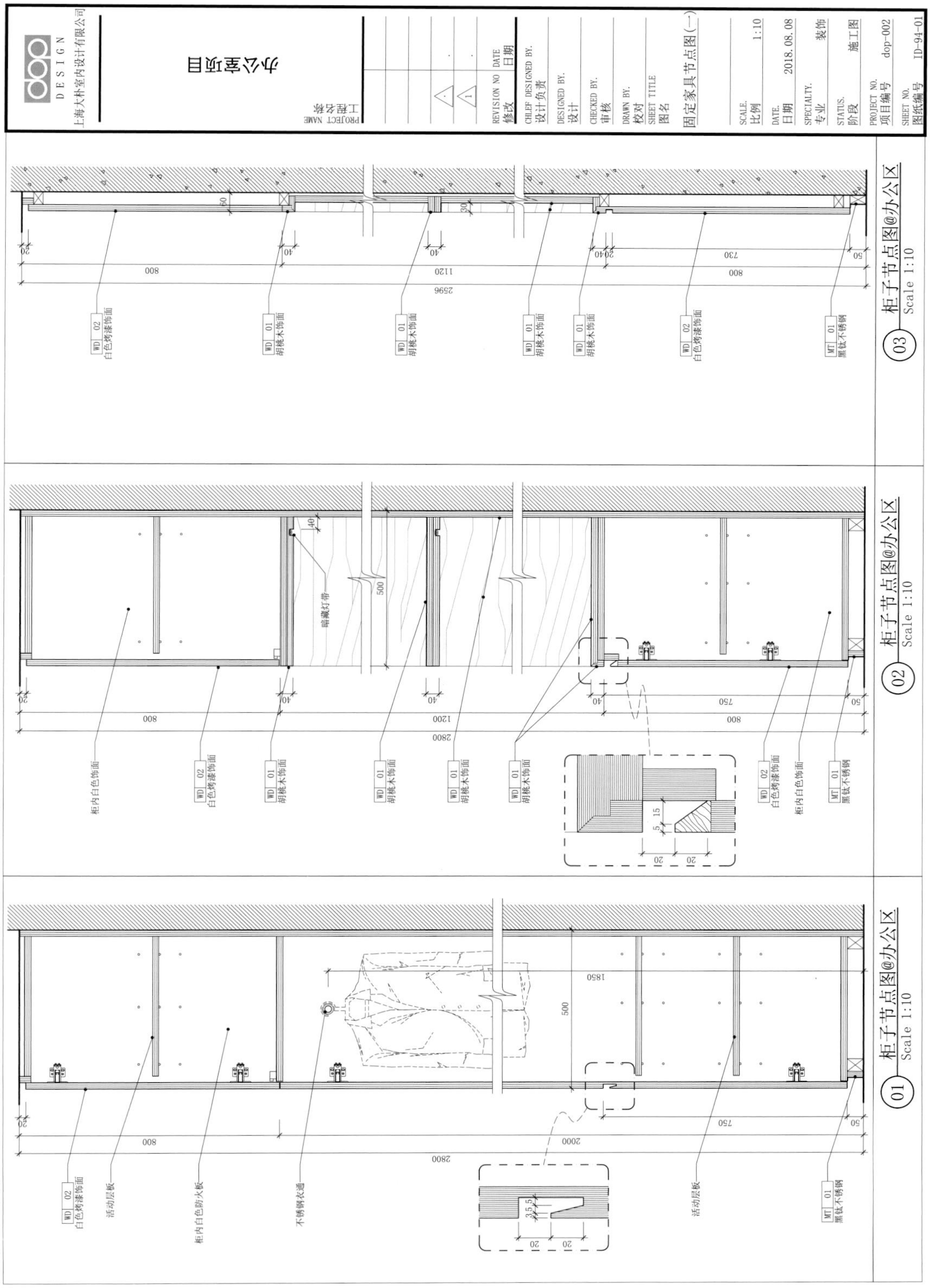

3.6.3 设计提资

相关的平立面图纸

因为节点图是施工图的最后部分，需要相对完整的图纸才能进行。

3.6.4 专业知识

1. 构造：皮、肉、骨

构造：皮 + 肉 + 骨

对几乎所有的节点构造，都可以拆解为“皮 + 肉 + 骨”。

（1）“皮”：即面层（各种饰面材料）。

（2）“肉”：即基层、结合层（各种基层板材）。

（3）“骨”：即骨架（各种龙骨）。

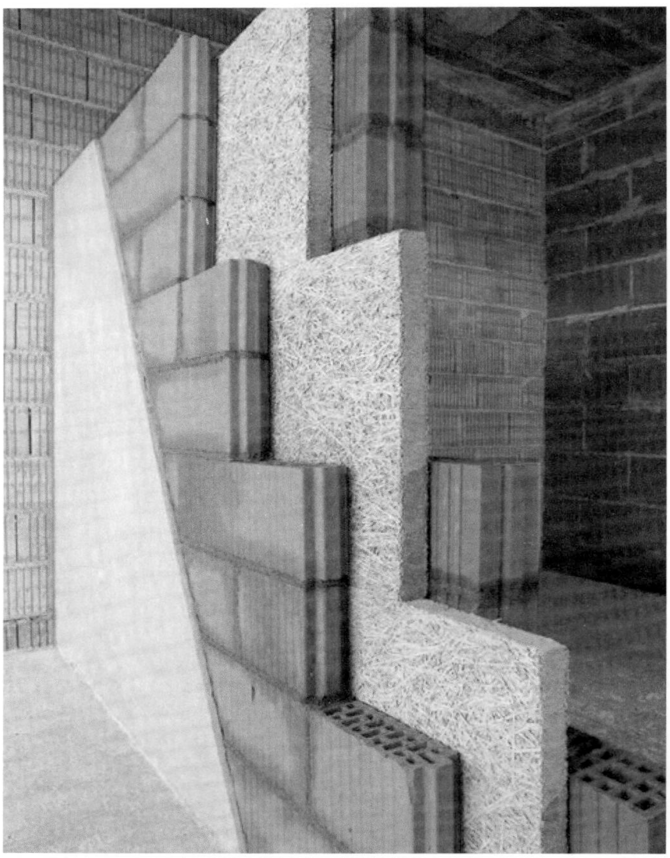

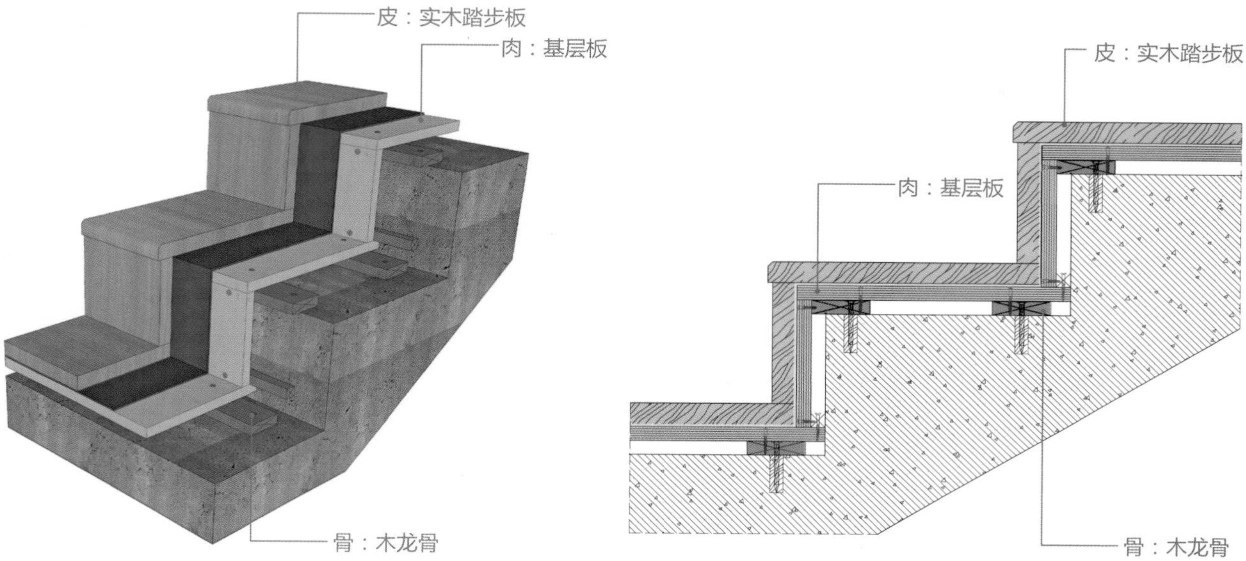

踏步构造分析

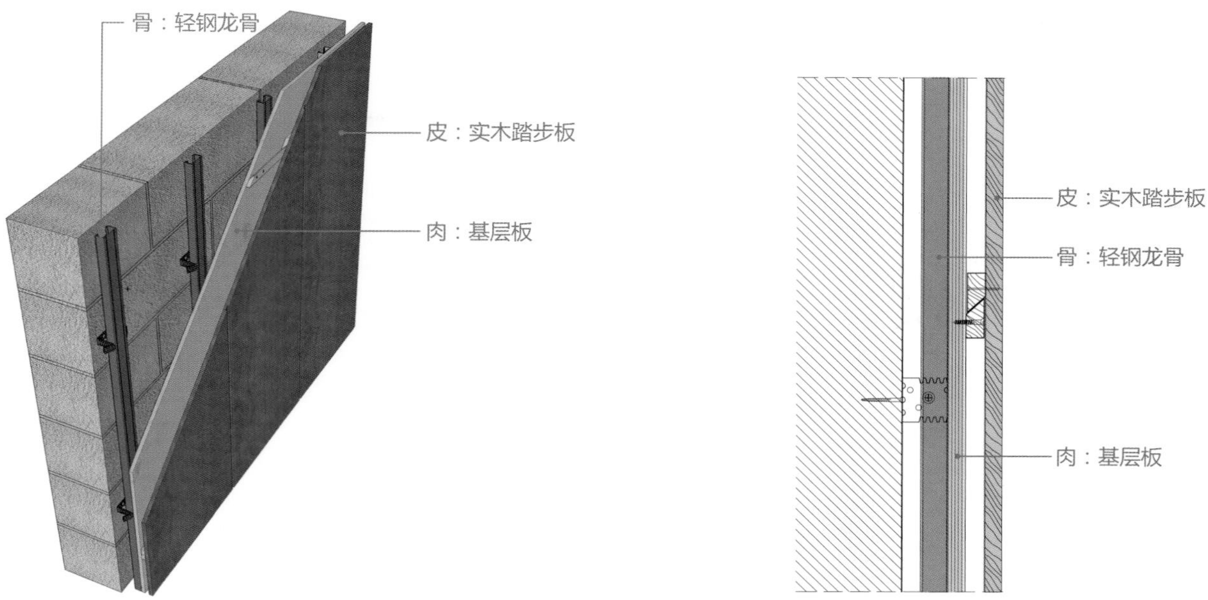

墙体干挂木饰面构造分析

1）常见基层材料

常见的基层材料有：包括细木工板、多层板在内的各种木基层板、石膏板、水泥板等，水泥砂浆在某些情况下也可以理解为基层材料。

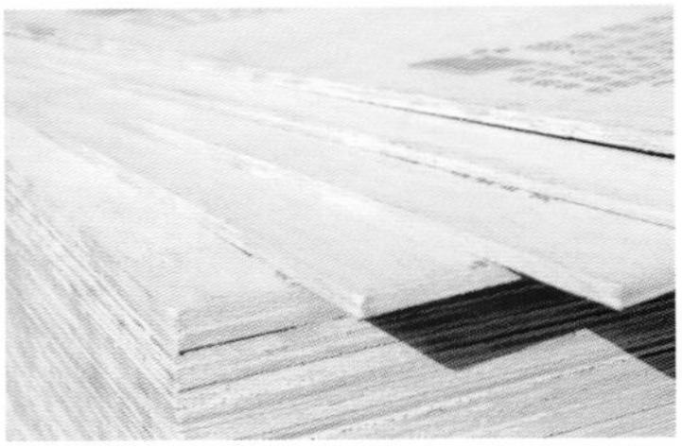

木基层板

厚度：常用 3mm、5mm、9mm、12mm、18mm
长宽：2440mm×1220mm

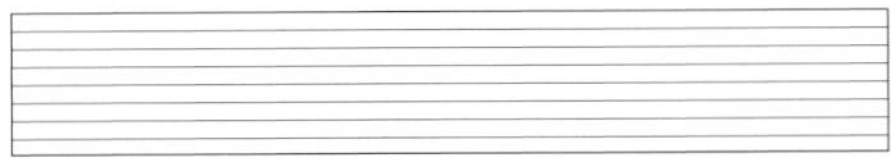

石膏板

厚度：常用 9.5mm、12mm
长宽：2440mm×1220mm

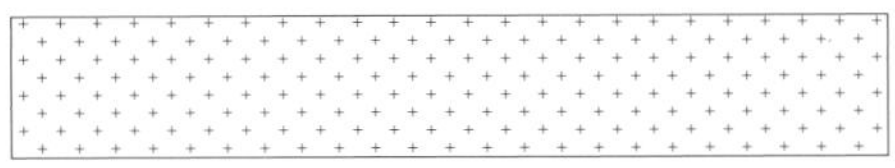

水泥板、硅酸钙板

厚度：常用 9mm、12mm、18mm
长宽：2440mm×1220mm

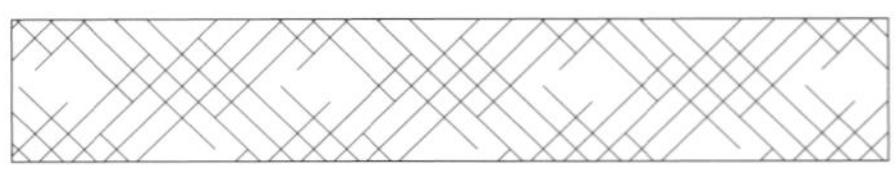

水泥砂浆

2）常见骨架材料

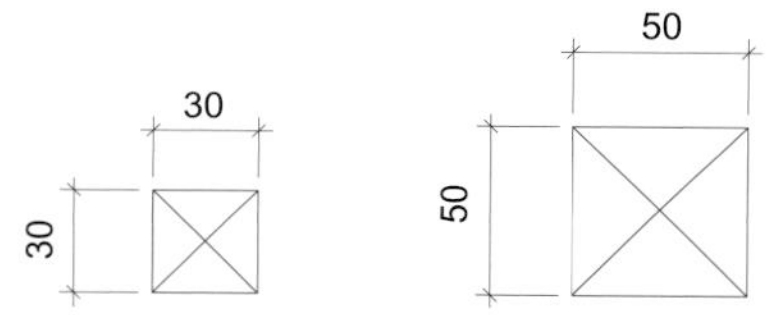

木方

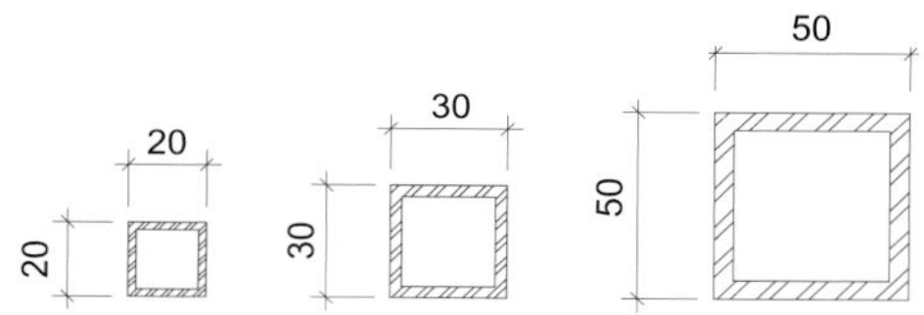

方钢管

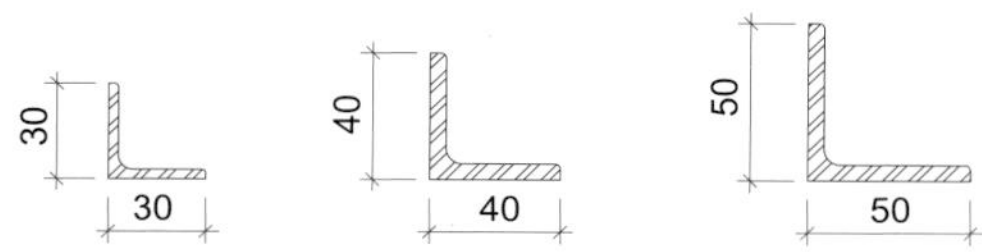

角钢

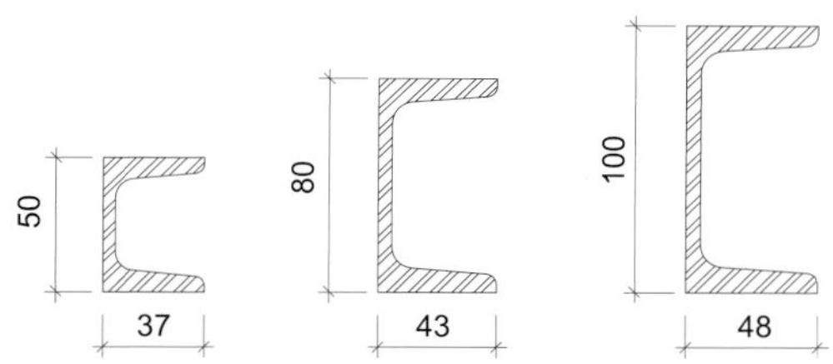

槽钢

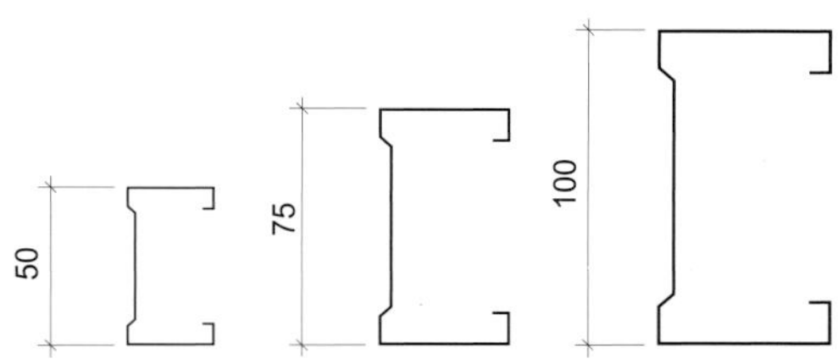

轻钢龙骨

2. 连接方式

按照设计造型，把面层、基层、骨架搭建组合在一起，以达到设计效果。不同的材料需要以不同的连接方式来组合。

常见连接构件、材料

钉子

胶水

螺栓

连接件

焊接

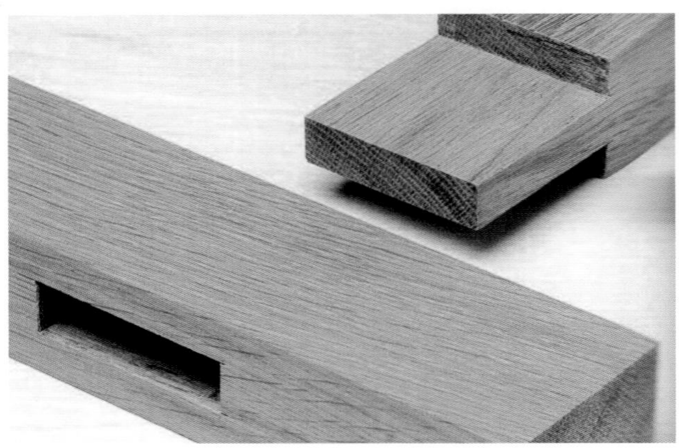

榫卯

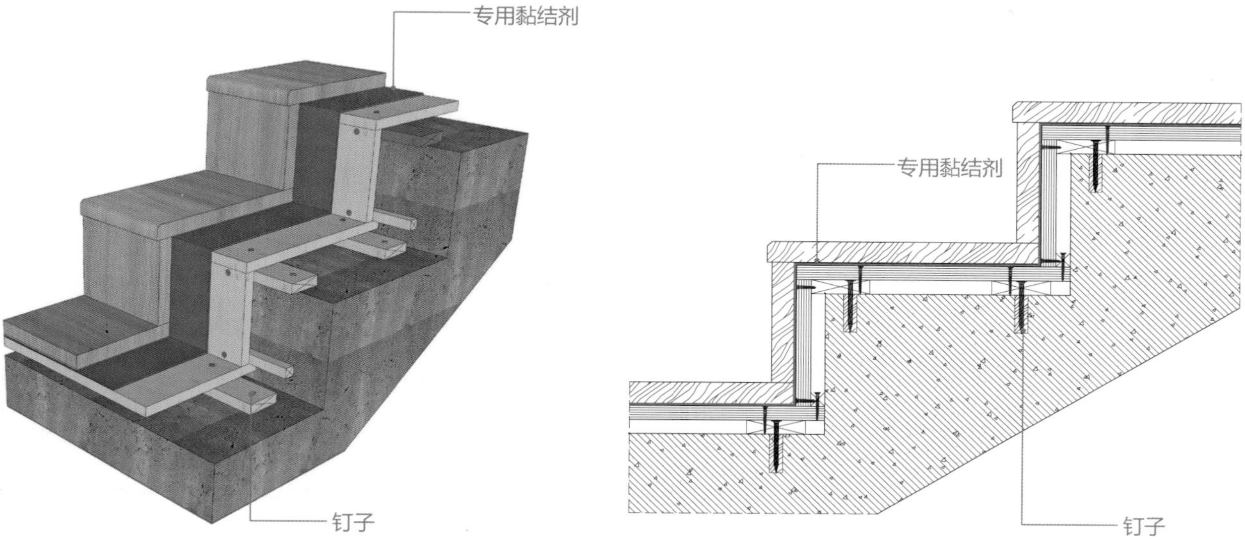

踏步构造连结方式分析

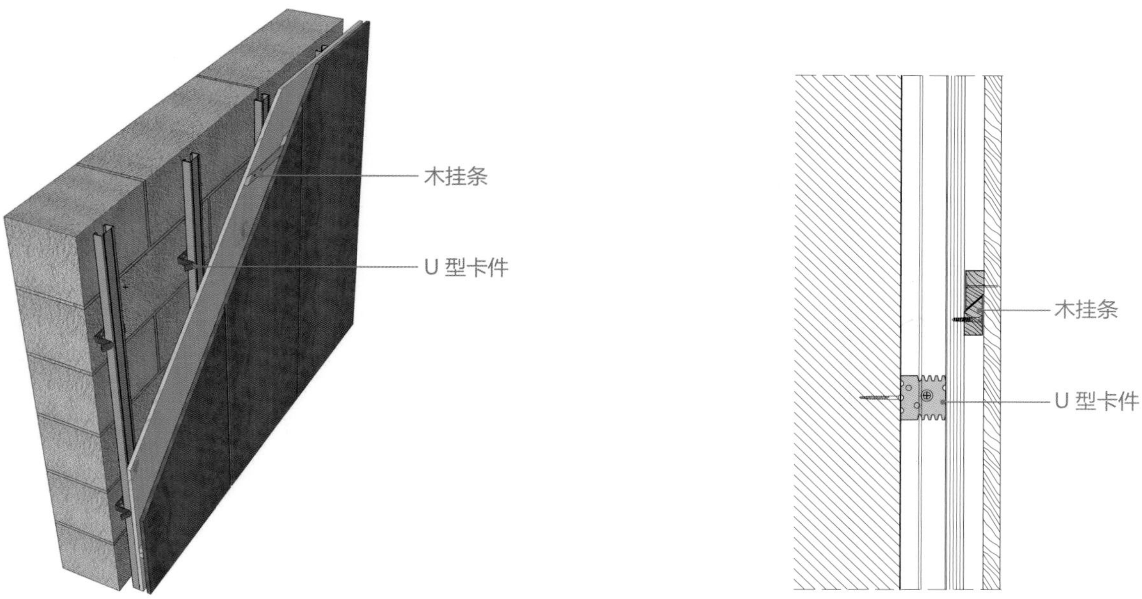

墙体干挂木饰面构造连接方式分析

3.6.5 画法要点

1. 剖面图和大样图

根据表现形式的不同，节点图分为剖面图和大样图 2 种，由不同的索引符号引出。

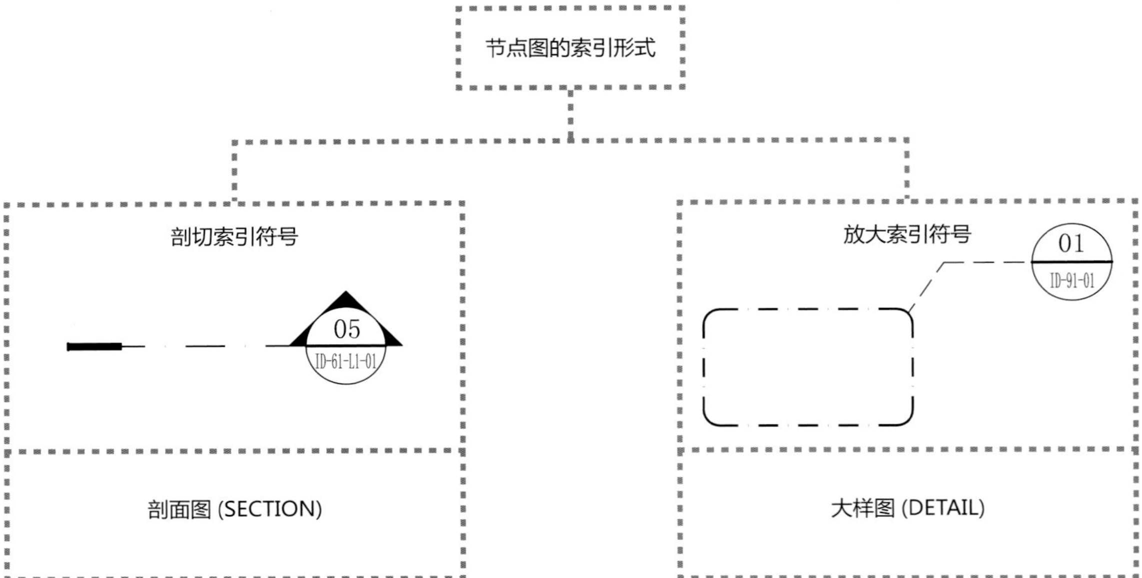

1）剖面图

剖面图即把物体一刀切开，表达剖切面的构造，见下图例所示。

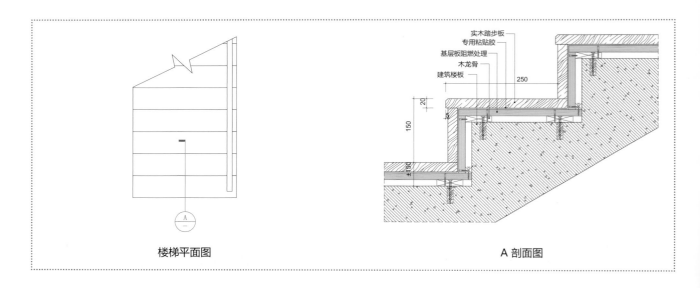

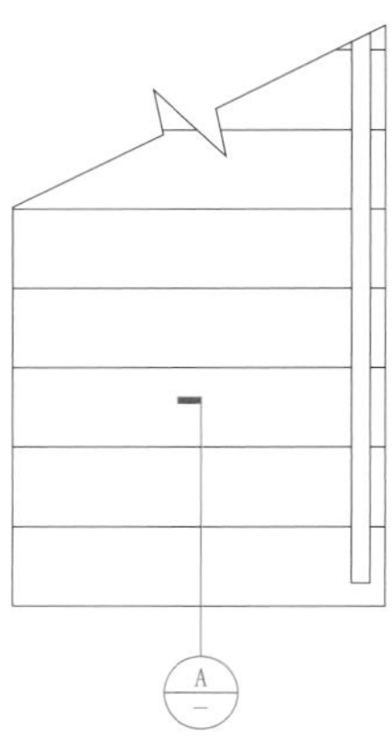

楼梯平面图

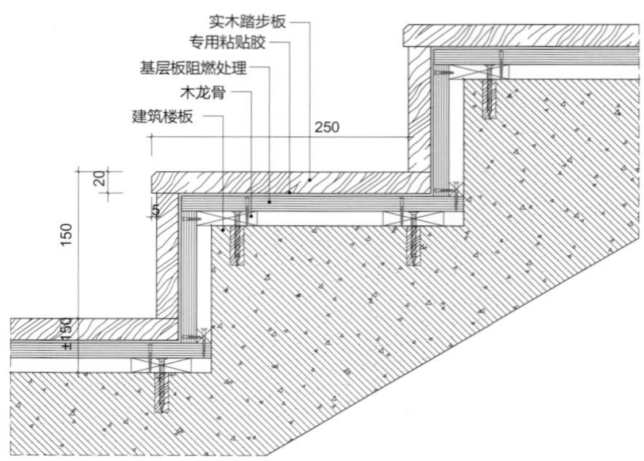

A 剖面图

2）大样图

原图比例较小，细节无法清晰表达，需要在原图基础上进行放大。

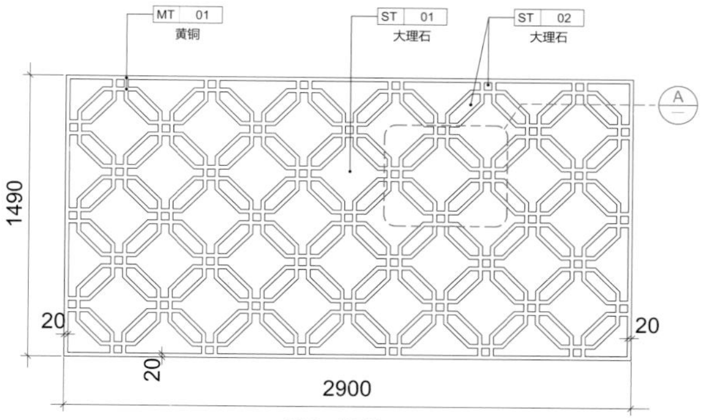

地坪拼花图

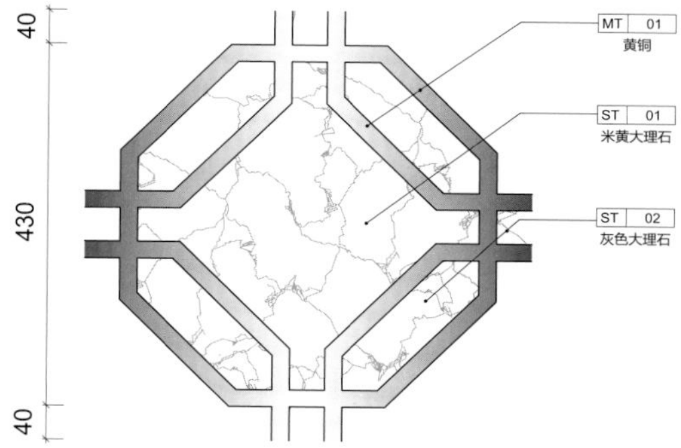

A 大样图

2. 各类型节点的索引位置

1）天花索引

在天花布置图上索引天花节点图。

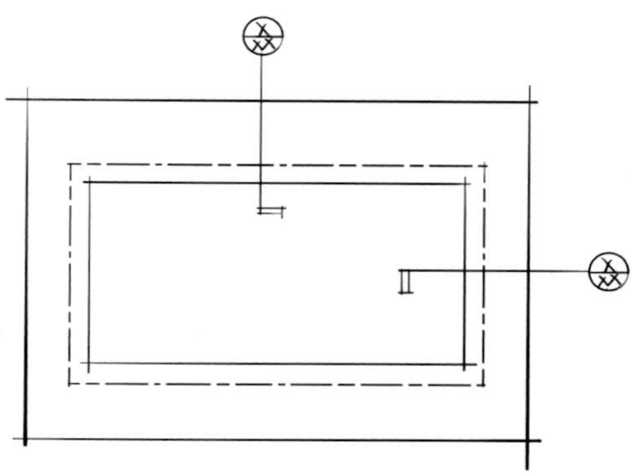

天花布置图

2）地坪索引

在地坪布置图上索引地坪节点图。

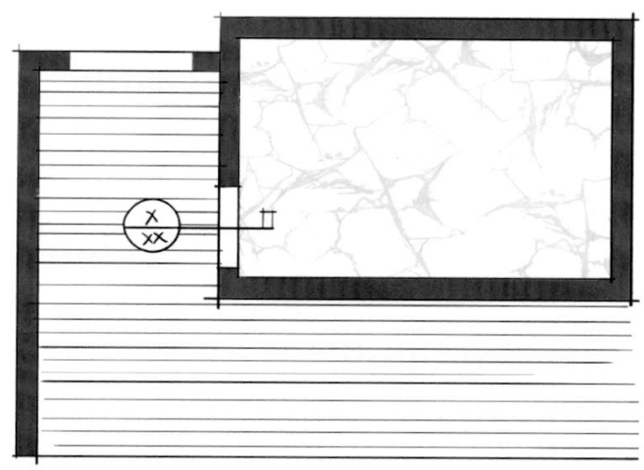

地坪布置图

3）墙身索引

在立面图上索引墙身节点图、墙面造型节点图以及部分固定家具节点图。

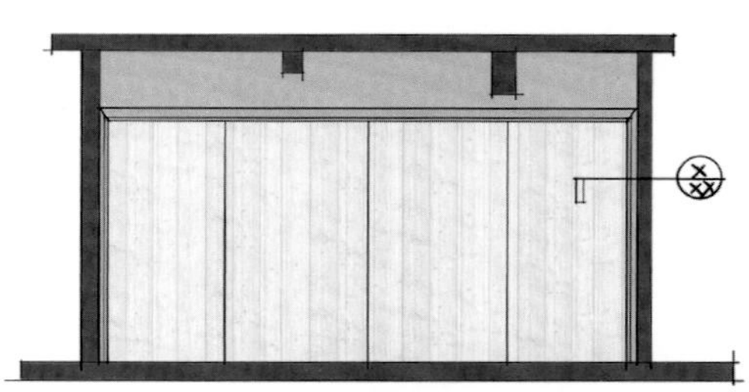

立面图

4）固定家具索引

在尺寸定位图上索引部分固定家具，采用放大符号索引。

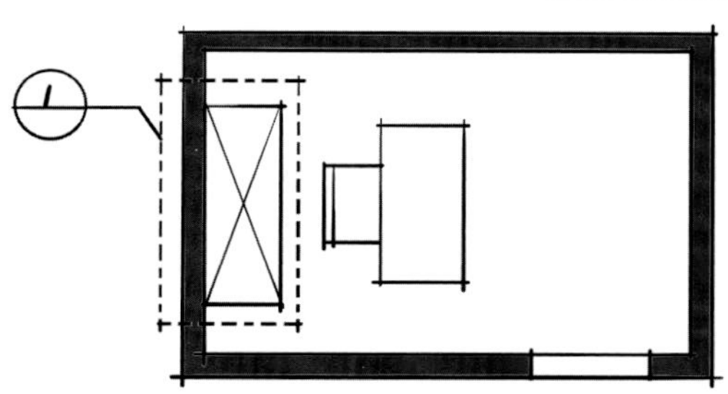

尺寸定位图

3. 复合索引的应用

1）墙身造型节点的示例

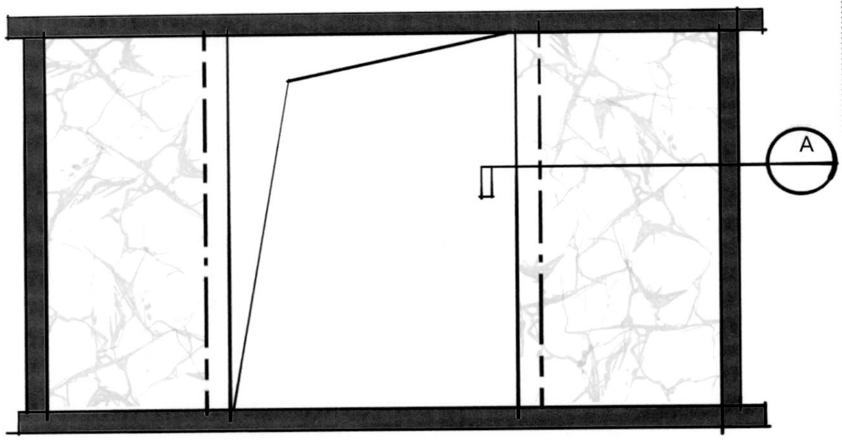

立面图 1:50

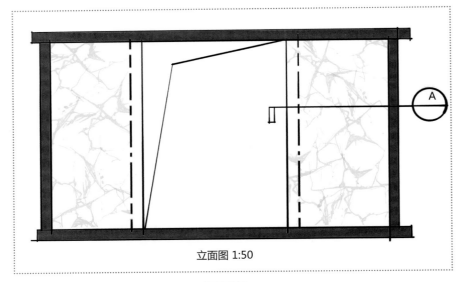

①在立面图索引出墙身造型A剖面图。

A 剖面图 1:10

② A 剖面图绘制完成后仍有细节无法表达清晰的，在 A 剖面图上继续索引 B 大样图。

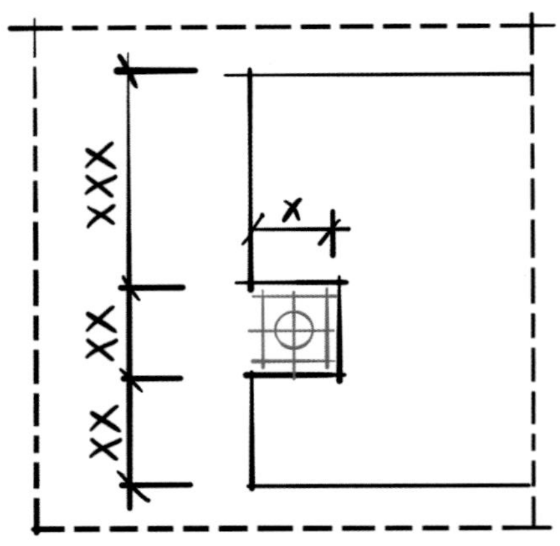

B 大样图 1:2

③ B 大样图绘制完成。

2）固定家具节点的示例

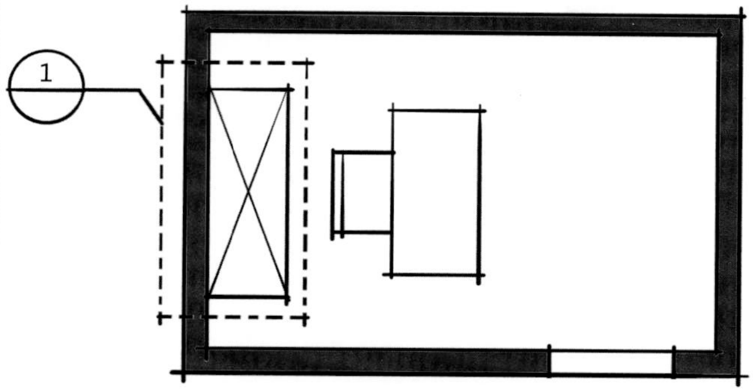

尺寸定位图 1:50

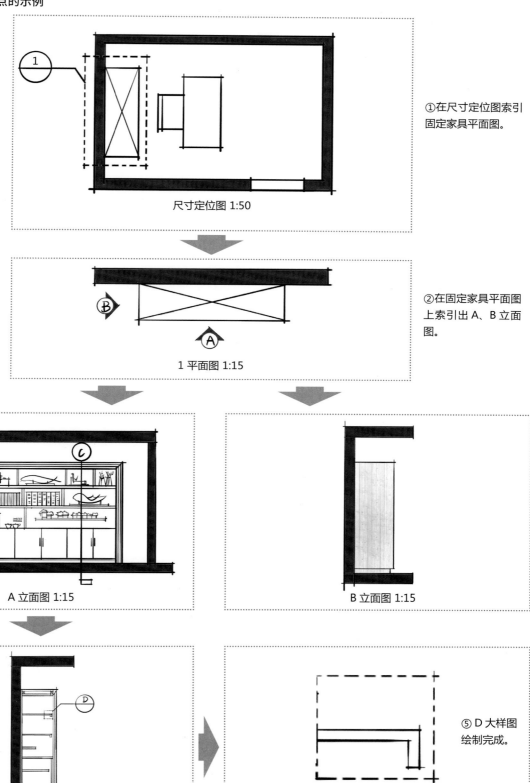

①在尺寸定位图索引固定家具平面图。

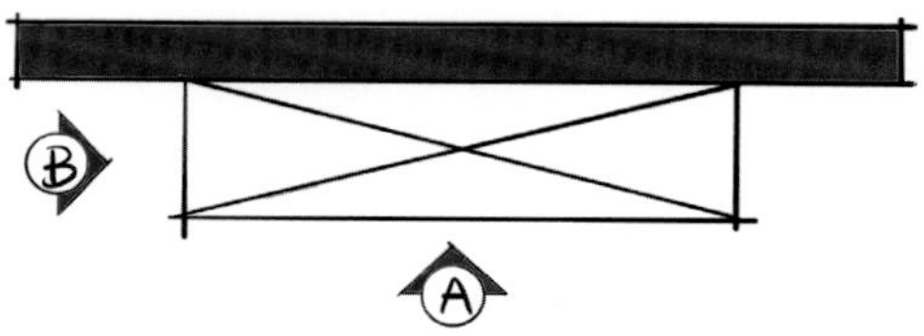

1 平面图 1:15

②在固定家具平面图上索引出 A、B 立面图。

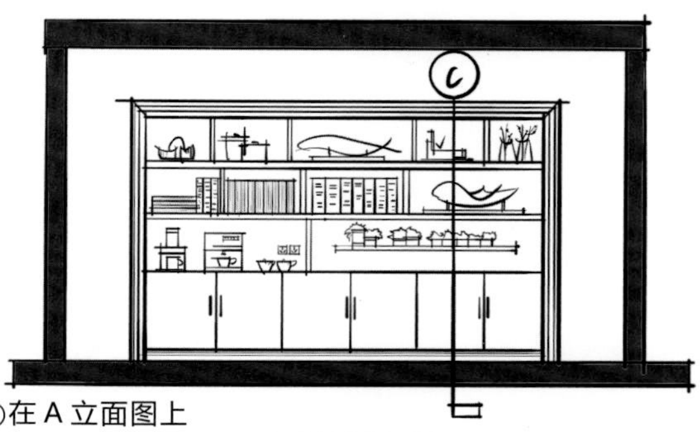

③在 A 立面图上索引出 C 剖面图。

A 立面图 1:15

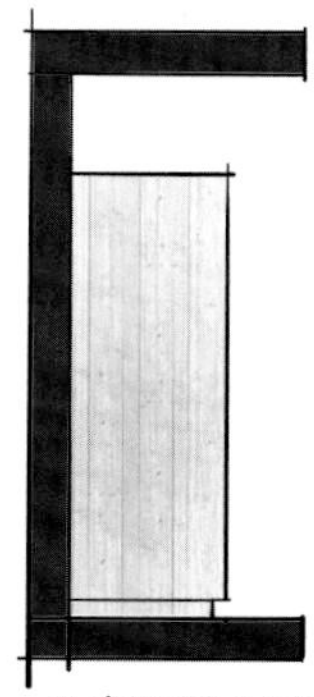
B 立面图 1:15

④ C 剖面图绘制完成后仍有细节无法表达清晰的，在 C 剖面图上继续索引 D 大样图。

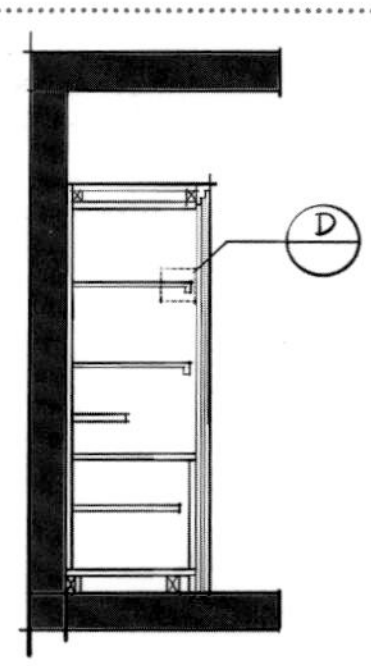

C 剖面图 1:10

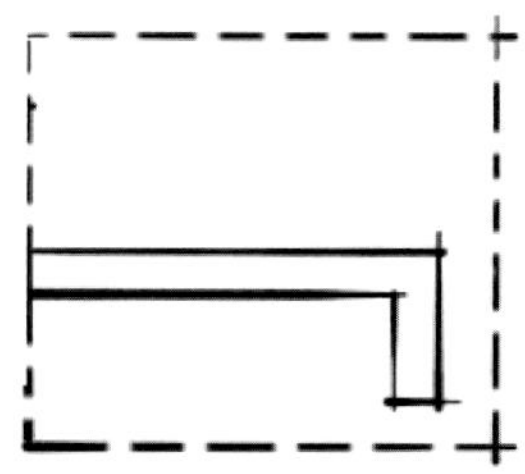
⑤ D 大样图绘制完成。

D 大样图 1:2

3.6.6 学习建议

1. 常用节点

常用节点是指每一个项目都可能会用到的基础节点，具有代表性。常用节点在节点图中所占的比重很高，掌握了常用节点的工艺和画法，可以明显提升节点图绘制的工作效率。

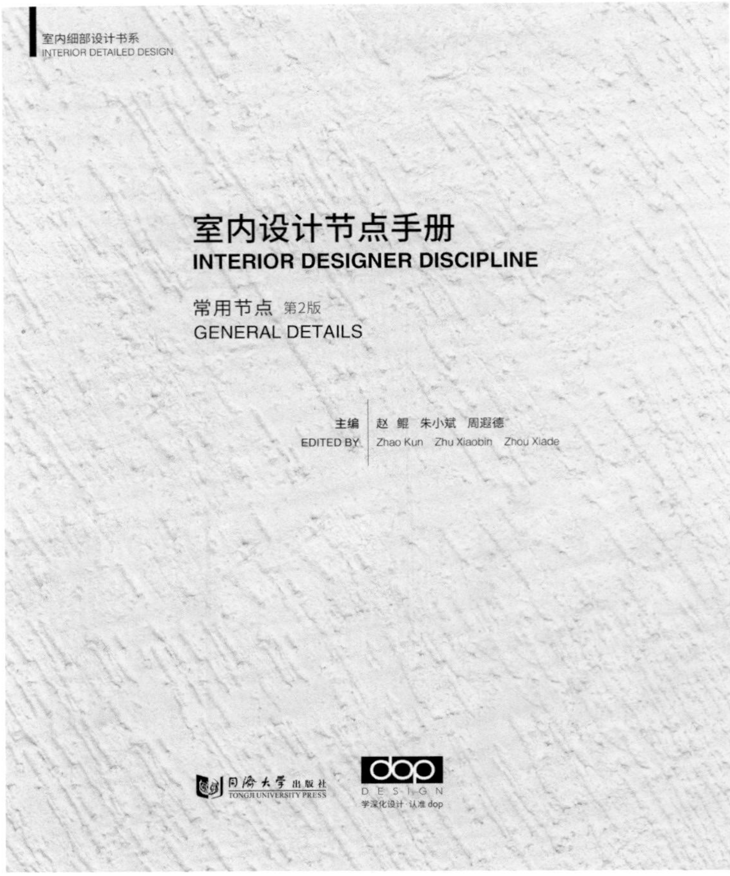

2. 特殊节点

特殊节点指非常用的节点，会涉及到新材料、新工艺、特殊造型，或者牵涉到构造安全的节点。这类节点图不是单纯依靠设计师的理解和经验就能够绘制出来的，需要借助外部技术力量的支持（例如材料供应商、施工单位），进行沟通配合才能完成。

4

室内施工图审核与输出

4.1 图纸审核

4.2 图纸输出

4.1 图纸审核

4.1.1 定义描述

图纸绘制完成后需要进行审核，发现图纸中的问题并加以修正，以确保图纸质量。通过对常见问题的经验总结能大大降低施工图的出错概率。

图纸中的问题可以分为两类：

（1）图纸问题：由于设计师经验能力不足而造成的错误。比如：相关专业知识薄弱，没有及时发现前期的不可行因素；和其他专业配合时没有发现冲突点；缺乏基本工艺常识，节点做法绘制有误等。

（2）图面问题：由于设计师不严谨、不规范而造成的错误。比如：平立面图不对应，图纸索引不对应，材料、尺寸漏标或标注错误，绘图不规范，缺乏制图标准等。

图纸问题由于涉及到方案的可行性，可能造成较大的时间、经济损失，因此应该由能力强的资深设计师在各个阶段提前进行审核。如果等到全套图纸完成后再进行审核，即便发现问题也已经来不及了。

图面问题虽然不会太致命，但是数量多的话一样会影响图纸质量，损害业主对设计师的信任。图面问题和设计师的经验、能力关系不大，因此只要掌握了一定的方法，有足够的责任心，年轻设计师也能有效地审核施工图纸的图面问题。

4.1.2 工具表单

室内施工图审核清单				
图纸名称	**图纸编号**	**图纸需表述内容**	**有/无**	**对/错**
图纸目录		1. 图名图号与图框上的图名图号是否一致		
		2. 图幅大小		
设计说明		1. 项目概况（名称、地点、建设方、建筑设计、室内设计、建筑概况）		
		2. 适用的法律法规，是否做到和最新版本同步		
		3. 设计范围示意平面图		
		4. 和项目匹配的材料工艺做法		
		5. 设计重点、难点的说明和提醒		
		6. 免责说明		
材料表		1. 装饰材料是否完整		
		2. 材料代号、名称和图纸中的材料代号、名称是否一致		
		3. 必要的规格描述（和效果或造价有关的）		
		4. 耐火等级		
平面布置图		1. 平面各区域、房间的名称（按需添加编号、净面积）		
		2. 墙面装饰完成面		
		3. 固定家具的表达及位置		
		4. 活动家具、家电及其他部品的摆放位置		
		5. 索引图及本平面在索引图所处的位置（按需）		
		6. 门索引符号		
		7. 立面索引符号（立面图的规划）		
		8. 建筑轴网		
		9. 新建墙体分类		
		10. 图纸比例是否合理（正常不能小于1:100）		
		11. 非设计区域的填充及图例		
尺寸定位图		1. 新建墙体的定位		
		2. 门洞、门垛的定位		
		3. 固定家具的定位		
		4. 不同墙体类型的交接处理		
		5. 墙体类型图例		
		6. 固定家具放大索引符号		
天花布置图		1. 天花造型		
		2. 天花灯具类型、位置		
		3. 天花造型尺寸标注、材质、标高		
		4. 灯具尺寸标注		
		5. 门、窗洞投影线		
		6. 到顶固定家具		
		7. 空调风口、检修口		
		8. 天花节点的索引符号		
		9. 天花布置图图例		
天花造型定位图（按需）		1. 天花造型		
		2. 天花灯具类型、位置		
		3. 天花造型尺寸标注、材质、标高		
		4. 门、窗洞投影线		
		5. 到顶固定家具		
		6. 空调风口、检修口		
		7. 天花节点的索引符号		
		8. 天花布置图图例		

天花灯具定位图（按需）		1. 天花造型		
		2. 天花灯具类型、位置		
		3. 灯具尺寸标注		
		4. 门、窗洞投影线		
		5. 到顶固定家具		
		6. 送回风口、检修口		
		7. 天花布置图图例		
天花灯具连线图		1. 灯具回路连线（是否合理）		
		2. 灯控开关或回路编号		
		3. 灯具选型编号（按需）		
		4. 墙面开关及相关控制器的尺寸标注		
		5. 灯具连线图图例		
综合天花布置图		1. 末端点位：喷淋、烟感、消防广播、探头等（按需）		
		2. 末端点位的尺寸标注		
		3. 综合天花布置图图例		
机电点位图		1. 强电插座及文字说明（功能、安装高度）		
		2. 弱电插座及文字说明（功能、安装高度）		
		3. 强弱电箱及及文字说明（功能、安装高度）		
		4. 非常规点位的安装位置是否合理		
		5. 特殊设备的点位安装是否符合设备选型要求		
		6. 点位安装与门的开启有无冲突		
		7. 点位安装与墙面造型及材质有无冲突		
		8. 机电点位图图例		
地坪布置图		1. 地坪材料规格、拼法		
		2. 地坪标高		
		3. 地坪材料的起铺点（按需）		
		4. 地漏的位置及找坡		
		5. 不同材质的交接处理以及门槛的材质是否说明		
		6. 地坪的材质标注		
		7. 地坪的尺寸标注		
		8. 落地及不落地固定家具的表达		
		9. 地坪节点的索引符号		
		10. 地坪布置图图例		
立面图		1. 立面图数量是否完整		
		2. 建筑楼板以及地面完成面（按需）		
		3. 梁的剖面（按需）		
		4. 建筑门窗、飘窗的立面及剖面表达		
		5. 造型的立面及剖面表达		
		6. 固定家具的立面及剖面表达		
		7. 活动家具的表达（按需）		
		8. 室内门的立面及剖面表达		
		9. 踢脚的立面及剖面表达		
		10. 机电面板的表达（复核因为对缝对中造成的和机电点位图的不一致）		
		11. 立面标高		
		12. 尺寸标注（主要是纵向尺寸及材料分割尺寸）		
		13. 材质标注有无遗漏		
		14. 建筑轴号		
		15. 墙身节点的索引符号		
		16. 立面图号的复核（和平面图的索引是否一致）		
		17. 图纸比例是否合理		

门表及门节点图		1. 门的数量统计是否完整（合并同类项、不遗漏）		
		2. 门的推拉面表达（视需要）		
		3. 门扇和门套、墙面、踢脚的关系		
		4. 特殊门的表达		
		5. 尺寸标注		
		6. 材质标注		
		7. 门节点的索引符号		
		8. 门编号及门节点编号的复核（和平面图门编号、门表的索引是否一致）		
		9. 图纸比例是否合理		
节点图		1. 节点图数量是否完整		
		2. 索引方式是否合理（剖面图、大样图）		
		3. 造型、关系		
		4. 骨架、基层、面层的表达		
		5. 固定及连接方式		
		6. 检修方式表达的是否清晰合理		
		7. 尺寸标注、标高标注		
		8. 材质标注		
		9. 节点编号的复核（和平面图、立面图的索引是否一致）		
		10. 图纸比例		
固定家具节点图		1. 节点图数量是否完整		
		2. 索引方式是否合理		
		3. 尺寸标注：平、立、剖面是否一致		
		4. 材质标注（柜内材料是否说明）		
		5. 节点编号的复核（和平面图、立面图的索引是否一致）		
		6. 图纸比例		
审核意见： 审核人： 日期：				

4.2 图纸输出

本书所说的图纸输出特指由 CAD 图纸输出为 PDF 格式的电子版文件。图纸输出是图纸交付前的最后一个步骤，输出的效果决定了一套图纸的成败。

4.2.1 打印界面分析

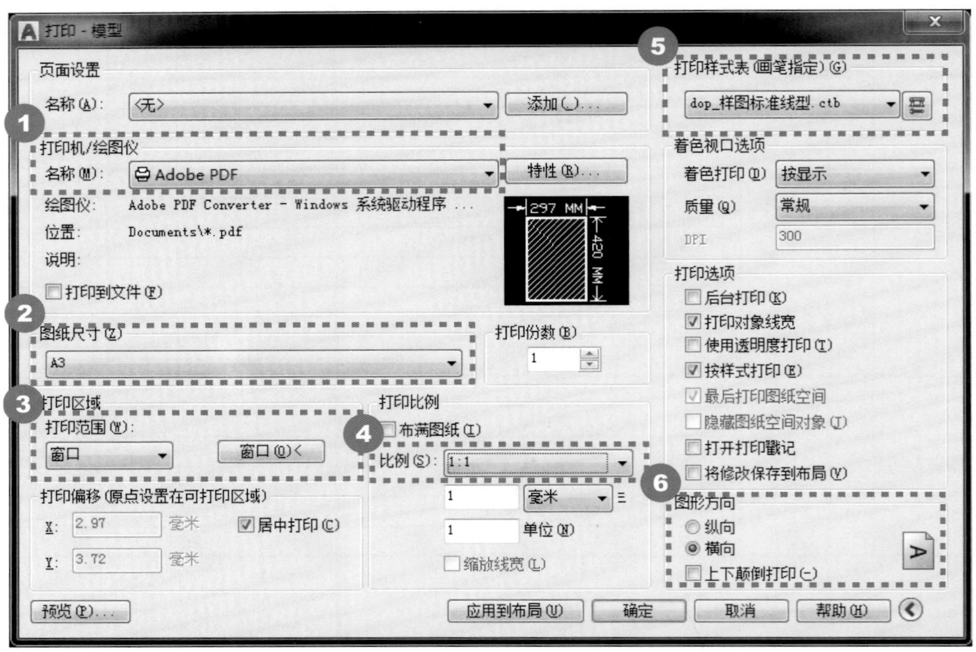

❶ 打印机的设置：

CAD 里面的打印机有好几种（Adobe PDF，DWG To PDF，PDFFactory Pro 等），建议使用 Adobe PDF。

❷ 图纸尺寸：

根据项目需要选择图幅尺寸。

❸ 打印范围：

点选窗口，在 CAD 中框选打印范围。

❹ 打印比例：

选择 1:1 打印（正规出图时一定要使用）。

❺ 打印样式：

选择和自己的制图习惯、标准匹配的打印样式。

❻ 图纸方向：

根据需要进行选择。

4.2.2 打印样式表编辑器分析

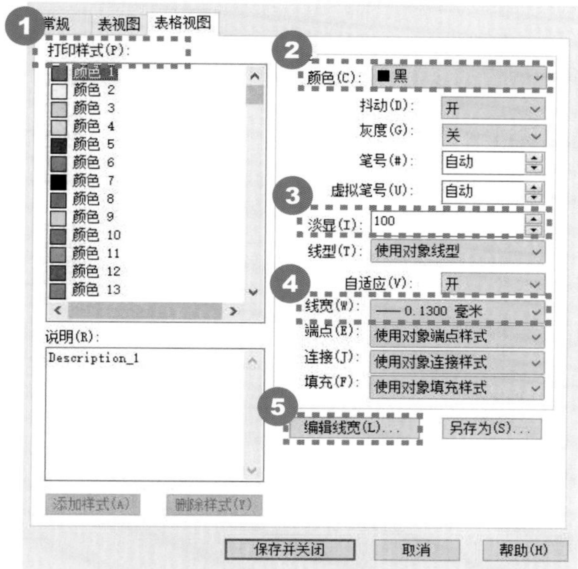

❶ 打印样式：

CAD 自带 255 个色号，不同的颜色可以独立设置不同的线宽等特性。

❷ 颜色：

颜色的选择代表图纸输出后图线的颜色，建议选择黑色（如有特殊需要，可自行调整，例如本书中所使用的 240 号颜色就是使用的对象颜色）。

❸ 淡显：

根据需要调整图线的深浅。

❹ 线宽：

设置图线的不同粗细。

❺ 编辑线宽：

根据需要进行调整。

扫码关注公众号“dop 设计”

回复关键词“打印样式”，获得电子版文件。

5

CAD 技巧

5.1 CHSPACE

一个 CAD 图纸文件的内容是分布在两个空间内的，图形内容在“模型空间”（下图中），材质标注和尺寸标注在“布局空间”（下图右）。

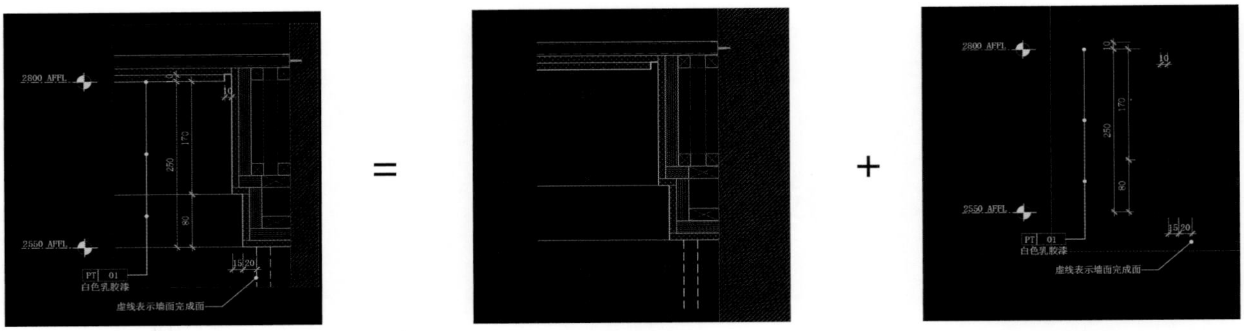

模型空间的内容

布局空间的内容

当需要把这个 CAD 图纸文件的全部内容复制到另一个 CAD 文件时，无法一次性把“模型空间”和“布局空间”里的内容全部选中并复制。这时可以使用“CHSPACE”命令，把“布局空间”里的内容转移到“模型空间”中，让两个空间的内容合并为一个。

操作步骤：

（1）键入“CHSPACE”命令，选择“布局空间”里的内容。

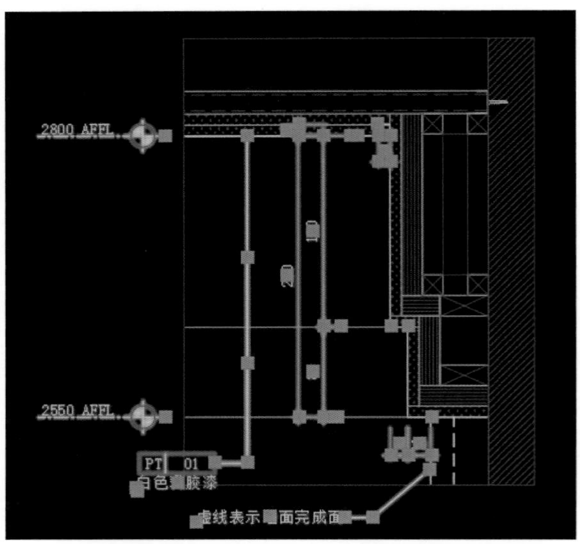

（2）回车，“布局空间”中的内容就已经 1:1 转换到“模型空间”里面了。之后就可以复制全部图纸内容到另一个 CAD 文件里了。在新的 CAD 文件里，同样可以使用“CHSPACE”命令将所需要的内容从“模型空间”中转换到“布局空间”里。

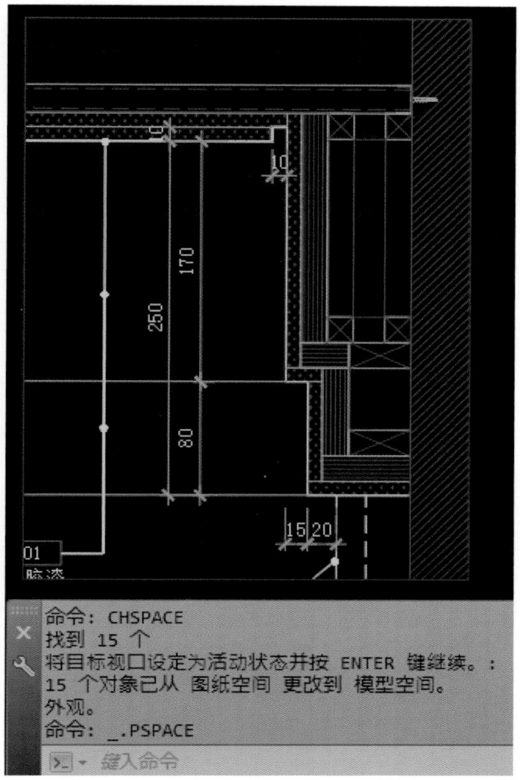

5.2 一层多线

同一个图层的同一种图线在不同的视口里面显示为不同的线型样式。

沙发、餐桌、书桌等活动物品在平面布置图中以实线 (Bylayer) 显示（见下图）。

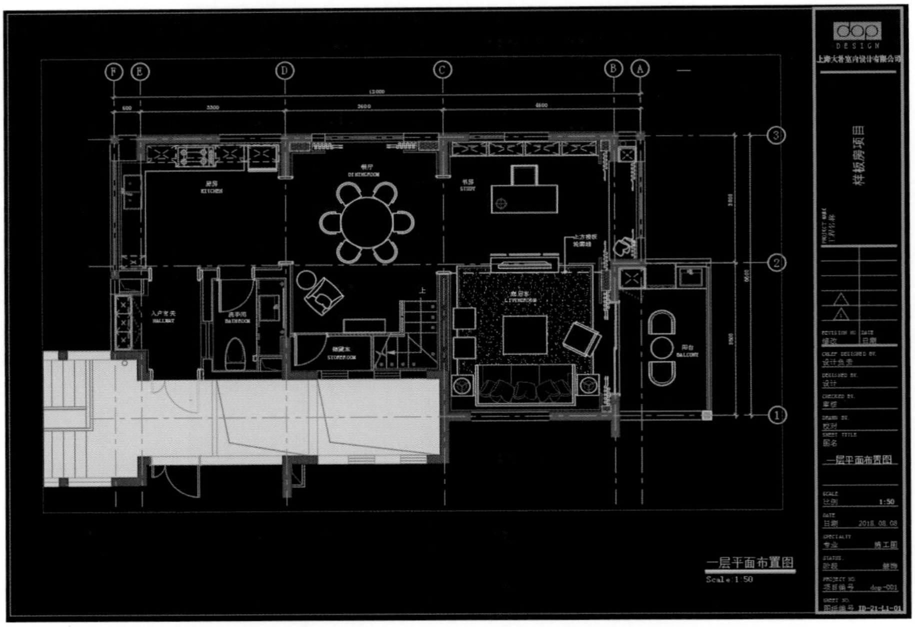

沙发、餐桌、书桌等活动物品在机电点位图中以虚线 (DASHED) 显示（见下图）。

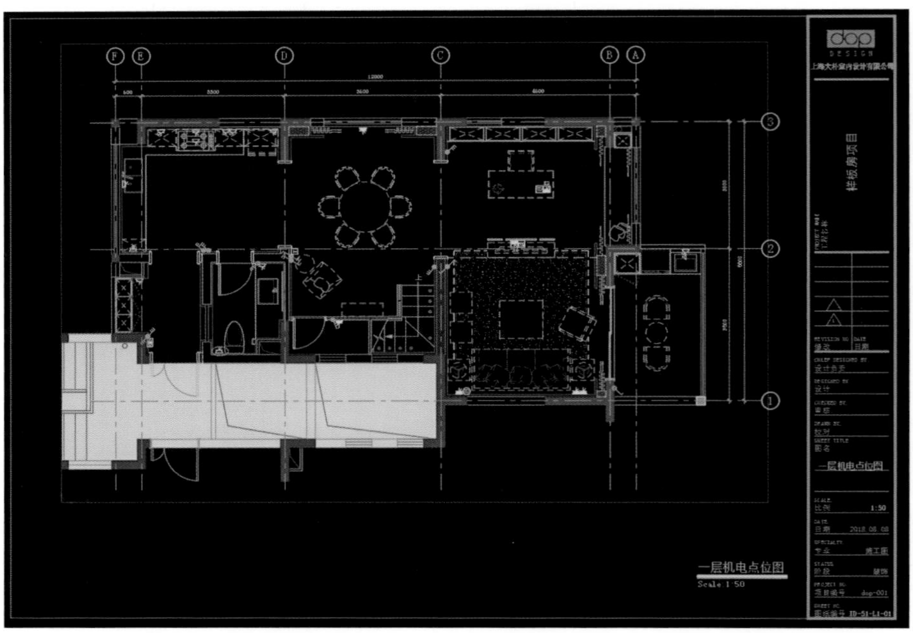

操作步骤：

（1）双击进入机电点位图的视口内。

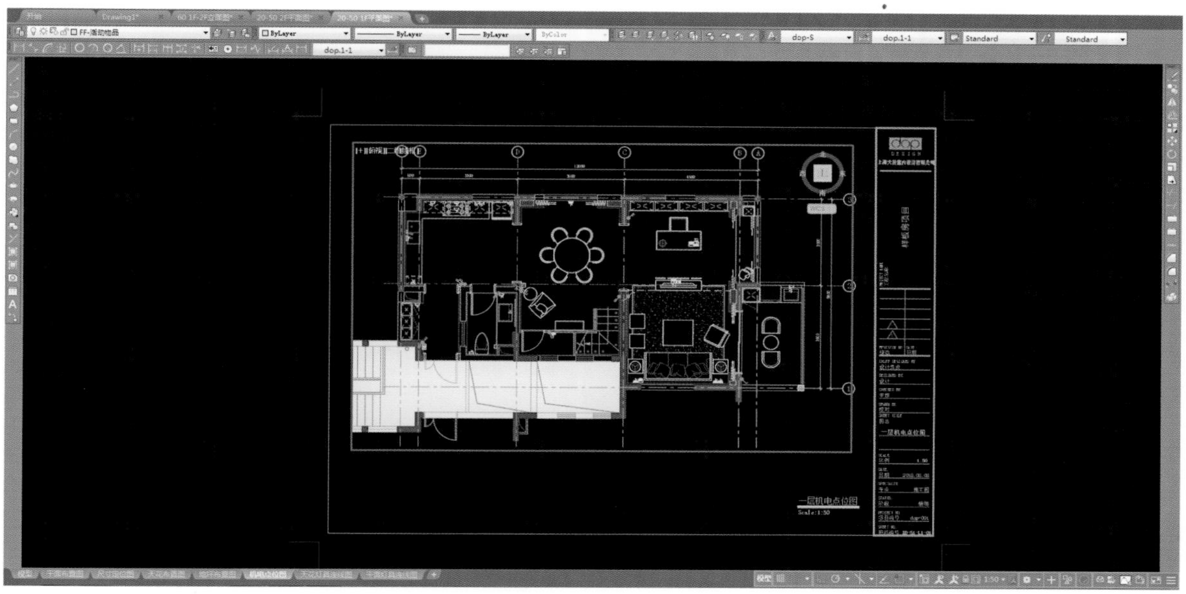

（2）键入“LA”，打开图层特性管理器，找到需要改变线型的“FF- 活动物品”图层。

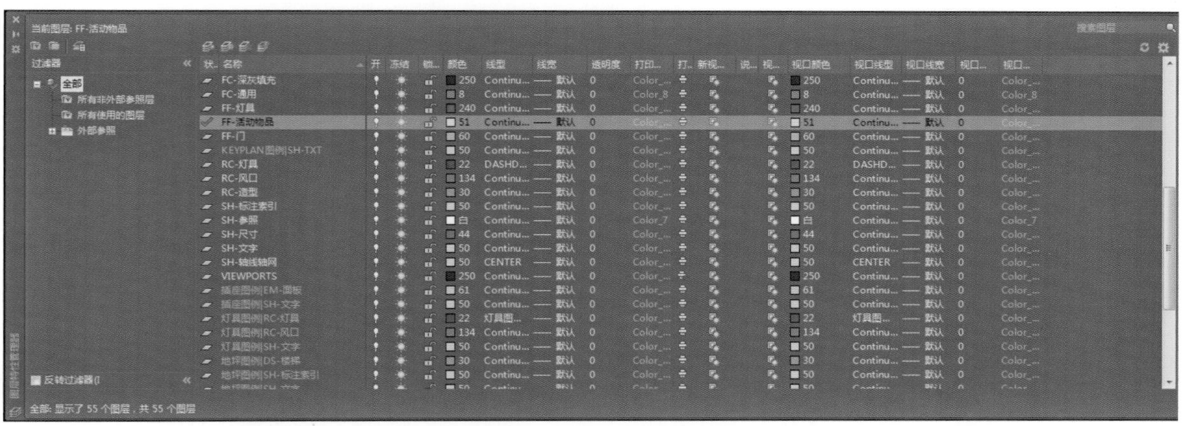

（3）点选“FF- 活动物品”图层对应的视口线型，在弹出的“选择线型”对话框中选择“DASHED 线型（虚线）”，点击确定。

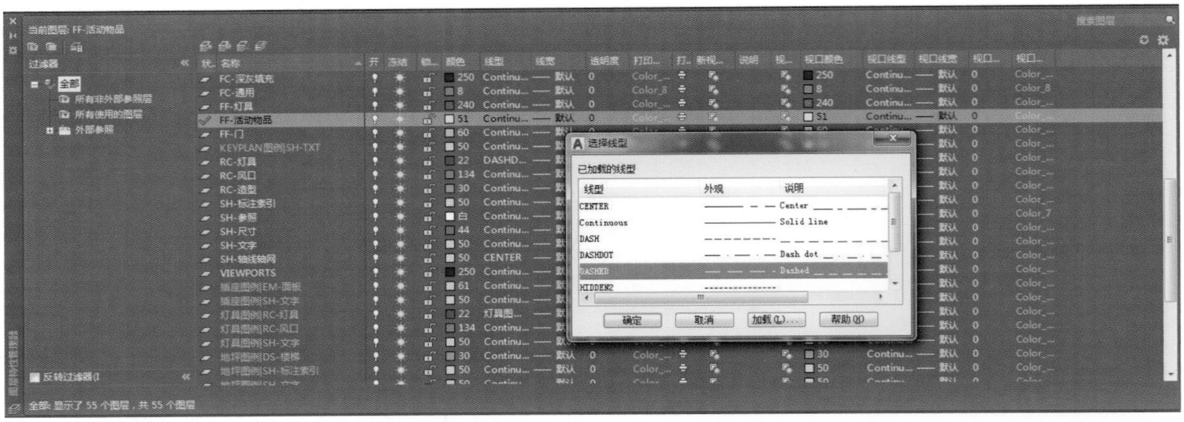

（4）此时机电点位图视口中，“FF- 活动物品”图层上的所有图形线型已经变为了虚线，如果虚线比例不合适，可以在特性面板 (快捷键：Ctrl+1) 中对线型比例进行调整。

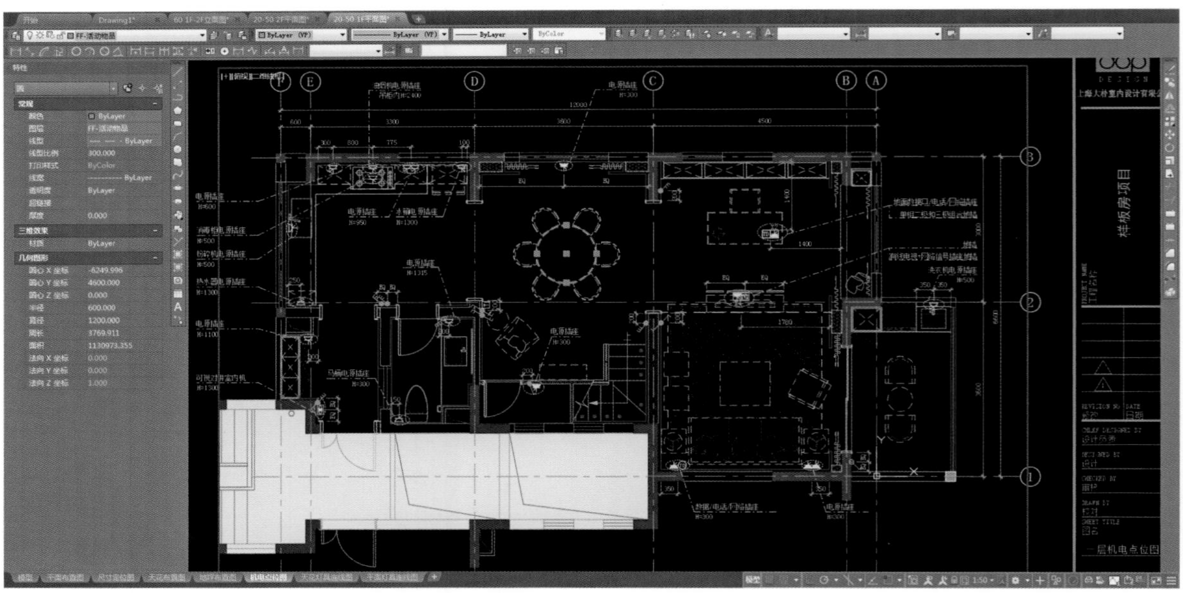

(5) 最后呈现出一层多线效果。

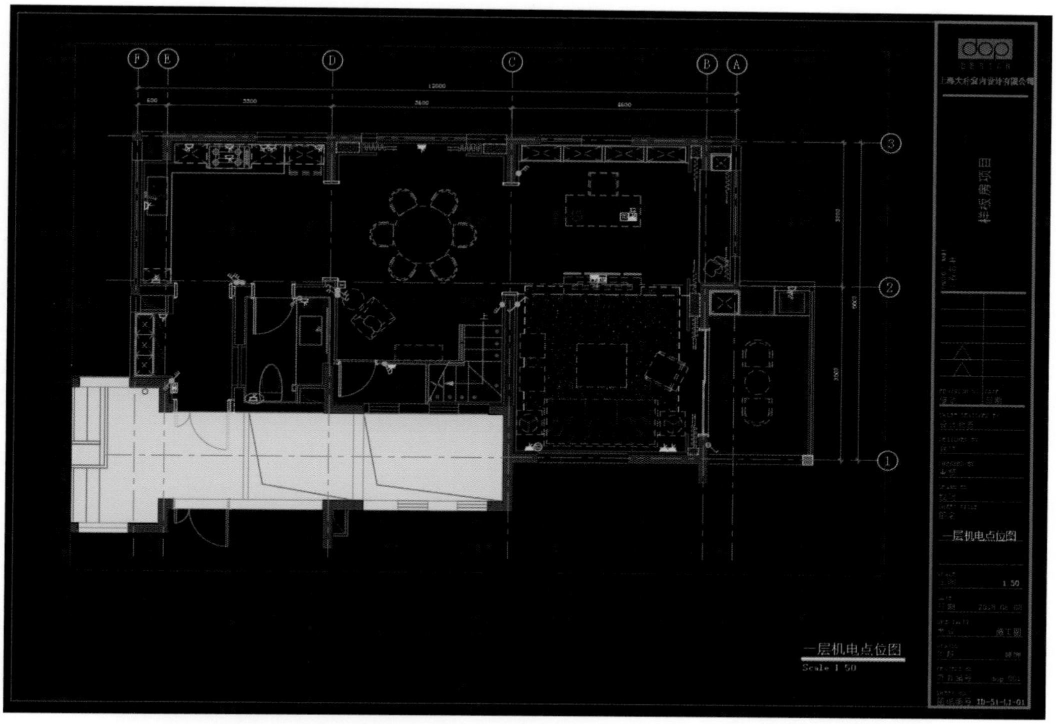

5.3 区域覆盖

区域覆盖的目的是为让置前的图块遮挡（不是剪切）置后的图形。如左图，衣柜和床下面有地板 (填充)，衣柜和床置于地板之上。

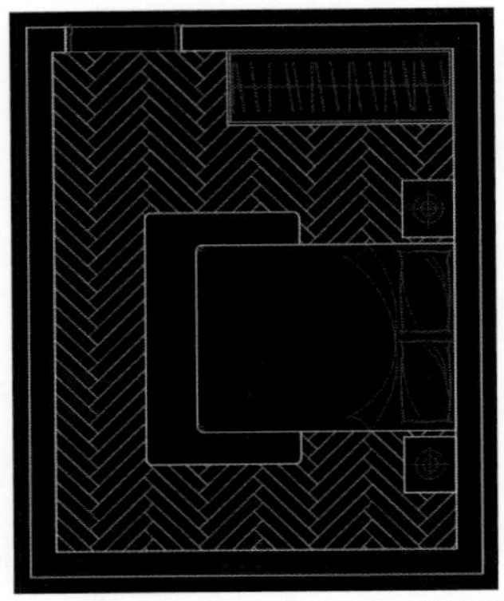

（1）选择衣柜外边框线（前提是外边框线为 PL 闭合线段）。

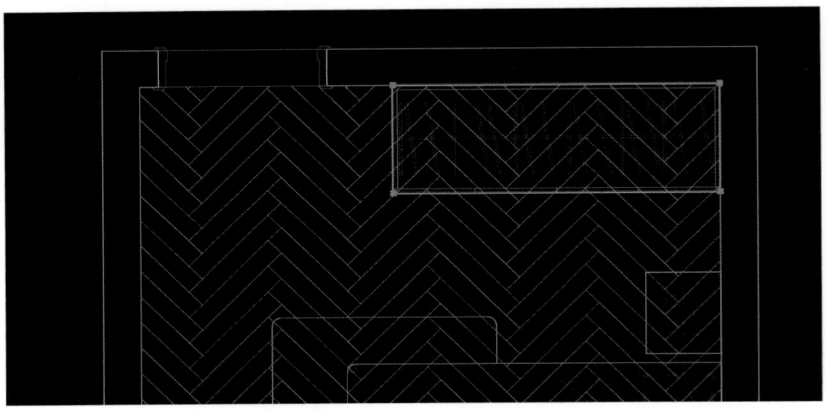

（2）键入“wipeout”命令，在对话框中选择多段线 P，右键或回车。

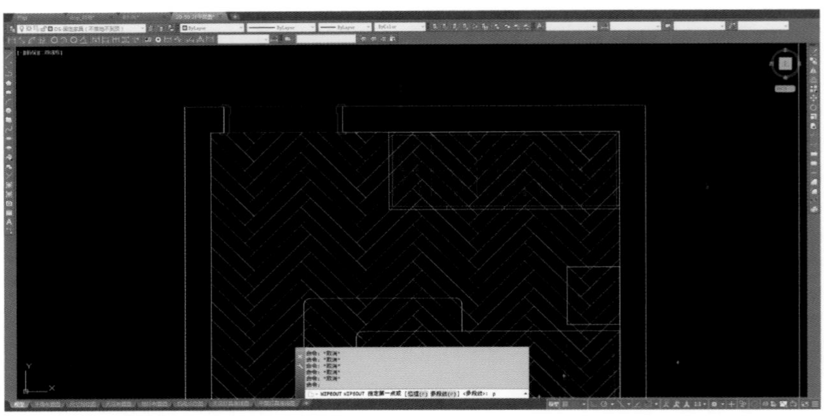

（3）对话框提示是否要删除多段线，选择否（N），系统会自动生成一个和衣柜外边框一致的区域覆盖线框，衣柜的区域覆盖就完成了，但是此时所选外边框内的所有信息都被覆盖了，包括需要显示的衣柜内部图形。

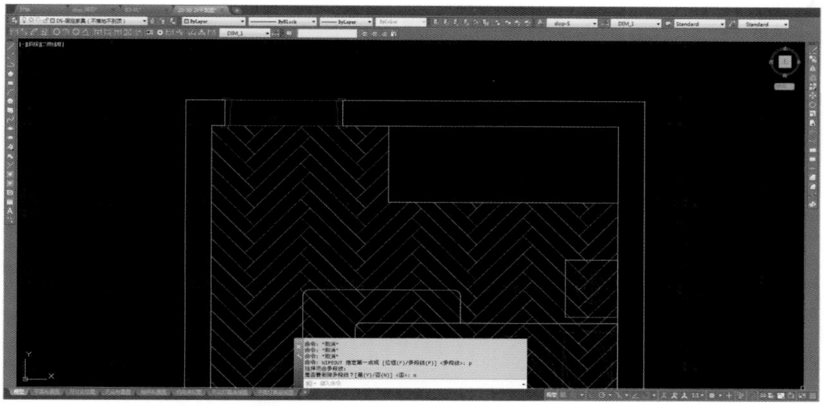

（4）选择木地板及区域覆盖线框。

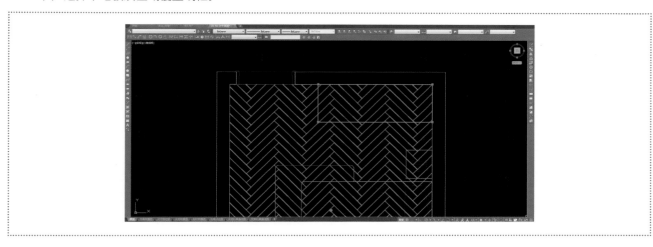

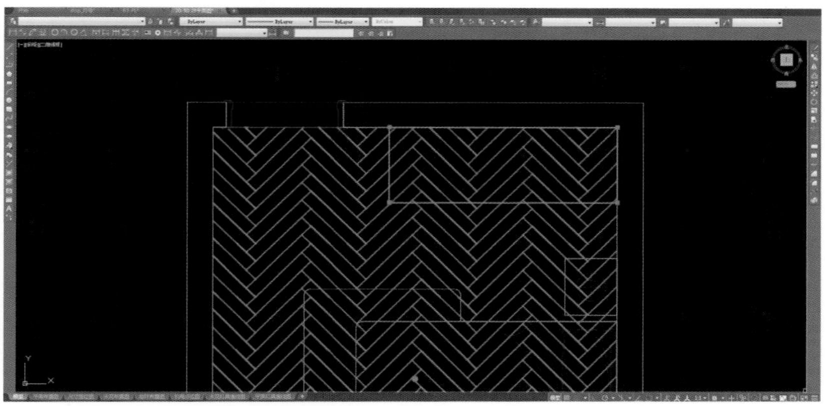

（5）键入“DR”命令，在对话框中选择 B（最后），右键或回车。衣柜的区域覆盖就完成了。

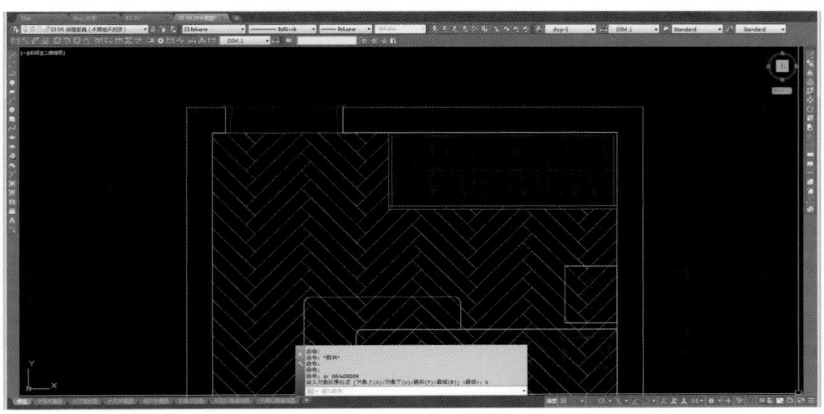

5.4 OLE 对象插入

（1） 打开 CAD，选择“插入”，选择“ OLE 对象”（如下图）。

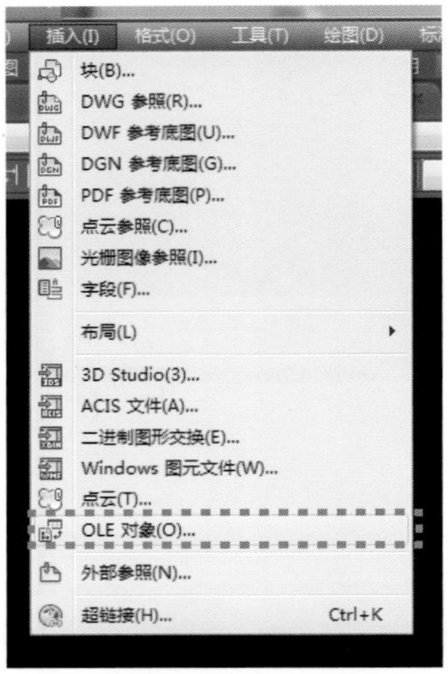

（2）点击“新建”，选择“画笔图片”，点击择“确定”（如下图）。

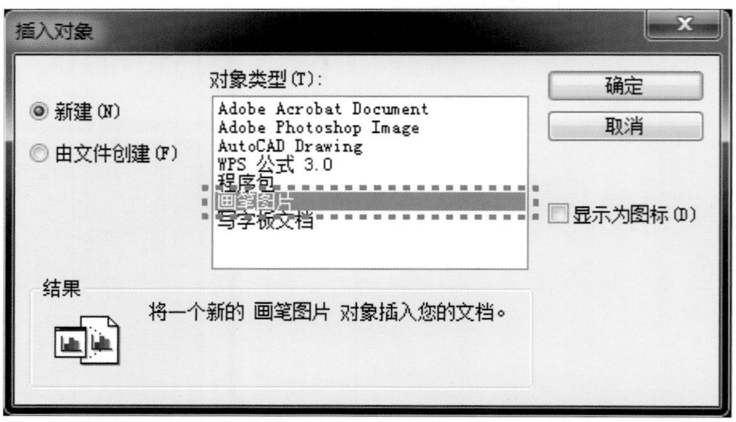

（3）点击“粘贴”，选择“粘贴来源”。

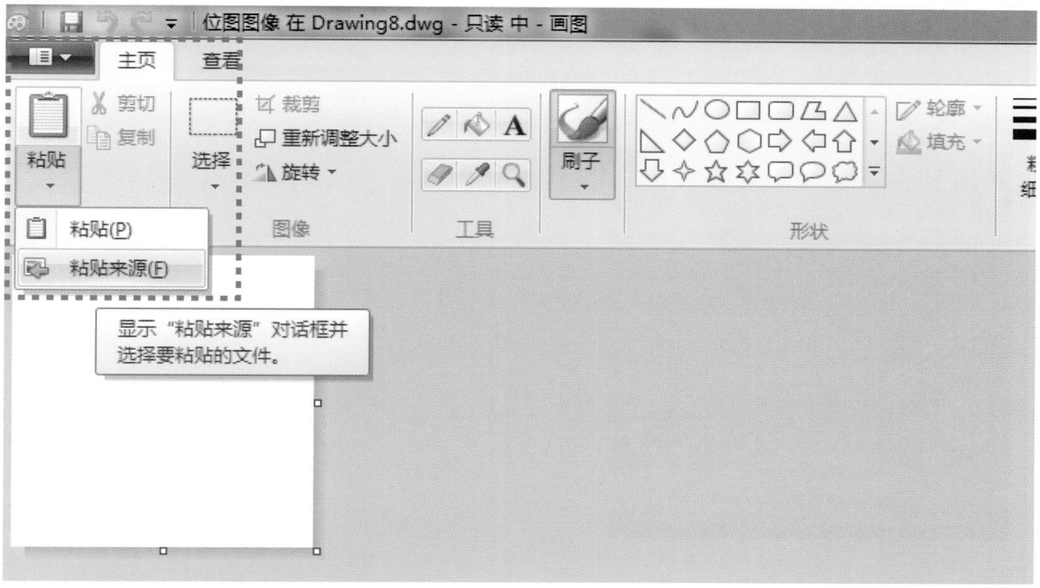

（4）选择图片，点击“打开”（如下图）。

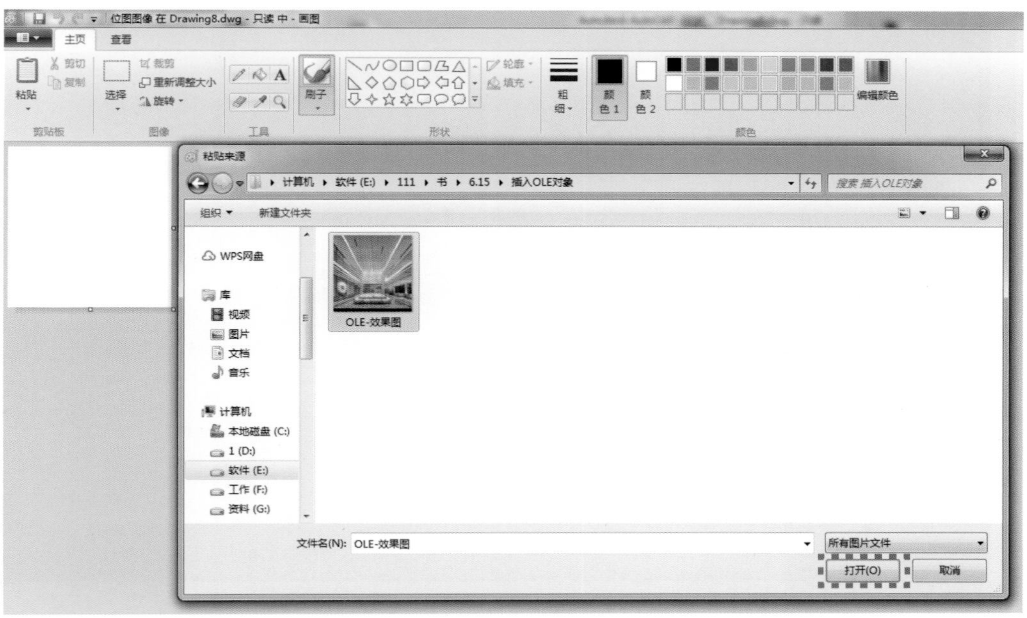

（5）插入图片后，点击右上角的叉号。

（6）点击“保存”，把图片调整到相应位置即可。

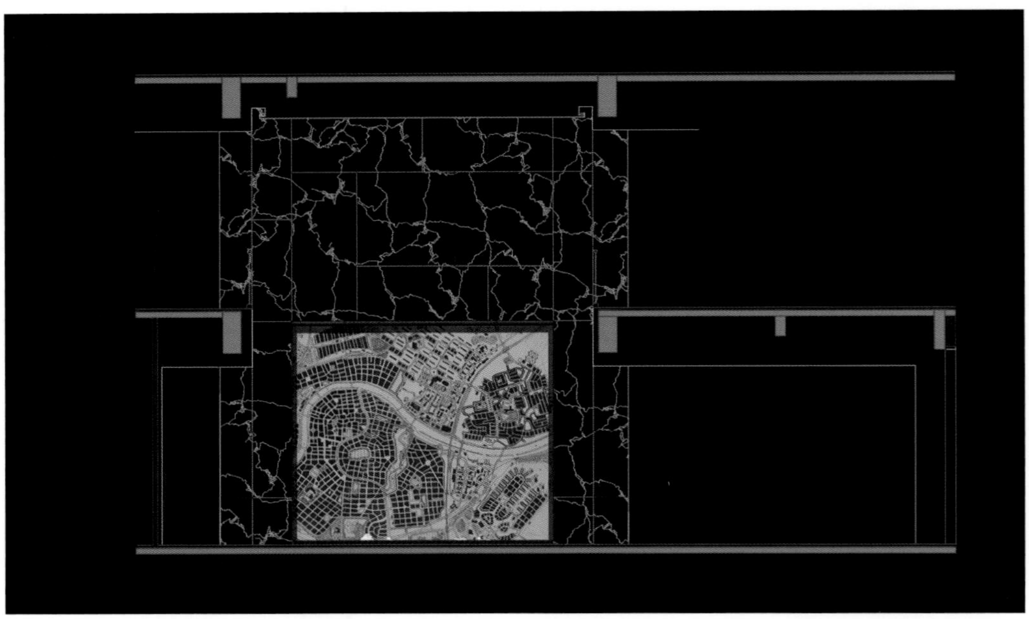

通过以上步骤操作可实将图片插入 cad 图纸内，实现永不丢失的效果。

5.5 外部参照绘制立面

一般情况下，设计师会拷贝一份平面图，以此为基础来绘制立面图。如果在制图过程中，平面图有了变更，则需要拷贝一份新的平面图来替换老版平面图，如果变更频繁的话就要多次重复这个动作，极易出错。但如果平面图是参照进立面图的话，一旦平面底图被修改，参照平面也会同步更改，保证了一致性。具体步骤如下：

（1）打开立面图，键入“XR”命令，按下图设置，将平面图参照到立面图中。

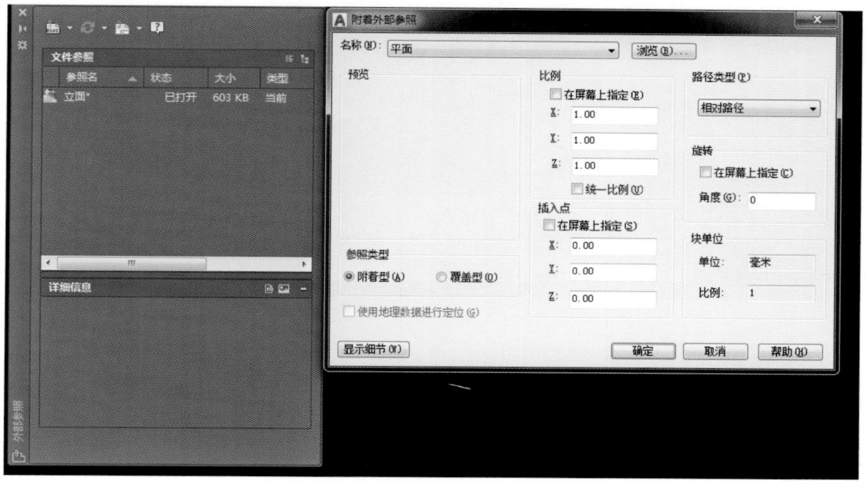

(2) 根据要绘制的立面，将平面图调整到相应的位置。因为平面图是整个参照进来的，比较大，会影响到立面制图工作，可以对参照平面进行裁剪，让它的范围变小一点。键入“XC”命令，在对话框选择“新建边界（N）”。

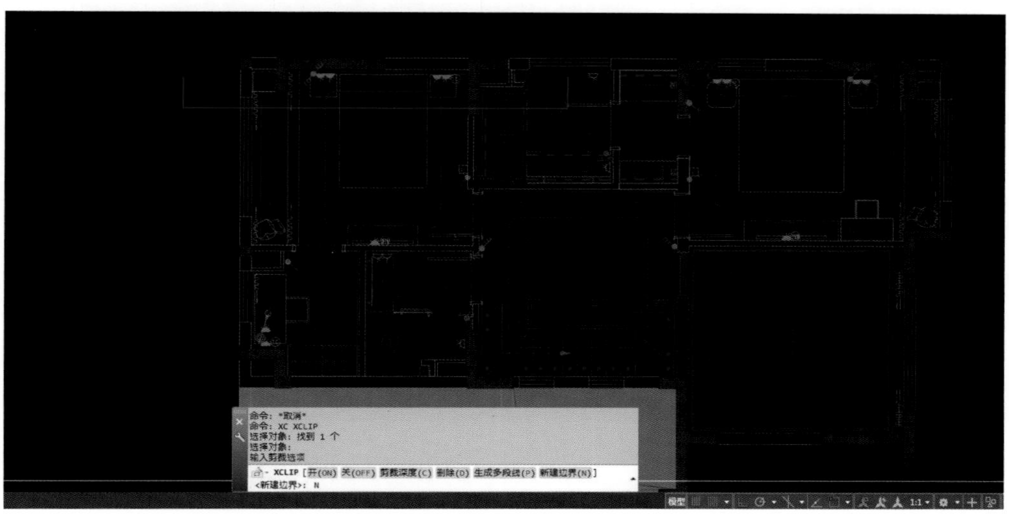

（3）在对话框选择“矩形（R）”。

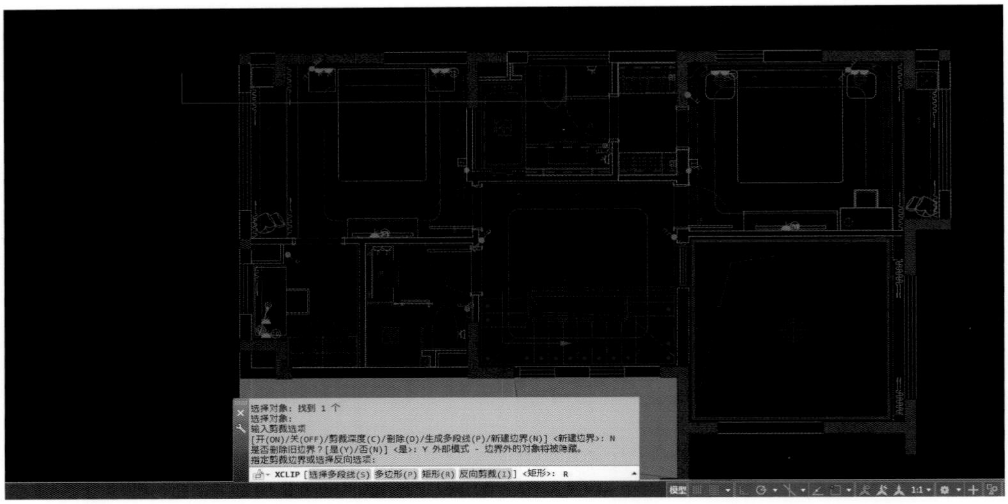

（4）框选平面图上希望显示的范围。

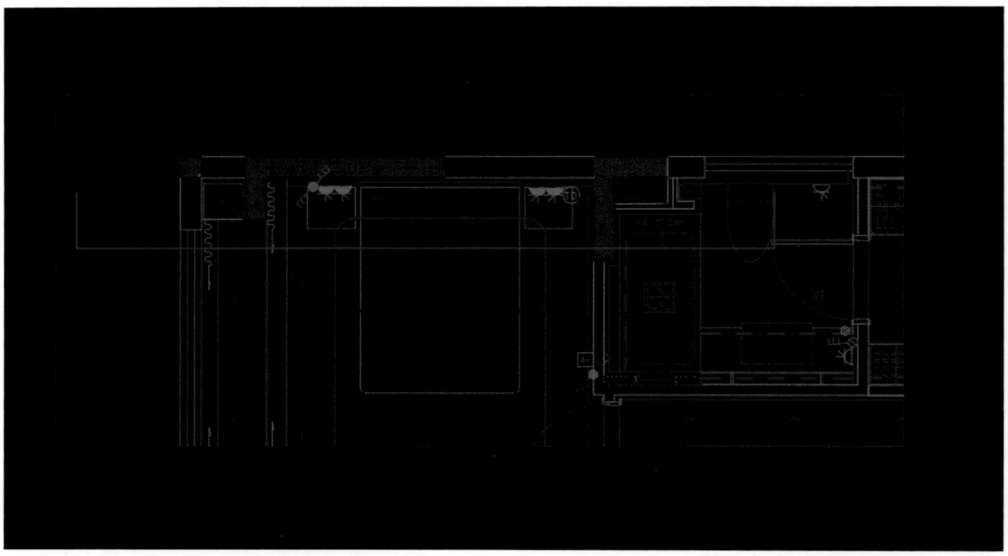

（5）根据平面图投影来绘制立面图。

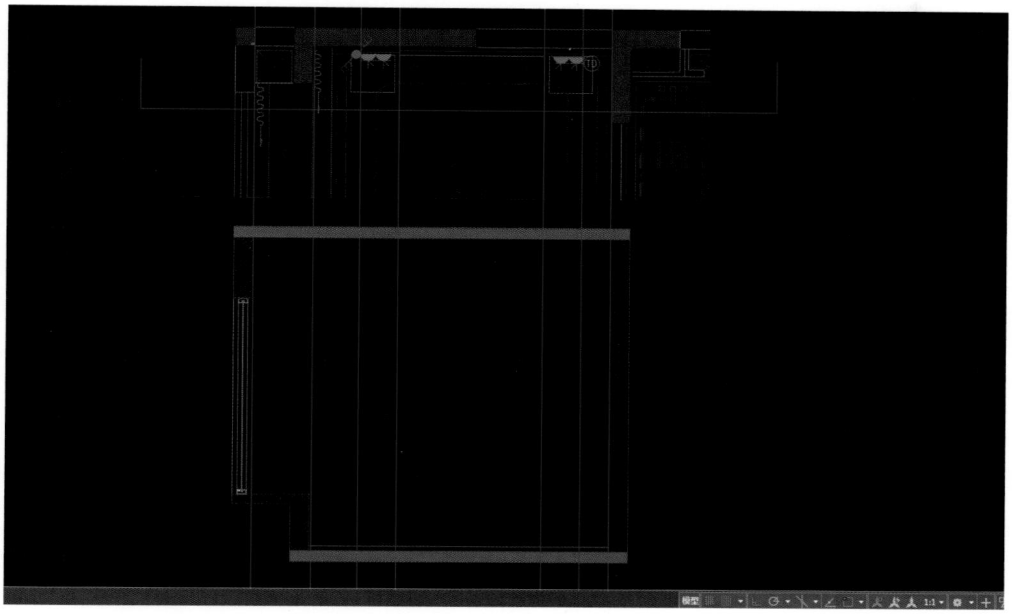

扫码关注公众号“dop 设计”

回复关键词“CAD 技巧”，观看视频讲解。

6

案例图纸

办公室项目

办公室项目

装饰施工图纸

2018.08.08

DESIGN

上海大朴室内设计有限公司

目录

页码	图纸编号	图纸名称	图幅	比例	页码	图纸编号	图纸名称	图幅	比例
		封面							
01	ID-01-01	图纸目录	A3						
02	ID-02-01	设计说明	A3						
03	ID-03-01	材料表	A3						
04	ID-03-02	装修表	A3						
05	ID-21-01	平面布置图	A3	1:75					
06	ID-22-01	尺寸定位图	A3	1:75					
07	ID-31-01	天花布置图	A3	1:75					
08	ID-32-01	天花造型定位图	A3	1:75					
09	ID-33-01	天花灯具定位图	A3	1:75					
10	ID-34-01	综合天花布置图	A3	1:75					
11	ID-41-01	地坪布置图	A3	1:75					
12	ID-51-01	机电点位图	A3	1:75					
13	ID-52-01	天花灯具连线图	A3	1:75					
14	ID-61-01	立面图(一)	A3	1:75					
15	ID-61-02	立面图(二)	A3	1:75					
16	ID-61-03	立面图(三)	A3	1:75					
17	ID-81-01	门表	A3	1:20					
18	ID-91-01	天花节点图	A3	1:5					
19	ID-92-01	地坪节点图	A3	1:5					
20	ID-93-01	墙身节点图(一)	A3	见图					
21	ID-93-02	墙身节点图(二)	A3	1:5					
22	ID-94-01	固定家具节点图(一)	A3	1:10					
23	ID-94-02	固定家具节点图(二)	A3	1:10					
24	ID-94-03	固定家具节点图(三)	A3	见图					
25	ID-94-04	固定家具节点图(四)	A3	1:10					

DESIGN
上海大朴室内设计有限公司

PROJECT NAME 工程名称
办公室项目

REVISION NO 修改 | DATE 日期
1

CHLEF DESIGNED BY. 设计负责
DESIGNED BY. 设计
CHECKED BY. 审核
DRAWN BY. 校对
SHEET TITLE 图名
图纸目录
SCALE. 比例 -
DATE. 日期 2018.08.08
SPECIALTY. 专业 装饰
STATUS. 阶段 施工图
PROJECT NO. 项目编号 dop-002
SHEET NO. 图纸编号 ID-01-01

图纸 (3/26)

设计说明

一、设计依据

1. 业主提供的建筑设计图纸;
2. 业主提供的相关设计任务书及确定的方案文本依据性文件。

二、室内精装修主要引用规范标准

公共建筑节能设计标准 GB 50189-2015
建筑内部装修设计防火规范 GB 50222-2017
民用建筑工程室内环境污染控制规范 GB 50325-2013
建筑装饰装修工程质量验收规范 GB 50210-2018
建筑设计防火规范 GB 50016-2018
民用建筑设计通则 GB 50352-2005

三、工程概况

工程名称: 办公室项目
工程地点: XXX
建设单位: XXX
室内设计单位: 上海大朴室内设计有限公司

四、设计范围

如图中所示: 面积约210平方米。

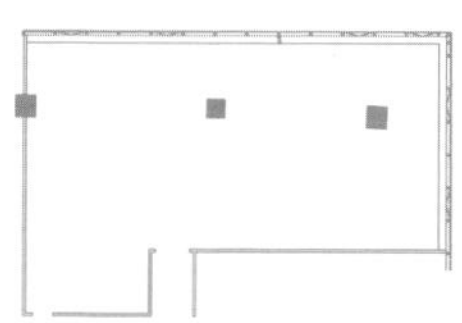

五、图纸编目说明

室内设计—ID-XX-XX-XX—图纸张数
图纸类型—楼层

装饰:	ID-0X	说明类	ID-6X	立面图
	ID-2X	平面类	ID-7X	放大图
	ID-3X	天花类	ID-8X	门表、门节点
	ID-4X	地坪类	ID-9X	节点图
	ID-5X	机电类		

六、标注单位及尺寸

1. 图中所注标高均以原建筑设计该楼层标高为±0.000而设定。
2. 本施工图所注尺寸除天花图标高以"米"为单位外，其余均以"毫米"为单位。
3. 本施工图所注尺寸以图上标注尺寸为准，不可以图纸比例量度测算。

七、材料与工艺说明

1. 天花
本项目除特别说明，石膏板天花采用60系列轻钢龙骨，双层9.5厚纸面石膏板或者无纸防水石膏板，腻子批嵌，贴接缝带和阳角护角条，乳胶漆一底二度。
2. 隔墙
本项目除特别说明，新建隔墙采用100系列轻钢龙骨，双面双层12厚纸面石膏板，内填隔音棉。
3. 内墙饰面
1) 木装修饰面
a. 本次施工范围的木制品及木门均由专业的厂家制作加工，现场安装。
b. 木饰面及基层板需经过阻燃处理，须符合相关规范。
c. 木饰面颜色纹理及油漆效果以设计师提供样板为准。
2) 石材饰面
a. 不同部位的石材粘结方式详见图纸要求。
b. 密拼大理石板间留缝宽1mm。
c. 除非另有说明，否则所有石材外露的边面均需做抛光处理。
d. 石材颜色、纹路及表面处理方式以设计师提供样板为准。
3) 玻璃饰面
a. 玻璃厚度及规格见图上标注，除特别注明外均用光片玻璃。
b. 墙面镜子、玻璃的粘贴采用双面胶，不建议使用玻璃胶。
c. 玻璃的材质、颜色以设计师提供样板为准。
4) PVC编织毯
a. 墙面PVC编织毯使用专用胶水粘贴于多层板基层上。
b. PVC编织毯的材质、颜色以设计师提供样板为准。
5) 金属饰面
a. 不锈钢板、片均为高锰钢，型号为304（18/9或18/10的镍镉合金），具体厚度要求详见图纸。

4. 地坪饰面
1) 满铺地毯
a. 1:3水泥砂浆找平+底胶+地毯。
b. 地毯表面应平服、拼缝处粘贴牢固、严密平整、图案吻合。
c. 地毯需经过阻燃处理，须符合相关规范。
d. 地毯材质及图案以设计师提供样板为准。
2) 石材地面
a. 水泥砂浆找平+待干燥后铺设大理石（建议使用石材防护剂保护）以防石材渗变.
b. 密拼大理石板地面缝宽1mm。
3) 木地板
a. 拼花地板和条形地板以设计师提供的样板为准。
b. 木搁栅一般采用红白松经过干燥处理，顶面刨平并刷防腐剂。
4) 防水处理
a. 卫生间地面应向地漏或明沟作不小于0.5%泛水。
b. 对落水洞、阴阳角、缝隙等部位应进行加强防水处理。
c. 防水处理和工艺要求须符合国家有关规范要求。
5. 遮光帘、纱帘
a. 窗帘长度为轨道长度两倍，以便打折处理。
b. 安装完成后窗帘底端离地10mm。
c. 窗帘需经过阻燃处理，须符合相关规范。
d. 遮光帘、纱帘的材质颜色以设计师提供样板为准。
6. 装饰门
所有门的装饰面材料详见装饰门表或图纸。

八、精装修室内设计通则

1. 此工程的设计应按所有中国，XXX市之现行法规及建筑法规而进行，此文件中有与规范相冲突之处，请与设计方联系。
2. 本项目对原建筑设计的防火分区、防火门位置及防排烟设计未做任何改动。
3. 施工单位必须研究，核实所有尺寸，并对之负责；如有任何变动，应及时通知设计师。
4. 所有选用材料均按照材料样板为准；施工单位应提供与之相应的材料样板经设计师及业主认可后方能施工。所有选用材料必须提供环保检测报告。
5. 施工单位应根据综合天花图的布局；负责核实所有机电设备末端的安装、定位尺寸，以及可实施性，如有异议，请及时通知设计师。
6. 有关工种如水、电、风等相关机电工种在施工过程中应密切配合，如发现不明不符之处，应及时与设计单位联系，共同解决。
7. 家具承包商应核实现场尺寸，以保证安装合适，如有疑问，应及时通知设计师。
8. 施工单位应对所施工范围内的饰面基层，灯具，家具，装置等固定设施的安全性负责；重要部位应提供相应的安装图纸供设计师确认，以保证其安全性。
9. 本说明中未提及的施工工艺及做法按建筑装饰装修工程质量验收规范（GB50210-2018）执行。
10. 本项目常规工艺做法请参照国家相关规范及专业供应商的技术要求。

九、图例说明:

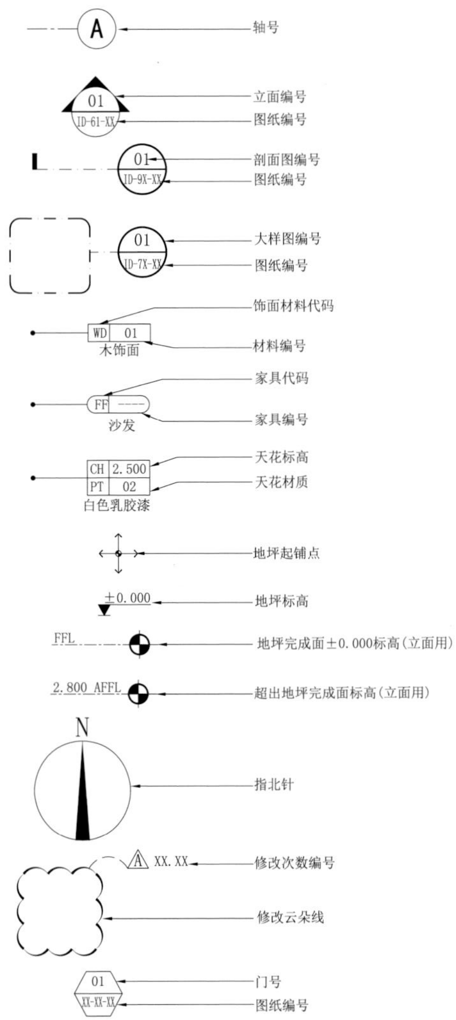

上海大朴室内设计有限公司
DESIGN

PROJECT NAME 工程名称
办公室项目

REVISION NO 修改	DATE 日期

CHLEF DESIGNED BY. 设计负责
DESIGNED BY. 设计
CHECKED BY. 审核
DRAWN BY. 校对
SHEET TITLE 图名
设计说明
SCALE. 比例 -
DATE. 日期 2018.08.08
SPECIALTY. 专业 装饰
STATUS. 阶段 施工图
PROJECT NO. 项目编号 dop-002
SHEET NO.

材料表

代表符号	名称	使用区域及用途	产品规格	耐火等级	代表符号	名称	使用区域及用途	产品规格	耐火等级
STONE	石材								
ST-01	古堡灰大理石	幕墙窗台、柜子台面	20mm厚	A					
WOOD	木饰面								
WD-01	胡桃木饰面	柜子饰面		B2					
WD-02	白色烤漆饰面	柜子饰面		B2					
WOOD FLOOR	木地板								
WF-01	实木复合地板	会议室地面		B2					
GLASS	玻璃								
GL-01	蓝色烤漆玻璃	墙面	6mm厚	A					
GL-02	钢化清玻璃	门	12mm厚	A					
GL-03	白色烤漆玻璃	会议室白板	6mm厚	A					
METAL	金属								
MT-01	黑钛不锈钢	踢脚、收边	1mm厚	A					
MT-02	铝板	备用办公区天花	300mm×1200mm	A					
PAINT	油漆								
PT-01	白色乳胶漆	天花、墙面							
SOFT MASK	软膜								
SF-01	软膜	会议室、会客区天花		A					
OTHER	其它								
OT-01	深灰色PVC编织毯	大面积地面	见图	B2					
OT-02	浅灰色PVC编织毯	大面积地面、会议室墙面	见图	B2					
OT-03	白色PVC编织毯	大面积地面	见图	B2					
OT-04	亚克力	会客区柜子	见图	B2					

DESIGN
上海大朴室内设计有限公司

PROJECT NAME 工程名称
办公室项目

REVISION NO 修改 | DATE 日期
CHLEF DESIGNED BY. 设计负责
DESIGNED BY. 设计
CHECKED BY. 审核
DRAWN BY. 校对
SHEET TITLE 图名
材料表
SCALE. 比例 -
DATE. 日期 2018.08.08
SPECIALTY. 专业 装饰
STATUS. 阶段 施工图
PROJECT NO. 项目编号 dop-002
SHEET NO. 图纸编号 ID-03-01

图纸 (5/26)

装修表

序号	区域	天花	墙面	地面	备注
01	办公区	PT-01 白色乳胶漆 MT-01 黑钛不锈钢	WD-01 胡桃木饰面 WD-02 白色烤漆饰面 GL-01 蓝色烤漆玻璃 PT-01 白色乳胶漆	OT-01 深灰色PVC编织毯 OT-02 浅灰色PVC编织毯 OT-03 白色PVC编织毯	
02	文印区	PT-01 白色乳胶漆 MT-01 黑钛不锈钢	WD-02 白色烤漆饰面 GL-01 蓝色烤漆玻璃 PT-01 白色乳胶漆	OT-01 深灰色PVC编织毯 OT-02 浅灰色PVC编织毯 OT-03 白色PVC编织毯	
03	茶歇区	PT-01 白色乳胶漆 MT-01 黑钛不锈钢	WD-01 胡桃木饰面 PT-01 白色乳胶漆 MT-01 黑钛不锈钢 OT-02 浅灰色PVC编织毯	OT-01 深灰色PVC编织毯 OT-02 浅灰色PVC编织毯 OT-03 白色PVC编织毯	
04	会客区	PT-01 白色乳胶漆 MT-01 黑钛不锈钢	WD-02 白色烤漆饰面 GL-01 蓝色烤漆玻璃 PT-01 白色乳胶漆	OT-01 深灰色PVC编织毯 OT-02 浅灰色PVC编织毯 OT-03 白色PVC编织毯	
05	会议室	PT-01 白色乳胶漆 SF-01 软膜	WD-02 白色烤漆饰面 MT-01 黑钛不锈钢 OT-02 浅灰色PVC编织毯	WF-01 实木复合地板	
06	备用办公区	MT-02 铝板	PT-01 白色乳胶漆 MT-01 黑钛不锈钢	OT-02 浅灰色PVC编织毯	

装修表

编号	区域	天花	墙面	地面	备注

DESIGN
上海大朴室内设计有限公司

PROJECT NAME 工程名称 办公室项目

REVISION NO 修改	DATE 日期
1	.
.	.

CHLEF DESIGNED BY. 设计负责
DESIGNED BY. 设计
CHECKED BY. 审核
DRAWN BY. 校对
SHEET TITLE 图名 装修表
SCALE. 比例 -
DATE. 日期 2018.08.08
SPECIALTY. 专业 装饰
STATUS. 阶段 施工图
PROJECT NO. 项目编号 dop-002
SHEET NO.

图纸(6/26)

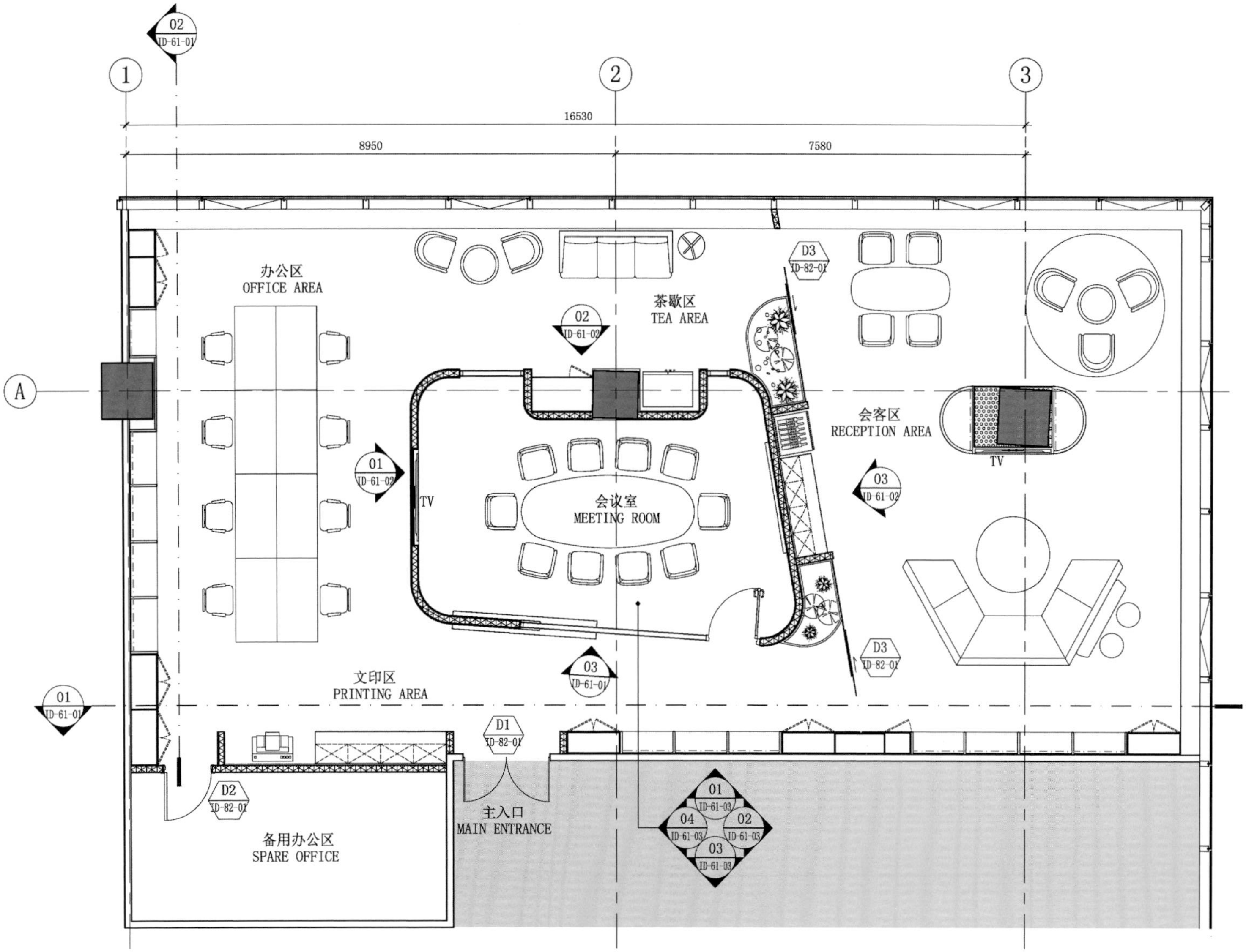

平面布置图

Scale 1:75

设计范围图例

图例	名称
	非设计区域

dop DESIGN

上海大朴室内设计有限公司

PROJECT NAME 工程名称

办公室项目

REVISION NO 修改	DATE 日期
1	.
.	.

CHLEF DESIGNED BY. 设计负责

DESIGNED BY. 设计

CHECKED BY. 审核

DRAWN BY. 校对

SHEET TITLE 图名

平面布置图

SCALE. 比例	1:75
DATE. 日期	2018.08.08
SPECIALTY. 专业	装饰
STATUS. 阶段	施工图
PROJECT NO. 项目编号	dop-002
SHEET NO. 图纸编号	ID-21-01

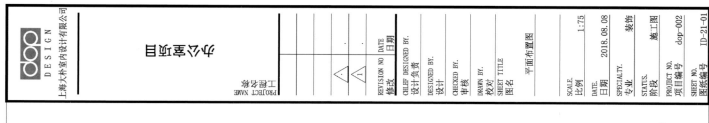

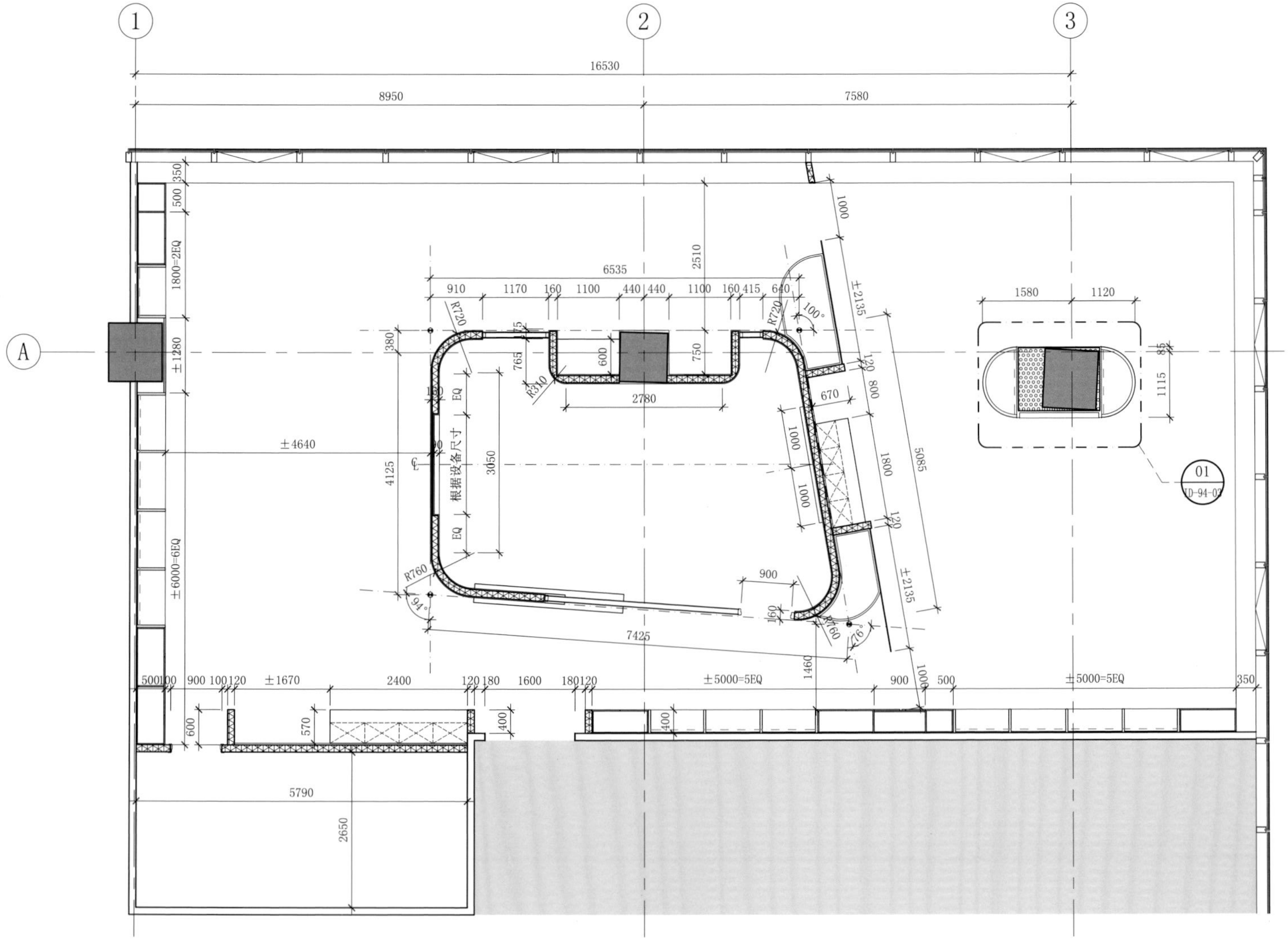

尺寸定位图

Scale 1:75

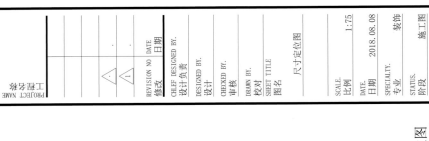

图例	名称
	原建筑墙
	剪力墙、结构柱
	轻钢龙骨隔墙

DESIGN

上海大朴室内设计有限公司

办公室项目

PROJECT NAME
工程名称

REVISION NO 修改 | DATE 日期

CHLEF DESIGNED BY. 设计负责

DESIGNED BY. 设计

CHECKED BY. 审核

DRAWN BY. 校对

SHEET TITLE 图名

尺寸定位图

SCALE. 比例 1:75

DATE. 日期 2018.08.08

SPECIALTY. 专业 装饰

STATUS. 阶段 施工图

PROJECT NO. 项目编号 dop-002

SHEET NO.

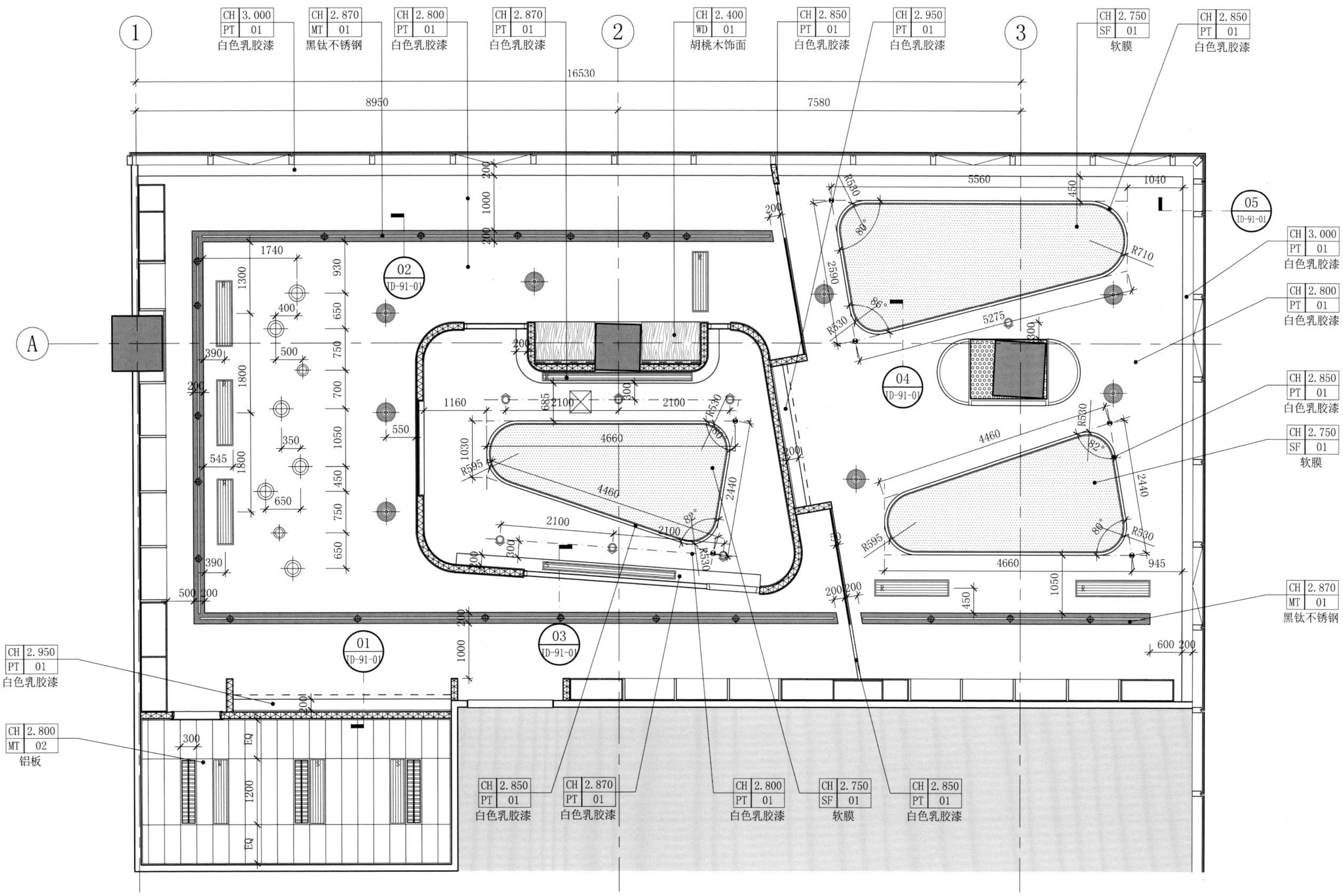

图例	名称	图例	名称
S	条形风口		射灯
R	条形风口		轨道射灯
	圆形散流器		300*1200 格栅灯
	检修口		暗藏灯带
	装饰吊灯		

天花布置图

Scale 1:75

DOP DESIGN
上海大朴室内设计有限公司

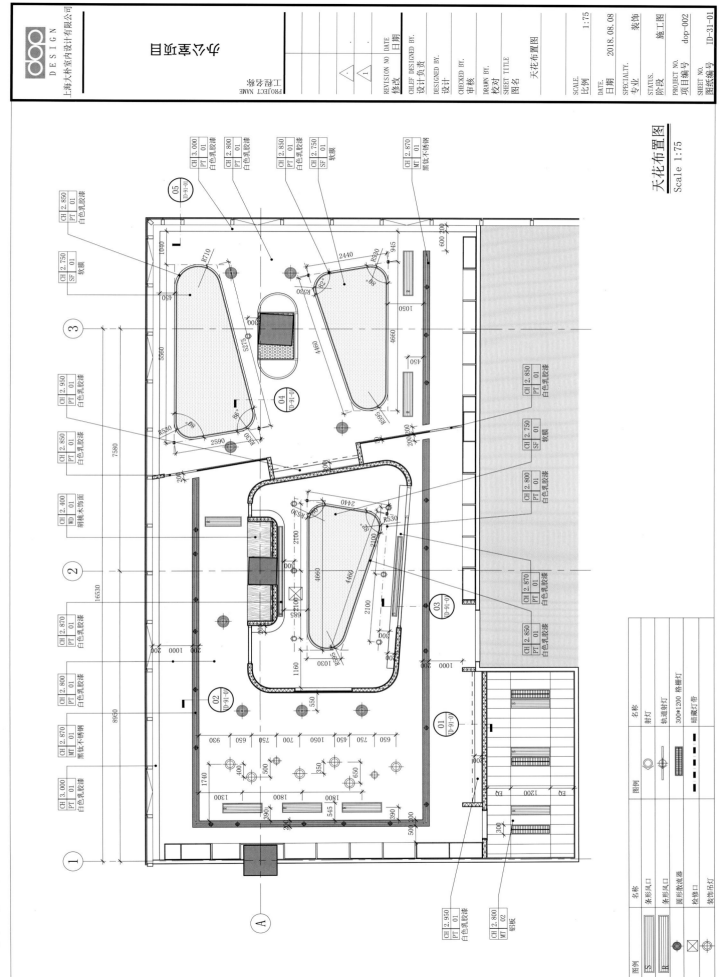

PROJECT NAME 工程名称	办公室项目
REVISION NO 修改	DATE 日期
CHLEF DESIGNED BY. 设计负责	
DESIGNED BY. 设计	
CHECKED BY. 审核	
DRAWN BY. 校对	
SHEET TITLE 图名	天花布置图
SCALE. 比例	1:75
DATE. 日期	2018.08.08
SPECIALTY. 专业	装饰
STATUS. 阶段	施工图
PROJECT NO. 项目编号	dop-002
SHEET NO. 图纸编号	ID-31-01

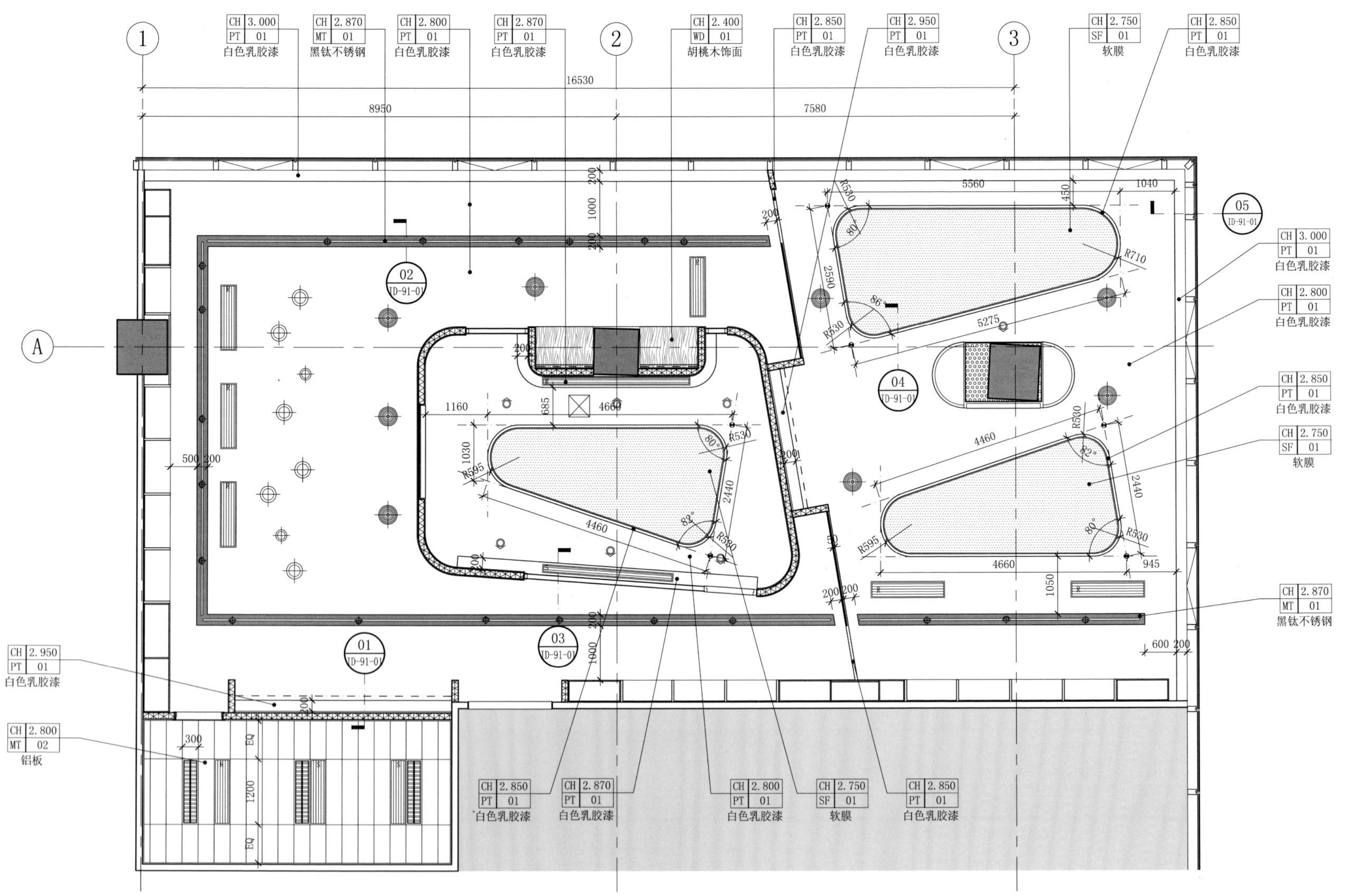

图例	名称	图例	名称
S	条形风口		射灯
R	条形风口		轨道射灯
	圆形散流器		300×1200 格栅灯
	检修口		暗藏灯带

天花造型定位图

Scale 1:75

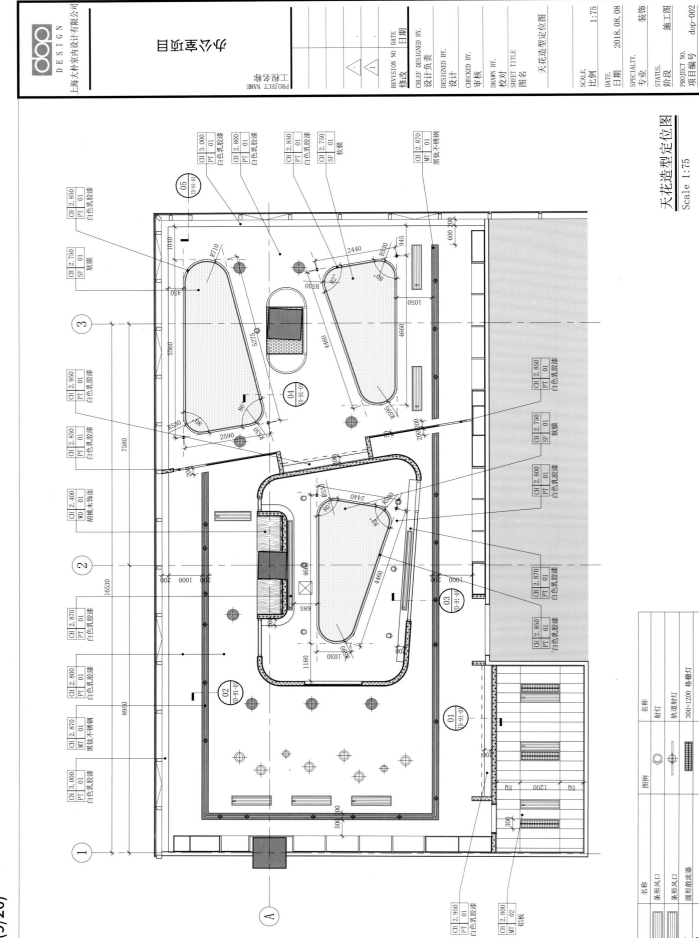

dop DESIGN 上海大朴室内设计有限公司	
PROJECT NAME 工程名称	办公室项目
REVISION NO 修改	DATE 日期
CHLEF DESIGNED BY. 设计负责	
DESIGNED BY. 设计	
CHECKED BY. 审核	
DRAWN BY. 校对	
SHEET TITLE 图名	天花造型定位图
SCALE. 比例	1:75
DATE. 日期	2018.08.08
SPECIALTY. 专业	装饰
STATUS. 阶段	施工图
PROJECT NO. 项目编号	dop-002
SHEET NO.	

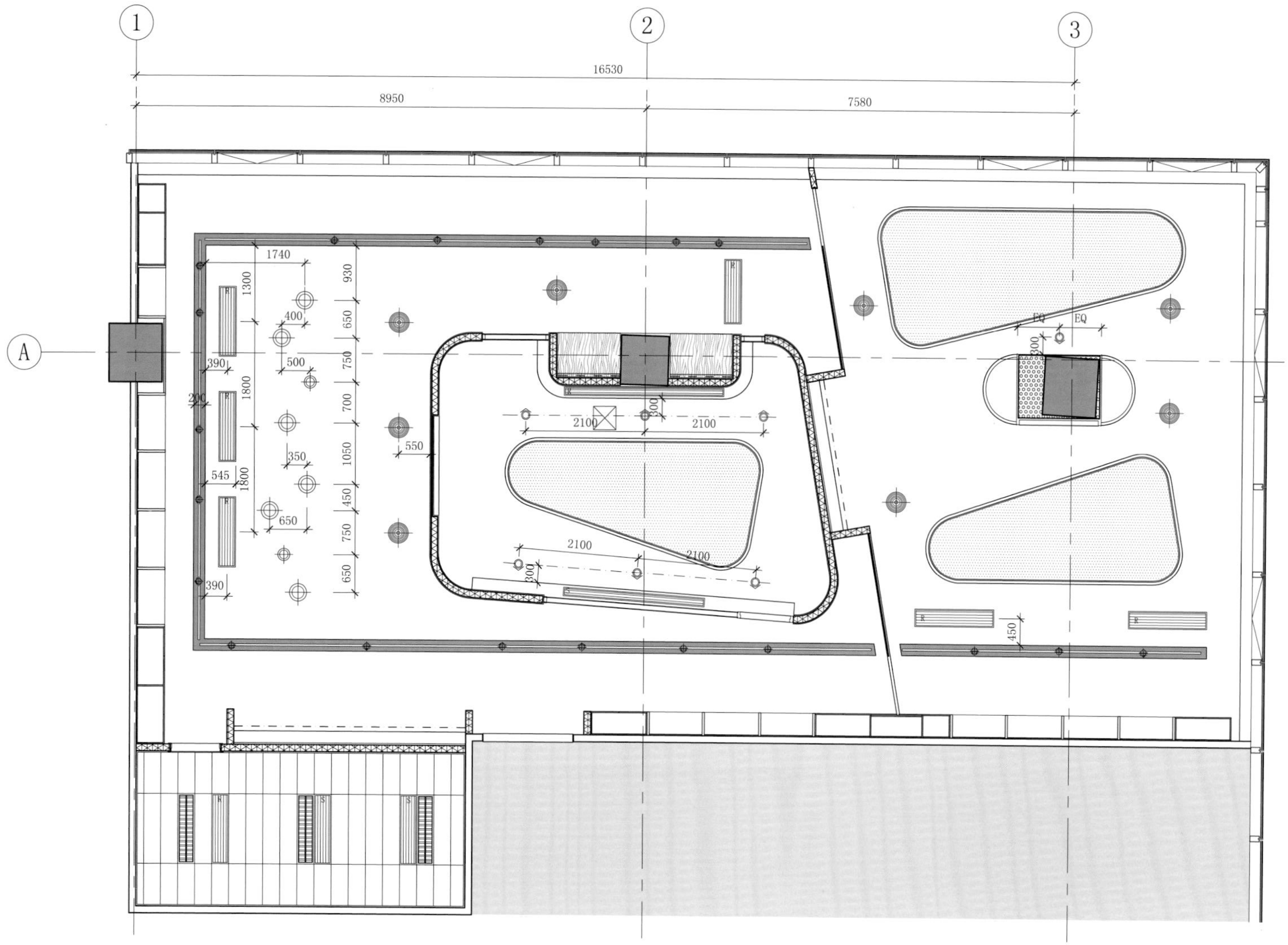

图例	名称	图例	名称
S	条形风口		射灯
R	条形风口		轨道射灯
	圆形散流器		300×1200 格栅灯
	检修口		暗藏灯带
	装饰吊灯		

天花灯具定位图

Scale 1:75

DESIGN

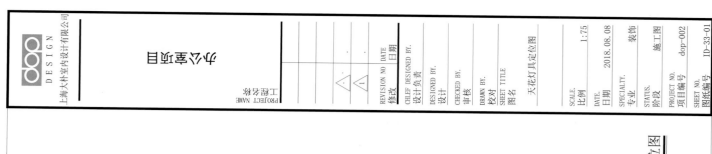

上海大朴室内设计有限公司

PROJECT NAME 工程名称: 办公室项目

REVISION NO 修改 | DATE 日期

CHLEF DESIGNED BY. 设计负责

DESIGNED BY. 设计

CHECKED BY. 审核

DRAWN BY. 校对

SHEET TITLE 图名: 天花灯具定位图

SCALE. 比例: 1:75

DATE. 日期: 2018.08.08

SPECIALTY. 专业: 装饰

STATUS. 阶段: 施工图

PROJECT NO. 项目编号: dop-002

SHEET NO. 图纸编号: ID-33-01

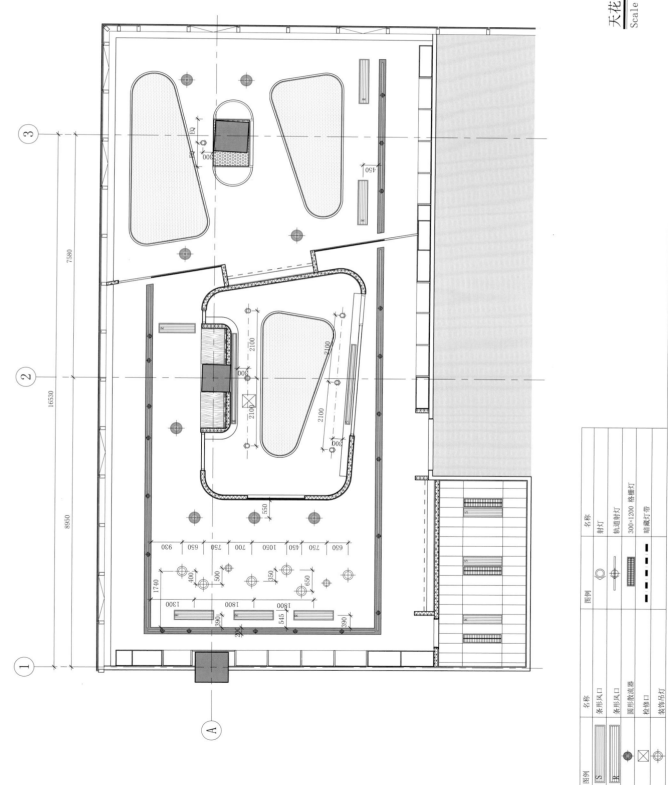

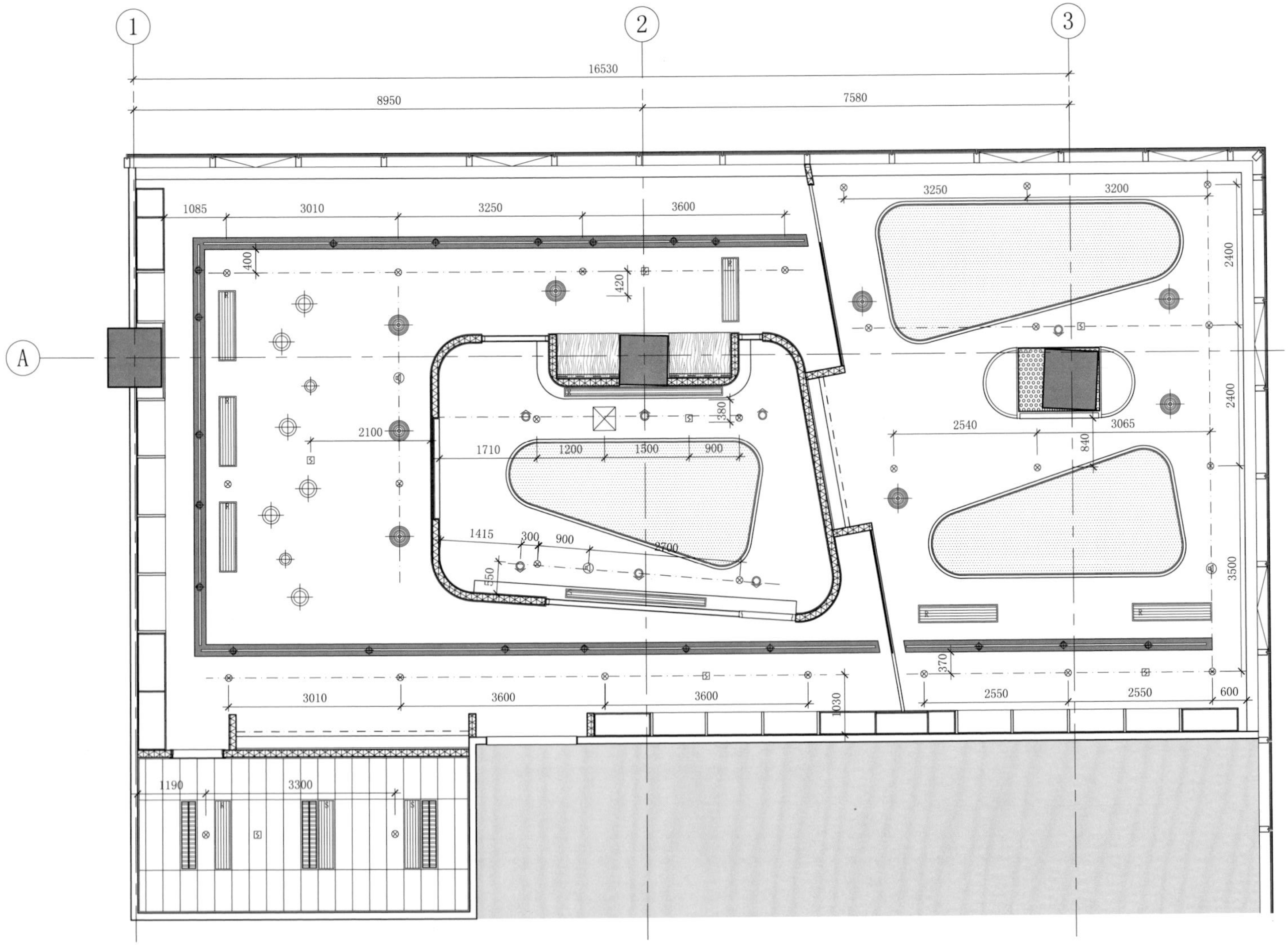

图例	名称
S	条形风口
R	条形风口
	圆形散流器
	检修口
⊗	喷淋

综合天花布置图

Scale 1:75

DOP DESIGN
上海大朴室内设计有限公司

PROJECT NAME 工程名称	办公室项目
REVISION NO 修改	DATE 日期
CHLEF DESIGNED BY. 设计负责	
DESIGNED BY. 设计	
CHECKED BY. 审核	
DRAWN BY. 校对	
SHEET TITLE 图名	综合天花布置图
SCALE. 比例	1:75
DATE. 日期	2018.08.08
SPECIALTY. 专业	装饰
STATUS. 阶段	施工图
PROJECT NO. 项目编号	dop-002
SHEET NO	

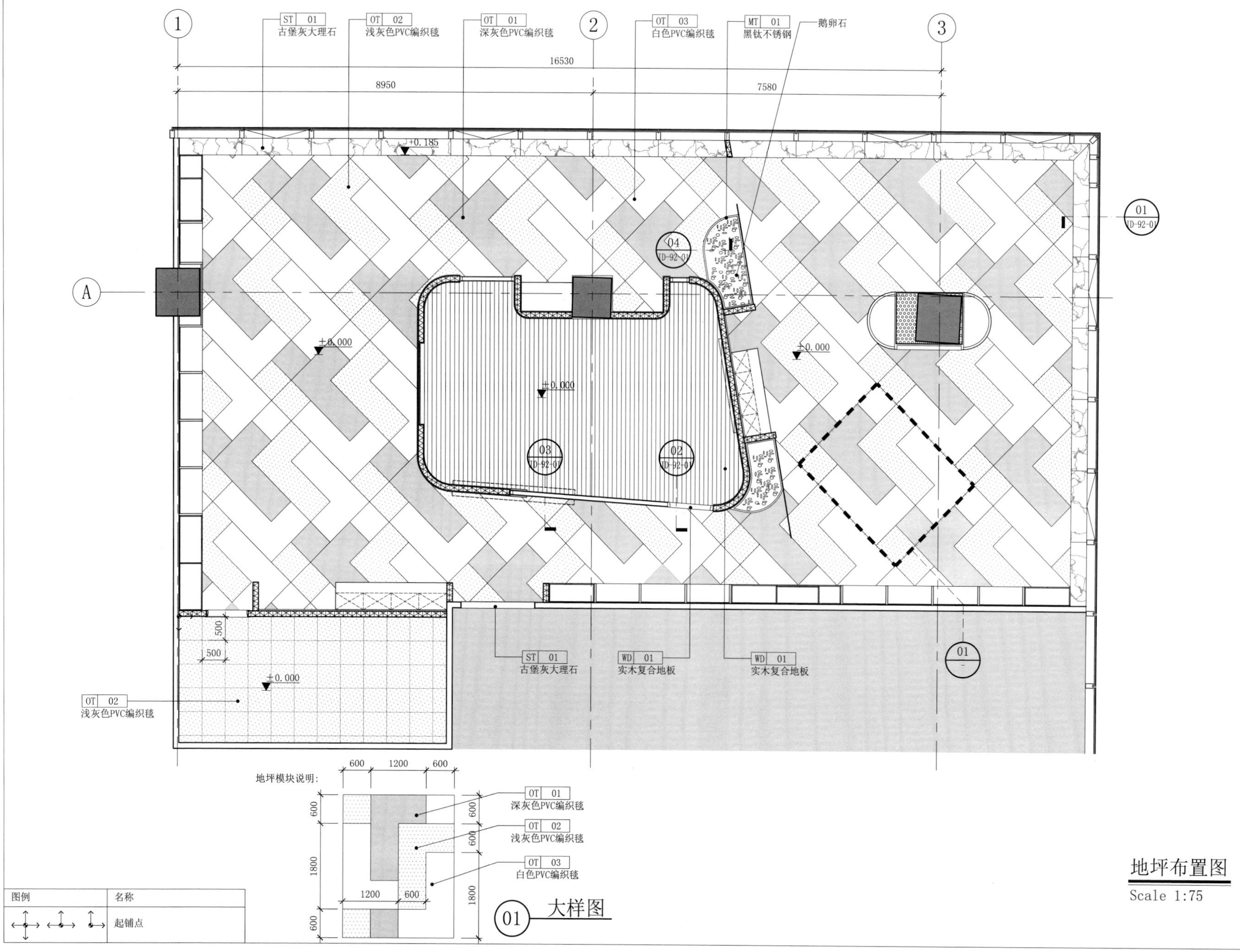

图例	名称
	起铺点

地坪布置图

Scale 1:75

dop DESIGN
上海大朴室内设计有限公司

PROJECT NAME 工程名称: 办公室项目

REVISION NO 修改	DATE 日期
1	.

CHLEF DESIGNED BY. 设计负责

DESIGNED BY. 设计

CHECKED BY. 审核

DRAWN BY. 校对

SHEET TITLE 图名: 地坪布置图

SCALE. 比例: 1:75

DATE. 日期: 2018.08.08

SPECIALTY. 专业: 装饰

STATUS. 阶段: 施工图

PROJECT NO. 项目编号: dop-002

SHEET NO. 图纸编号: ID-41-01

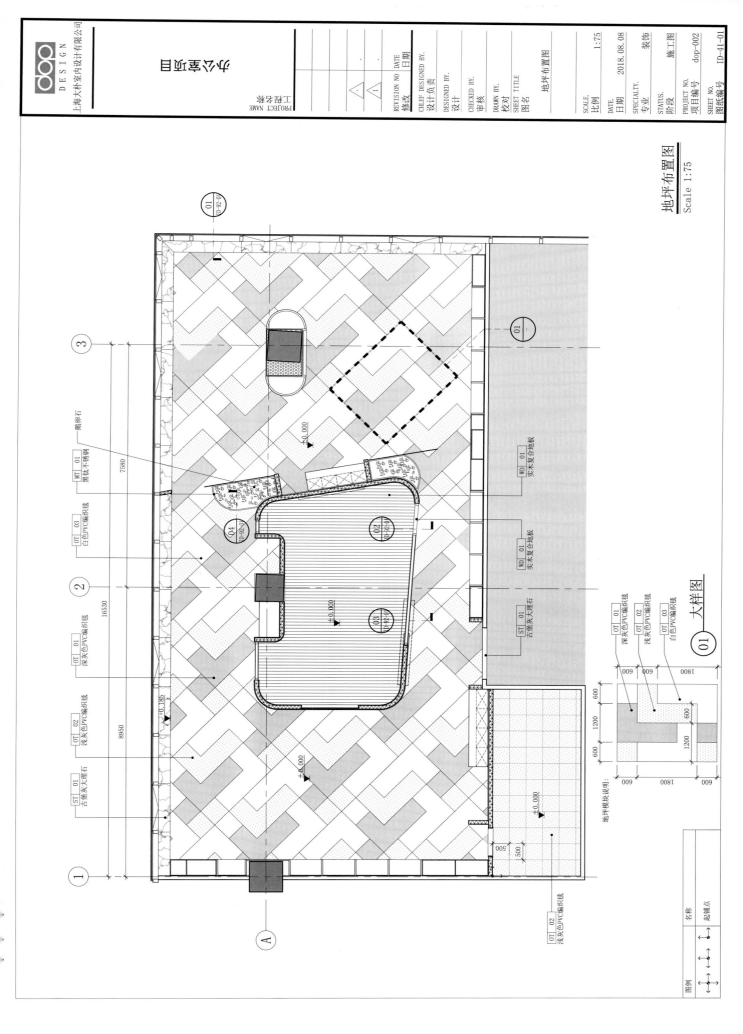

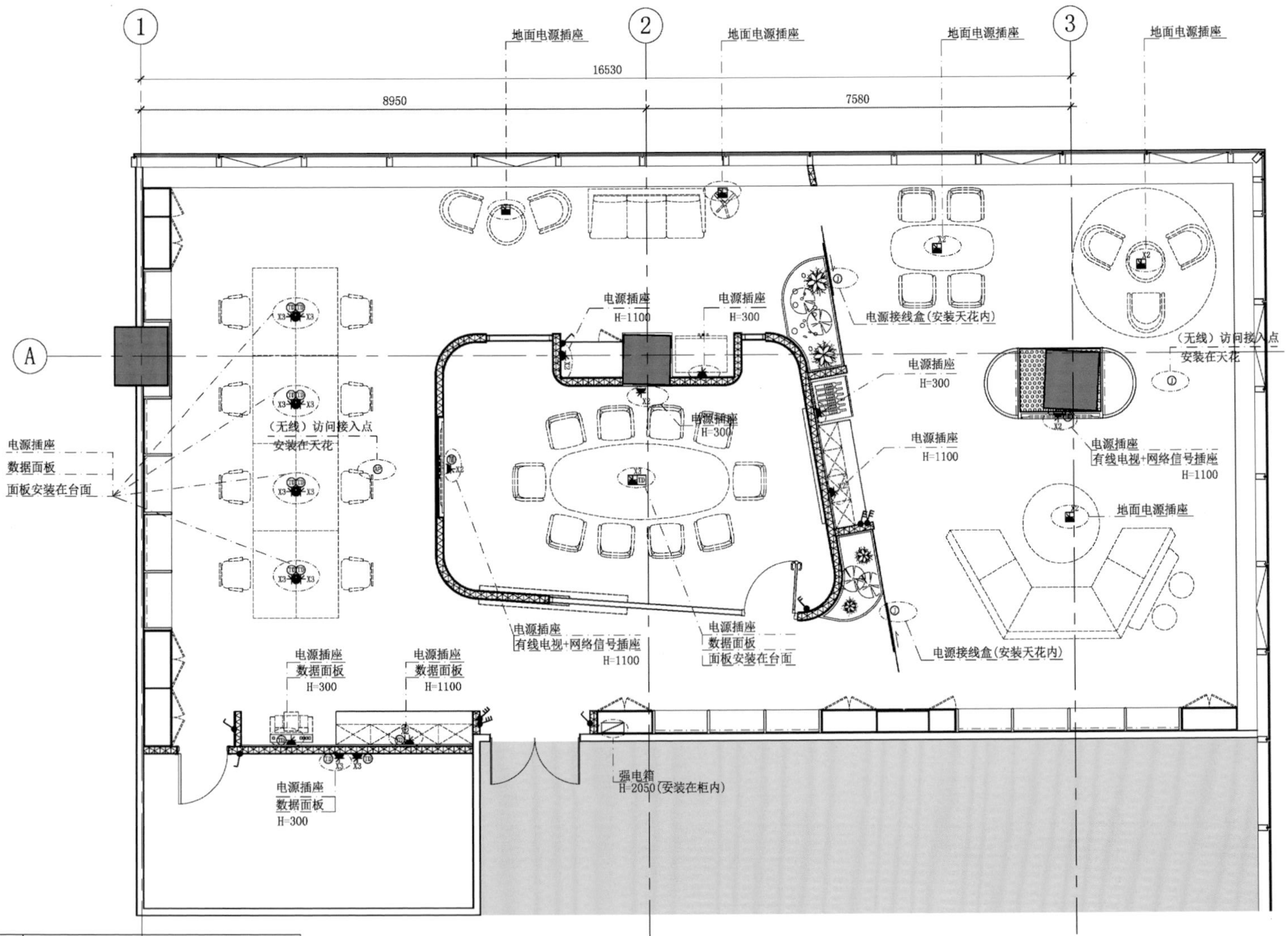

图例	名称
	电源插座（单相二极和三极组合）
	地面电源插座（单相二极和三极组合）
	数据面板（电话/网络）
	地面数据面板（电话/网络）
	有线电视+网络信号插座
	电源接线盒
	(无线)访问接入点
	强电箱

机电点位图

Scale 1:75

DESIGN

上海大朴室内设计有限公司

PROJECT NAME 工程名称

办公室项目

REVISION NO 修改 | DATE 日期

CHLEF DESIGNED BY. 设计负责

DESIGNED BY. 设计

CHECKED BY. 审核

DRAWN BY. 校对

SHEET TITLE 图名

机电点位图

SCALE. 比例 1:75

DATE. 日期 2018.08.08

SPECIALTY. 专业 装饰

STATUS. 阶段 施工图

PROJECT NO. 项目编号 dop-002

SHEET NO.

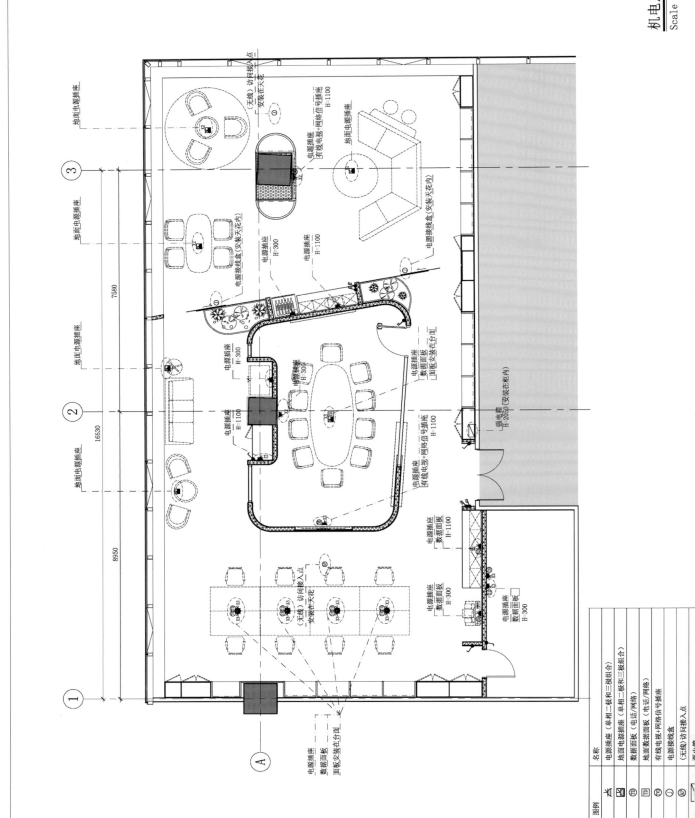

图纸 (14/26)

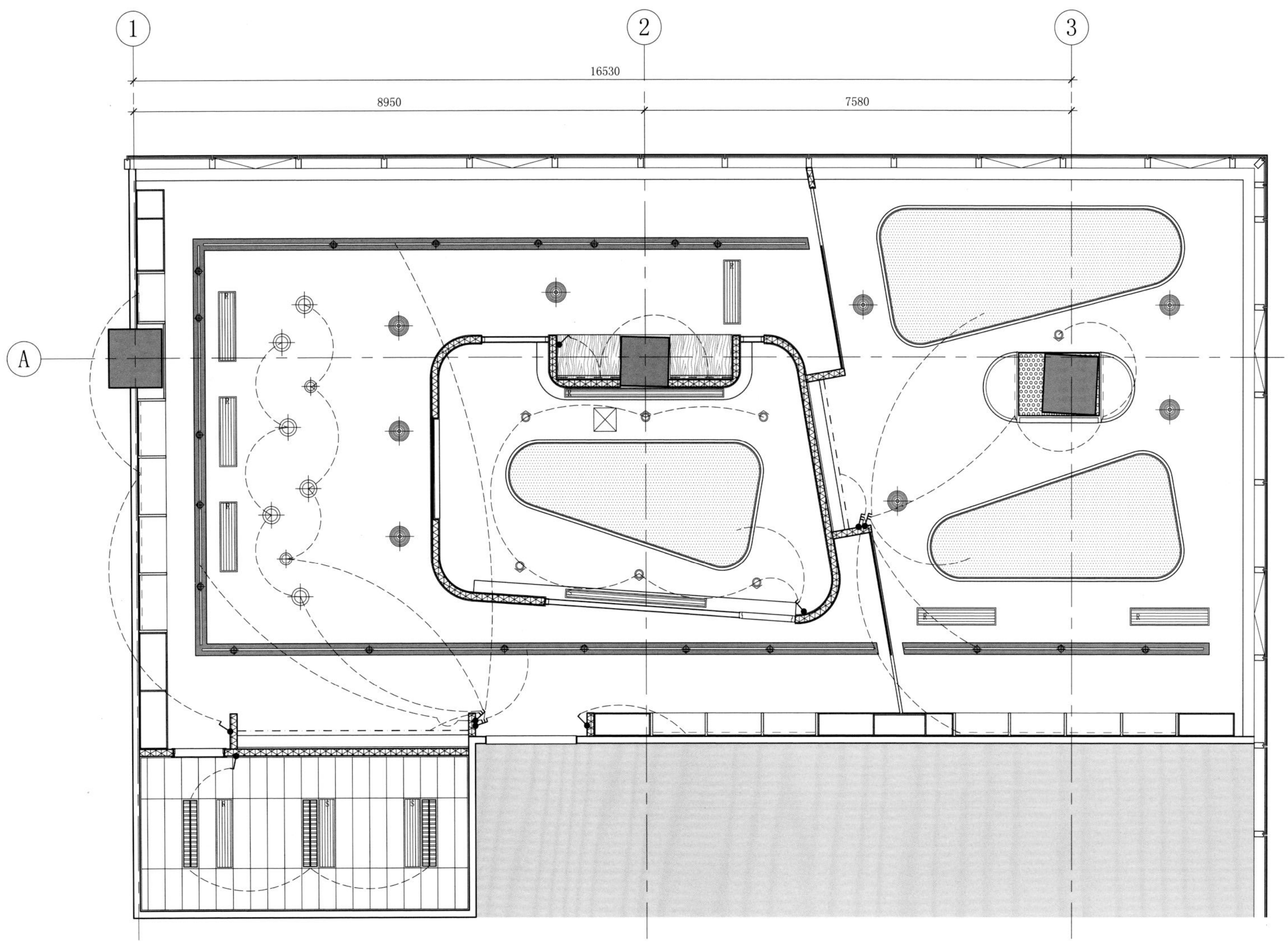

图例	名称	图例	名称
S	条形风口	◎	射灯
R	条形风口	⊕	轨道射灯
⊛	圆形散流器	▥	300×1200 格栅灯
⊠	检修口	━ ━ ━	暗藏灯带
⊕	装饰吊灯		

图例	名称
⌐	单极单控开关
⌐	双极单控开关
⌐	三极单控开关

天花灯具连线图

Scale 1:75

DESIGN
上海大朴室内设计有限公司

PROJECT NAME 工程名称: 办公室项目

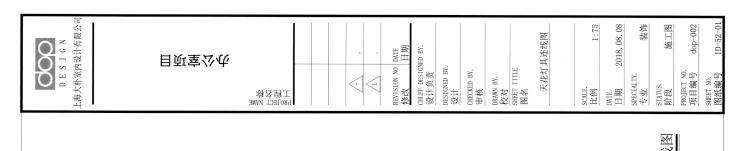

REVISION NO 修改 | DATE 日期

CHLEF DESIGNED BY. 设计负责

DESIGNED BY. 设计

CHECKED BY. 审核

DRAWN BY. 校对

SHEET TITLE 图名: 天花灯具连线图

SCALE. 比例 1:75

DATE. 日期 2018.08.08

SPECIALTY. 专业 装饰

STATUS. 阶段 施工图

PROJECT NO. 项目编号 dop-002

SHEET NO. 图纸编号 ID-52-01

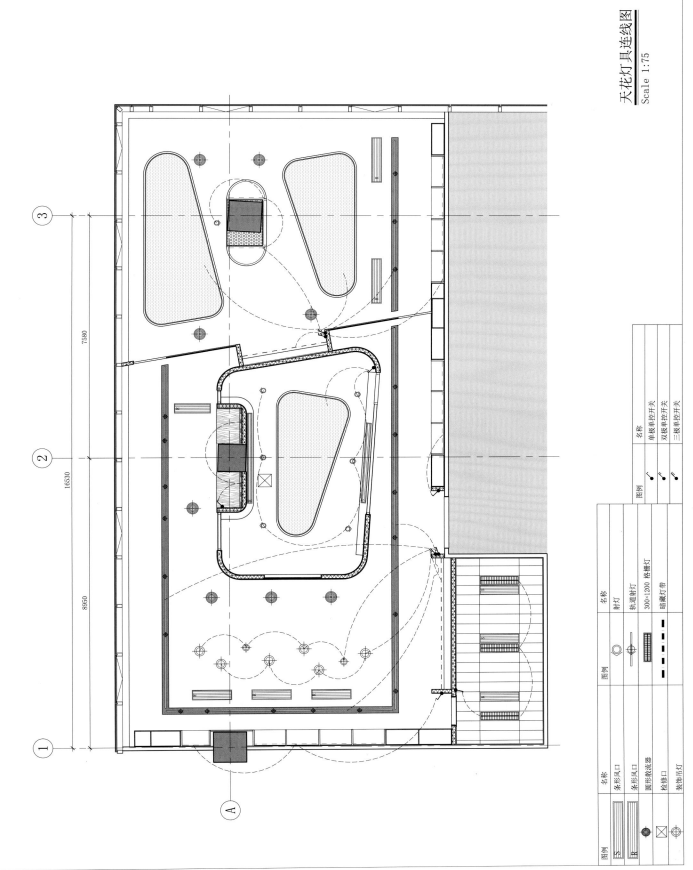

图纸 (15/26)

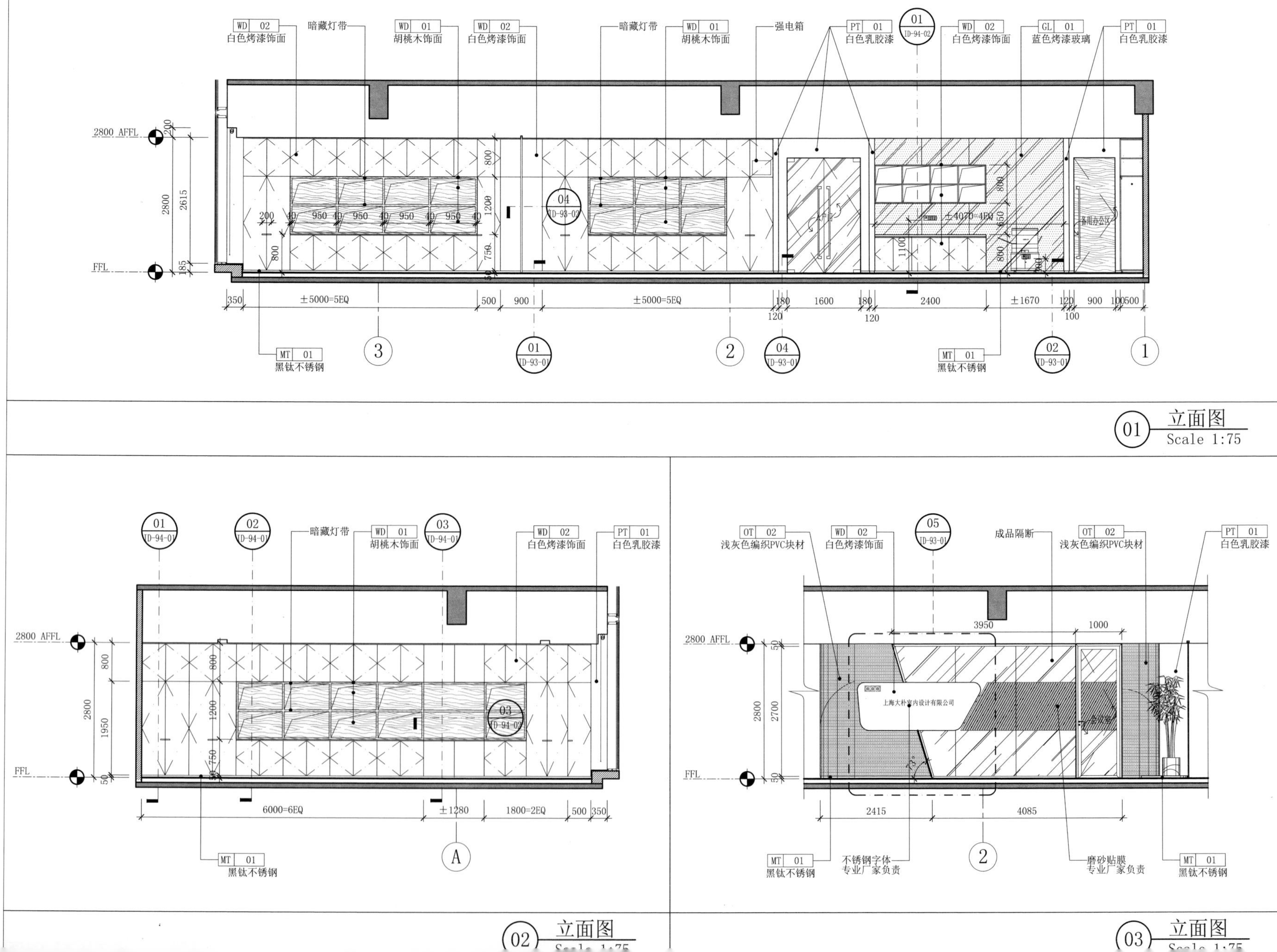

DESIGN
上海大朴室内设计有限公司

PROJECT NAME 工程名称: 办公室项目

REVISION NO 修改 | DATE 日期

CHLEF DESIGNED BY. 设计负责

DESIGNED BY. 设计

CHECKED BY. 审核

DRAWN BY. 校对

SHEET TITLE 图名: 立面图(一)

SCALE. 比例 1:75

DATE. 日期 2018.08.08

SPECIALTY. 专业 装饰

STATUS. 阶段 施工图

PROJECT NO. 项目编号 dop-002

SHEET NO.

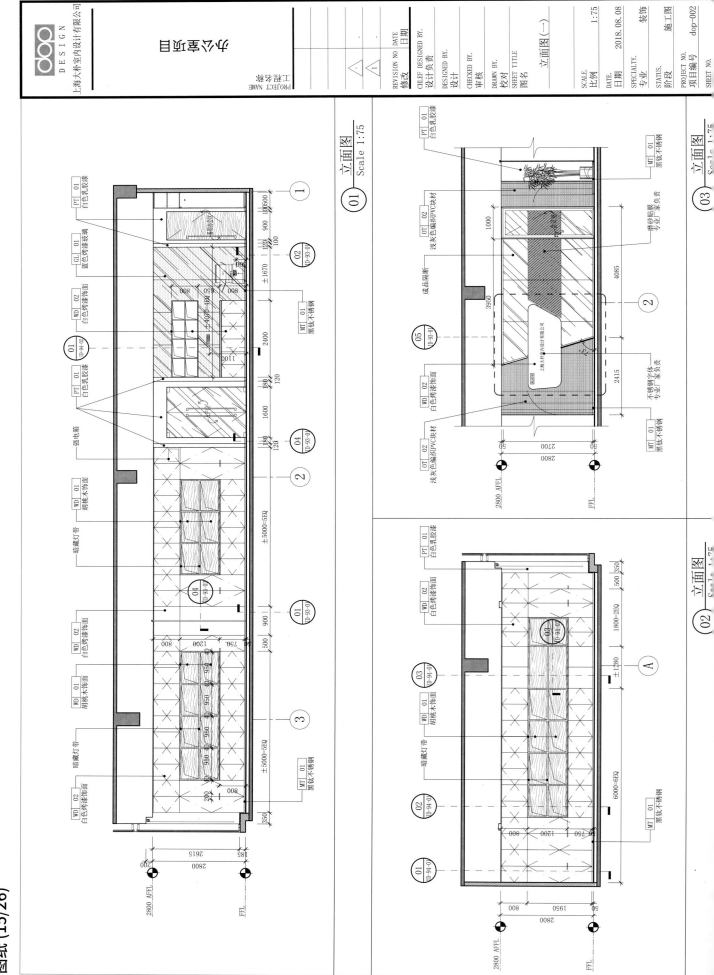

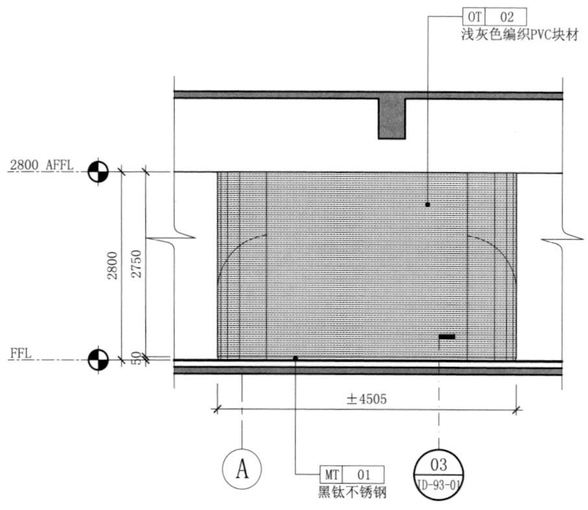

01 立面图 Scale 1:75

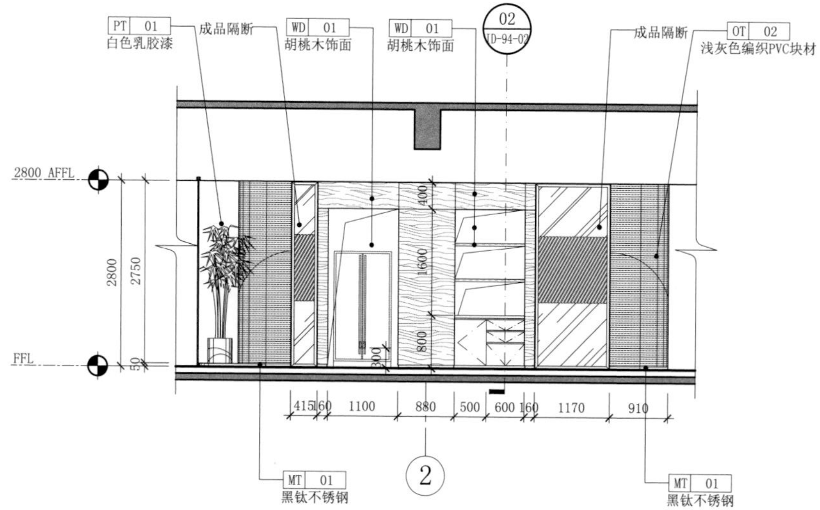

02 立面图 Scale 1:75

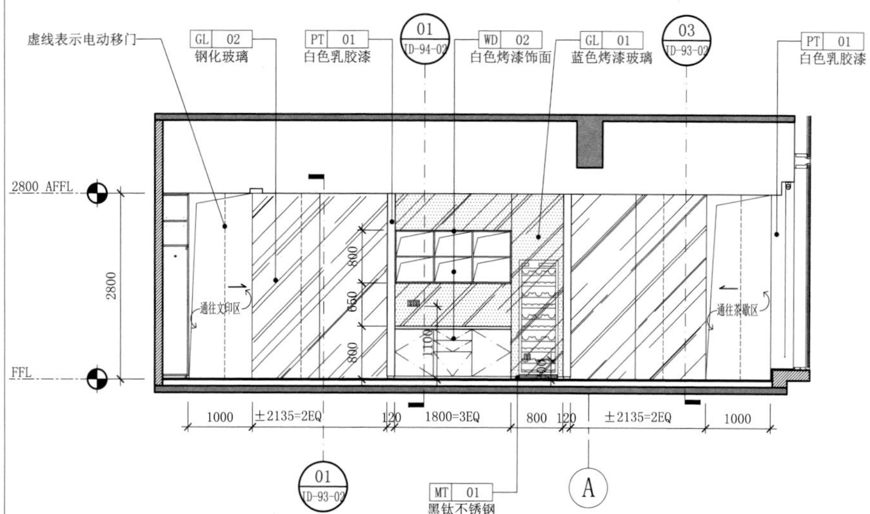

03 立面图 Scale 1:75

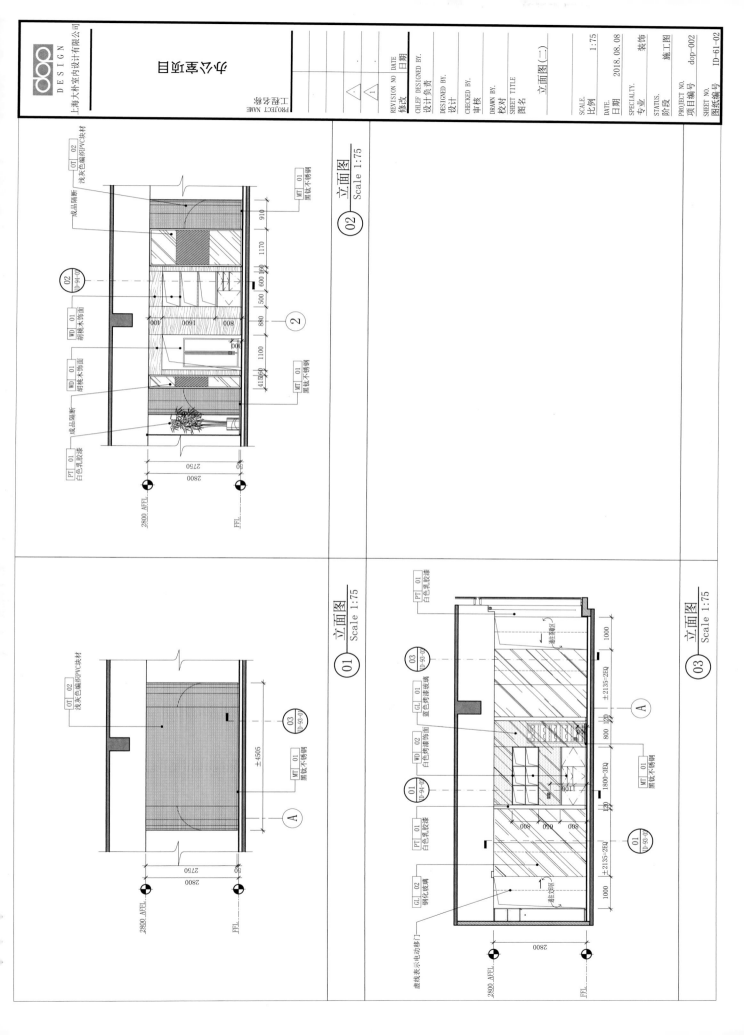

DESIGN 上海大朴室内设计有限公司	
PROJECT NAME 工程名称	办公室项目
REVISION NO 修改	DATE 日期
CHLEF DESIGNED BY. 设计负责	
DESIGNED BY. 设计	
CHECKED BY. 审核	
DRAWN BY. 校对	
SHEET TITLE 图名	立面图(二)
SCALE. 比例	1:75
DATE. 日期	2018.08.08
SPECIALTY. 专业	装饰
STATUS. 阶段	施工图
PROJECT NO. 项目编号	dop-002
SHEET NO. 图纸编号	ID-61-02

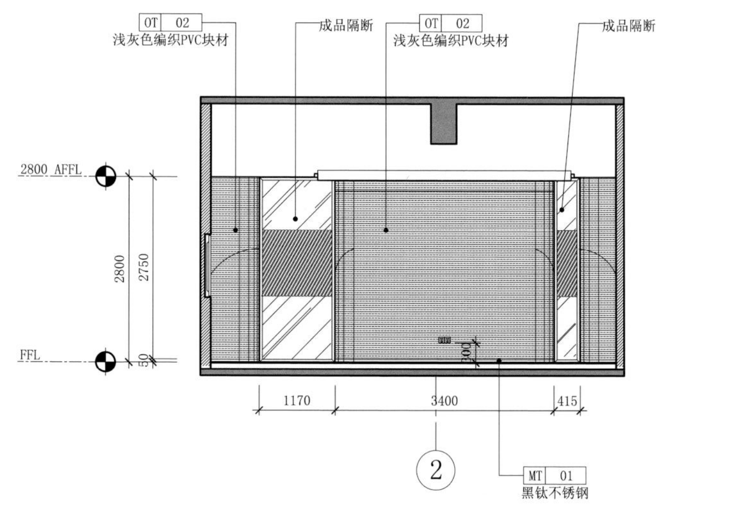

01 立面图 Scale 1:75

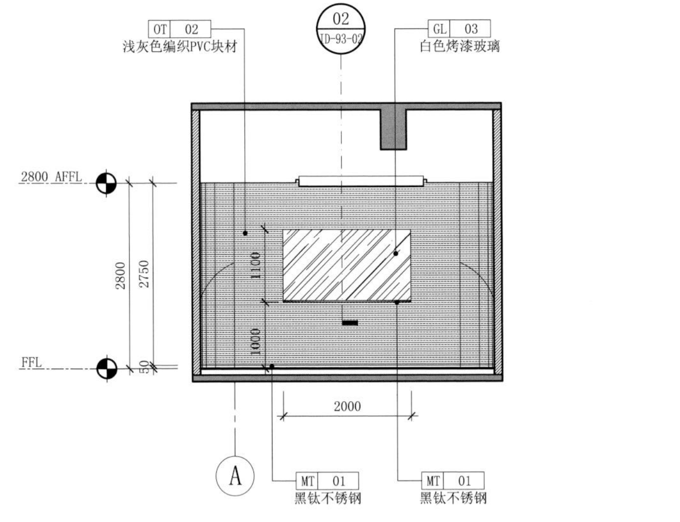

02 立面图 Scale 1:75

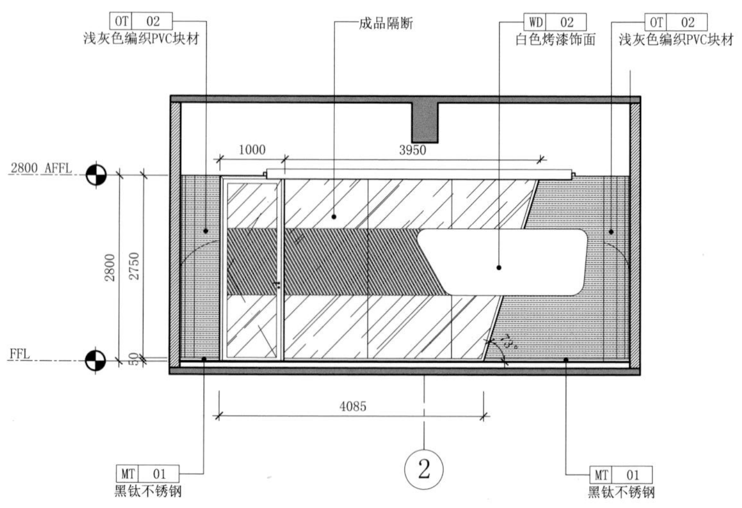

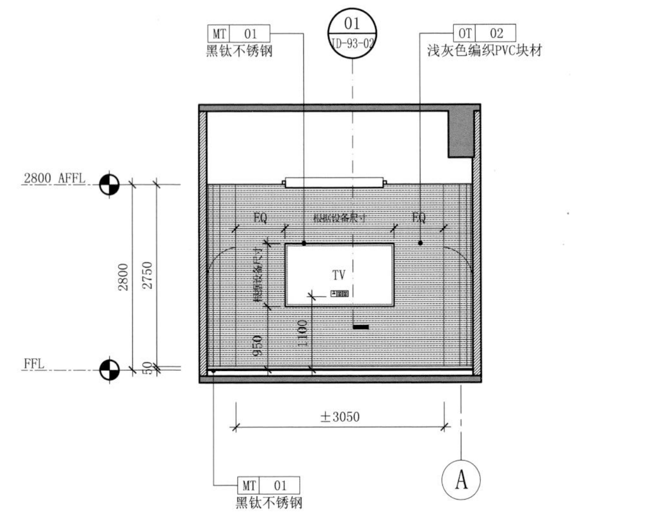

立面图

立面图

dop DESIGN
上海大朴室内设计有限公司

PROJECT NAME 工程名称: 办公室项目

REVISION NO 修改	DATE 日期
1	.
	.

CHLEF DESIGNED BY. 设计负责

DESIGNED BY. 设计

CHECKED BY. 审核

DRAWN BY. 校对

SHEET TITLE 图名: 立面图(三)

SCALE. 比例 1:75

DATE. 日期 2018.08.08

SPECIALTY. 专业 装饰

STATUS. 阶段 施工图

PROJECT NO. 项目编号 dop-002

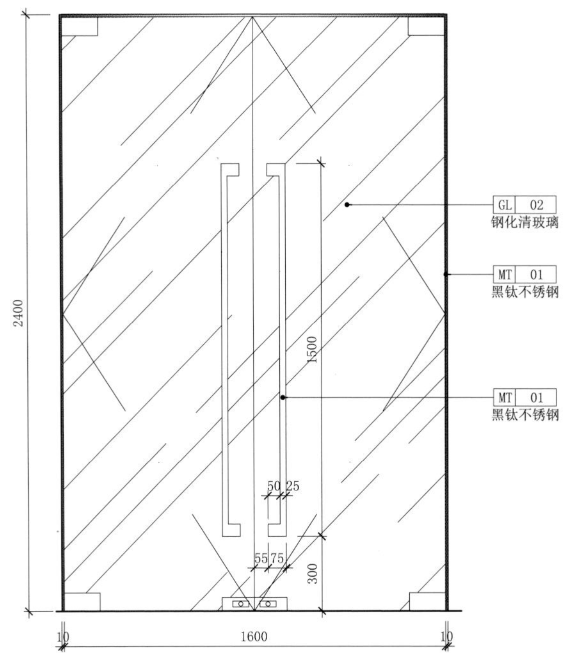

D1 立面图 Scale 1:20

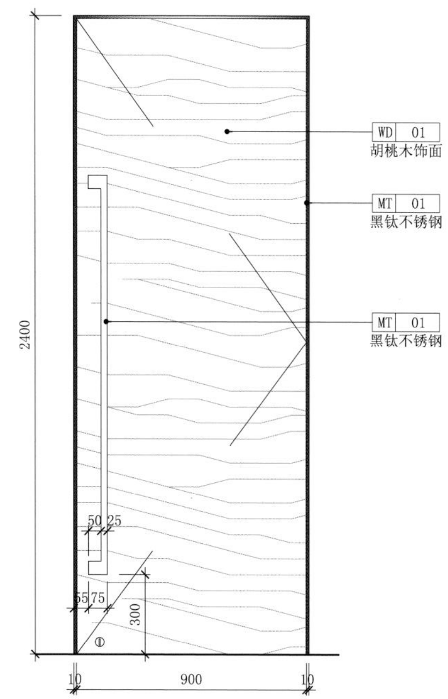

D2 立面图 Scale 1:20

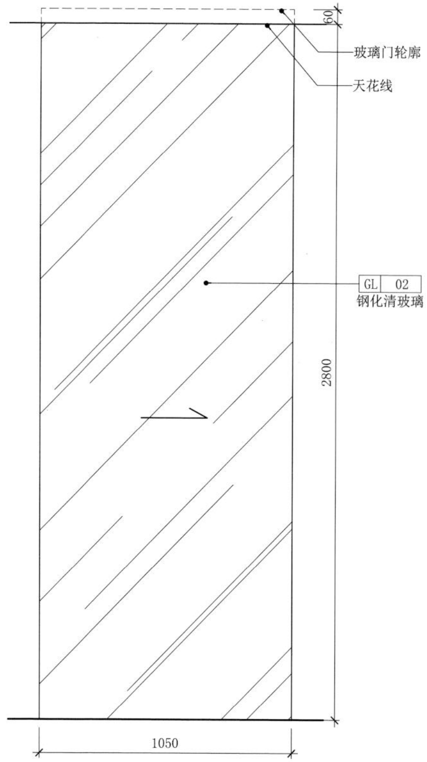

D3 立面图 Scale 1:20

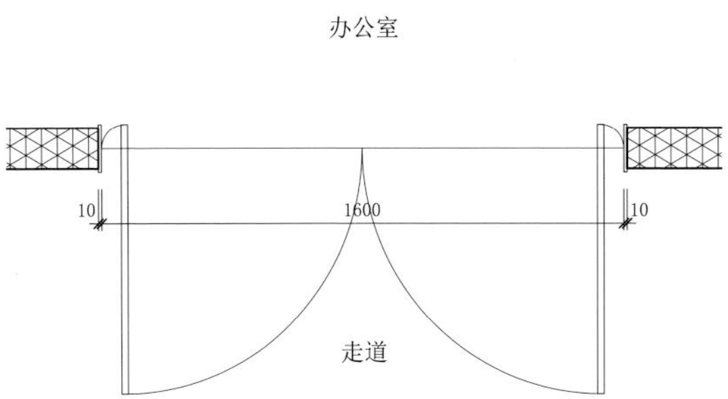

D1 平面图 Scale 1:20

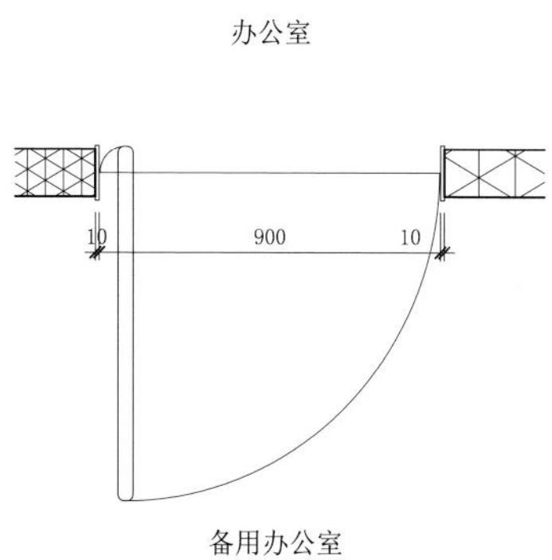

D2 平面图 Scale 1:20

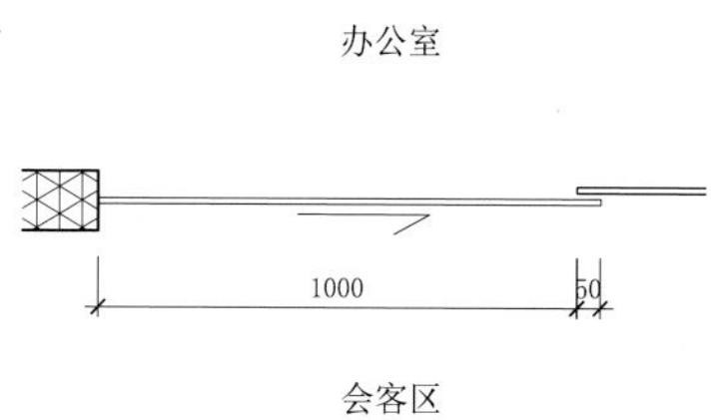

D3 平面图 Scale 1:20

DESIGN
上海大朴室内设计有限公司

PROJECT NAME 工程名称: 办公室项目

REVISION NO 修改	DATE 日期
1	.
	.

CHLEF DESIGNED BY. 设计负责	
DESIGNED BY. 设计	
CHECKED BY. 审核	
DRAWN BY. 校对	
SHEET TITLE 图名	门表
SCALE. 比例	1:20
DATE. 日期	2018.08.08
SPECIALTY. 专业	装饰
STATUS. 阶段	施工图
PROJECT NO. 项目编号	dop-002
SHEET NO. 图纸编号	ID-81-01

图纸 (19/26)

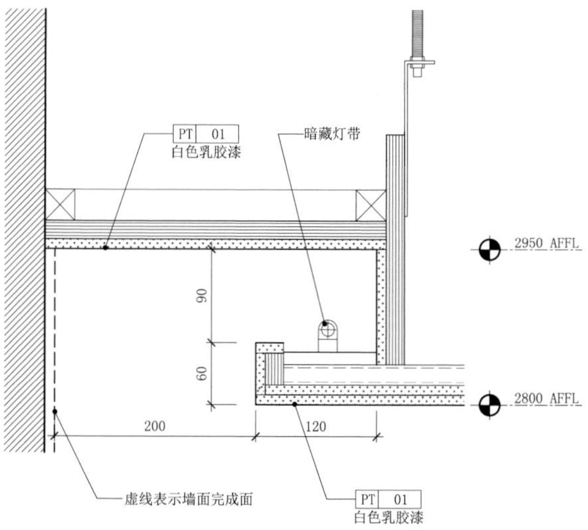

01 天花节点图@文印区
Scale 1:5

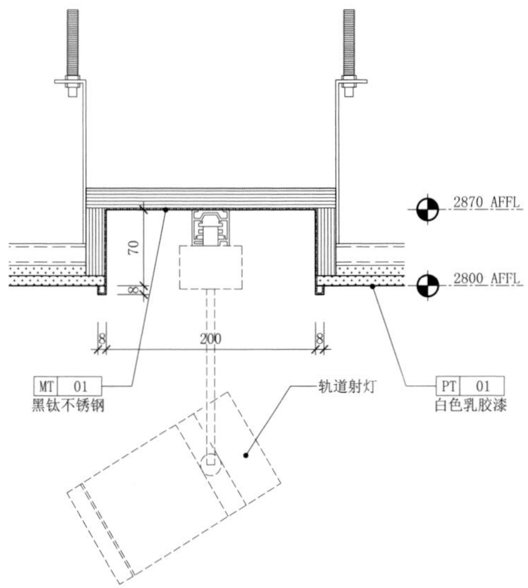

02 天花节点图@办公区
Scale 1:5

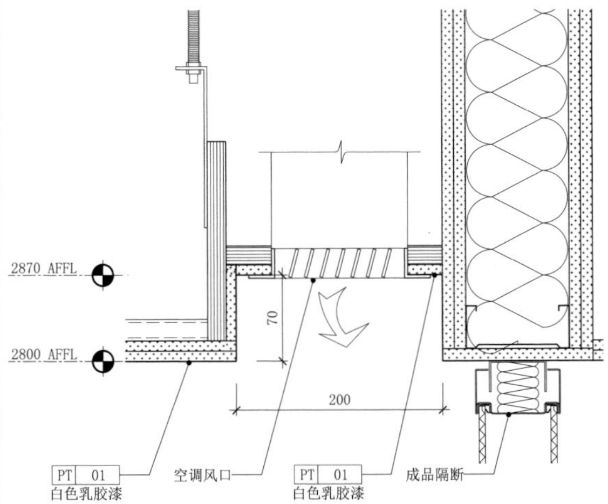

03 天花节点图@会议室
Scale 1:5

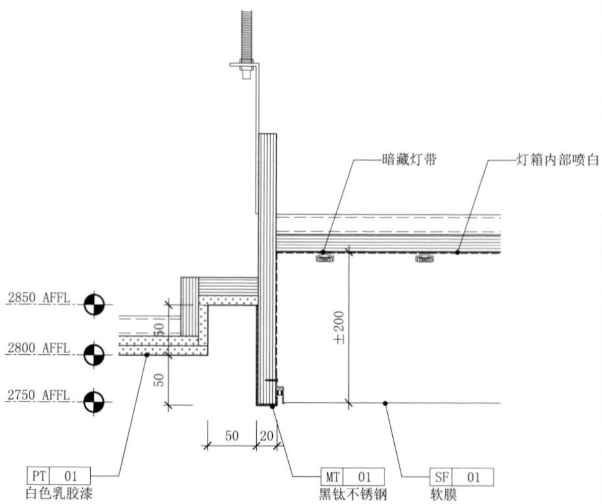

04 天花节点图@会议室

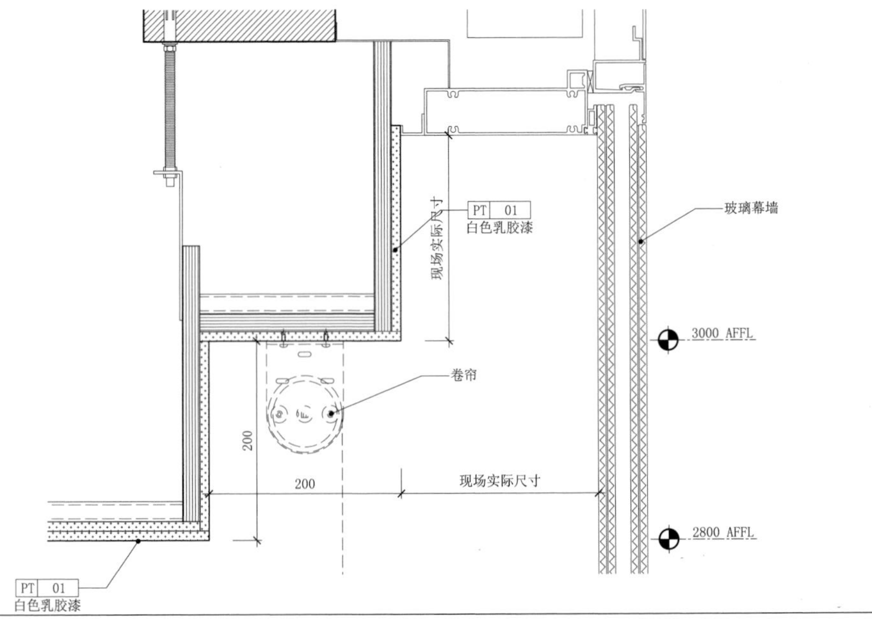

05 天花节点图@办公区

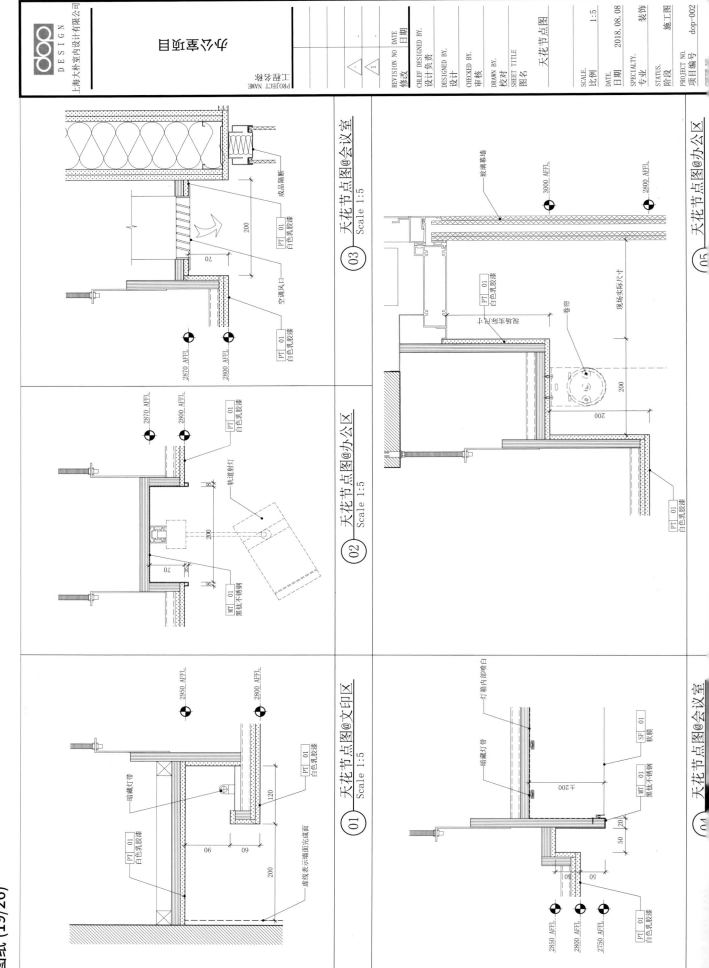

DESIGN 上海大朴室内设计有限公司	
PROJECT NAME 工程名称	办公室项目
REVISION NO 修改	DATE 日期
CHLEF DESIGNED BY. 设计负责	
DESIGNED BY. 设计	
CHECKED BY. 审核	
DRAWN BY. 校对	
SHEET TITLE 图名	天花节点图
SCALE. 比例	1:5
DATE. 日期	2018.08.08
SPECIALTY. 专业	装饰
STATUS. 阶段	施工图
PROJECT NO. 项目编号	dop-002

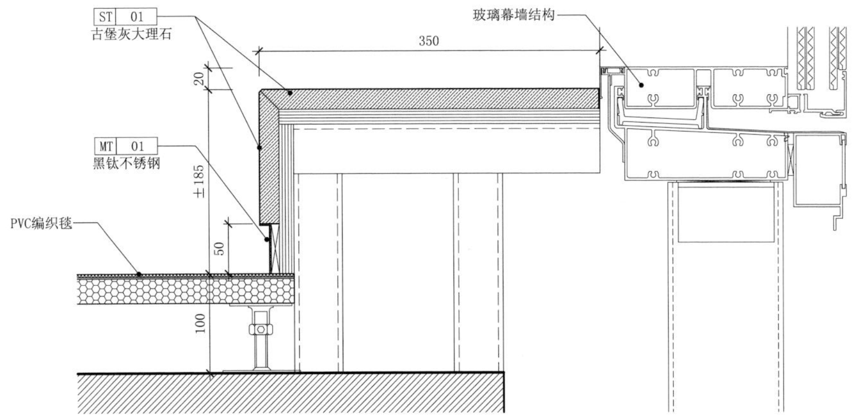

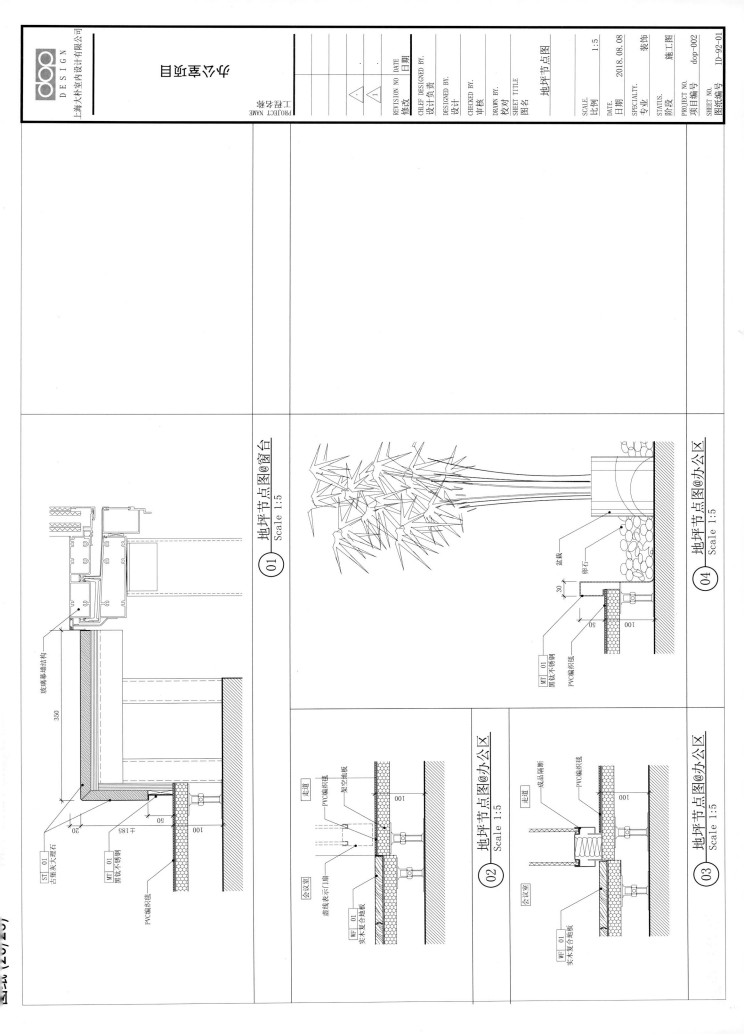

01 地坪节点图@窗台
Scale 1:5

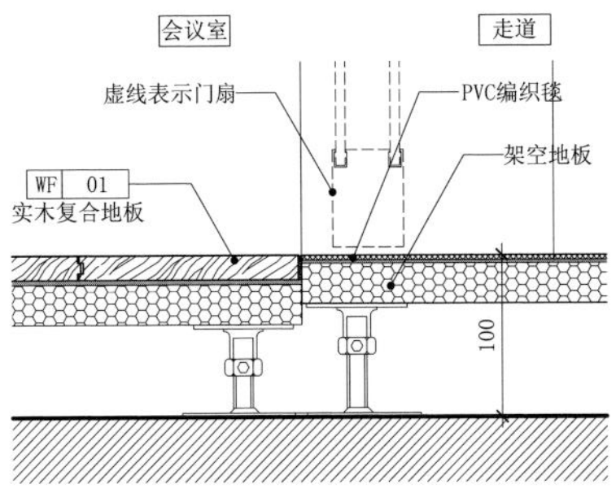

02 地坪节点图@办公区
Scale 1:5

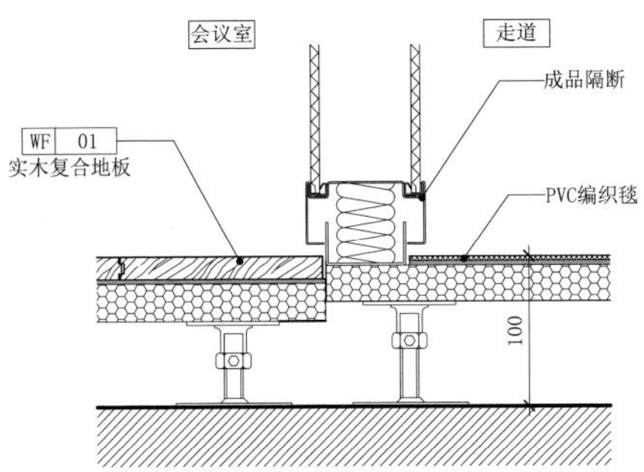

03 地坪节点图@办公区
Scale 1:5

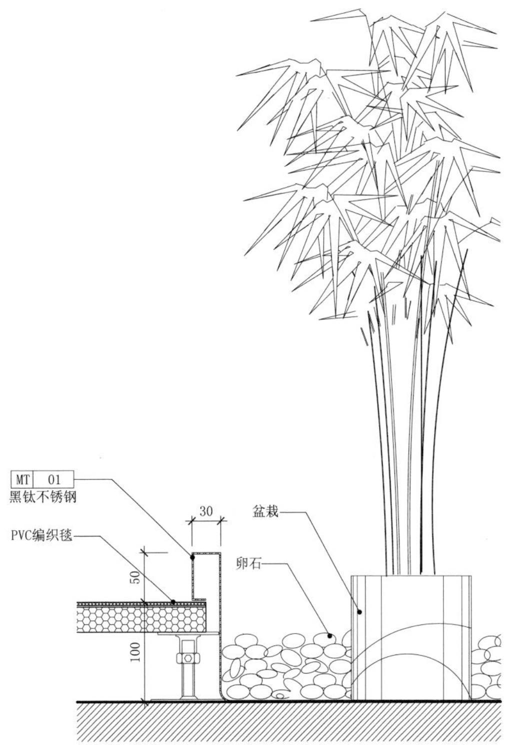

04 地坪节点图@办公区
Scale 1:5

DESIGN
上海大朴室内设计有限公司

PROJECT NAME 工程名称：办公室项目

REVISION NO 修改	DATE 日期
CHLEF DESIGNED BY. 设计负责	
DESIGNED BY. 设计	
CHECKED BY. 审核	
DRAWN BY. 校对	
SHEET TITLE 图名	地坪节点图
SCALE. 比例	1:5
DATE. 日期	2018.08.08
SPECIALTY. 专业	装饰
STATUS. 阶段	施工图
PROJECT NO. 项目编号	dop-002
SHEET NO. 图纸编号	ID-92-01

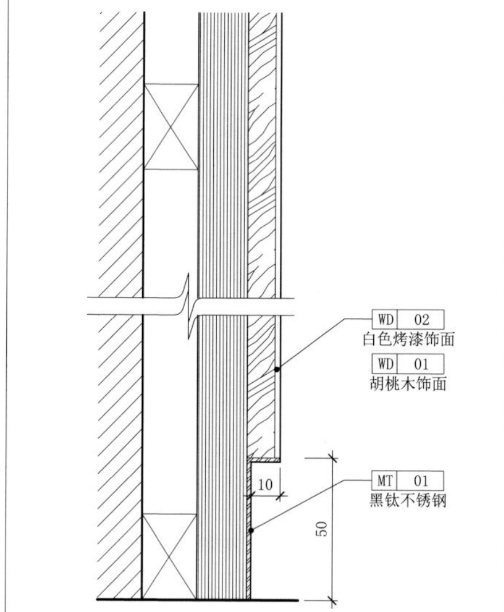

01 墙身节点图
Scale 1:2

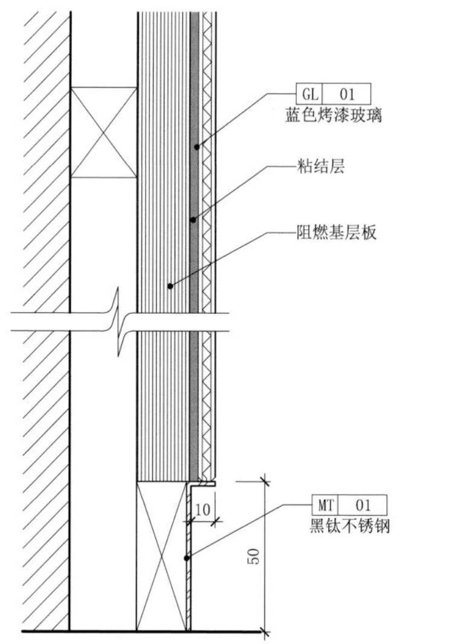

02 墙身节点图
Scale 1:2

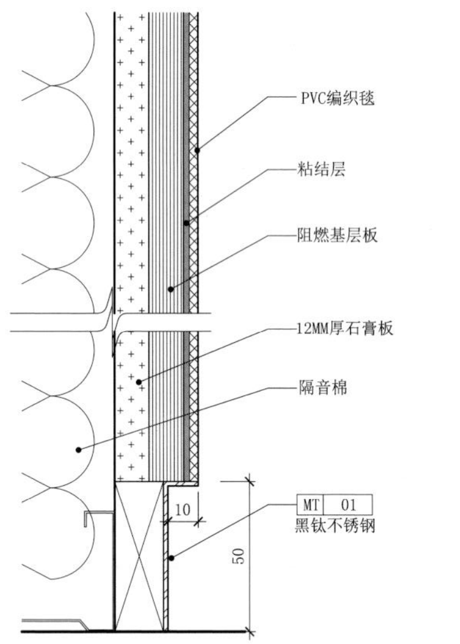

03 墙身节点图
Scale 1:2

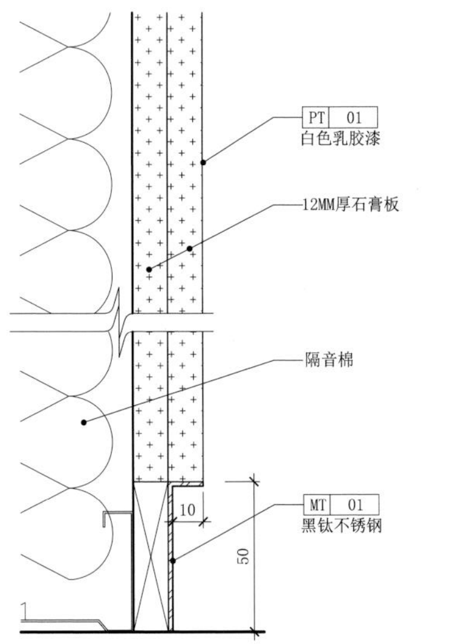

04 墙身节点图
Scale 1:2

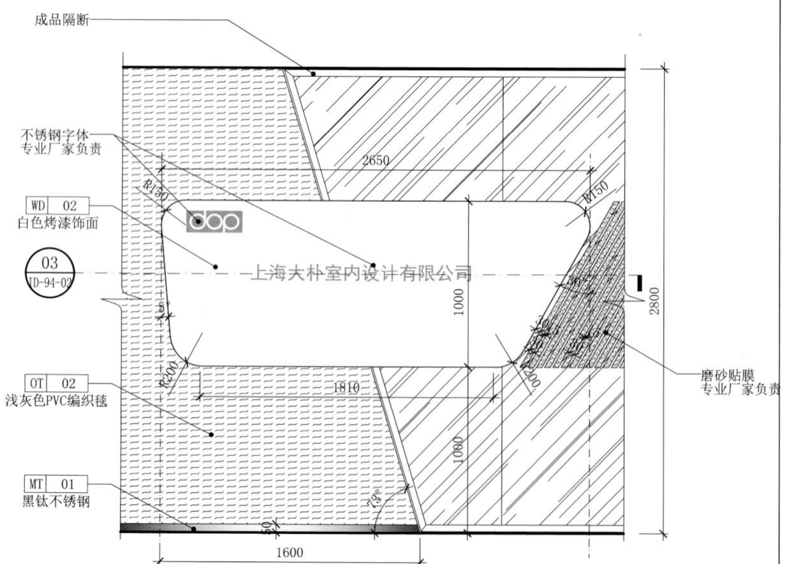

05 墙身节点图@会议室
Scale 1:30

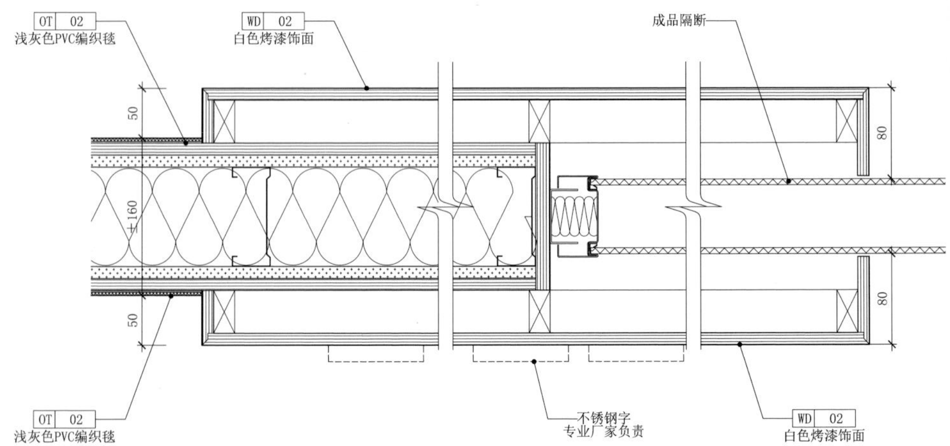

A 剖面图
Scale 1:5

DESIGN
上海大朴室内设计有限公司

PROJECT NAME
工程名称
办公室项目

REVISION NO 修改 | DATE 日期
CHLEF DESIGNED BY. 设计负责
DESIGNED BY. 设计
CHECKED BY. 审核
DRAWN BY. 校对
SHEET TITLE 图名
墙身节点图(一)
SCALE. 比例 见图
DATE. 日期 2018.08.08
SPECIALTY. 专业 装饰
STATUS. 阶段 施工图
PROJECT NO. 项目编号 dop-002
SHEET NO.

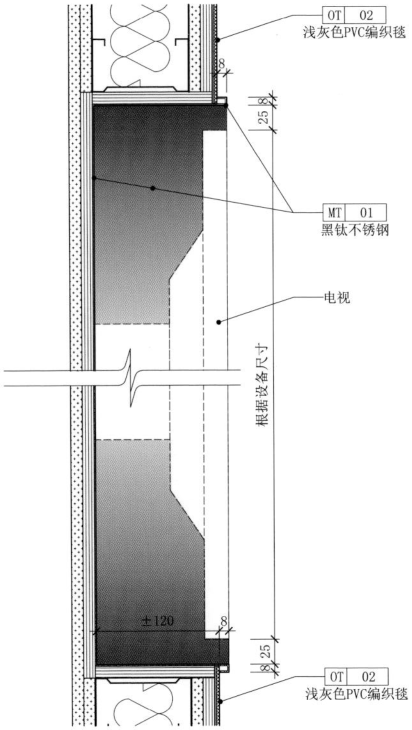

01 墙身节点图@会议室
Scale 1:5

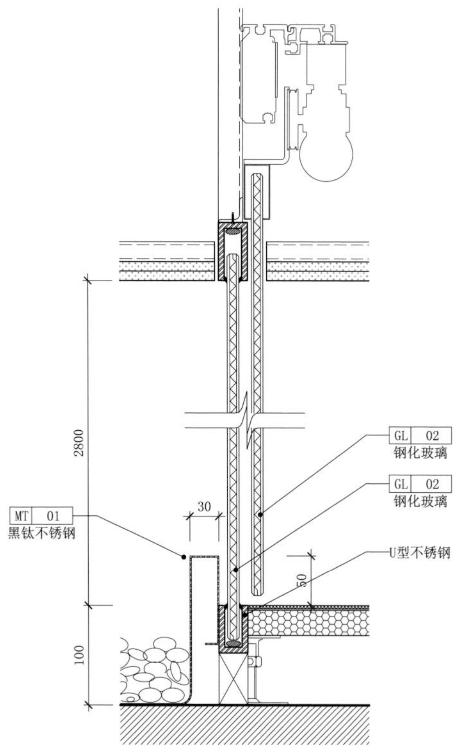

03 墙身节点图@办公区
Scale 1:5

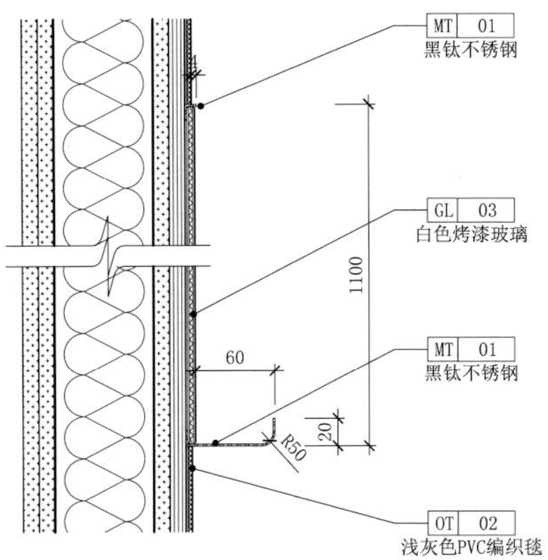

02 墙身节点图@会议室
Scale 1:5

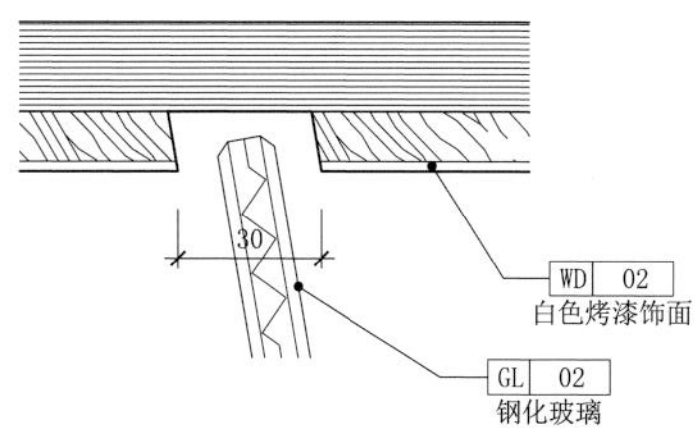

04 墙身节点图@办公区
Scale 1:5

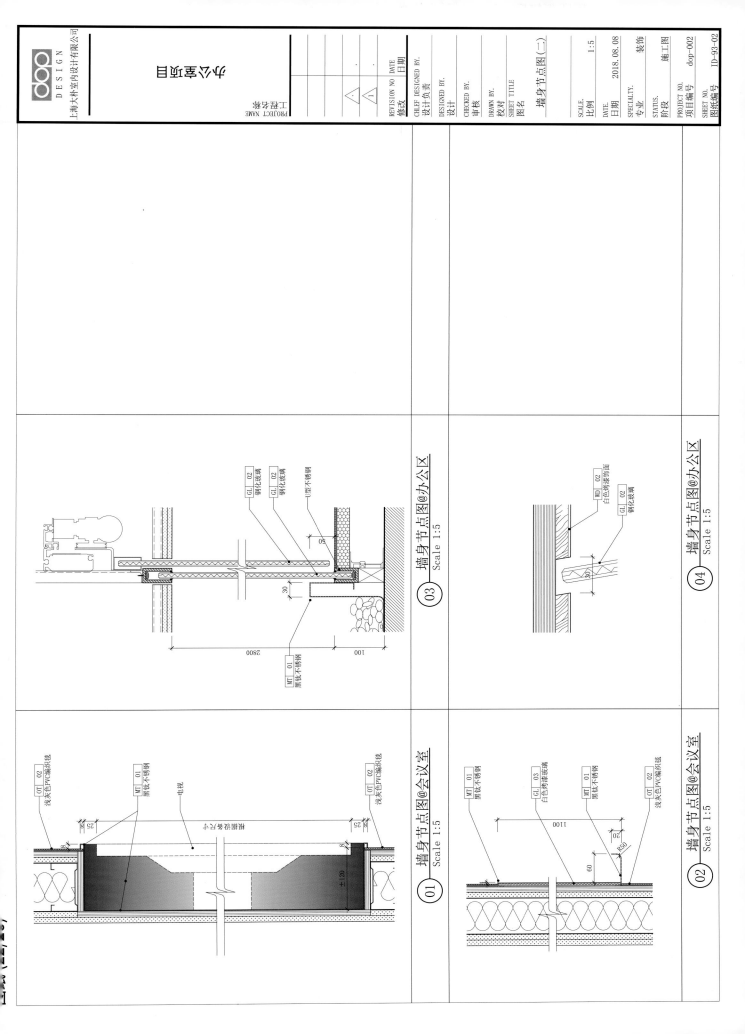

DESIGN
上海大朴室内设计有限公司

PROJECT NAME 工程名称
办公室项目

REVISION NO 修改 | DATE 日期

CHLEF DESIGNED BY. 设计负责
DESIGNED BY. 设计
CHECKED BY. 审核
DRAWN BY. 校对
SHEET TITLE 图名
墙身节点图(二)

SCALE. 比例	1:5
DATE. 日期	2018.08.08
SPECIALTY. 专业	装饰
STATUS. 阶段	施工图
PROJECT NO. 项目编号	dop-002
SHEET NO. 图纸编号	ID-93-02

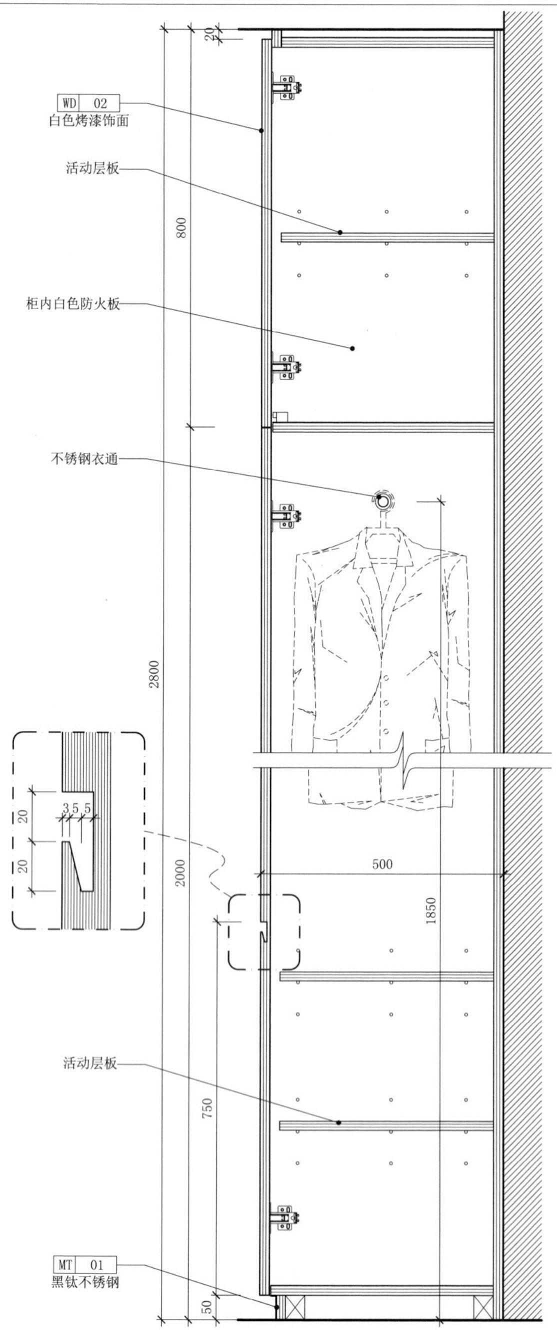

01 柜子节点图@办公区

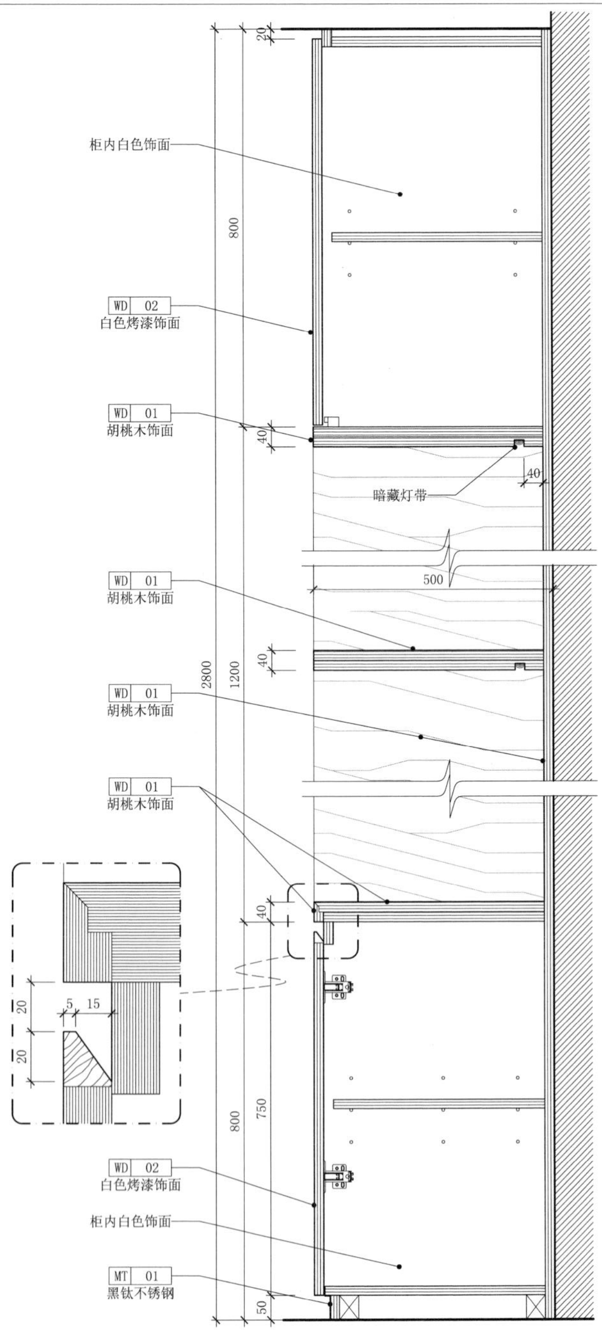

02 柜子节点图@办公区

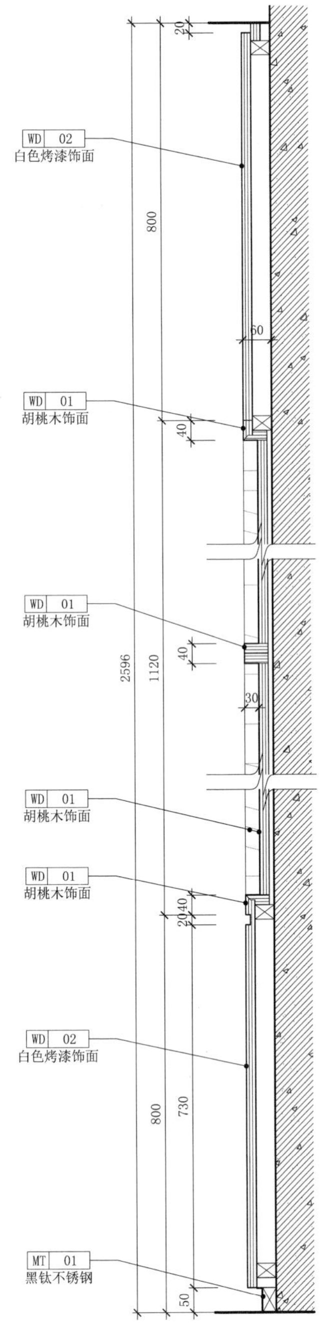

03 柜子节点图@办公区

dop DESIGN
上海大朴室内设计有限公司

PROJECT NAME 工程名称	办公室项目
REVISION NO 修改	DATE 日期
CHLEF DESIGNED BY. 设计负责	
DESIGNED BY. 设计	
CHECKED BY. 审核	
DRAWN BY. 校对	
SHEET TITLE 图名	固定家具节点图(一)
SCALE. 比例	1:10
DATE. 日期	2018.08.08
SPECIALTY. 专业	装饰
STATUS. 阶段	施工图
PROJECT NO. 项目编号	dop-002
SHEET NO.	

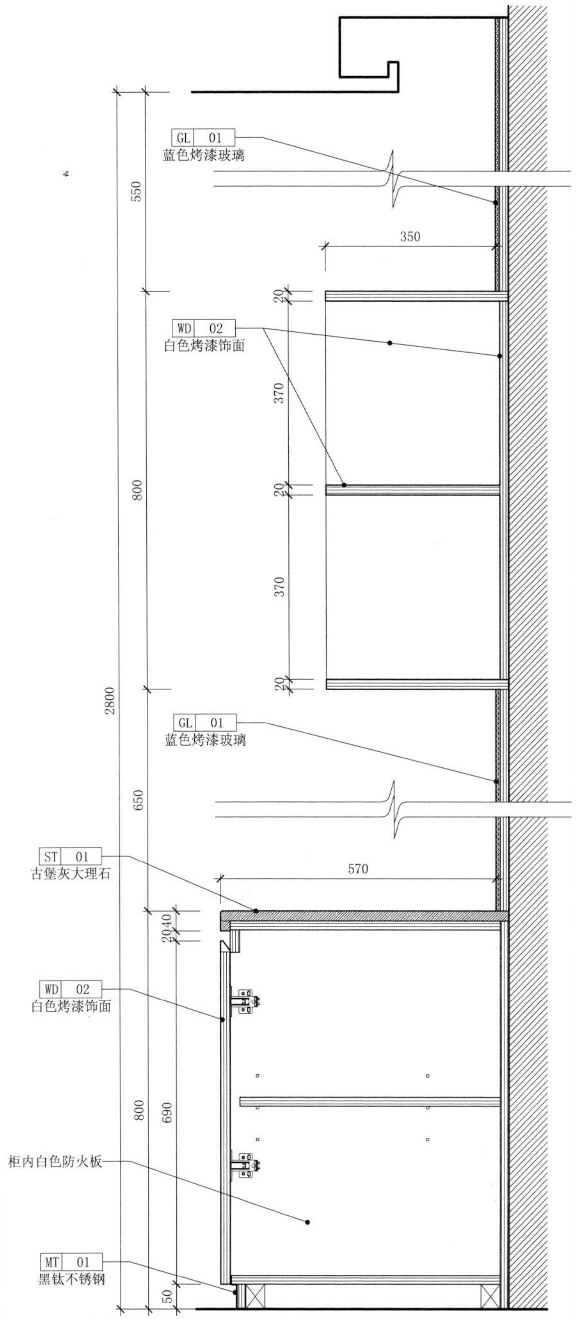

01 柜子节点图@文印、会客区

Scale 1:10

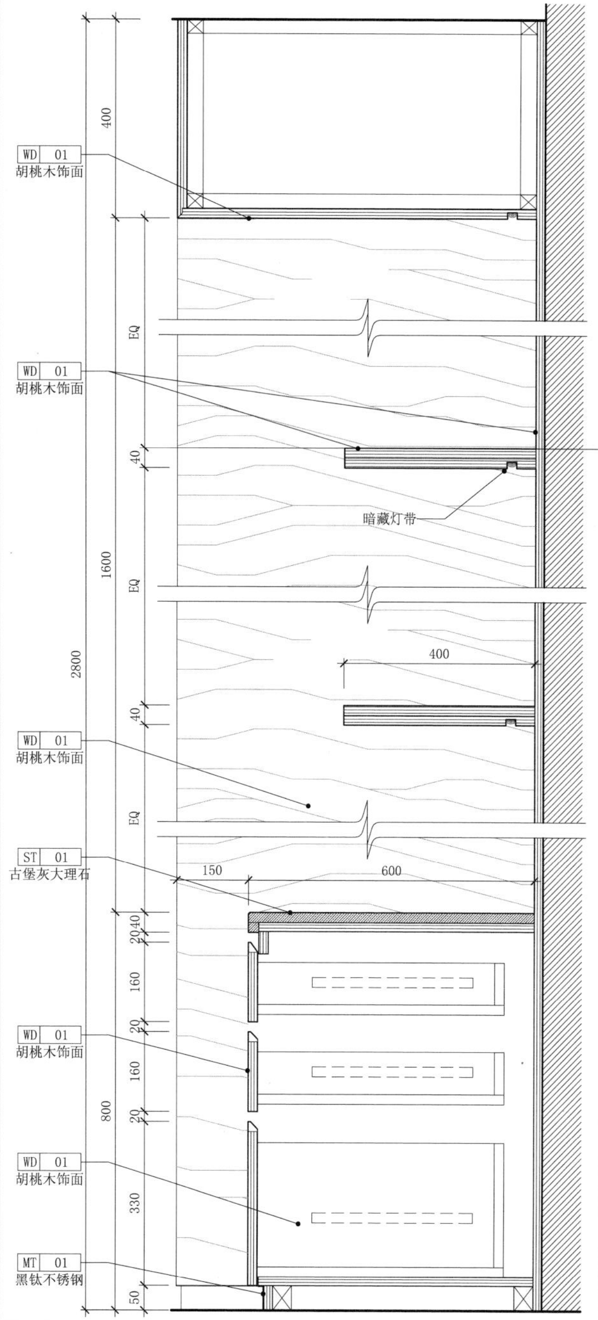

02 柜子节点图@茶歇区

Scale 1:10

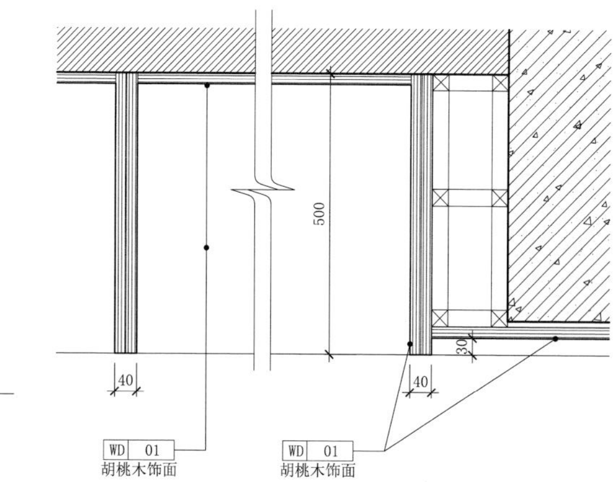

03 柜子节点图@办公区

Scale 1:10

dop DESIGN

上海大朴室内设计有限公司

PROJECT NAME 工程名称

办公室项目

REVISION NO 修改

DATE 日期

CHLEF DESIGNED BY. 设计负责

DESIGNED BY. 设计

CHECKED BY. 审核

DRAWN BY. 校对

SHEET TITLE 图名

固定家具节点图(二)

SCALE. 比例 1:10

DATE. 日期 2018.08.08

SPECIALTY. 专业 装饰

STATUS. 阶段 施工图

PROJECT NO. 项目编号 dop-002

SHEET NO. 图纸编号 ID-94-02

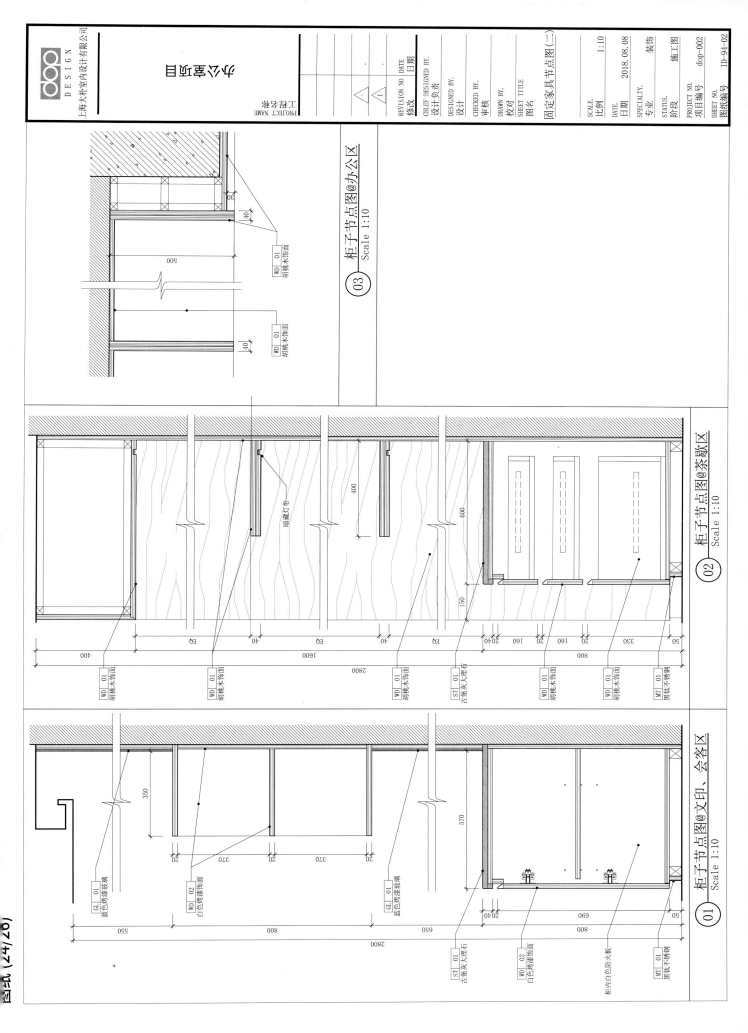

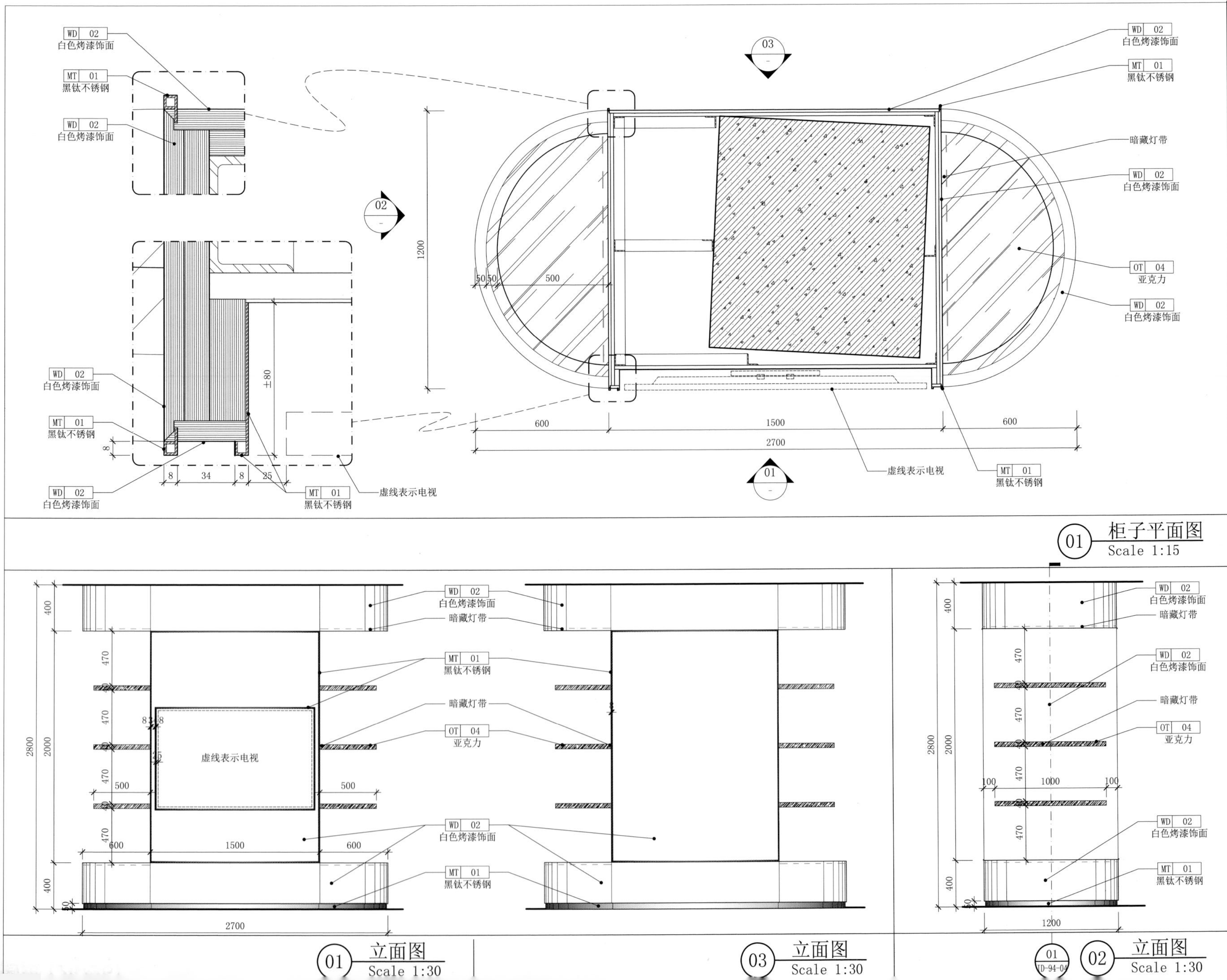

dop DESIGN
上海大朴室内设计有限公司

PROJECT NAME 工程名称: 办公室项目

REVISION NO 修改 | DATE 日期

CHLEF DESIGNED BY. 设计负责

DESIGNED BY. 设计

CHECKED BY. 审核

DRAWN BY. 校对

SHEET TITLE 图名: 固定家具节点图(三)

SCALE. 比例: 见图

DATE. 日期: 2018.08.08

SPECIALTY. 专业: 装饰

STATUS. 阶段: 施工图

PROJECT NO. 项目编号: dop-002

SHEET NO. 图纸编号: ID-94-03

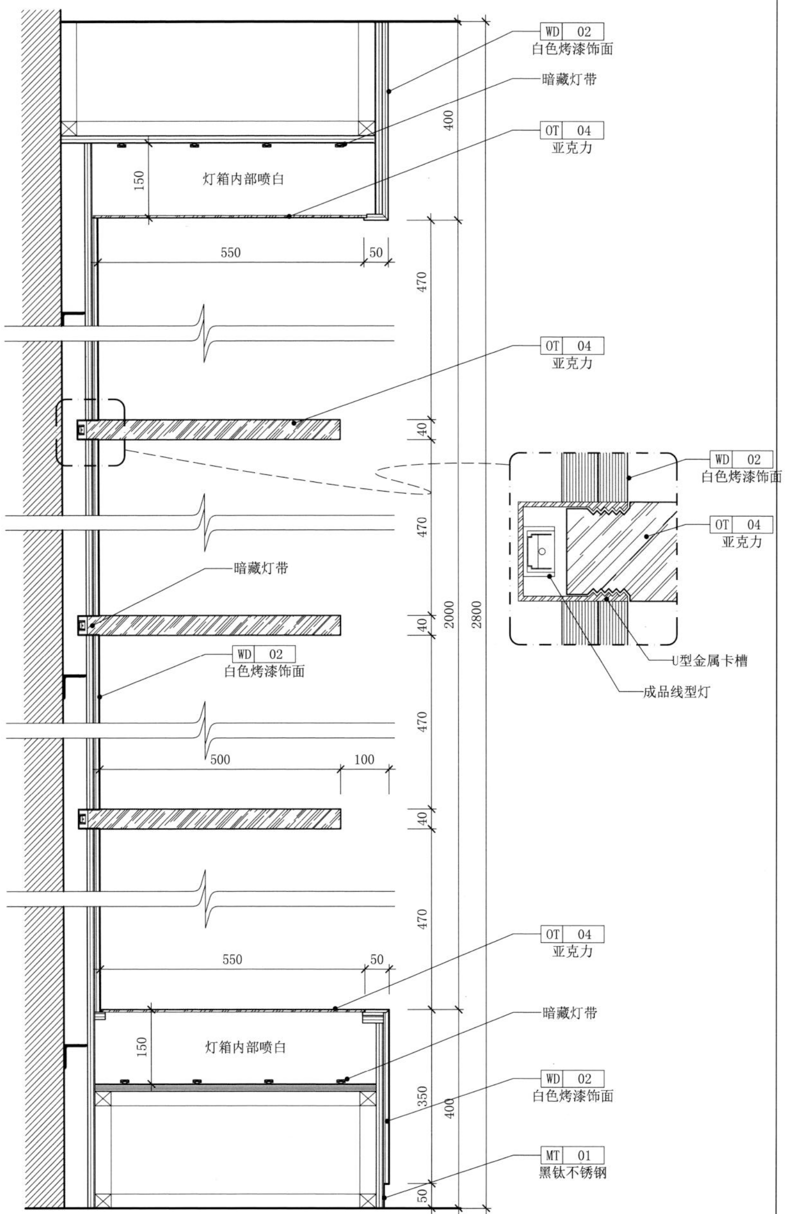

01 立面图 Scale 1:10

DESIGN
上海大朴室内设计有限公司

PROJECT NAME 工程名称：办公室项目

REVISION NO 修改	DATE 日期
1	.

CHLEF DESIGNED BY. 设计负责

DESIGNED BY. 设计

CHECKED BY. 审核

DRAWN BY. 校对

SHEET TITLE 图名：固定家具节点图(四)

SCALE. 比例 1:10

DATE. 日期 2018.08.08

SPECIALTY. 专业 装饰

STATUS. 阶段 施工图

PROJECT NO. 项目编号 dop-002

SHEET NO. 图纸编号 ID-94-04